Adobe Premiere Pro CC 2019

经典教程 彩色版

［英］马克西姆·亚戈（Maxim Jago）著

武传海 译

人民邮电出版社

北　京

图书在版编目（CIP）数据

Adobe Premiere Pro CC 2019经典教程：彩色版 /
（英）马克西姆·亚戈（Maxim Jago）著；武传海译. --
北京：人民邮电出版社，2020.1（2020.3重印）
  ISBN 978-7-115-44331-1

Ⅰ．①A… Ⅱ．①马… ②武… Ⅲ．①视频编辑软件—
教材 Ⅳ．①TP317.53

中国版本图书馆CIP数据核字(2019)第268227号

版 权 声 明

- ◆ 著　　　　[英]马克西姆·亚戈（Maxim Jago）
  译　　　　武传海
  责任编辑　胡俊英
  责任印制　焦志炜
- ◆ 人民邮电出版社出版发行　　北京市丰台区成寿寺路 11 号
  邮编　100164　　电子邮件　315@ptpress.com.cn
  网址　http://www.ptpress.com.cn
  北京印匠彩色印刷有限公司印刷
- ◆ 开本：800×1000　1/16
  印张：30.5
  字数：720 千字　　　　　　　2020 年 1 月第 1 版
  印数：5 001 – 8 000 册　　　　2020 年 3 月北京第 2 次印刷
  著作权合同登记号　图字：01-2019-3816 号

定价：149.00 元（附光盘）
读者服务热线：(010)81055410　印装质量热线：(010)81055316
反盗版热线：(010)81055315
广告经营许可证：京东工商广登字 20170147 号

内容提要

本书由 Adobe 公司编写，是 Adobe Premiere Pro CC 软件的官方培训手册。

全书共分为 16 课，每课都围绕着具体的例子讲解，步骤详细，重点明确，一步一步地教读者进行实际操作。本书除全面介绍了 Adobe Premiere Pro CC 的操作流程外，还详细介绍了 Premiere Pro CC 的新功能。书中给出了大量的提示和技巧，帮助读者更高效地使用 Adobe Premiere Pro。

本书各课重点突出，有利于读者自己掌握学习重点和学习进度。如果读者对 Premiere Pro 还比较陌生，可以先了解使用 Premiere Pro 所需的基本概念和特性；如果读者是个 Premiere Pro 的老手，则可以将主要精力放在新版本的技巧和技术的使用上。本书也适合各类相关内容的培训班学员及广大自学人员参考。

致 谢

首先，为 Adobe Premiere Pro 这款强大的视频编辑软件编写这本实用的学习教材是一大群人共同努力的结果，并非完全出自我一人之手。许多朋友、同事、电影制片人、技术专家都为本书做出过贡献。要感谢的人实在太多了，但限于篇幅，这里无法一一提及。我经常开玩笑说：在英国，我们形容一个人很棒时，不说棒极了（awesome），而说完全可以接受（perfectly acceptable）。但这里，使用完全可以接受（perfectly acceptable）这个词组来形容他们就显得有点苍白无力了。他们胸怀仁爱，乐于分享知识，又乐于助人，整个世界因他们而变得更加美好。他们真是一群超级棒（super awesome）的人，用我们英国人的话说，他们都是绝对可以接受（definitely more than acceptable）的人。

本书顺利面世也少不了编辑们的帮助，他们经验丰富，检查并纠正了书中出现的输入错误、拼写错误、命名错误、属性错误、语法错误以及无用的措辞和前后不一致的描述。这支优秀的编辑团队不仅标出了书稿中需要修改的地方，还提出了许多我十分认同的修改方案。从这个意义上讲，这本书是集体智慧的结晶。在此，我要感谢 Peachpit 和 Adobe Press 的编辑团队，正是他们的努力，才促成了这么一本优秀教材的面世。

本书的每一课都在劳拉·诺曼（Laura Norman）的精心指导下完成，每课内容都经过了维克多·加文达（Victor Gavenda，一位优秀且经验丰富的内容审查人员）的严格审查，确保学员们能够轻松看懂它们。另外，书中给出的技术参考资料均由雅勒·利尔普（Jarle Leirpoll）亲自验证过，他是一位出色的媒体技术专家，同时也是一位资深的 Premiere Pro 专家。

本书大部分基于理查德·哈林顿（Richard Harrington）编写的内容创作。最初的目录是我们两个人一起编制的，尽管我对他写作的内容进行了更新和改写，但是依然有大量内容未加修改，这些内容与理查德的原作是一样的。

最后，还要感谢 Adobe 公司。Adobe 公司拥有大批优秀员工，他们总是为创意人员热心地提供帮助。他们完全称得上是"最可接受的人"（the most acceptable of all），他们真的是超赞！

——马克西姆·亚戈（Maxim Jago）

关于 Adobe Premiere Pro CC

　　Adobe Premiere Pro CC 是一款视频编辑爱好者和专业人士必不可少的视频编辑软件，它提供的视频编辑系统极具扩展性，高效又灵活，支持多种视频、音频和图像格式。Premiere Pro 能够让你工作得更快，创建出更富创意的作品，同时又无须转换媒体格式。它提供了一整套功能强大的专用工具，让你能够顺利应对编辑、制作以及工作流程中遇到的所有挑战，最终得到可以满足要求的高质量作品。

　　更重要的是，Adobe 高度重视用户使用体验，为其推出的多款应用程序设计了一套统一的界面元素，这些界面元素直观、灵活又高效，以便用户探索和使用这些软件。

前　言

本书是 Adobe 图形图像、排版、创意视频制作软件的官方培训教程之一。本书在编写时做了精心的安排，使大家可以灵活地使用本书自学。如果你是初次接触 Premiere Pro 软件，那么你将会在本书中学到各种基础知识、概念，为掌握 Premiere Pro 打下坚实的基础。当然，在这本书中，你也会学到这款软件的许多高级功能，包括使用最新版本软件的提示与技巧。

在学习相关知识的同时，本书也为大家提供了动手实践的机会，让你亲自体验软件的抠像、动态修剪、色彩校正、媒体管理、音频和视频效果以及音频混合等功能。此外，在本书中，我们还将学习如何使用 Adobe Media Encoder 为 Web 和移动设备创建文件。Premiere Pro CC 针对 Windows 和 macOS 操作系统提供了不同版本。

学前准备

在学习本书之前，请确保你所用的系统能够正常运转，并且安装了所需的软件和硬件。请访问 Adobe 官方网站，了解 Premiere Pro 软件对系统的要求。

另外，你应该对自己的计算机和操作系统有一定的了解，例如，会使用鼠标、标准菜单与命令，还知道如何打开、保存、关闭文件。如果你还不懂这些操作，请阅读 Microsoft Windows、macOS 的帮助文档。

学习本书不要求你必须了解视频相关概念和术语。在学习过程中，如果遇到陌生的术语，你可以查看本书的附录部分，那里有对相关术语的解释。

安装 Premiere Pro CC

本书不提供 Adobe Premiere Pro CC 软件，它是 Adobe Creative Cloud 的一部分，你必须另行购买，或者使用 Adobe 官方提供的试用版。有关安装 Adobe Premiere Pro CC 的系统需求与说明，请访问 Adobe 官方网站。你可以通过访问 Adobe 官方网站来购买 Adobe Creative Cloud 套装。在获取了完整的 Adobe Creative Cloud 许可证之后，除了 Premiere Pro 之外，你还可以安装 Adobe Photoshop CC、Adobe After Effects CC、Audition CC、Adobe Prelude CC、Adobe Media Encoder CC。

优化性能

编辑视频对计算机处理器和内存有很高的要求。处理器速度越快，内存越大，视频编辑工作就越快、越高效，这也会带来更流畅和更愉悦的创作体验。

Premiere Pro CC 能够充分利用多核处理器（CPU）和多处理器系统。处理器越快、CPU 核数越多，Premiere Pro CC 表现出的性能就越好。

运行 Premiere Pro CC 的最低内存要求为 8GB。如果你要处理超高清（UHD）视频，建议内存不低于 16GB。

另外，你用来播放视频的存储驱动器的速度也会对性能造成影响。建议你使用专用的高速存储驱动器。强烈建议你使用 RAID 磁盘阵列或快速固态硬盘，尤其是当你处理 UHD 或更高分辨率的内容时。把媒体文件和程序文件保存到同一个硬盘上可能也会影响性能，请尽量把媒体文件保存在一个单独的磁盘上，这样做不但能够提高软件的运行速度，还有利于管理媒体。

Premiere Pro 中的水银播放引擎（Premiere Pro Mercury Playback Engine）能够充分利用计算机的图形处理器（GPU）的能力来提高播放性能。GPU 加速会对软件运行性能有明显的提升作用，大多数带有至少 2GB 专用内存的显卡也可以满足使用要求。关于 Premiere Pro 对软硬件要求的信息，请访问 Adobe 官方网站进行了解。

使用课程文件

本书课程有配套的资源文件，包括视频剪辑、音频文件、照片、图像文件（使用 Photoshop 和 Illustrator 制作）。在学习书中的课程之前，你必须先把这些资源文件全部复制到计算机硬盘上。在学习某些课程时，还会用到其他课程中的文件，所以，请你务必把所有资源文件全部复制到硬盘中，这些资源文件大约需要 7GB 的存储空间。

如果你购买的是电子版，那么需要从异步社区下载课程文件，详情请参考本书的"资源与支持"。

如果你购买的是纸质版，那你可以从随书光盘把课程文件复制到硬盘上，步骤如下。

1. 使用 Finder（macOS）或文件夹浏览器（Windows）打开随书光盘。
2. 使用鼠标右键单击 Lessons 文件夹，从弹出菜单中，选择"复制"。
3. 转到保存 Premiere Pro 项目的位置，单击鼠标右键，从弹出菜单中，选择"粘贴"。

> Pr 提示：如果你没有专门用来存放视频文件的硬盘，不妨把课程文件放到计算机桌面上，这样既方便查找又方便使用。

如果你的计算机上没有配备光盘驱动器，无法读取随书光盘中的课程文件，请阅读"资源与支持"板块，了解如何从网上下载课程文件。

重新链接课程文件

课程文件中的 Premiere Pro 项目含有指向特定媒体文件的链接。当你把这些文件复制到一个新位置后，在第一次打开项目时，需要更新那些链接。

> **Pr** **注意**：如果媒体文件存储在多个位置上，你可能需要多次搜索才能为项目重新链接好所有媒体文件。

在打开一个项目时，如果 Premiere Pro 找不到链接的媒体文件，它就会弹出 Link Media（链接媒体）对话框，要求你重新链接脱机文件。此时，从列表中选择一个脱机剪辑，单击 Locate（查找）按钮，弹出一个浏览面板，然后查找目标文件。

在查找文件对话框中，使用左侧导航器找到 Lessons 文件夹，单击 Search（搜索）按钮，Premiere Pro 会查找 Lessons 文件夹中的媒体文件。单击 Search（搜索）按钮前，选择"仅显示精确名称匹配"，可以隐藏其他所有文件，便于精确查找目标媒体文件。

当查找到目标文件后，在查找文件对话框顶部显示出目标文件的最后路径、文件名以及当前所在的路径和文件名。选择目标文件，单击 OK（确定）按钮。

在默认情况下，重新链接其他文件的选项是开启的，一旦你重新链接了一个文件，其他文件也会自动重新链接。

如何使用本书

本书课程采用的是步骤式讲解方式。有些课程内容相对独立，但是大部分课程是建立在前面课程基础之上的。因此，学习本书最好的方式是按照顺序从头到尾一课一课地学习。

本书按照实际使用顺序向你介绍各种技能和技术，先从导入媒体文件（例如视频、音频、图像）开始，再创建序列，添加效果、美化音频，最后导出项目。

许多页面还包含"注意"和"提示"内容，这部分内容通常用来解释某种特定技术或提供其他操作方法。虽然你不必非得阅读这些内容，或按照里面的方法去做，但是如果时间允许，我还是建议你阅读一下，那些内容能够加深你对后期制作的理解。

当学完本书的全部课程后，你会对视频后期制作流程有一个清晰的了解，并且能够掌握视频编辑所需的各种技能。

在本书的学习过程中，你会发现前面学过的课程和基本编辑技术对于学习当前课程非常有帮助。这是因为高级工作流程都建立在前面介绍过的基本原则之上，花点时间回顾一下前面学过的课程有利于你发现一些共同原则。坚持这样做，养成好习惯，你会得到更好的锻炼，而且技术也会得到很大的提升。

课程文件

在本书的学习过程中，为了参照示例项目进行操作，你需要先把需要的课程资源从光盘复制到硬盘上。在下载时，你既可以按课分别下载，也可以一次把所有文件全部下载下来。

更多资源

本书的写作目的并非用来取代软件说明文档，因而不会详细讲解软件的每个功能，只是讲解课程中用到的命令和菜单。有关 Premiere Pro CC 功能与教程的更多信息，你可以从软件的 Help 菜单选择相应命令来找到它们，也可以单击 Home 界面中的 Learn 按钮（在第 1 课中讲解），在"学习"（Learn）选项卡中，查找这些资源。

资源与支持

本书由异步社区出品，社区（https://www.epubit.com/）为你提供相关资源和后续服务。

配套资源

本书提供配套资源，请在异步社区本书页面中单击 配套资源 ，跳转到下载界面，按提示进行操作即可。注意：为保证购书读者的权益，该操作会给出相关提示，要求输入提取码进行验证。

提交勘误

作者和编辑尽最大努力来确保书中内容的准确性，但难免会存在疏漏。欢迎你将发现的问题反馈给我们，帮助我们提升图书的质量。

当你发现错误时，请登录异步社区，按书名搜索，进入本书页面，单击"提交勘误"，输入勘误信息，单击"提交"按钮即可，如下图所示。本书的作者和编辑会对您提交的勘误进行审核，确认并接受后，你将获赠异步社区的 100 积分。积分可用于在异步社区兑换优惠券、样书或奖品。

详细信息	写书评	提交勘误

页码：_____ 页内位置（行数）：_____ 勘误印次：_____

B I U ABC ☰▾ ☰▾ " ↺ 🖼 ☰

字数统计

提交

扫码关注本书

扫描下方二维码，你将会在异步社区微信服务号中看到本书信息及相关的服务提示。

与我们联系

我们的联系邮箱是 contact@epubit.com.cn。

如果你对本书有任何疑问或建议，请你发邮件给我们，并请在邮件标题中注明本书书名，以便我们更高效地做出反馈。

如果你有兴趣出版图书、录制教学视频，或者参与图书翻译、技术审校等工作，可以发邮件给我们；有意出版图书的作者也可以到异步社区在线提交投稿（直接访问 www.epubit.com/selfpublish/submission 即可）。

如果你所在的学校、培训机构或企业，想批量购买本书或异步社区出版的其他图书，也可以发邮件给我们。

如果你在网上发现有针对异步社区出品图书的各种形式的盗版行为，包括对图书全部或部分内容的非授权传播，请您将怀疑有侵权行为的链接发邮件给我们。你的这一举动是对作者权益的保护，也是我们持续为你提供有价值的内容的动力之源。

关于异步社区和异步图书

"异步社区"是人民邮电出版社旗下 IT 专业图书社区，致力于出版精品 IT 技术图书和相关学习产品，为作译者提供优质出版服务。异步社区创办于 2015 年 8 月，提供大量精品 IT 技术图书和电子书，以及高品质技术文章和视频课程。更多详情请访问异步社区官网 https://www.epubit.com。

"异步图书"是由异步社区编辑团队策划出版的精品 IT 专业图书的品牌，依托于人民邮电出版社近 30 年的计算机图书出版积累和专业编辑团队，相关图书在封面上印有异步图书的 LOGO。异步图书的出版领域包括软件开发、大数据、AI、测试、前端、网络技术等。

异步社区

微信服务号

目　录

第1课 了解Adobe Premiere Pro CC

课程概览

本课学习如下内容：

- 非线性编辑；
- 了解标准数字视频工作流程；
- 使用高级功能增强工作流程；
- 了解工作区；
- 定制工作区；
- 设置键盘组合键。

 　　学完本课大约需要 60 分钟。请下载本课课程文件，并把课程文件保存到你计算机中合适的位置下。

Adobe Premiere Pro 是一个视频编辑系统，它支持最新技术和摄像机，
拥有各种易用且功能强大的工具。借助这些工具，Adobe Premiere Pro
几乎可以集成所有视频采集源。

1.1 课程准备

人们对高质量视频内容的需求从未如此强烈过，视频制作和编辑人员工作正处在一个新旧技术不断变化的环境之下。尽管摄像机系统和发布形式层出不穷，但是视频编辑的目标始终未变，那就是获取源素材，然后根据你的设想编辑它，最终实现与观众的有效交流。

Adobe Premiere Pro CC 为我们提供了一个视频编辑系统，它支持最新技术和摄像机，拥有大量功能强大且易于使用的工具。借助这些工具，我们几乎可以集成所有媒体（包括 VR 视频）、第三方插件以及其他后期制作工具。

下面我们先讲解大多数编辑所采用的基本后期制作流程，然后介绍 Premiere Pro 界面的主要元素，再学习定制工作区的方法。

1.2 使用 Premiere Pro 做非线性编辑

Premiere Pro 是一款非线性视频编辑软件。类似于文字处理程序，Premiere Pro 允许你在自己的视频编辑项目中任意放置、替换、移动视频、音频和图像，调整时无须按照特定顺序进行，并且允许你随时调整项目的任意一部分，这些都是非线性编辑的优势所在。

在 Premiere Pro 中，你可以把多个视频片段（称为"剪辑"或 clip）组合起来，创建一个序列。并且你可以按照任意顺序编辑序列的任意部分，然后更改内容或移动视频剪辑，控制这些剪辑的播放顺序。你还可以把多个视频图层混合在一起，更改图像大小、调整颜色、添加特殊效果、做混音等。

你可以把多个序列组合在一起，跳转到视频剪辑的任意时刻，而无须做快进或倒带操作。在 Premiere Pro 中，组织视频剪辑就像组织计算机中的文件一样简单。

Premiere Pro 支持磁带和无磁带媒体格式，包括 XDCAM EX、XDCAMHD 422、DPX、DVCProHD、QuickTime、AVCHD（包括 AVCCAM 与 NXCAM）、AVC-Intra、DSLR 视频、Canon XF。此外，还对 RAW 视频格式提供原生支持，其中包括使用 RED、ARRI、Sony、Canon、Blackmagic 摄像机拍摄的视频（见图 1-1），并且对 360° 全景视频格式也提供了支持。

> **Pr** 注意：单词 clip（剪辑）来自于胶片电影时代。那时，人们在编辑电影胶片时会把一段段胶片从胶片卷上剪下来。

图1-1

Premiere Pro 对 RED 摄像机的 RAW 视频格式提供了原生支持，其包含的设置可以控制视频文件的解释方式。

1.2.1 使用标准数字视频工作流

在获取了一些编辑经验之后，对于编辑项目不同部分的先后顺序，你会形成一套自己特有的习惯。在一个项目的处理过程中，每个阶段需要花费的时间不同，使用的工具也不同。此外，在有些项目中，某个阶段可能比其他阶段需要花费更多时间。

在处理一个项目时，对于某些阶段，不论是快速跳过，还是花几个小时（或者几天）精雕某个细节，所遵循的步骤大致都是一样的，如下所示。

1. 获取素材：包括为项目录制原始素材、新建动态内容、收集各种资源。

2. 导入素材：对于非磁带素材，Premiere Pro 可以直接读取素材文件，这个过程中通常也不需要做转换。如果你使用的是非磁带素材，请一定要记得对素材文件进行备份，防止因磁盘意外故障而丢失素材。对于基于磁带的视频素材，Premiere Pro 会（借助于合适的硬件）把视频转换成数字文件。若想使视频播放流畅，建议你使用读写速度快的存储器。

3. 组织剪辑：一个项目涉及的视频素材可能有很多，我们需要从众多素材中选出项目真正需要的。为了方便选择，我们最好花时间认真地组织一下视频素材，把各个剪辑放入项目的不同文件夹中。此外，我们还可以为不同视频素材添加不同颜色的标签与元数据（有关剪辑的额外信息），以便更好地对它们进行分类。

4. 创建序列：在 Timeline（时间轴）面板中，把视频和音频剪辑的各个部分组合成一个序列。

5. 添加过渡：在各段剪辑之间添加特定的过渡效果，添加视频效果，把剪辑放在多个图层（对应于 Timeline 中的"轨道"）上创建合成视觉效果。

6. 创建或导入标题、图形、字幕：把标题、图形、字幕与视频剪辑一起添加到序列中。

7. 调整混音：调整音频剪辑的音量，让混音效果恰到好处，并向音频剪辑应用过渡和效果来改善声音。

8. 输出：把处理完的项目导出为文件或灌入录像带。

对于上面每一个步骤，Premiere Pro 都提供了业界领先的支持工具。此外，Premiere Pro 还有一个由创意人士、技术专家组成的庞大社区，这个社区中包含大量分享 Premiere Pro 使用经验的文章，而且为用户在视频编辑行业中的成长提供帮助和支持。

1.2.2 使用 Premiere Pro 增强工作流

Premiere Pro 不仅为我们提供了易于使用的视频编辑工具，它还提供了许多高级工具，借助这些工具，你可以更好地管理、调整、精调项目。

在最初的几个项目中，你可能不会用到下面所有功能。不过，随着经验的增长以及对非线性编辑理解的加深，你可能想进一步提高自己的技术水平。

由于篇幅限制，本书不可能把 Premiere Pro 的所有创意工具和功能都一一讲到。尽管如此，本书还是会尽量把 Premiere Pro 的一些高级功能介绍给大家，以便大家进一步学习，从而提高自身技术水平。

本书将会讲解如下主题。

- 高级音频编辑：Premiere Pro 提供了其他非线性编辑软件无可比拟的音频效果和音频编辑工具。在 Premiere Pro 中，你不仅可以做音轨混合，还可以消除噪声、减少混响、编辑取样电平、向音频剪辑或音轨应用多种音频效果、使用最先进的插件以及第三方 VST（虚拟演播室技术）插件。

- 颜色校正与分级：在 Premiere Pro 中，你可以使用许多高级颜色校正滤镜（包括 Lumetri 这个专用的颜色校正和分级面板）来校正和调整视频素材的颜色和外观。你还可以做二次颜色校正选择，调整分离颜色，调整图像的所选区域，以及自动地在两个图像之间匹配颜色。

- 关键帧控制：在 Premiere Pro 中，即使不使用专门的合成和运动图形软件，我们也可以精确地控制视觉效果和运动效果的显示时机。关键帧使用了统一的界面设计，如果你学会了如何在 Premiere Pro 中使用它们，那么所有 Adobe Creative Cloud 产品中的关键帧你就都会用了。

- 广泛的硬件支持：Premiere Pro 支持大量专用输入和输出硬件，用户可以根据自身需求和预算，从选择所需要的硬件组建系统。不论是桌面型计算机、笔记本计算机，还是高性能工作站，用户都可以使用 Premiere Pro 系统轻松地编辑 3D 立体、HD、4K、8K、360° VR 视频。

- GPU 加速：水银回放引擎（Mercury Playback Engine）有两种工作模式，仅 Mercury Playback Engine 软件和 Mercury Playback Engine GPU 加速（用来增强回放性能）。GPU 加速模式需要工作站的显卡满足一定条件。大部分专用视频内存不低于 1GB 的现代显卡都可以胜任。

- 多摄像机编辑：你可以快速、轻松地编辑使用多摄像机拍摄的素材。Premiere Pro 在分屏视图中显示多个摄像机源，你可以通过单击相应屏幕或使用键盘组合键来选择一个摄像机视图。你还可以根据音频剪辑或时间码自动同步多台摄像机的角度。

- 项目管理：在 Premiere Pro 中，你可以通过一个单独的对话框管理媒体，包括查看、删除、移动、搜索、重组剪辑和文件夹。通过把序列中用到的素材复制到一个位置来合并项目，删除未使用的素材文件，以节省存储空间。

- 元数据：Premiere Pro 支持 Adobe XMP 文件，它存储着素材文件的元数据，许多应用程序都可以访问这些数据，用来查找剪辑或读取评级、版权信息等。

- 创意片头：使用基本图形面板创建片头和图形。你还可以在 Premiere Pro 中使用由其他软件创建的图形。你可以把 Adobe Photoshop 文档作为拼合图像整体导入，或作为单独图层导入，并有选择性地进行合并、组合、制作动画。你还可以导入 Adobe After Effects 动态图形模板，并直接在 Premiere Pro 中进行调整。

- 高级修剪：在 Premiere Pro 中使用特殊的修剪工具可以精确地调整序列中剪辑的起始点和结束点。Premiere Pro 不但提供了快捷、便利的修剪组合键，还提供了修剪工具的可视界面，以允许你对多段剪辑做复杂的时序调整。

- 媒体编码：在 Premiere Pro 中，导出序列以创建符合自己需要的视频和音频文件。借助 Adobe Media Encoder 的高级功能，使用预设或首选项设置把最终序列以多种格式导出。文件导出期间，你可以应用颜色调整和信息叠加。媒体文件通过简单步骤就可以上传到社交媒体平台。

- 360° VR 视频：编辑、制作 360° 视频素材时会用到一种特殊的 VR 视频显示模式，这种模式能够让你看到图像的特定区域，借助 VR 头盔，你可以同时看到视频素材和编辑后的剪辑，从而获得更自然、直观的编辑体验。此外，Premiere Pro 还提供了多种专用于 360° 视频的视觉特效。

1.3 扩展工作流

尽管 Premiere Pro 可以作为独立的应用程序使用，但是其实它也可以和其他应用程序一起使用。Premiere Pro 是 Adobe Creative Cloud 的一部分，因此你可以访问许多其他专业工具，例如 After Effects、Audition、Prelude。了解这些软件间的协同工作方式，不仅可以提高工作效率，还可以给你的创作带来更大自由。

1.3.1 把其他软件纳入编辑工作流

Premiere Pro 是一个全能型的视频、音频后期制作工具，但说到底它也只是 Adobe Creative Cloud 其中一个软件。Adobe Creative Cloud 包含 Adobe 公司推出的一整套用于支持打印、Web 和视频的软件，这些软件可以完成以下功能：

- 创建高级 3D 动态效果；
- 创建复杂文本动画；
- 制作带图层的图形；
- 创建矢量作品；
- 制作音频；
- 媒体管理。

为了在实际工作中使用上面这些功能，你可能需要使用 Adobe Creative Cloud 中的其他软件。Adobe Creative Cloud 套装中包含制作高级、专业视频所需要的一切工具。

Adobe Creative Cloud 中的其他软件包括以下几种。

- Premiere Rush：这是一款用于移动设备的轻量型视频编辑工具，它创建的项目与高级视频编辑软件 Premiere Pro 兼容。

- Adobe After Effects CC：这是一款十分受动态图形设计师、动画师、视觉效果艺术家欢迎的工具。

- Adobe Character Animator CC：该工具使用网络摄像头跟踪人物面部，并结合键盘组合键，为 2D 木偶制作自然、逼真的动画。

- Adobe Photoshop CC：这是一款专业的图形图像处理软件。你可以使用它处理照片、视频、3D 对象，以便把它们应用到项目中。

- Adobe Audition CC：这款工具功能强大，用于音频编辑、音频去噪和美化、音乐创作和调整，以及多声道混合等。

- Adobe Illustrator CC：这是一款专业的矢量图形制作软件，广泛用于印刷、视频、Web 制作中。

- Adobe Dynamic Link CC：该工具用来消除转移素材时软件之间的中介演算，允许我们实时处理在 After Effects、Audition、Premiere Pro 之间共享的素材、合成和序列。

- Adobe Prelude CC：这款工具允许你用来获取源素材，进行视频转码，向视频素材文件添加元数据、标记、标签，快速创建粗剪，以便分享到 Premiere Pro 或其他 NLE。

- Adobe Media Encoder CC：这是一个视频和音频编码软件，用来以各种分发格式对 Premiere Pro、Adobe After Effects、Audition 创建的项目文件进行编码输出。

1.3.2　了解 Adobe Creative Cloud 视频工作流

在不同的制作需求下，所使用的 Premiere Pro 和 Creative Cloud 工作流有很大不同。下面介绍一个常见的工作流程。

- 首先使用 Photoshop CC 对来自于数码相机、扫描仪、视频剪辑的静态图像或包含图层的图像进行修饰并应用效果。然后，把它们作为源素材导入 Premiere Pro，在 Premiere Pro 中对素材做进一步调整处理。

- 使用 Prelude 导入和管理大量媒体文件，添加有用的元数据、临时注释、标签。根据 Adobe Prelude 中的剪辑和子剪辑创建序列，并把它们发送给 Premiere Pro 以继续进行编辑。

- 直接把剪辑从 Premiere Pro 时间轴发送到 Adobe Audition，做音频去噪和美化。

- 发送完整的 Premiere Pro 序列到 Adobe Audition，完成专业音频混合，包括兼容效果和电平调节。Premiere Pro 可以基于编辑的序列创建一个 Adobe Audition 会话，其中包含视频，因此你可以在 Audition 中根据行为组织和调整电平。

- 使用 Dynamic Link，在 After Effects 中打开 Premiere Pro 视频剪辑。然后应用特效、添加动画和视觉元素，并在 Premiere Pro 中查看最终结果。你可以直接在 Premiere Pro 中播放 After Effects 合成，而无须把它们预先导出。

- 使用 After Effects 创建包含高级文本动画的合成，例如片头或片尾的滚动字幕。借助 Dynamic Link，你可以直接在 Premiere Pro 中使用这些合成。在 After Effects 中所做的调整会立即在 Premiere Pro 中体现出来。

- 借助内置的预设、效果以及集成的社交媒体支持，使用 Adobe Media Encoder 以多种分辨率和编码器导出视频项目，以便在网站、社交媒体上展示，或用于存档。

本书的大部分内容主要讲解 Premiere Pro 工作流，但也会介绍一些在自己的工作流中使用其他 Adobe Creative Cloud 软件的方法，以便帮助大家创建出更好的效果和作品。

1.4　Premiere Pro 界面概览

首先，让我们一起了解一下 Premiere Pro 软件的用户界面，这样你就可以在后续课程的学习中快速找到需要使用的工具。为了方便配置用户界面，Premiere Pro 软件为我们提供了多种"工作区"。使用"工作区"可以快速在屏幕上配置各种面板和工具，以满足特定任务的处理要求，例如编辑、应用特效或音频混合。

我们会先从 Editing（编辑）工作区开始介绍。这里会用到本书配套资源中的一个 Premiere Pro 项目。如果你看的是电子书，请先从网上下载课程文件。

在正式开始之前，请先把所有课程文件夹和内容存储到计算机硬盘上。然后启动 Premiere Pro 软件，首先显示的是 Home（主页）界面。

如图 1-2 所示，在前几次启动 Premiere Pro 时，Home（主页）界面中显示的是在线培训视频的链接，用来帮助大家入门。

图1-2

如果之前你曾经打开过一些项目，那在 Home（主页）界面中间会显示一个列表，里面列出了最近使用的项目（见图 1-3）。你可以把鼠标指针放到一个最近使用的项目上，此时在一个弹出式窗口中会显示项目文件的位置。随着最近项目列表越来越长，那些指向在线培训视频的链接会被移除，以便为列表腾出空间。

图1-3

Premiere Pro 项目文件中包含你对项目的所有奇思妙想、指向所选媒体文件的链接（也称为"剪辑"）、由剪辑组合而成的序列、特效设置等。Premiere Pro 项目文件的扩展名为 .prproj（见图 1-4）。

在 Premiere Pro 中处理项目就是对项目文件做调整。你需要新建一个项目文件，或者打开一个已有的项目文件，才能使用 Premiere Pro 提供的各种功能和工具。

Lesson 01.prproj

图1-4

如图 1-5 所示，在 Home（主页）窗口中，有几个重要的按钮，其中有些按钮看起来像文本，但是它们其实是可以进行点击的（要特别留意 Premiere Pro 用户界面中那些看起来像文本的按钮）。

- New Project（新建项目）：新建一个空的项目文件。项目文件的名称可以任意指定，但最好选择那些方便识别的名称（换言之，请不要使用 New Project 这样的名称）。

- Open Project（打开项目）：单击该按钮，会弹出"打开项目"对话框，浏览磁盘上的项目文件，打开一个已有的项目。你还可以在 macOS Finder 或 Windows Explorer 中双击一个已有的项目文件，使其在 Premiere Pro 中打开。

- Home（主页）：单击了 Sync Settings（同步设置）之后，单击 Home（主页）可以再次显示最近的项目列表。

图1-5

- Sync Settings（同步设置）：允许在多台计算机上同步你的用户设置。

- Open Premiere Rush Project（打开 Premiere Rush 项目）：在 Premiere Pro 中打开一个已有的 Premiere Rush 项目。如果你使用 Premiere Rush 创建了一个项目，该选项就可以打开。

接下来，我们尝试打开一个已有项目。

1. 单击 Open Project（打开项目）按钮。

2. 在"打开项目"对话框中，转到 Lessons 文件夹中的 Lesson 01 文件夹之下，然后双击 Lesson 01.prproj 文件，将其打开（见图 1-6）。

当打开一个已有项目文件时，可能会弹出"链接媒体"对话框，询问某个媒体问题的位置。当原始媒体文件的存储位置和当前所用文件不同时，就会弹出"链接媒体"对话框。此时，你得告诉 Premiere Pro 文件在哪里。

```
▶  📁 Assets
   📄 Final Practice.prproj
▼  📁 Lesson 01
      📄 Lesson 01.prproj
▶  📁 Lesson 03
▶  📁 Lesson 04
```

图 1-6

在"链接媒体"对话框中，你会看到一个包含缺失项的列表，并且第一个已经处于高亮显示状态。单击对话框右下角的 Locate（查找）按钮。

在查找文件对话框的顶部，你会看到文件的 Last Path（最后路径：文件最后已知位置）和 Path（路径：当前浏览的位置）。

在左侧文件夹中，转到 Lessons/Assets 文件夹下，单击右下角的 Search（搜索）按钮。Premiere Pro 会搜索缺失文件，并在窗口右侧将其高亮显示出来。选择查找到的文件，单击 OK（确定）按钮。Premiere Pro 会为其他缺失文件记住这个位置，并自动重新链接，你不必逐个链接它们。

> **Pr** | **注意**：最好把课程资源文件复制到计算机硬盘上，并一直保留到学完本书为止。因为有些课程会用到前面课程中的资源文件。

1.4.1 使用工作区

Premiere Pro 用户界面由多个面板组成，每个面板都有特定的用途。例如，Effects（效果）面板列出了所有可以应用到剪辑的效果，而 Effects Controls（效果控件）面板允许我们修改这些效果的设置。

工作区包含一系列预先排列好的面板，借助这些面板，我们可以更快、更轻松地完成特定任务。不同工作区适合用来完成不同的任务，例如编辑工作区适合做编辑任务，音频工作区适合处理音频，颜色工作区适合调整颜色等。

虽然你可以从 Premiere Pro 的 Windows（窗口）菜单访问各个面板，但是通过工作区，你可以更快地访问多个面板，并且各个面板都是按照需求准确排列的，所有这些只需要执行一步操作即可实现。

在屏幕顶部的 Workspaces（工作区）面板中，选择 Editing（编辑）工作区选项，确保当前处在默认的 Editing（编辑）工作区之下。

然后，在 Workspaces（工作区）面板中，单击 Editing（编辑）选项卡右侧的面板菜单图标（▤），从中选择 Reset To Saved Layout（重置为已保存的布局），重置编辑工作区（见图 1-7）。

Reset to Saved Layout	⌥⇧0
Save Changes to this Workspace	
Save as New Workspace...	

图1-7

若 Workspaces（工作区）面板未显示，请先从菜单栏中，依次选择 Window（窗口）> Workspaces（工作区）> Editing（编辑），再选择 Window（窗口）> Workspaces（工作区）> Reset To Saved Layout（重置为已保存的布局）来重置编辑工作区。

如图 1-8 所示，在 Workspaces（工作区）面板中，显示有各种工作区的名称。

| Learning | Assembly | Editing ≡ | Color | Effects | Audio | Graphics | Libraries | >> |

图1-8

其实，这些工作区名称就是按钮，你可以像单击按钮一样单击它们。这种优雅的设计在 Premiere Pro 的许多地方都可以看到。

如果你不熟悉非线性编辑，看到编辑工作区中的各种按钮和菜单可能会有些犯晕。请不用担心，当你了解了这些按钮的功能之后，就会发现它们其实很简单。这样的界面设计旨在简化视频编辑，在这样的界面设计之下，那些常用的控件用户可以随时访问到，非常方便、快捷。

工作区由各种面板组成，你可以把多个面板放入一个面板组之中，这样可以大大节省空间。面板组中所有面板的名称都显示在面板顶部。单击面板名称，即可打开相应面板（见图 1-9）。

| Project: Lesson 01 ≡ | Media Browser | Libraries | Info |

图1-9

当面板组中包含很多个面板时，有些面板名称可能无法在面板顶部显示出来，此时在面板右上角就会出现一个双箭头图标（见图 1-10），单击该图标，将弹出一个菜单，其中列出了该面板组中的所有面板。

双箭头图标

Media Browser	Libraries	Info	>>	× Des
			✓ Project: Lesson 01
			Media Browser
		18 Iten	Libraries
			Info
			Effects
			Markers
			History

面板组中的
所有面板

图1-10

在菜单栏的 Window（窗口）菜单中，选择相应面板，即可将其显示出来。如果你找不到某个面板，在 Window（窗口）菜单中进行勾选即可显示出来。

Premiere Pro 的主要界面元素如图 1-11 所示。

効果控件（隐藏）　　音频剪辑混合器（隐藏）　　元数据面板（隐藏）　　工作区　　节目监视器

源监视器

信息面板
（隐藏）

项目面板

媒体浏览器
（隐藏）

剪辑　库面板（隐藏）　工具面板　　轨道　　时间轴面板　　序列　　音频主指示器

图1-11

其中重要的界面元素如下。

- Project（项目）面板：你可以在这个面板中组织指向"素材箱"（bin）中媒体文件（也叫剪辑）、序列、图形的链接。"素材箱"类似于文件夹，你可以把一个素材箱放入另一个素材箱之中，以便更好地组织媒体资源。

- Timeline（时间轴）面板：大部分编辑工作都在这里完成。你可以在 Timeline（时间轴）面板中查看和处理序列（这是一个术语，指一起编辑的视频片段）。序列可以嵌套，即你可以把一个序列放入另一个序列之中。借助序列，我们可以把一个作品拆分成多个部分，对各个部分分别进行处理，或者创建独一无二的特效。

- Tracks（轨道）：你可以把视频剪辑、图像、图形、字幕分层堆放（或合成）到数量不限的轨道上。在时间轴上，位于上方视频轨道上的视频和图形剪辑会覆盖其下方的内容。如果你想把底层轨道上的剪辑显示出来，需要调整高层轨道上剪辑的透明度或减小其尺寸。

- Monitor（监视器）面板：使用 Source Monitor（源监视器，位于左侧）来查看和选择部分剪辑（你的原始素材）。在 Project（项目）面板中，双击某个剪辑，即可在 Source Monitor（源监视器）中查看剪辑。Program Monitor（节目监视器，位于右侧）用来查看时间轴面板中显示的当前序列。

- Media Browser（媒体浏览器）：在这个面板中，你可以搜索硬盘查找指定媒体文件。它特别适合用来查找基于文件的摄像机素材和 RAW 文件。

- Libraries（库）：借助这个面板，你可以访问自定义的 Lumetri 颜色外观、动态图形模板、图形以及协作共享库。这个面板还充当 Adobe Stock 服务的浏览器和商店。

- Effects（效果）面板：如图 1-12 所示，该面板中包含可以应用到序列上的效果，包括视频滤镜、音频效果、过渡。这些效果都是按类型分组的，方便查找。在面板顶部有一个搜索框，通过输入关键字即可快速查找到所需要的效果。效果一旦应用，其控制参数就会在 Effects Controls（效果控件）面板中显示出来。

- Audio Clip Mixer（音频剪辑混合器）：如图 1-13 所示，这个面板看起来像音频制作工作室中使用的硬件设备，带有音量滑块和左右声道控件。时间轴上的每个声道都有一套控件。你在该面板中做出的调整会应用到音频剪辑上。还有一个 Audio Track Mixer（音频轨道混合器），用来把音频调整应用到轨道而非剪辑上。

图1-12

图1-13

- Effects Controls（效果控件）面板：如图 1-14 所示，当把一个效果应用到一个剪辑之后，该效果的控件就会在效果控件面板中显示出来。应用效果的剪辑可以是你从序列中选择的，也可以是在 Source Monitor（源监视器）打开的。当你在 Timeline（时间轴）面板中选择一个视频剪辑时，Motion（运动）、Opacity（不透明度）、Time Remapping（时间重映射）都将是可用的。大多数效果参数都可以随时间进行调整。

- Tools（工具）面板：如图 1-15 所示，这个面板中的每个图标都对应于一个工具，用来在 Timeline（时间轴）中执行特定功能。Selection Tool（选择工具）与上下文相关，点击不同位置，其功能会随之发生变化。如果你发现鼠标工作不正常，很可能是因为你选错了工具。

图1-14　　　　　　　　　　　　　　　　　　　　　　图1-15

仔细观察，你会发现一些图标的右下角有一个三角形标志，这表明该图标下包含多个工具。此时，把光标移动到图标上，按下鼠标左键不放，就会弹出一个工具列表。

- Info（信息）面板：当你从 Project（项目）面板中选择一个素材，或者从序列中选择一个剪辑或过渡时，相关信息就会在 Info（信息）面板中显示出来。

- History（历史）面板：这个面板会跟踪记录你所做的操作，方便你轻松地撤销之前的操作。历史面板有点像一个可视化的 Undo（撤销）列表，当你从列表中选择一个步骤时，该步骤之后的所有操作都会被撤销。

所有面板的名称都显示在面板顶部。当某个面板处于打开状态时，该面板的名称下面就出现下划线，同时在名称右侧出现一个三道线图标，它是一个面板菜单，其中包含的选项与所选面板相关。

1.4.2　使用 Learning（学习）工作区

Premiere Pro 为我们提供了多种工作区，每种工作区都针对特定的处理活动，但是 Learning（学习）工作区是个例外。这个工作区包含 Learn（学习）面板，其中含有一系列 Premiere Pro 教程，帮助大家快速熟悉 Premiere Pro 的用户界面和一些常用的技巧。

你会发现这些教程是对本书练习的一个很好的补充。建议大家先学习本书内容,完成相关练习,然后再学习 Learn 面板中的相关教程，借此进一步巩固所学的知识。

1.4.3 自定义工作区

除了选择 Premiere Pro 提供的现成的工作区之外，我们还可以自己动手调整面板的位置，创建符合自己需要的工作区。你可以针对不同任务创建不同工作区。

- 当你调整一个面板或面板组的尺寸时，其他面板的尺寸也会随之一起改变。

- 面板组中的每个面板都可以通过单击其名称来访问。

- 所有面板都是可移动的，你可以把一个面板从一个组拖动到另一组。

- 你可以把一个面板从面板组中拖离，使其成为单独的浮动面板。

接下来，我们将尝试使用上面这些功能，自己定义一个工作区，并将其保存下来。

1. 在 Project（项目）面板中，双击 0022AO.mp4，将其在 Source Monitor（源监视器）中打开。0022AO.mp4 是列表中的第四个素材。请注意，这里双击的是 0022AO.mp4 画面缩略图，而非 0022AO.mp4 这个名称，双击名称会进入重命名状态。

> **Pr** 注意：尽管 Source Monitor（源监视器）和 Program Monitor（节目监视器）中不包含 "panel"（面板）这个词，但是它们的行为和面板非常相像。

2. 在 Source Monitor（源监视器）和 Program Monitor（节目监视器）之间有一个垂直分隔栏，把光标置于该分隔栏之上。此时，如图 1-16 所示，光标会变成双箭头（⬍）。按下鼠标左键，向左、右拖曳可以改变监视器窗口的大小。在后期制作的不同阶段，你可以根据视频显示的需要随时调整监视器窗口的大小。

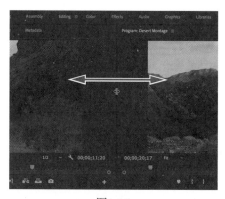

图1-16

3. 在 Program Monitor（节目监视器）和 Timeline（时间轴）面板之间有一个水平分隔栏，把光标置于水平分隔栏之上。此时，光标会变成双箭头，按下鼠标左键，上下拖曳鼠标可以调整各个窗口的大小。

4. 如图 1-17 所示，单击 Media Browser（媒体浏览器）面板名称，并按下鼠标左键不放，将其拖曳到 Source Monitor（源监视器）中央区域之上，此时 Media Browser（媒体浏览器）面板就会加入到那个面板组中。

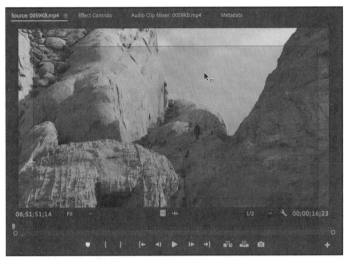

图1-17

5. 默认情况下，Effects（效果）面板和 Project（项目）面板同在一个面板组中。把光标放到 Effects（效果）面板名称上，按下鼠标左键不放，将其拖至所在面板组的右侧区域，释放鼠标把 Effects（效果）面板放到一个单独的面板组之中。若 Effects（效果）面板未显示，你可以从 Windows（窗口）菜单中选择它，将其打开。

在释放鼠标之前，请确保你把 Effects（效果）面板拖曳到图 1-18 所示的拖放区域中，拖放区域是一个蓝色的梯形，位于 Project（项目）面板的右侧部分。释放鼠标之后，你的工作区中就新增了一个面板组，其中只包含 Effects（效果）面板。

图1-18

当你通过面板名称拖曳面板时，Premiere Pro 会显示出拖放区域。若高亮显示的拖放区域为矩形，则释放鼠标后，被拖曳的面板会添加到目标面板组之中。若拖放区域是梯形，则 Premiere Pro 会新建一个面板组，用来存放被拖曳的面板。

此外，你还可以把面板放入它们自己的浮动窗口中。

6. 按住 Command 键（macOS）或 Ctrl 键（Windows），把 Source Monitor（源监视器）拖离其所在的面板组。

7. 把 Source Monitor（源监视器）拖放到任意位置，创建一个浮动面板。拖动浮动面板的边缘或转角，调整面板大小（见图 1-19）。

Pr | **注意**：你可能需要调整面板的尺寸，才能看到其中包含的所有控件。

图1-19

随着经验的增加，你可能想自己定制工作区，然后将其保存起来，以便日后使用。要保存工作区，首先从菜单栏中，依次选择 Window（窗口）> Workspaces（工作区）> Save As New Workspace（另存为新工作区）菜单，然后在"新建工作区"对话框中，输入工作区名称，单击 OK（确定）按钮即可。

如果你想把一个工作区恢复成其默认布局，只要从菜单栏中依次选择 Window（窗口）> Workspaces（工作区）> Reset To Saved Layout（重置为保存的布局）菜单，或者双击工作区名称即可。

Pr | **注意**：在 Project（项目）面板的面板菜单下，有 Font Size（字体大小）菜单项，其中包含 Small（小）、Medium（Default）[中等（默认）]、Large（大）、Extra Large（特大）几个选项，选择相应选项，可以改变字体大小。

8. 最后，选择 Premiere Pro 预设的 Editing（编辑）工作区，返回到默认工作区之下。

1.4.4　首选项简介

编辑的视频越多，根据自身需求定制 Premiere Pro 的愿望越强烈。Premiere Pro 提供了几种类型的设置。例如，对于面板菜单（单击面板名称右侧的三道杠图标，即可打开面板菜单），不同面板下面板菜单所包含的选项各不相同，序列中各个剪辑的设置需要使用鼠标右键单击访问。

值得注意的是，显示在每个面板顶部的面板名称通常也叫作"面板选项卡"，面板名称就像是一个手柄，你可以通过这个手柄来移动面板。

 注意：在面板和面板组首次出现在 Premiere Pro 中时，面板名称和面板整个是一体的，采用的是选项卡式设计。但是，随着时间的推移，用户界面发生了变化和调整，原先的选项卡被移除了，只有面板名称保留了下来。

此外，还有应用程序首选项，这些选项都被分组到一个对话框中，访问起来十分方便。本书会深入讲解首选项，因为它们与本书各课的内容密切相关。下面让我们先看一个简单的例子。

1. 在 macOS 系统下，依次选择 Premiere Pro CC > Preferences（首选项）> Appearance（外观）；在 Windows 系统下，依次选择 Edit（编辑）> Preferences（首选项）> Appearance（外观）。

2. 如图 1-20 所示，向右拖曳 Brightness（亮度）滑块，增强软件界面亮度。

默认设置下，亮度是深灰色，这种颜色有利于用户观看颜色（人类对色彩的感知很容易受到周围颜色的影响）。除了亮度滑块之外，还有其他几个用来控制界面亮度的选项。

图1-20

3. 调整 Interactive Controls（交互控件）和 Focus Indicators（焦点指示器）的亮度滑块。在调整时，注意观察"Sample"（示例）上颜色亮度的细微变化。调整这两个滑块可以给用户的编辑体验带来很大不同。

4. 单击各个滑块下面的 Default（默认）按钮，恢复默认设置。

5. 在左侧列表中，单击 Auto Save（自动保存），切换到 Auto Save（自动保存）面板下。

 注意：当打开首选项对话框时，选择从哪个面板启动并不重要，因为借助对话框左侧列表中的菜单，你可以快速切换到任意面板中。

想象一下，有一个项目被你已编辑了好几个小时，然后突然停电了。如果在停电之前你没有保存，那停电之后你会丢失大部分处理工作。为了防止出现这个问题，Premiere Pro 为我们提供了多个 Auto Save（自动保存）选项。通过这些选项，你可以设置自动保存项目文件的间隔时间，以及要保存的版本数（见图 1-21）。在做自动保存时，Premiere Pro 会把备份文件的创建日期和时间一起添加到文件名中。

图1-21

相比于媒体文件，项目文件很小，所以增加项目的版本数量不会影响到系统性能，你可以根据实际需要，适当增加项目的版本数量。

在 Auto Save（自动保存）面板下，还有一个选项"将备份项目保存到 Creative Cloud"。勾选这个选项，Premiere Pro 将会在 Creative Cloud Files 文件夹下为项目文件创建一个副本。工作期间，若遇到系统故障，你可以使用自己的 Adobe ID 登录到任意一个 Premiere Pro 编辑系统，访问项目备份文件，并迅速恢复工作。

此外，Auto Save（自动保存）面板下还有一个选项"Auto Save Also Saves The Current Project（s）"（自动保存也会保存当前项目）。当勾选该选项后，在执行保存操作时，Premiere Pro 还会创建一个"紧急项目备份文件"，这个项目文件是项目当前版本的一个副本，它们拥有相同的名称。当系统突然发生故障时（如断电），你可以打开这个文件副本，继续往下处理。

> **Pr** 注意：Premiere Pro 允许你同时打开多个项目。因此，在选项的文字描述中使用的是 project（s），而非 project。

6. 单击 Cancel（取消）按钮，关闭首选项对话框，不做任何修改。

1.5 使用和设置键盘组合键

Premiere Pro 中大量使用键盘组合键。相比于鼠标操作，使用键盘组合键执行操作会更快捷、更方便。许多键盘组合键在各种非线性编辑系统中是通用的，例如空格键用来启动播放和停止播放，这在某些网站中也是支持的。

有些标准的键盘组合键来自于传统的胶片电影编辑。例如，I 键和 O 键用来为素材和序列设置入点和出点。这些特殊的标记点用来表示一个片段的起点和终点，最初是直接画在电影胶片上的。

此外，还有许多其他键盘组合键可以使用，但是在默认情况下并没有做配置，这为你创建自己的编辑系统带来很大的灵活性。

在 macOS 系统下，依次选择 Premiere Pro CC > Keyboard Shortcuts（键盘组合键）；在 Windows 系统下，依次选择 Edit（编辑）> Keyboard Shortcuts（键盘组合键），打开"键盘组合键"窗口（见图 1-22）。

图1-22

初次见到这么多的键盘组合键让人有点打怵。但不要担心，相信学完本书全部内容后，你会记住其中大部分组合键。

有些键盘组合键是针对某些特定面板的。你可以从 Commands（命令）菜单中选择相应面板来查看该面板支持的组合键。

有些专用键盘各个键上印有组合键，并且有彩色编码键，这使用户可以更容易地记住那些常用的组合键。

如图 1-23 所示，在搜索框外部单击，取消选择搜索框，尝试按 Command 键（macOS）或 Ctrl 键（Windows）。

图1-23

此时，界面中显示的键盘组合键发生了变化，只显示那些和所按修饰键（这里是 Ctrl 键）搭配的组合键。请注意，在使用某个修饰键时，可以看到有很多键并没有被分配组合键，你可以根据自己的需要进行指定。

请尝试不同的修饰键组合，包括 Shift+Option（macOS）组合键或 Shift+Alt（Windows）组合键。你可以使用任意修饰键组合来设置键盘组合键。

如果你按下了一个字符键或者字符键和修饰键的组合，相应的组合键信息就会显示出来。

对话框左下角列表中包含所有可以指派组合键的命令。这个列表很长，你可以使用面板顶部的搜索框帮助自己找到指定的命令。

在查找到想指派组合键的命令后，将其从列表中拖动到键盘的某个键上，即可完成组合键的指派工作。在这个过程中，如果你同时按住了修饰键，则修饰键也会被包含到组合键之中。

如果你想清除某个组合键，只要在键盘上单击相应键，然后按右下角的 Clear（清除）按钮即可。

单击 Cancle（取消）按钮，可以关闭"键盘组合键"窗口。

移动、备份、同步用户设置

用户首选项包含大量重要设置项。大多数情况下，保持默认设置就可以了。但是有时，你可能需要做一些调整，例如你想把软件界面调得稍微亮一些。

Premiere Pro 为我们提供了相关选项，用来实现在多台计算机之间共享用户首选项设置。安装 Premiere Pro 时，会要求你输入 Adobe ID 来确认软件许可证。你可以使用相同的 ID 把用户首选项存储到 Creative Cloud，这样每次安装 Premiere Pro，你都可以同步和更新这些首选项。

你可以单击 Home（主页）窗口中的 Sync Settings（同步设置）来同步首选项。还可以从 Premiere Pro 菜单栏中，依次选择 Premiere Pro CC > Sync Settings（同步设置）> Sync Settings Now（立即同步设置）（macOS）或选择 File（文件）> Sync Settings（同步设置）> Sync Settings Now（立即同步设置）（Windows）同步首选项。

从菜单栏中，依次选择 Premiere Pro CC > Quit Premiere Pro（退出 Premiere Pro）（macOS）或 File（文件）> Exit（退出）（Windows），关闭 Premiere Pro 软件。

此时，弹出一个对话框，询问你是否保存所做的更改，单击 No（否）按钮，直接退出 Premiere Pro 软件。

1.6 复习题

1. 为什么 Premiere Pro 是一款非线性编辑软件？

2. 请描述最基本的视频编辑工作流

3. 媒体浏览器有什么用途？

4. 可以保存自定义工作区吗？

5. Source Monitor（源监视器）和 Program Monitor（节目监视器）有什么用？

6. 如何让一个面板成为浮动面板？

1.7 复习题答案

1. Premiere Pro 允许你把视频剪辑、音频剪辑、图形放到序列的任意位置；允许重排序列中已有项目、添加过渡、应用效果；允许你按照所希望的顺序做视频编辑。当使用 Premiere Pro 时，你不必非得按照固定顺序操作。

2. 拍摄视频；把视频上传到计算机；在时间轴上组合视频、音频、静态图像剪辑以创建序列；添加效果和过渡；添加文本和图形；混合音频；导出最终作品。

3. 媒体浏览器允许你在不打开外部文件浏览器的情况下浏览和导入媒体文件。当你使用的是基于文件的摄像机素材时，媒体浏览器特别有用，因为你可以轻松地预览素材。

4. 是的。从菜单栏中，依次选择 Window（窗口）> Workspaces（工作区）> Save As New Workspace（另存为新工作区）菜单，即可把自定义工作区保存下来。

5. 你可以在 Source Monitor（源监视器）中查看和修剪原始素材，可以使用 Program Monitor（节目监视器）边创建边查看当前时间轴序列的内容。

6. 按住 Command 键（macOS）或 Ctrl 键（Windows），拖曳面板名称，即可让一个面板成为浮动面板。

第 2 课　创建项目

课程概览

本课学习如下内容：

- 选择项目设置；

- 选择视频渲染和播放设置；

- 选择视频和音频显示设置；

- 创建暂存盘；

- 使用序列预设；

- 自定义序列设置。

学完本课大约需要60分钟。学习本课不需要使用任何课程文件。

在编辑项目之前，需要先新建一个项目，并为第一个序列选择一些设置。如果你一点视频和音频编辑技术都不懂，面对这么多陌生的设置选项，很有可能会手足无措。不过，幸运的是，Adobe Premiere Pro CC 为我们提供了许多方便易用的组合键。而且，不论你要创建什么项目，编辑视频和音频的原则都是一样的。

最重要的是知道自己想做什么。为了帮助你规划和管理项目，本课会讲解很多有关文件格式和视频技术的内容。随着你对 Premiere Pro 和非线性视频编辑越来越熟悉，你可能会重新温习本课内容。

在本课中，我们新建项目时可能不会更改默认设置，尽管如此，了解各个设置项的含义还是非常有必要的，因为终有一天你会再次用到它们。

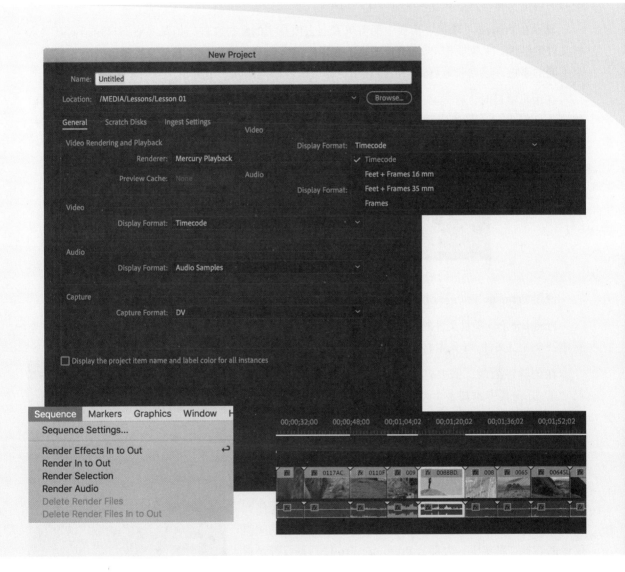

在本课中，我们将学习如何创建新项目并选择序列设置，以告知
Premiere Pro 如何播放视频和音频剪辑。

2.1　课程准备

Premiere Pro 项目文件中保存着导入视频、图形、音频文件的链接。每个素材作为一个剪辑显示在 Project（项目）面板中。"剪辑"（clip）这个词最初用来指一段电影胶片（以前，在编辑电影时，成段的胶片会被从胶卷上剪下来），现在用来指项目中的各个素材，与素材类型无关。例如，你的项目中可能包含音频剪辑或图像序列剪辑。

显示在 Project（项目）面板中的剪辑看上去像真实的素材文件，但其实它们只是指向真实素材文件的链接。大家要把 Project（项目）面板中的剪辑和它所链接的素材文件区分开，它们是两个不同的事物，这点非常重要，也很有用。你可以轻松地删除一个剪辑，同时不影响其他剪辑。

在编辑项目时，首先必须创建一个序列，该序列由一系列可播放的剪辑组成，这些剪辑前后相接（见图 2-1），有时有重叠，并带有特效、标题、声音等，以此来形成你的创作。在编辑时，你要选择使用哪些剪辑，指定选定的剪辑按照什么顺序播放。

图2-1

使用 Premiere Pro 进行非线性编辑的优点是，你可以随时随地修改任意部分。

Premiere Pro 项目文件的扩展名为 .prproj。在 Premiere Pro 中，新建一个项目非常简单。首先新建一个项目文件，导入素材，选择序列预设，然后开始编辑。

在创建序列时，需要选择播放设置（例如帧速率、帧尺寸），并向其中添加多个剪辑。下面大家要重点理解序列设置是如何影响 Premiere Pro 播放视频和音频剪辑的方式的（Premiere Pro 会根据序列设置自动调整剪辑）。为了提高工作效率，你可以使用序列预设（见图 2-2），快速选择某些设置，然后再做必要的调整。

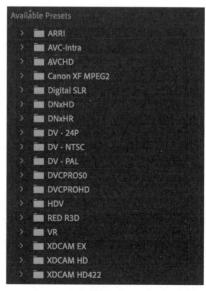

你需要知道摄像机录制的视频和音频的类型，因为序列设置一般都是基于源素材的，这样可以大大减少播放期间需要做的转换。事实上，大部分 Premiere Pro 序列预设都是根据摄像机命名的，这样有助于用户选择正确的预设。如果你知道素材拍摄时使用的摄像机和视频格式，你就会知道该选择哪种序列预设。

在本课中，我们将学习如何在 Premiere Pro 中新建项目、

图2-2

选择序列设置，告知 Premiere Pro 如何播放剪辑。同时，还要学习不同类型的音轨，以及什么是预览文件。

2.2 创建项目

让我们先新建一个项目。

1. 如图 2-3 所示，启动 Premiere Pro，出现 Home（主页）窗口（有时也叫"开始窗口"）。

图2-3

如果之前你已经启动过 Premiere Pro 多次，你将看不到指向教程的链接（相关内容已经在第 1 课中讲过）。在窗口的中心区域，你会看到一个列表，其中列出了最近打开的项目。此时，你应该能够看到一个名为 Lesson 01 的项目。单击它，即可将其打开。但这里，我们打算新建一个项目。

请注意，在窗口右侧有一个 Filter（筛选）框，你可以在其中输入项目的部分名称，这样可以把一些最近的项目从列表中排除，只保留文件名称中包含对应文本的项目文件。

"主页"窗口中还包含如下两个项目。

• 放大镜图标：在"主页"窗口右上角有一个放大镜图标，单击它，可以进入多功能搜索窗口，其中包含一个搜索框。在搜索框中输入搜索文本，Premiere Pro 会显示名称中包含搜索文本的项目文件以及 Adobe Premiere Pro Learn & Support 中的教程。访问教程需要连接互联网。

• 用户图标：在放大镜图标旁边有一个用户图标，它是 Adobe ID 用户头像的缩略图。如果你是新注册用户，这个用户图标可能是网站指定的通用图片。单击用户图标，可以管理你的在线账户。

2. 单击 New Project（新建项目），打开 New Project（新建项目）对话框，如图 2-4 所示。

在项目名称和位置之下，有 3 个选项卡，分别是 General（常规）、Scratch Disks（暂存盘）、Ingest Settings（收录设置）。这个对话框中的所有设置日后都可以修改，大多数情况下，保持默认设置就好。这里，我们先用默认设置创建新项目。随后，我们会了解各个设置所代表的含义。

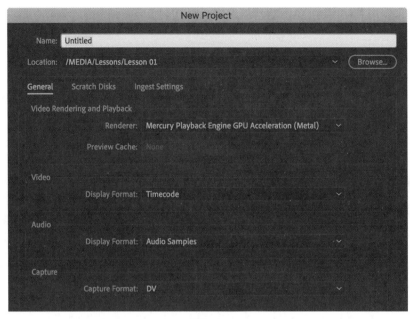

图2-4

3. 在 Name（名称）中，输入项目名称"First Project"。

4. 单击 Browse（浏览）按钮，在"请选择新项目的目标路径"对话框中，转到 Lessons/ Lesson 02 文件夹下，单击 Choose（选择文件夹）按钮，把新项目保存到 Lesson 02 文件夹下，如图 2-5 所示。

图2-5

注意：在为项目文件选择保存位置时，你可以从 Location（位置）下拉列表中，选择最近使用过的位置。

5. 如果项目创建正确，在 New Project（新建项目）窗口的 General（常规）选项卡中，你会看到图 2-5 所示的设置。

2.2.1　视频渲染和播放设置

当处理序列中的视频剪辑时，你很可能会应用一些视觉效果来改变素材外观。其中，有些效果可以立即显示出来，当你单击 Play（播放）按钮时，Premiere Pro 会把原始视频和效果组合在一起，向你呈现最终结果。这种播放称为实时播放。实时播放很招人爱，因为这意味着你可以立即看到处理结果。

如果剪辑上应用了很多效果，或者选用的效果不适合实时播放，那么你的计算机可能无法以全帧率播放编辑结果。也就是说，Premiere Pro 会尝试显示你的视频剪辑及特效，但是不会显示每一秒的每一帧。当发生这种情况时，我们就说丢帧了。

如图 2-6 所示，在 Timeline（时间轴）面板顶部有一些彩色线条（用来创建序列的地方），这些线条用来指示播放视频时是否需要做额外处理。没有线条或出现黄色线条表示 Premiere Pro 能够在不丢帧的情况下播放序列。红色线条表示 Premiere Pro 在播放那段时可能会丢帧。

注意：时间轴面板顶部的红色线条并不代表一定会丢帧，它只表示视觉调整没有被加速，这在配置较低的计算机上很可能会出现丢帧现象。

图2-6

在播放序列时即使看不到每一帧也没关系，这不会影响到最终结果。当你完成编辑，并输出最终序列时，仍然能够得到全部帧，而且还是高质量的（更多内容，请参考第 16 课）。

实时播放能够大大提升你的编辑体验和预览所应用效果的能力。对于丢帧问题，Premiere Pro 提供了一个简单的解决方案：预览渲染。

渲染与实时播放

我们可以把渲染想象成艺术家的创作，创作中有些内容是可见的，需要占用纸张并花费时间绘制。假设你有一段视频，画面很暗，于是你为它添加了一个视觉效果让画面变亮一些，但是你的视频编辑系统无法在播放原始视频的同时把画面调亮。在这种情况下，系统会渲染你添加的视觉效果，新建一个临时视频文件，这个临时视频画面更亮，看起来就像是原始视频和视觉效果融合的产物。

在播放编辑好的序列时，被渲染的部分会显示新渲染的视频文件而非原始剪辑。这个过程是不可见的，也是无缝的。在这个例子中，渲染好的文件看起来和原始视频文件是一样的，只是画面要更亮一些。

假设你的序列中包含一段需要提亮的片段。在播放这个序列时，当需要提亮的部分播放完之后，系统就会悄无声息地从预览文件切换回原始视频文件继续往下播放。

渲染的缺点是"费时费地"，渲染不仅要耗费时间，还会额外占用硬盘存储空间。另外，由于你看到的是一个新视频文件（对原始素材的拷贝），所以可能会有一些画质损失。渲染的优点是系统能够以高品质播放应用效果之后的序列，并且不会丢帧。如果你要把最终结果输出到磁盘上，这一点可能显得尤为重要，但是它不会对把结果输出到文件产生影响。

相比之下，实时播放是即时的。当应用实时效果时，你的系统会立即播放融入效果的原始视频剪辑，并不需要等待效果渲染。实时播放的唯一缺点是对你的系统配置有较高要求。你添加的效果越多，实时播放时需要做的工作也越多。就Premiere Pro来说，使用高性能显卡可以明显提升实时性能（参见后面的"水银回放引擎"）。另外，你选用的效果也要支持GPU加速，并非所有效果都支持GPU加速。

在渲染时，Premiere Pro 会先创建新的媒体文件，这些文件已经应用了你指定的效果，然后再播放新媒体文件（非原始素材）。渲染好的预览文件就是正常的视频文件，可以以高质量、全帧率播放，并且不需要做其他额外工作。

如图 2-7 所示，从 Sequence（序列）菜单中，选择一个渲染命令，即可渲染序列中的效果。许多菜单命令右侧都显示有键盘组合键，比如 Render Effects In to Out 对应的组合键是 Return（macOS）或 Enter 键（Windows）。

返回到 New Project（新建项目）对话框，在 Video Rendering And Playback（视频渲染和回放）之下，如

图2-7

果 Renderer（渲染程序）菜单可用，表明你的计算机显卡满足 GPU 加速最低要求，并且安装正确。

Renderer（渲染程序）菜单下包含两个选项。

- Mercury Playback Engine GPU Acceleration（Mercury Playback Engine GPU）加速：选择该项，Premiere Pro 会把许多回放任务发送给计算机的显卡，并支持大量实时效果和序列中混合文件的流畅播放。在不同的显卡下，你可能会看到 CUDA、OpenCL、Metal 等 GPU 加速选项。不同显卡拥有不同的加速性能，有些显卡还支持多种加速，所以你可能需要反复尝试，才能找到最佳选项。有些高级 GPU 还支持 Preview Cache（预览缓存），用以提升播放性能。你可以反复尝试这些选项，直到得到最佳播放性能。

- Mercury Playback Engine Software Only（仅 Mercury Playback Engine 软件）：该模式会使用计算机所有可用的能力来获得出色性能。如果你的计算机显卡不支持 GPU 加速，则只有该项可用，并且无法打开下拉菜单。

如果你的显卡支持 GPU 加速，建议选择 GPU 加速。在使用 GPU 加速的过程中，若出现性能或稳定性等问题，请尝试选择 Software Only（仅软件）选项。若 GPU 选项可用，请选择 GPU 加速。

Mercury Playback Engine（水银回放引擎）

Premiere Pro的Mercury Playback Engine用来解码和播放视频文件，它有三大主要功能。

- 播放性能：Premiere Pro拥有极高的视频播放效率，即便在处理一些难以播放的视频类型（例如H.264、H.265、AVCHD）时也是如此。如果你使用DSLR摄像机或手机拍摄，那录制的视频很可能就是H.264编码的。得益于Mercury Playback Engine，你可以轻松地播放这些文件。

- 64位和多线程：Premiere Pro是一个64位应用程序，它可以使用计算机中的所有RAM（内存）。这在处理高分辨率或超高分辨率视频（例如HD、4K或更高）时特别有用。Mercury Playback Engine支持多线程，它可以使用计算机中的所有CPU核心。你的计算机配置越高，Premiere Pro的性能越好。

- CUDA、OpenCL、Apple Metal、Intel显卡支持：如果你的显卡功能十分强大，Premiere Pro会把一部分视频播放任务委托给显卡，而不会全部推给CPU。这样，在处理序列时能够获得更好的性能和响应能力，并且许多效果可以实时播放，而且不会出现丢帧问题。

2.2.2 设置视频和音频显示格式

在 New Project（新建项目）对话框的 General（常规）选项卡中，接下来的两个选项用来告诉 Premiere Pro 如何测量视频和音频剪辑的时间。

大多数情况下，选择默认设置就好：从 Video Display Format（视频显示格式）菜单下，选择 Timecode（时间码）；从 Audio Display Format（音频显示格式）菜单中，选择 Audio Samples（音频采样）。这些设置都不会改变 Premiere Pro 播放视频或音频剪辑的方式，只会改变时间测量方式，而且你可以随时修改这些设置。

1．Video Display Format（视频显示格式）菜单

Video Display Format（视频显示格式）下拉列表中提供了 4 个选项供用户选择。对于一个给定的项目，我们要根据源素材是视频还是胶片来进行选择。现在用胶片制作的影片已经很少见了，如果你不确定源素材的类型，可以直接选择 Timecode（时间码）（见图 2-8）。

图2-8

Video Display Format（视频显示格式）有如下几个选项。

* Timecode（时间码）：这是默认选项。时间码是摄像机在记录图像信号时为每幅图像记录的唯一时间编码，它是一个全球通用系统，用来为视频中的每个帧分配一个数字，以表示小时、分钟、秒钟和帧数。全世界的摄像机、专业视频录像机和非线性编辑系统都使用这个系统。

* Feet + Frames 16 mm（英尺 + 帧 16mm）或 Feet + Frames 35 mm（英尺 + 帧 35mm）：如果你的源文件来自于胶片，并打算让显影室的工作人员按照你的编辑要求把原始负片剪成完整的电影，那么你可能需要使用这种方法来测量时间。与使用秒和帧测量时间的方法不同，该方法会统计英尺数和最后一英尺后的帧数。这有点像英尺和英寸，只是用的是帧而非英寸。由于 16mm 胶片和 35mm 胶片的帧尺寸不同（并且每英尺的帧数不同），所以 Premiere Pro 为我们提供了这两个选项。

* Frames（画框）：该选项只统计视频帧数。有时做动画项目时会用到这个选项，胶卷显影室也喜欢使用这种方式来获取胶片项目的编辑信息。

这里，我们把 Video Display Format（视频显示格式）设置为 Timecode（时间码）。

2．Audio Display Format（音频显示格式）菜单

对于音频文件，时间可以用音频采样或毫秒来表示。

- Audio Samples（音频采样）：在录制数字音频时，会使用麦克风采集声级样本（技术上称为"气压水平"），每秒采集几千次。在大多数专业摄像机中，每秒大约采集 48000 次。播放剪辑和序列时，Premiere Pro 允许你选择时间显示方式：时、分、秒、帧或者时、分、秒、采样。

- Milliseconds（毫秒）：当选择该模式后，Premiere Pro 会使用时、分、秒、毫秒显示序列中的时间（见图 2-9）。

图2-9

在默认情况下，Premiere Pro 允许放大时间轴，方便你查看各个帧。不过，你可以轻松地切换到音频显示格式。这个强大的功能让你可以对音频进行细微调整。

这里，我们从 Audio Display Format（音频显示格式）中，选择 Audio Samples（音频采样）。

关于秒和帧

在摄像机拍摄视频时，它捕获的是一系列组成动作的静态图像。如果每秒捕获的静态图像足够多，那么播放时看起来就像是动态视频。其中每一张静态图像称为视频的一个"帧"，每秒的帧数通常称为帧/秒，又叫录制帧率或播放帧率。

在不同摄像机、视频格式和设置下，帧/秒有很大不同，它可以是任意数字，比如23.976、24、25、29.97、30、50、59.94等。大多数摄像机都支持多种帧率和帧尺寸。重要的是要知道录制时的设置，这样你才能选择正确的播放选项。

2.2.3 设置捕捉格式

通常，我们都会把视频录制成一个文件，方便即时处理。不过，有时候我们可能需要从录像带捕捉视频。

在 New Project（新建项目）对话框的 Capture（捕捉）之下，有一个 Capture Format（捕捉格式）选项，用来告诉 Premiere Pro 从哪种录像带中捕捉视频到硬盘。

1．从 DV 和 HDV 摄像机捕捉

Premiere Pro 可以从 DV 与 HDV 摄像机捕捉视频，但需要使用"火线"（FireWire）把摄像机连接到计算机。"火线"（FireWire）又叫 IEEE 1394 或 i.LINK。

2．从第三方硬件捕捉视频

并非所有的录像设备都支持"火线"（FireWire），有时需要借助第三方硬件才能把录像设备连接到计算机。

在安装第三方硬件时，我们应该遵照硬件厂商的指示进行。而且大部分第三方硬件都需要安装配套的软件才能正常使用。在安装配套软件时，软件安装程序会自动查找计算机中的 Premiere Pro，并把相关选项添加到捕捉格式列表以及其他菜单中。

请按照第三方硬件厂商提供的指示配置新的 Premiere Pro 项目。这里，请各位忽略这项设置，因为我们不会从磁带设备捕捉视频。如果日后有需要，你可以再回来修改这个设置。

2.2.4 显示项目项的名称和标签颜色

如图 2-10 所示。在 New Project（新建项目）对话框最底部有一个复选框："Display the project item name and label color for all instances"（针对所有实例显示项目项的名称和标签颜色）。

图2-10

勾选该项，当修改剪辑名称或指派剪辑不同的标签颜色时，项目中所有使用该编辑的地方都会相应地更新。若取消该项，则只有你选择的剪辑副本才会发生改变。这个选项是否有用取决于你为指定项目选择何种工作流。

该选项默认为非选择状态，这里保持默认设置不变，单击 Scratch Disks（暂存盘）选项卡，了解其下的各个选项。

2.2.5 设置暂存盘

现有媒体文件是从它们当前存储的位置导入项目的。但是，当 Premiere Pro 从磁盘捕捉（录制）视频、渲染效果、保存项目文件副本、从 Adobe Stock 下载素材，或者导入动态图形模板时，Premiere Pro 都会在你的硬盘上新建文件。

暂存盘就是存储这些文件的地方。虽然"暂存盘"这个名称中包含"磁盘"字样，但它们其实只是一些文件夹。在存储在"暂存盘"的文件中，有些是临时的，有些则是 Premiere Pro 新创建或导入的。

顾名思义，暂存盘既可以是一些物理上独立的磁盘，也可以是现有存储器上的任意子文件夹。你可以把暂存盘设置在当前项目下，也可以设置在其他地方，这取决于你的硬盘大小和工作流程的需要。如果你使用的媒体文件体积非常大，可以把各个暂存盘设置到不同的物理硬盘上，这样可以大大提升系统性能。

编辑视频时，常用的两种存储设置方法如下。

- 基于项目设置：所有相关媒体文件和项目文件存储在同一个文件夹下（这是 Premiere Pro 对暂存盘的默认设置，也是最容易管理的）。

- 基于系统设置：不同项目的媒体文件集中存放在一个位置（有可能是高速网盘），项目文件 存放在另一个位置。这个过程中，我们有可能会把不同类型的媒体文件存储到不同位置。

如果你想改变某种数据暂存盘的位置，你可以从相应的下拉列表中，选择一种存储设置。下 拉列表中可供选择的存储设置如下。

- Documents（文档）：把暂存盘设置在系统用户下的 Documents 文件夹中。

- Same As Project（与项目相同）：把暂存盘设置在项目文件夹下，这是默认设置（见 图 2-11）。

- [Custom]（[自定义]）：单击 Browse（浏览）按钮，在 "选择文件夹" 对话框中，选择一 个文件夹，Premiere Pro 会自动启用该选项，并把暂存盘设置在所选文件夹之下。

图2-11

每个暂存盘的位置菜单之下，都显示有一个路径，用来指示当前暂存盘所在的位置，还有可 用磁盘空间的大小。

你可以把暂存盘设置在本地硬盘、网盘，或其他任何可以访问的存储位置。但是，请注意， 暂存盘的读写速度会对视频的播放速度和渲染速度产生很大影响，所以请你尽量选择那些读写速 度快的存储位置。

1. 使用基于项目的设置

默认情况下，Premiere Pro 会把新建的媒体文件和项目文件存放在一起，也就是选择 Same As Project（与项目相同）选项。像这样，把所有相关文件放在一起，有助于查找文件。

向项目导入媒体文件之前，把它们放入同一个文件夹，这将使媒体文件组织得更有条理。而 且当项目制作完之后，你可以直接删除存储项目文件的文件夹，从而把所有相关文件一起从系统 中删除。

不过，这样做也有不利的一面：把所有媒体文件和项目文件存放在一起，编辑时会大大增加 硬盘负担，从而影响视频播放性能。

2．使用基于系统的设置

有些编辑喜欢把所有项目的媒体文件保存到一起。但是，另外一些编辑喜欢把捕捉文件夹和预览文件夹存放在与项目不同的位置上。当编辑们共享多个编辑系统，并且连接到同一个网络存储位置时，这是一种常见选择。当然，当编辑把视频文件放在快速硬盘上，其他所有文件放在慢速硬盘时，他们也会选择上面的做法。

基于系统的设置也有缺点：一旦项目编辑完成之后，你可能想把所有文件收集起来以便存档，但是，当媒体文件分散在不同的存储位置时，做起来会更耗时、更麻烦。

硬盘存储和网络存储

虽然所有类型的文件可以共存在一个硬盘上，但是标准的编辑系统往往有两块硬盘：硬盘1专门用来存放操作系统和程序，硬盘2（通常读写速度更快）专用来存储媒体文件，包括捕捉视频、音频，视频、音频的预览文件，静态图像和导出文件。

有些存储系统使用本地计算机网络在多个系统之间共享存储区域。如果是这种情况，请联系系统管理员，确保配置正确，并检查性能状况。

3．设置项目自动保存位置

除了指定新媒体文件的创建位置之外，你还可以指定项目文件的自动保存位置。处理项目的过程中，Premiere Pro 会自动生成项目文件副本。在 Scratch Disks（暂存盘）选项卡中，从 Project Auto Save（项目自动保存）下拉列表中（见图 2-12），选择一个存储位置，用来保存项目文本副本。

图2-12

计算机中的存储驱动器有时会发生故障，导致存储其中的文件丢失，而且没有任何警告。事实上，计算机工程师会告诉你：如果只有一个文件副本，你就不要指望再把丢失的文件找回来。因此，最好的做法是把 Project Auto Save（项目自动保存）地点设置到一个物理上分离的存储位置。

如果使用 Dropbox、OneDrive、Google Drive 等同步文件共享服务来存储自动保存的文件，那么你总是可以随时随地访问所有自动保存的项目文件。

除了把自动保存的项目文件存放到你选择的地方之外，Premiere Pro 还会把大部分最近项目文件的副本存储到 Creative Cloud Files 文件夹中。在安装 Adobe Creative Cloud 时，Creative Cloud Files 文件夹会自动生成。不论身处何处，你只要安装了 Creative Cloud，在登录之后，你就可以访问其中的各种文件了。

选择 Premiere Pro CC > Preferences（首选项）> Auto Save（自动保存）（macOS），或 Edit

（编辑）> Preferences（首选项）> Auto Save（自动保存）（Windows），勾选"将备份项目保存到 Creative Cloud"，就开启了保存到 Creative Cloud 功能。

4. CC 库下载

你还可以把媒体文件存储到 Creative Cloud Files 文件夹中，然后就可以从任意系统访问它们了。同一个项目的协作人员可以使用 Creative Cloud Files 文件夹来存储和共享 Logo、图形元素等资源。

存好之后，你可以使用 Premiere Pro 中的 Libraries（库）面板来访问这些文件。当你向当前项目添加素材时，Premiere Pro 就会在指定的暂存盘中创建素材副本。

5. 动态图形模板媒体

Premiere Pro 可以导入和显示由 After Effects 或 Premiere Pro 创建的运动图形模板和字幕。向当前项目导入动态图形模板时，该模板的一个副本将被存储在指定的位置下。

这里，我们不修改暂存盘，保持默认设置不变，即每一项都选择 Same As Project（与项目相同）。

2.2.6 选择收录设置

专业编辑都把向项目添加媒体文件称为"导入"（importing）或"收录"（ingesting）。这两个术语经常混用，但其实它们有着不同的含义。

当向一个项目导入一个媒体文件时，Premiere Pro 就会创建一个链接到媒体文件的剪辑，媒体文件仍会保存在它原来的位置上，接下来，你就可以在序列中使用它了。

如图 2-13 所示，勾选 Ingest（收录）选项之后，原始媒体文件会被复制到一个新位置（这有助于组织媒体文件），并且在导入 Premiere Pro 项目之前转换成新的格式。

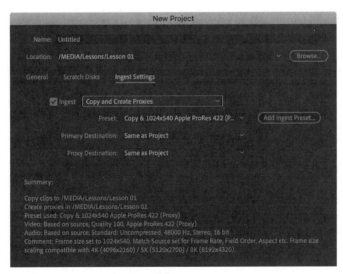

图2-13

在 Ingest Settings（收录设置）选项卡中，勾选 Ingest（收录）选项，选择导入之前要对媒体文件作处理。

- Copy（复制）：把媒体文件复制到一个新的存储位置。当你想把所有媒体文件放入一个文件夹中时，这个选项会非常有用。

- Transcode（转码）：把媒体文件转换成新格式。当你想把媒体文件统一成一个大型工作流的一部分时，需要用到这个选项。

- Create Proxies（创建代理）：把媒体文件从高分辨率文件转换成低分辨率文件，以便在配置较低的计算机上实现流畅播放，以及减少占据的存储空间。当然，此时原始媒体文件仍然可用，你可以根据需要在两种不同品质的文件（高品质和代理品质）之间自由切换。

更多内容我们将在第 3 课中讲解。请记住，你可以根据需要随时修改这些设置。这里，我们保持默认设置不变，即不勾选 Ingest（收录）选项。

检查项目所有设置，确保正确无误之后，单击 OK（确定）按钮，创建项目。

2.3 创建序列

创建好项目之后，接下来，你就该创建序列（一个或若干个）了。序列用来存放视频剪辑、音频剪辑、图形。类似于媒体文件，序列也有一系列设置，例如帧速率、图像大小等。若剪辑的帧速率和帧尺寸与序列不同，则在播放期间会把剪辑的帧速率和帧尺寸转换成序列中设置的大小。这个过程称为"一致化"（conforming）处理。

项目中每个序列的设置可以不同，而且应该尽量选择与原始素材匹配的设置，这样可以尽可能地减少播放过程中的"一致化"处理工作量，从而提升系统的实时性能，并最大限度地提高质量。

如果你编辑的项目中用到了多种格式的素材，你必须选择让哪些素材来匹配序列设置。虽然你可以在项目中混用多种格式的素材，但是当序列设置和大部分素材文件相匹配时，播放性能会得到显著提升，所以你应该选择与大部分媒体文件相匹配的序列设置。

如果你添加到序列中的第一个剪辑和序列设置不匹配，Premiere Pro 就会弹出警告框，询问你是否想让软件自动更改序列设置以进行匹配（见图 2-14）。

图2-14

2.3.1　创建自动匹配源素材的序列

如果你不知道该选择什么序列设置，也不要担心。Premiere Pro 可以基于剪辑自动创建序列。

在 Project(项目)面板底部,有一个 New Item(新建项)图标 。你可以使用它为项目创建新项,包括序列、字幕、颜色蒙版（对全屏彩色背景图有用）。

要让 Premiere Pro 根据素材自动创建序列，只要把 Project（项目）面板中的任意一个剪辑（或多个剪辑）拖曳到 New Item（新建项）图标之上即可。这样创建出来的新序列和所选剪辑的名称、帧尺寸、帧速率一样。

使用这种方法可以确保新建序列的设置和素材相匹配。如果 Timeline（时间轴）面板是空的，你还可以把剪辑（一个或多个）拖入其中来创建序列，这时新建序列的设置和所选剪辑是一样的。

2.3.2　正确选择预设

如果你准确地知道需要什么设置，就可以自己动手设置序列。如果不知道，你可以使用 Premiere Pro 提供的预设。

在 Project（项目）面板右下角，单击 New Item（新建项）图标（▣），从弹出菜单中，选择 Sequence（序列）。

如图 2-15 所示，New Sequence（新建序列）对话框中有 4 个选项卡：Sequence Presets（序列预设）、Settings（设置）、Tracks（轨道）、VR Video（VR 视频）。

图2-15

Sequence Presets（序列预设）选项卡让新建序列变得更加简单。当你选择一个预设之后，Premiere Pro 会把相应设置应用到新序列以匹配特定的视频和音频格式。如果所选预设不太符合需要，你还可以在 Setting（设置）选项卡中进行修改调整。

针对常见、常用的媒体类型，Premiere Pro 提供了大量预设供我们选择使用。这些预设是根据摄像机格式进行组织的（具体设置存放在一个用录制格式命名的文件夹中）。

如图 2-16 所示，单击文件夹左侧的三角形图标，展开相应文件夹，即可看到存放在其下的具体格式设置。这些格式设置通常都是围绕着帧速率、帧尺寸设计的。下面让我们看一个例子。

1. 如图 2-17 所示，单击 Digital SLR 文件夹左侧的三角形图标，将其展开。

图2-16

图2-17

在 Digital SLR 文件夹下有 3 个子文件夹，它们拥有不同的帧尺寸。请注意，视频摄像机可以使用不同的帧尺寸、帧速率和编解码器来拍摄视频。

2. 如图 2-18 所示，单击 1080p 子文件夹左侧的三角形图标，将其展开。

3. 单击选择 DSLR 1080p30。

图2-18

选择 DSLR 1080p30 预设之后，在对话框右侧会显示该预设的描述，建议各位花点时间读一下相关描述，以了解所选预设的细节设置。

4. 单击 Sequence Name（序列名称）文本框，输入 First Sequence。

5. 单击 OK（确定）按钮，创建序列。

6. 在菜单栏中，依次选择 File（文件）> Save（保存），保存当前项目。

恭喜你！至此，你已经在 Premiere Pro 中新建好了一个项目和序列。

格式和编解码器

视频和音频文件都有特定的格式，包括帧速率、帧大小、音频采样率等。

Apple QuickTime、Microsoft AVI、MXF等这些视频文件类型都是包含多种不同视频和音频编解码器的容器。

Codec（编解码器）由coder（编码器）和decoder（解码器）两个词合成，用来存储和重放视频和音频信息。

媒体文件又称为"包装器"（wrapper），文件中的视频和音频有时也称为"实体"（essence）。

在把最终序列输出至文件时，需要选择输出格式、文件类型和编解码器。

在编辑视频时，你会发现可用的格式有很多，多得看起来有点头晕。Premiere Pro 为我们提供了大量视频、音频格式和编解码器，甚至一些不匹配的格式也能顺利播放。

但是，当视频文件与序列设置不匹配时，Premiere Pro 必须调整视频才能播放它，为此编辑系统必须要做更多工作，这会影响系统的实时性能。因此，在动手编辑之前，我们有必要花点时间确保序列设置与原始媒体文件相匹配。

我们必须确保重要设置保持相同：每秒帧数、帧大小（图像的水平像素数和垂直像素数）、音频格式。在把序列转换为媒体文件的过程中，若没有指定转换设置，则按照创建序列时的选择来设置帧速率、音频格式、帧大小等。

在输出序列至文件时，你可以选择任何一种你想用的格式。关于导出的更多内容，请阅读第16课。

 注意：当选择某个序列预设之后，在对话框右侧区域中会出现该预设的描述，里面通常有拍摄这种视频文件所用的摄像机类型。

2.3.3 自定义序列预设

根据原始视频，选择与之相配的序列预设之后，你可能想对预设做一些调整，以符合特定交付要求或内部工作流。

接下来，让我们一起了解预设的具体设置。从菜单栏中，依次选择 File（文件）> New（新建）> Sequence（序列），在"可用预设"中，单击 DSLR 1080p30，此时在右侧"预设描述"中显示出预设的具体设置。

在 New Sequence（新建序列）对话框中，单击 Settings（设置）选项卡，在该选项卡中可以修改具体的设置。当你向时间轴添加素材时，Premiere Pro 会自动根据序列设置调整素材的帧速率、帧大小，使两者相匹配，而不管源剪辑格式是什么。

仔细观察，你会发现，虽然我们前面选的是 30 帧 / 秒格式，但是 Timebase（时基）显示的却是 29.97 帧 / 秒（见图 2-19），这是因为在传统的电视网络上播放 NTSC 视频时使用的是丢帧时间码系统。如果你的视频作品不是在电视上播放，而是在网络上播放，那你可以把 29.97 帧 / 秒修改为 30 帧 / 秒，以精确地测量播放持续时间。

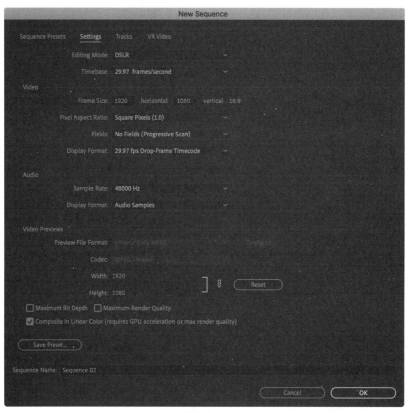

图2-19

创建序列预设

尽管标准预设很好用，但有时你还是需要自定义设置。为此，你可以先选择一个与素材最接近的序列预设，然后在New Sequence（新建序列）对话框的Settings（设置）和Tracks（轨道）面板中做相应的修改。调整好之后，你可以单击Settings（设置）选项卡底部的Save Preset（保存预设）按钮，把修改过的预设保存下来，方便将来使用。

单击 Save Preset（保存预设）按钮后，弹出"保存序列预设"对话框，分别在"名称"和"描述"文本框中输入新预设的名称和描述，然后单击 OK（确定）按钮。在 Sequence Presets（序列预设）的 Custom（自定义）文件夹下，可以看到你自定义的预设。

如果你能在"可用预设"中找到与素材相匹配的预设，那你就没有必要再修改它了。

在使用某些预设时，你会发现其中有些设置你无法修改。这是因为它们针对你在 Sequence Presets（序列预设）选项卡中选择的媒体类型进行了优化。为了解决这个问题，你可以在 Settings（设置）选项卡中，把 Editing Mode（编辑模式）更改为 Custom（自定义）。

最大位深和最高渲染质量设置

当编辑过程中使用GPU加速时（即使用GPU渲染和播放一些视觉效果渲染），将会用到一些高级算法，并使用32位深颜色渲染效果。

若不使用GPU加速，则你可以启用Maximum Bit Depth（最大位深）选项，此时，Premiere Pro会尽可能地使用最高质量渲染效果。对于许多效果，这意味着要使用32位的浮点颜色，它支持数万亿的颜色组合。这样，你就能获得最佳效果，但是需要计算机做更多工作，所以实时性可能会下降。

如果启用Maximum Render Quality（最大渲染质量）选项，或者在项目设置中开启GPU加速，Premiere Pro会使用更高级的算法来缩放图像。若不启用该项，缩小图片时，你会看到人工斧凿的痕迹或噪点。如果没有GPU加速，这个选项会影响到播放性能和文件导出时间。

你可以随时启用或关闭这两个选项，所以你可以在编辑时关闭它们以获得最佳性能，然后在输出最终作品时，再把它们打开。即使这两个选项处于开启状态，你也可以使用实时效果并获得良好的Premiere Pro性能。

2.3.4 了解音频轨道类型

当向一个序列添加视频或音频剪辑时，总是得把它放到一个轨道上。在 Timeline（时间轴）面板中，轨道表现为一个个水平条，用来在特定的时间点上放置剪辑。若同时存在多个视频轨道，则上方轨道上的视频剪辑会覆盖下方轨道上的剪辑。例如，如果第二个视频轨道上有文本或图形，而第一个视频轨道上有视频剪辑（第一个视频轨道位于第二个视频轨道之下），那么你会看到图形出现在视频上方。

在 New Sequence（新建序列）对话框中，有一个 Tracks（轨道）选项卡，你可以在其中为新序列预选轨道类型。这在创建一个名称已经指派给音频轨道的序列预设时非常有用。

所有音频轨道会同时播放，以创建完整的音频混音。要创建音频混音，只需把你的音频剪辑放到不同的轨道上，并按照时间顺序排列即可。在组织解说、原声、音效、音乐时，可以把它们放入不同轨道。你还可以重命名轨道，以便处理复杂的序列。

如图 2-20 所示，在 Premiere Pro 中创建序列时，你可以指定要包含多少个视频轨道和音频轨道，并且日后可以轻松地添加和删除轨道，但不能再更改你从 Master［主，位于 Audio（音频）下］中选择的选项，它是序列最终的音频混合类型。这里，我们选择 Stereo（立体声）。

> **Pr** 注意：在 Audio（音频）的 Master（主）中，你可以配置序列，使其音频输出为 Stereo（立体声）、5.1、Multichannel（多声道）、Mono（单声道）。

图2-20

如图 2-21 所示，一个音频轨道可以是如下几种类型之一。每种轨道类型都针对特定类型的声音设计。当选择一个轨道类型时，Premiere Pro 会根据轨道中声道的数量提供相应的控件来调整声音。例如，立体声剪辑的控件和 5.1 环绕立体声剪辑的控件就不同。

音频轨道有以下几种类型。

- Standard（标准）：用于单声道和立体声音频剪辑。

- 5.1：用于带有 5.1 环绕立体声的音频剪辑。

图2-21

- Adaptive（自适应）：自适应轨道用于单声道、立体声或多通道音频，可以用于精确控制每个声道的输出路径。例如，你可以决定是否把声道 3 输出到声道 5 的混音中。在多语种广播电视中常使用这个选项，以精确控制传输中使用的声道。

- Mono（单声道）：这种轨道类型仅适用于单声道音频剪辑。

当添加到序列的剪辑既包含视频也包含音频时，Premiere Pro 会确保声道位于正确的轨道上。请你千万注意，不要把音频剪辑放到错误的轨道上。如果轨道类型不对，Premiere Pro 会自动创建一个正确类型的轨道。有关音频的更多内容，请阅读第 10 课。

了解完 New Project(新建项目)对话框之后，单击 OK(确定)按钮，将其关闭。然后在菜单栏中，依次选择 File（文件）> Save（保存），保存当前项目。

VR视频

Premiere Pro对360°和180°视频提供了很好的支持。这两种视频通常称为VR视频或沉浸式视频，使用多台摄像机或超广角镜头拍摄而成，我们使用VR头盔观看可以获得一种身临其境的体验。

在 New Sequence（新建序列）对话框的 VR 视频选项卡中，你可以指定捕捉视图角度，以便 Premiere Pro 准确显示影像。

有关 VR 视频的内容超出本书讨论范围，当你掌握了基础视频编辑知识之后，建议你学习一下。

2.4　复习题

1. 在 New Sequence（新建序列）对话框中，Settings（设置）选项卡的用途是什么？

2. 如何选择序列预设？

3. 什么是时间码？

4. 如何自定义序列预设？

2.5　复习题答案

1. Settings（设置）选项卡用来修改已有预设，或新建预设。

2. 最好选择与原始素材匹配的预设，尽量减少播放期间的转换工作。Premiere Pro 从摄像机系统角度对每个预设进行了描述，你可以根据这些描述轻松找到要使用的预设。

3. 时间码是一个使用时、分、秒、帧测量时间的通用系统。在不同的录制格式下，每秒的帧数不同。

4. 首先，在 New Sequence（新建序列）对话框的 Settings（设置）选项卡中，设置各个选项，然后单击 Save Preset（保存预设）按钮，在"保存序列预设"对话框中，输入名称和描述，单击 OK（确定）按钮。

第3课 导入媒体素材

课程概览

本课学习如下内容：

- 使用 Media Browser（媒体浏览器）加载视频文件；

- 使用 Import（导入）命令加载图形图像；

- 使用媒体代理；

- 使用 Adobe Stock；

- 选择存放缓存文件的位置；

- 录制画外音。

 学完本课大约需要 75 分钟。请下载本课的课程文件，或者参考前言中"使用课程文件"中的步骤，把课程文件存放到计算机中方便使用的位置上。

在创建序列之前，需要先把媒体文件导入项目中，包括视频素材、动画文件、解说、音乐、大气声音、图形图像、照片等。这些要在序列中使用的内容必须先导入才能使用。

你总是可以在 Project（项目）面板中找到序列中使用的所有素材。当向序列导入一个剪辑时，Premiere Pro 会自动把它添加到 Project（项目）面板中，而且在 Project（项目）面板中删除一个剪辑时，Premiere Pro 也会把这个剪辑从使用它的序列中删除（当你这样操作时，会看到一个撤销选项）。

不论你使用哪种方法编辑序列，第一步总是先把剪辑导入到 Project（项目）面板，并进行组织。在本课中，我们将学习查找、导入媒体素材的多种方法。

3.1 课程准备

在本课中，我们将学习如何把媒体资源导入 Adobe Premiere Pro CC 中。在导入大部分资源文件时，我们会用到 Media Browser（媒体浏览器）面板，它是一个非常棒的资源浏览器，你可以使用它浏览那些要导入到 Premiere Pro 中的各种媒体文件。此外，我们还会学习如何导入图形图像，以及从录像带进行导入。

这里，我们会继续使用第 2 课中创建的项目文件。如果学习第 2 课时你没有实际动手创建项目，你可以直接打开 Lesson 03 文件夹中的 Lesson 03.prproj 文件使用它。

1. 打开第 2 课中创建的项目。

2. 在菜单栏中，依次选择 File（文件）> Save As（另存为）菜单。

3. 在"保存项目"对话框中，转到 Lessons/Lesson 03 文件夹下，输入 My Lesson 03.prproj，单击"保存"按钮，保存当前项目。

3.2 导入素材

当向项目导入素材时，Premiere Pro 就会使用项目中的一个"指针"创建指向原始媒体文件的链接。这个"指针"称为"剪辑"（clip），你可以把"剪辑"看成是一种别名（macOS）或快捷方式（Windows）。

在 Premiere Pro 处理剪辑时，你不是在复制或修改原始文件，而是以一种非破坏性的方式从当前位置有选择性的操纵部分或全部原始素材。

例如，当你把剪辑的一部分放入序列中时，其余未使用的部分并不会被丢掉。此时，剪辑的一个副本会被添加到序列中，在播放时，只播放你选择的那部分。这会在表面上改变序列的持续时间，但媒体文件原来的持续时间并没有改变。

此外，当向一个剪辑添加画面变亮效果时，这个效果只会应用到剪辑上，并不会应用到剪辑所链接的媒体文件上。从某种意义上说，原始媒体文件是通过"剪辑"进行操纵的，所有设置和效果都应用在"剪辑"上。

在 Premiere Pro 中有如下两种导入素材的方法。

* 使用 File（文件）> Import（导入）菜单命令。你还可以直接把媒体文件从 Finder（macOS）或 Explorer（Windows）拖入 Project（项目）面板或 Timeline（时间轴）面板中。

* 使用 Media Browser（媒体浏览器）。

> **Pr** 提示：另外一种打开 Import（导入）对话框的方法是在 Project（项目）面板中双击空白区域。

接下来，让我们讨论一下每个方法的优缺点。

3.2.1 何时使用 Import（导入）命令

在其他应用程序中，你也会经常见到 Import（导入）这个命令，它用起来简单、直接。不管导入什么文件，只需从菜单栏中选择 File（文件）> Import（导入）菜单即可。

此外，你还可以使用键盘组合键 Command+I（macOS）或 Ctrl+I（Windows）打开 Import（导入）对话框。

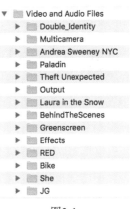

这种导入方法特别适合于独立素材，例如图形、音频、视频［.mov（QuickTime）、.mp4（H.264）］等。尤其是当你确切知道素材的存放位置，并且能够快速找到它们时，建议你使用这种导入方法。

但是，这种方法不适合用来导入基于文件的摄像机素材（见图 3-1），因为这样的素材通常拥有复杂的文件夹结构，视频、音频、RAW 媒体文件都是单独文件，并且包含有描述素材的重要数据（元数据）。对于大多数由摄像机产生的媒体文件，我们最好使用 Media Browser（媒体浏览器）面板进行导入。

图3-1

3.2.2 何时使用 Media Browser（媒体浏览器）面板

简言之，如果你不确定，那就使用 Media Browser（媒体浏览器）面板好了。如图 3-2 所示，Media Browser（媒体浏览器）是一个强大的工具，你可以使用它浏览媒体资源，并把它们导入到 Premiere Pro 之中。Media Browser（媒体浏览器）可以把使用数码摄像机拍摄的各段视频文件作为完整的剪辑显示出来。无论原始录制格式是什么，你都可以把每一个录制文件看作是一个包含视频和音频的单个素材项。

图3-2

这意味着你不必处理复杂的摄像机文件夹结构，只处理易于浏览的图标和元数据即可。只要能够看到元数据（包含剪辑持续时间、录制日期、文件类型等重要信息），就能从一长串的剪辑列表中轻松选出正确的剪辑。

默认情况下，在 Editing（编辑）工作区中，Media Browser（媒体浏览器）面板位于 Premiere Pro 界面的左下角，它和 Project（项目）面板在同一个面板组中。按 Shift+8 组合键（确保使用的是键盘顶部的数字键 8），也可以快速打开 Media Browser（媒体浏览器）面板。

> **Pr** 提示：如果你想导入在另一个 Premiere Pro 项目中使用的素材，你可以在 Media Browser（媒体浏览器）面板中浏览那个项目。使用 Media Browser（媒体浏览器）找到那个项目文件，然后双击查看其内容，从中选择需要使用的剪辑和序列，然后把它们导入到当前项目面板中。

与其他面板一样，通过拖曳 Media Browser（媒体浏览器）面板名称（有时叫面板选项卡），你可以把它放入其他面板组之中。

单击面板名称右侧的三道杠图标（▤），从弹出的菜单中，选择 Undock Panel（浮动面板），可以让 Media Browser（媒体浏览器）面板成为浮动面板。

在 Media Browser（媒体浏览器）中浏览文件类似于在 Finder（macOS）或 Explorer（Windows）中浏览文件。面板左侧为导航文件夹，显示的是计算机硬盘中的内容，面板顶部有向前与向后的导航按钮。

你可以使用键盘上的箭头键在导航文件夹之间进行移动跳转。

> **Pr** 注意：在 Premiere Pro 中，你可以同时打开多个项目文件。这让我们可以很容易地把剪辑从一个项目复制到另一个项目。复制时，请记住，你复制的是剪辑，而不是它链接的原始素材。

使用 Media Browser（媒体浏览器）有如下几个好处。

* 在浏览文件夹时，你可以使用过滤功能，只显示指定类型的文件，例如 JPEG、Photoshop、XML、ARRIRAW 文件。单击面板顶部的 File Types Displayed（文件类型已显示）图标（▾），从中选择想要显示的文件类型即可。

* 自动侦测摄像机数据——AVCHD、Canon XF、P2、RED、Cinema DNG、Sony HDV、XDCAM（EX and HD），以便正确显示剪辑。

* 查看和自定义要显示的元数据种类。

* 正确显示存放在多个摄像机存储卡中的媒体剪辑。即使视频文件很长，存储在两个存储卡中，Premiere Pro 也会自动把它们作为一个剪辑导入。

3.3 使用收集选项和媒体代理

在播放素材和向素材应用效果方面，Premiere Pro 表现出了卓越的性能，而且还支持大量媒体格式和编解码器。但是，有时在播放某些素材，特别是高分辨率的 RAW 素材时，系统硬件会显得力不从心。

针对这个问题，一个有效的解决方法是：编辑时使用分辨率较低的副本，编辑完成后，切换回全分辨率下，然后查看效果，最后输出。这就是所谓的"代理工作流"（proxy workflow），即创建并使用具有低分辨率的代理文件，用来代替原始文件。你可以随意在两种文件之间来回切换。

导入文件时，Premiere Pro 会自动创建代理文件。如果你觉得自己的系统性能非常好，完全可以用来处理原始素材，那你大可无视这个功能。但是，Premiere Pro 的代理功能对于改善系统性能和协作方面有明显的优势，尤其是当你在低配计算机上处理高分辨率的媒体文件时，使用代理的优势更加明显。

接下来，让我们具体了解一下如何设置。

1. 如图 3-3 所示，在菜单栏中，依次选择 File（文件）> Project Settings（项目设置）> Ingest Settings（收录设置），进入"项目设置"对话框的"收录设置"选项卡下。

提示：在 Media Browser（媒体浏览器）面板中，勾选 Ingest（收录）选项，或单击 Open Ingest Settings（打开收录设置）图标（ ），也可以进入"项目设置"对话框的"收录设置"选项卡下。

图3-3

这个对话框中包含的项目设置与你创建项目时看到的一模一样。你可以随时修改这些设置。

默认情况下，所有 Ingest（收录）选项都是未选择状态。不论你选择哪个收录选项，它只对你即将导入的素材文件有效，对之前导入的文件没有影响。

2. 勾选 Ingest（收录）选项，启用它，单击右侧下拉列表，你会看到如下选项。

• Copy（复制）：在导入媒体文件时，Premiere Pro 会把原始文件复制到你在 Primary Destination

（主要目标）中指定的位置下。当你从摄像机存储卡直接导入媒体文件时，就应该选择这个选项，这样可以确保当存储卡从计算机上拔下时，Premiere Pro 仍然可以访问到这些媒体文件。

- Transcode（转码）：在导入媒体文件时，Premiere Pro 会根据你选择的预设把它们转换成新的格式，并把新文件保存到指定的目标位置下。在整个后期制作中，如果所有项目使用的都是标准文件格式和编解码器，这个选项会非常有用。

- Create Proxies（创建代理）：在导入媒体文件时，Premiere Pro 会根据你选的预设创建低分辨率副本，并把它们保存到你在 Proxy Destination（代理目标）中指定的位置下。如果你使用的计算机性能不高，或者希望在携带媒体副本旅行时节省存储空间，该选项会非常有用。虽然我们不会在最终交付时使用这些低分辨率文件，但是它们为我们使用协同工作流，加快效果配置提供了便利。

- Copy and Create Proxies（复制并创建代理）：在导入媒体文件时，Premiere Pro 会把原始文件复制到你在 Primary Destination（主要目标）中指定的位置下，并创建代理，将其保存到 Proxy Destination（代理目标）指定的位置下。

 提示：你可以向 Source Monitor（源监视器）或 Program Monitor（节目监视器）添加一个 Toggle Proxies（切换代理）按钮（■），以便查看时在媒体代理和原始媒体之间快速切换。我们将第 4 课中讲解如何定制监视器按钮。

在为项目中的剪辑创建好代理之后，你可以很方便地在原始媒体（全分辨率）和代理媒体（低分辨率）之间进行切换。选择 Premiere Pro CC > Preferences（首选项）> Media（媒体）（macOS）或 Edit（编辑）> Preferences（首选项）> Media（媒体）（Windows），勾选 Enable Proxies（启用代理）选项。

3. 选择 Create Proxies（创建代理），打开 Preset（预设）下拉列表，从中选择各个选项，在对话框底部的 Summary（小结）区域中，查看每个选项的解释说明。

注意：Adobe Media Encoder 会在后台为文件转码并创建代理，因此你可以立刻使用原始媒体文件，当新代理文件创建好之后，Premiere Pro 会自动使用代理文件。

最重要的是，你选的预设要与原始素材的长宽比（见图 3-4）匹配。这样，在查看代理文件时，你才能把标题、图形放置正确。

4. 看完各个选项之后，单击 Cancel（取消）按钮，退出"项目设置"对话框，不做任何修改。

以上我们简单介绍了媒体代理的工作流程。关于管理代理文件、链接媒体代理、创建代理文件预设的更多内容，请阅读 Adobe Premiere Pro 帮助文档。

图3-4

Pr 注意：虽然编辑序列时使用的是媒体代理，但是在输出序列时，Premiere Pro 会自动使用原始媒体文件（全分辨率）代替媒体代理（低分辨率）进行导出。

3.4 使用 Media Browser（媒体浏览器）面板

在 Premiere Pro 中，你可以使用 Media Browser（媒体浏览器）轻松地浏览计算机中的文件。Media Browser（媒体浏览器）可以一直保持打开状态，用起来既快又方便，并且还为查找和导入素材进行了优化。

Pr 注意：在本课的学习过程中，需要从计算机中导入文件。请确保你已经把本书所有课程文件复制到计算机中。关于复制课程文件的内容，请参考本书前言。

3.4.1 使用基于文件的摄像机工作流

Premiere Pro 在使用基于文件的摄像机素材时并不需要做转换，这包括来自 P2、XDCAM、AVCHD 等摄像机系统的经过压缩的原生素材、来自 Canon、Sony、RED、ARRI 的 RAW 素材，以及 Avid DNxHD、Apple ProRes、GoPro Cineform 等对后期制作友好的编解码器。

为了获得最好结果，请遵从如下指导原则（当前不需要这样做）。

- 为每个项目新建媒体文件。

- 把摄像机拍摄的文件复制到编辑位置，不要破坏现有文件夹结构，且确保直接从存储卡的根目录下复制了完整的数据文件夹。为了得到最好结果，可以考虑使用摄像机制造商提供的传输程序来传送视频文件，也可以使用 Adobe Prelude CC，它可以把这个过程的大部分自动化。请确保所有媒体文件都被复制了，检查原始存储卡和复制得到的文件夹大小是否相同。请阅读后面的"从 Adobe Prelude 导入项目"，学习如何把一个 Prelude 项目发送到 Premiere Pro。

- 为包含媒体文件的复制文件夹取一个准确的名字，包括摄像机信息、存储卡编号、拍摄日期。

- 为媒体文件再创建一个备份，存放在另一个物理硬盘上，防止第一个硬盘出现故障。

- 请一定要把备份文件存放在另一个独立的物理硬盘上，防止存储盘毫无征兆地出现故障。

- 最好使用一种不同的备份方法来创建需要长期保存的文档副本，例如 LTO 磁带（一种广受欢迎的长期存储系统），或者外置存储器。

从Adobe Prelude导入项目

Adobe Prelude的设计目标是让制片人或助手在非磁带工作流下能够快速、高效地完成对媒体的收集、记录和转码（转换格式和编解码器）工作。

把Prelude项目导入Premiere Pro的步骤如下。

1. 启动Adobe Prelude。

2. 打开你想转移的项目，从Project（项目）面板中选择一个或多个项。Adobe Prelude的用户界面和Premiere Pro很相像，但是更精简。

3. 从菜单栏中，依次选择File（文件）> Export（导出）> Project（项目）。

4. 勾选Project（项目）复选框。

5. 在Name（名称）中输入一个名字。

6. 在Type（类型）中，选择Premiere Pro。

7. 单击OK（确定）按钮，打开Choose Folder（选择文件夹）对话框。

8. 转到保存新项目的目标文件夹中，单击Choose（选择）。此时，一个新的Premiere Pro项目就创建好了。

你可以直接打开这个Premiere Pro项目文件，也可以把它导入到现有的项目之中。

如果Premiere Pro和Prelude在同一台计算机上同时运行，在Prelude中，选择要发送的剪辑，单击鼠标右键，在弹出的菜单中，选择Send To Premiere Pro（发送到Premiere Pro）菜单，即可把它们从Prelude发送到Premiere Pro中。

3.4.2 Premiere Pro 支持的视频文件类型

在编辑项目的过程中，经常遇到的一种情况是：项目中用到的视频剪辑往往来自于多台摄像机，它们有着不同的文件类型、媒体格式和编解码器。这对 Premiere Pro 来说完全不是问题，因为它支持你在同一个序列中混合不同类型的媒体文件。此外，Media Browser（媒体浏览器）几乎可以显示所有类型的媒体文件，特别适合于浏览那些基于文件的摄像机媒体文件。

当播放高分辨率媒体文件时，如果你使用的系统硬件显得力不从心，那你大可在编辑时使用代理文件。

Premiere Pro 所支持的基于文件的媒体文件类型如图 3-5 所示。

- 所有拍摄 H.264（使用 QuickTime MOV、MP4 格式）、H.265（HEVC）视频素材的 DSLR 摄像机。播放 H.265 视频需要使用更高配置的计算机。

- Panasonic P2、DV、DVCPRO、DVCPRO 50、DVCPRO HD、AVCI、AVC Ultra、AVC Ultra Long GOP。

- RED ONE、RED EPIC、RED Mysterium X、6K RED Dragon、8K REDCODE RAW Weapon。

- ARRIRAW，包括 ARRI AMIRA

- Sony XDCAM SD、XDCAM 50、XAVC、SStP、RAW、HDV（使用基于文件的媒体拍摄）。

- AVCHD 摄像机。

- Canon XF、Canon RAW。

- Apple ProRes。

- 图像序列，包括 DPX。

- Avid DNxHD 与 DNxHR MXF 文件。

- Blackmagic CinemaDNG。

- Phantom Cine camera。

3.4.3 使用 Media Browser（媒体浏览器）面板查找资源

在许多方面，Media Browser（媒体浏览器）都和 Finder（macOS）或 Explorer（Windows）很相似，有前进和后退按钮，查看最近浏览的内容。另外，它还有组合键列表，使用起来非常方便。

图3-5

 注意：在导入媒体文件时，一定要把文件复制到本地存储器中，或者使用项目收集选项在移除内存卡或外部存储器之前创建副本。

首先，打开 My Lesson 03.prproj 项目。

1. 如图 3-6 所示，在 Workspaces（工作区）面板中，单击 Editing（编辑），再单击右侧的三道杠图标，从弹出的菜单中，选择 Reset To Saved Layout（重置为已保存的布局），

图3-6

或者双击 Editing（编辑）这个名称。

注意：如果没有看到 Workspaces（工作区）面板，你可以从 Window（窗口）>
Workspaces（工作区）菜单中进行选择（位于菜单底部）。

2. 如图 3-7 所示，单击 Media Browser（媒体浏览器）面板名称，将其打开。默认情况下，Media Browser（媒体浏览器）和 Project（项目）面板在一个分组中。

图3-7

3. 把鼠标放到 Media Browser（媒体浏览器）面板中，按 `（重音符号）键（位于键盘左上角），或者双击面板名称，可以把面板最大化。

提示：有些键盘上，你很难找到 `（重音符号，位于键盘左上角）键，这时，你可以双击面板名称，把面板放大。

此时，Media Browser（媒体浏览器）面板占满了大部分屏幕空间。你可能还需要调整列宽，才能看得更清楚。

4. 使用 Media Browser（媒体浏览器），转到 Lessons/Assets/Video and Audio Files/Teft Unexpected 文件夹下。

5. 如图 3-8 所示，单击 Tumbnail View（缩览图视图，位于媒体浏览器面板底部）图标（▣），向右拖动缩览图大小控制滑块，把剪辑缩览图放大。你可以根据自身需要，把缩览图放大到相应大小。

注意：Media Browser（媒体浏览器）可以把非媒体文件和不支持的文件过滤掉，这大大方便了用户浏览视频和音频资源。

图3-8

你可以把光标放到任意一个未选择的剪辑缩览图上,不要单击鼠标,也不要单击鼠标左键或右键,只要从左到右拖曳鼠标,即可浏览剪辑内容。把光标放到剪辑缩览图左边缘,显示剪辑第一帧,放在有边缘,显示编辑最后一帧。

6. 单击任意一个剪辑,选中它。

此时,你就可以使用键盘组合键来预览所选剪辑了(见图 3-9)。在缩览图视图下,当某个剪辑处于选中状态时,其下方会显示一个预览时间条。

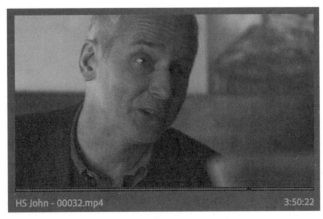

图3-9

7. 按 L 键，播放所选剪辑。

8. 按 K 键，停止播放。

9. 按 J 键，倒放剪辑。

10. 尝试播放其他剪辑。在播放期间，你应该能够听到剪辑中的声音。

你可以多次按 J 键或 L 键，加快预览播放速度。按 K 键或空格键，暂停播放。

11. 接下来，我们把这些剪辑全部导入到项目中。按 Command+A（macOS）组合键或 Ctrl+A（Windows）组合键，全选所有剪辑。

12. 如图 3-10 所示，在其中一个剪辑上，单击鼠标右键，在弹出的菜单中，选择 Import（导入）菜单。

图3-10

导入完成后，Premiere Pro 会自动打开 Project（项目）面板，把刚刚导入的剪辑全部显示出来。

13. 按 `（重音符号，位于键盘左上角）键，或使用 Project（项目）面板菜单，把面板组恢复成原来的大小。

类似于 Media Browser（浏览器）面板，Project（项目）面板中的剪辑既可以以图标显示，也可以以列表显示（包含每个剪辑的详细信息）。在 Project（项目）面板底部有两个图标，分别是 List View（列表视图）图标（▤）和 Icon View（图标视图）图标（■），单击这两个图标，可以在列表视图和图标视图之间进行切换。

多使用Media Browser（浏览器）

Media Browser（浏览器）提供了大量方便在硬盘中查找文件的功能。

- Forward（前进）、Back（后退）按钮（◀ ▶）与Web浏览器中的前进、后退按钮功能类似，允许你在查看过的内容中进行导航。

- 在左侧导航区域最上方有一个"收藏夹"，用来存放经常访问的文件夹。如果你需要经常从某个文件夹导入文件，可以把这个文件夹添加到收藏夹之中。具体做法是，先使用鼠标右键单击文件夹，然后在弹出的菜单中，选择Add to Favorites（添加到收藏夹）即可。
- 在面板右上方有一个漏斗形图标（ ），单击它打开一个文件类型列表，从中选择需要显示的文件类型，这样Media Browser（浏览器）就只显示所选类型的文件，从而更方便查找。
- 在漏斗图标右侧有一个眼睛图标（ ），叫Directory Viewers（目录查看器），单击它，从中选择一个摄像机系统，可以只显示该摄像机系统拍摄的视频文件。
- 你可以一次打开多个Media Browser（浏览器）面板，用以访问不同文件夹中的内容。单击面板菜单，从弹出菜单中，选择New Media Browser Panel（新建媒体浏览器面板）菜单，即可打开新的Media Browser（浏览器）面板。
- 默认情况下，列表视图下显示的剪辑信息很有限。若想显示更多内容，请单击面板菜单，从弹出菜单栏中，选择Edit Columns（编辑列），再在Edit Columns（编辑列）对话框中，勾选需要显示的元数据即可。

3.5 导入静态图像文件

图形图像是后期制作必不可少的一部分。使用图形图像不仅可以帮助我们更好地向观众传递信息，还有利于增强画面的视觉效果。Premiere Pro 支持我们向项目中导入任意类型的图形图像文件，更是对使用 Adobe 图形软件（例如 Adobe Photoshop CC、Adobe Illustrator CC）制作的图形图像提供了完美的支持。

从事图像印刷或照片修饰的人可能都用过 Adobe Photoshop，它是一款功能强大的工具，不仅在图形图像处理领域中有着广泛的应用，在其他领域应用得也越来越多，例如在视频制作领域，Adobe Photoshop 开始发挥越来越重要的作用。接下来，让我们学习一下如何把文件从 Adobe Photoshop 正确地导入到 Premiere Pro 中。

先从导入一张简单的图片开始。

3.5.1 导入单图层图像文件

大多数图形、照片都只包含一个图层——由像素组成的平面网格，你可以把它们作为一个简单的媒体文件使用。下面让我们导入一张图片。

1. 打开 Project（项目）面板。

2. 从菜单栏中，依次选择 File（文件）> Import（导入），或者按 Command+I（macOS）组合键或 Ctrl+I（Windows）组合键。

3. 在"导入"对话框中，转到 Lessons/Assets/Graphics 文件夹下。

4. 选择 Teft_Unexpected.png 文件，单击 Import（打开）按钮。

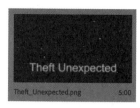

图3-11

Teft_Unexpected.png 是一个简单的 Logo 文件，导入之后，你可以在 Project（项目）面板中看到它（见图 3-11）。

 注意：当 Project（项目）面板处在"图标视图"之下时，会以缩略图的形式显示图片内容。

关于Dynamic Link（动态链接）

使用Premiere Pro时往往需要和其他软件工具搭配使用，例如Adobe Creative Cloud中包含的与视频编辑相关的软件工具，其中有些工具能够大大加快后期制作的速度。

Dynamic Link就是这样一个工具。它允许你把After Effects合成（与Premiere Pro中的序列有点类似）导入Premiere Pro中，其方式是在两个应用程序之间建立一个实时链接。一旦采用这种方式导入了After Effects合成之后，After Effects合成就和Premiere Pro项目中的其他剪辑一样了。

当你在After Effects中修改合成后，Premiere Pro中的合成也会随之进行更新，这可以大大节省时间。

你可以使用Dynamic Link（动态链接）在Premiere Pro和After Effects之间，以及Premiere Pro与Audition之间创建链接。

3.5.2 导入包含多个图层的 Adobe Photoshop 文件

使用 Adobe Photoshop 处理过的图像可能包含有多个图层。图层和 Premiere Pro 序列中的轨道类似，用来把不同视觉元素分隔开，方便分别处理。你可以把 Photoshop 文档中的图层分别导入到 Premiere Pro 中，以把它们分隔开做调整或制作动画。接下来，让我们了解一下如何进行导入。

1. 在 Project（项目）面板中，双击空白区域，打开 Import（导入）对话框。

2. 转到 Lessons/Assets/Graphics 文件夹下。

3. 选择 Teft_Unexpected_Layered.psd 文件，单击 Import（打开）按钮。

4. 如图 3-12 所示，弹出 Import Layered File（导入分层文件）对话框，其中包含一个 Import As（导入为）菜单，提供了 4 种处理图层的方式。

图3-12

- Merge All Layers（合并所有图层）：如图 3-13 所示，选择该项，Premiere Pro 会把所有图层合并成一个图层作为一个剪辑导入。

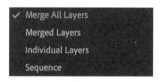

图3-13

- Merged Layers（合并的图层）：选择该项，Premiere Pro 只合并你选择的图层并将其作为一个剪辑导入。

- Individual Layers（各个图层）：选择该项，Premiere Pro 只导入你在该对话框中勾选的图层，在 Project（项目）面板中，每个图层都是一个独立的剪辑。

- Sequence（序列）：选择该项，Premiere Pro 只导入你在该对话框中勾选的图层，每一个图层都是一个独立的剪辑。同时 Premiere Pro 还会自动新建一个序列（基于导入的 PSD 文件设置帧大小），其中每个剪辑都在单独的轨道上（保持原有的堆叠顺序）。

当选择了 Sequence（序列）或 Individual Layers（各个图层）之后，位于 Import Layered File（导入分层文件）对话框底部的 Footage Dimensions（素材尺寸）菜单就变为可用状态，其中包含如下两个选项：

- Document Size（文档大小）：选择该项后，Premiere Pro 会根据原始 Photoshop 文档的尺寸导入所选图层。

- Layer Size（图层大小）：选择该项后，Premiere Pro 会把新建剪辑的帧大小与原始 Photoshop 文件中各个图层的帧大小进行匹配。对于那些填充不满整个画布的图层，其周围的透明区域（即包含像素的矩形之外的区域）会被剪裁掉，并且会被放置到帧的中央，这样也就失去了它们原来的相对位置。

5. 这里，在"导入为"中，选择 Sequence（序列），在"素材尺寸"中，选择 Document Size（文档大小），然后单击 OK（确定）按钮。

6. 此时，Premiere Pro 在 Project（项目）面板中新创建了一个名为 Theft_Unexpected_ Layered 的素材箱（⬛）。双击打开它。

Pr 注意：Project（项目）面板中的素材箱和计算机文件系统中的文件夹在外观和行为上非常相似。素材箱只存在于项目文件中，它是一种组织素材的好方式。

7. 如图 3-14 所示，在素材箱中，双击 Theft_Unexpected_Layered 序列，在 Timeline（时间轴）面板中打开它。

在 List view（列表视图）下，序列在其名称左侧显示图标（⬛）；在 Icon view（图标视图）下，序列在缩略图的右下角显示图标（⬛）。

若区分不出剪辑和序列，你可以把鼠标指针放到各项名称之上，稍等一会儿，就会出现工具提示，然后根据提示信息判断当前项是剪辑还是序列。

图3-14

导入Adobe Photoshop图像时的注意事项

从Adobe Photoshop导入图像时，应该注意如下几点。

- 当把包含多个图层的Photoshop文档导入为序列时，Premiere Pro中的帧大小将和Photoshop文档的像素大小一样。
- 即使不打算缩大或平移图像，在创建图像时，也要尽量让图像的帧尺寸不小于项目的帧尺寸。否则，你将不得不对图像进行放大，这样做会损失一些锐度。

- 如果你打算放大或平移图像，在创建图像时，一定要确保图像放大后或平移区域的帧大小不小于序列的帧大小。例如，在编辑全高清（1920像素×1080像素）项目时，如果你想把画面放大2倍，那么你使用的图像尺寸应该不低于3840像素×2160像素，这样才能保证画面在放大后清晰度不会下降。
- 导入大型图像文件会占用更多系统内存，并且可能会拖慢系统运行速度。如果你使用的原始图片非常大，可以考虑在使用之前先把它们处理得小一点。
- 请尽量使用16位RGB颜色。CMYK颜色模式只适用于打印工作（Premiere Pro不支持这种颜色模式），编辑视频时要使用RGB或YUV颜色模式。
- 与其他导入的媒体素材一样，在Photoshop中，修改PSD文件并进行保存之后，Premiere Pro会同步进行更新。也就是说，一副图像在Premiere Pro之后，设计师可以继续处理它，在执行保存操作时，修改会自动同步到Premiere Pro中。

8. 此时，你可以在 Timeline（时间轴）面板中看到导入的序列。同时，序列的内容也显示在 Program Monitor（节目监视器）之中。在 Timeline（时间轴）面板中，每个轨道的左侧有一个眼睛图标（，切换轨道输出），单击它，可以隐藏或显示每个图层上的内容。

9. 双击 Teft_Unexpected_Layered 素材箱后，Premiere Pro 会在 Project（项目）面板组中新打开一个素材箱面板。素材箱面板菜单和 Project（项目）面板一样，你可以同时打开多个素材箱浏览项目中的媒体素材。

单击素材箱面板菜单（），从弹出菜单中，选择 Close Panel（关闭面板），关闭 Teft_Unexpected_Layered 素材箱。

3.5.3 导入 Adobe Illustrator 文件

Adobe Illustrator 也是 Adobe Creative Cloud 中的一个图形处理软件。Adobe Photoshop 软件主要用来处理基于像素的图形图像，与此不同，Adobe Illustrator 是一款基于矢量的图形处理软件。矢量图形不是由一个个像素点组成，它使用直线和曲线等这些通过数学计算得到的元素来描述图形。矢量图形最大的优点是无论如何放大、缩小或旋转都不会失真，并且能够保持原有的清晰度。

制作技术插图、艺术线条、复杂图形时，通常会使用矢量图形。

下面我们向 Premiere Pro 导入一个矢量图形。

1. 在 Project（项目）面板中，双击空白区域，打开 Import（导入）对话框。

2. 转到 Lessons/Assets/Graphics 文件夹下。

3. 选择 Brightlove_film_logo.ai 文件，单击 Import（导入）。

4. 在 Project（项目）面板中，新增了一个剪辑，它指向你刚刚导入的那个 Illustrator 文件。双击剪辑图标，在 Source Monitor（源监视器）中查看 logo 图标。

在 Source Monitor（源监视器）的黑色背景下，logo 图标中的黑色文本看不见。这是因为 logo 的背景是透明的。关于使用图层和透明度的内容，我们将在第 14 课中进行讲解。

> **Pr** 注意：在 Project（项目）面板中，使用鼠标右键单击 Brightlove_film_logo.ai，在弹出菜单中，有一个 Edit Original（编辑原始）菜单。如果你的计算机中安装了 Adobe Illustrator，在选择 Edit Original（编辑原始）菜单后，将在 Adobe Illustrator 中打开 Brightlove_film_logo.ai 等待你编辑。即使你在 Premiere Pro 中把图层合并了，仍然可以返回到 Adobe Illustrator 中，编辑原始分层文件，然后将其保存。你在 Adobe Illustrator 中做出的修改会立即在 Premiere Pro 中体现出来。

Premiere Pro 处理 Adobe Illustrator 文件的方式如下。

- 类似于前面导入的 Photoshop 文件，Brightlove_film_logo.ai 是一个包含多个图层的文件。但是，Premiere Pro 不允许导入的 Adobe Illustrator 文件中包含多个图层，它会在导入时把所有图层合并成一个图层。

- Premiere Pro 通过"栅格化"（rasterization）处理把矢量图形转换成 Premiere Pro 中使用的基于像素的图像格式。这种转换会在导入时自动进行，因此在向 Premiere Pro 导入矢量图形之前，要确保矢量图形有足够大的尺寸。

- Premiere Pro 会自动对 Adobe Illustrator 创建的矢量图形的边缘做抗锯齿或平滑处理。

- Premiere Pro 会把 Illustrator 文件中的所有空白区域做透明处理，这样位于下层轨道上的剪辑就会显露出来。

3.5.4 导入文件夹

在 Premiere Pro 中，使用 File（文件）> Import（导入）命令导入多个素材时，不必逐一选择各个素材，你可以选择包含这些素材的整个文件夹。如果要导入的素材已经存放在了硬盘的某个文件夹中，当导入包含这些素材的文件夹时，Premiere Pro 会项目面板中创建一个同名素材箱。

具体操作如下。

1. 从菜单栏中，依次选择 File（文件）> Import（导入），或者按 Command+I（macOS）组合键或 Ctrl+I（Windows）组合键。

2. 在"导入"对话框中，转到 Lessons/Assets 文件夹下，单击选择 Stills 文件夹。注意，请不要双击 Stills 文件夹，否则会进入到 Stills 文件夹之中。

3. 单击 Import（导入）（macOS）或 Import Folder（导入文件夹）（Windows）按钮。此时，

Premiere Pro 会把整个 Stills 文件夹导入进来，其中包括两个包含图片的子文件夹（见图 3-15）。在 Project（项目）面板中，你会看到一个与所选文件夹同名的素材箱。单击素材箱左侧的箭头图标，将其展开，可以看到其下有两个子文件夹。

图3-15

注意：在导入整个文件夹时，如果其中包含一些 Premiere Pro 不支持的文件，Premiere Pro 会给出提示信息，告诉你这些文件无法导入。

导入VR视频

我们常说的VR视频其实是360°视频，它是使用拍摄设备拍摄周围一圈（360°）的景物得到。在观看这类视频时，使用专用的VR头盔才能获得最好的观看效果。戴着VR头盔观看这类视频时，你可以转动头部变换方向进行观看。Premiere Pro对360°视频和180°视频提供了支持，同时提供了一个专用的观看模式来支持VR头盔，还专门针对360°视频的自身特点设计了一些效果。

导入360°视频和导入普通视频素材没有什么不同，你既可以使用Import（导入）命令进行导入，也可以使用Media Browser（媒体浏览器）面板进行导入。

在导入时，Premiere Pro要求导入的是已经处理好的360°视频，所以在导入之前，你必须先用其他应用程序把360°预先处理好。在导入360°或180°视频时，你必须先把视频处理好。

有关Premiere Pro中360°视频工作流的内容已经超出本书的讨论范围，请阅读在线帮助文档，了解更多内容。

3.6 使用 Adobe Stock

借助 Libraries（库）面板，你可以轻松地在项目和用户之间共享设计资源。此外，你还可以直接在 Libraries（库）面板中搜索 Adobe Stock，从中选择所需要的视频剪辑和图形，并且在项目中使用低分辨率版本预览效果。

如图 3-16 所示，Adobe Stock 是一个在线图库，提供了数百万个视频和图片。借助于 Libraries（库）面板，你可以轻松地把这些素材应用到你的序列之中。

图3-16

如果你看中了某个素材，并且想购买其全分辨率版本，可以单击素材上的 License And Save To 购物车图标。付费之后，Premiere Pro 就会把全分辨率的素材下载下来，并使用它替换掉项目与序列中的低分辨率素材。

3.7 自定义媒体缓存

在导入某些特定格式的视频和音频文件时，Premiere Pro 可能需要处理并缓存（临时存储）这些文件的一个版本。在导入高度压缩的文件时，这个过程［叫"一致性"（conforming）］更是必不可少。

 注意：你可以已经注意到了，前面在讲根据序列设置调整剪辑播放设置时用到了"一致性"（conforming）这个词，这里讲为把文件导入 Premiere Pro 对文件格式进行处理时也用到了"一致性"（conforming）这个词。这是因为这两个过程所遵循的原则是一样的，即都是修改原始素材借以提高性能。

在导入素材时，如果在屏幕右下角看见一个小小的进度条，这表明 Premiere Pro 正在创建缓存。

在媒体缓存的协助下，编辑系统更容易解码和播放媒体素材，从而提高预览时的播放性能。你可以自定义缓存以进一步提升性能。媒体缓存数据库用来帮助 Premiere Pro 管理缓存文件，从而更好地在多个 Creative Cloud 应用程序之间进行共享。

如图 3-17 所示，在菜单栏中，依次选择 Premiere Pro CC > Preferences（首选项）> Media Cache（媒体缓存）（macOS）或 Edit（编辑）> Preferences（首选项）> Media Cache（媒体缓存）（Windows），可以打开缓存设置面板。

下面是对缓存各个设置项的使用说明。

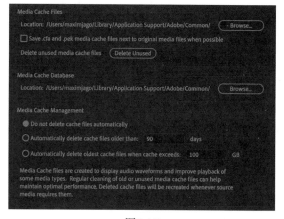

图3-17

- 若想移动媒体缓存文件，或把媒体缓存数据库移动到新位置，请单击 Browse（浏览）按钮，在"选择文件夹"对话框中，选择目标文件夹，然后单击 Choose（选择）（macOS）或 Choose Folder（选择文件夹）（Windows）。大多数情况下，在编辑项目期间，我们不应该移动媒体缓存数据库。

- 勾选 Save .cfa And .pek Media Cache Files Next To Original Media Files When Possible（如有可能，保存原始媒体文件旁边的 .cfa 和 .pek 媒体缓存文件），可以把媒体缓存文件和媒体素材保存在同一个硬盘上。如果你想把所有内容集中保存到一个文件夹，请不要勾选该项。请记住，存放媒体缓存的硬盘速度越快，Premiere Pro 就表现出更好的播放性能。

- 应该定期清理媒体缓存数据库，删除不再需要的旧缓存文件和索引文件。为此，请单击

Delete Unused（删除未使用项）按钮，这样所有硬盘上的缓存文件都会被删除。建议在项目完成后执行这个操作，这会删除不需要的预览渲染文件，节省大量空间。

- 在 Media Cache Management（媒体缓存管理）中勾选相应选项，可以在一定程度上实现缓存文件管理的自动化。若需要，Premiere Pro 会自动创建这些缓存文件，勾选这些选项可以节省空间。

单击 Cancel（取消）按钮，关闭 Preferences（首选项）对话框，不保存任何更改。

磁带工作流和无磁带工作流

有时人们仍然需要从磁带获取视频，因为磁带还是经常被用来做视频存档。把视频素材从磁带导入Premiere Pro项目的第一步是先从磁带把数字视频捕捉下来。

在使用之前，我们需要先把数字视频从磁带捕捉到硬盘上。Premiere Pro通过FireWire或SDI（数字串行接口）等数字端口捕捉视频（如果你有第三方硬件的话）。Premiere Pro会把捕捉到的素材以文件形式保存到磁盘上，然后再将其以剪辑形式导入到项目中，这与导入基于文件的视频素材一样。Premiere Pro支持如下3种基本捕捉方法。

- 可以把整个录像带捕捉成一个长剪辑。
- 可以记录每个剪辑的起点和终点（入点和出点），方便以后进行批量捕捉。
- 对于有些磁带格式，你可以使用Premiere Pro提供的场景检测功能，依据每次按摄像机Record按钮的时间自动创建各个剪辑。

默认情况下，如果计算机配备有FireWire端口，Premiere Pro可以使用DV和HDV源。如果你想捕捉其他高级专门格式，则需要使用第三方捕捉设备，它们外形各异，包括内置卡、支持FireWire、USB 3.0、SDI和Thunderbolt的接线盒。

第三方硬件厂商能够充分利用Mercury Playback Engine功能，在连接的专业显示器上预览效果和视频。

3.8 录制画外音

有时，你处理的视频项目中可能包含画外音轨道。一般这些画外音都是由专业人员在录音棚（至少是在一个很安静的场合中）中使用专业设备录制的，但其实你可以自己使用音频输入设备直接把音频录制到 Premiere Pro 中。

Premiere Pro 提供的画外音录制功能非常有用，它可以让创作者在编辑过程中自由地控制录音。

 提示：当系统中连接了多个音频输入设备时，使用鼠标右键，单击时间轴面板中 Voice-over Record（画外音录制）图标，从弹出的菜单中，选择 Voice-Over Record Settings（画外音录制设置），在打开的"画外音录制设置"对话框中，可以设置音频名称、输入源等。

在 Premiere Pro 录制音轨的具体步骤如下。

1. 如图 3-18 所示，如果你使用的不是计算机内置的麦克风，请确保你的外接麦克风或音频混合器正确地连接到了计算机上。此时，你可能需要查阅计算机和声卡的相关文档。

图3-18

2. 如图 3-19 所示，在时间轴面板中，每个音轨的最左侧区域中有一排按钮和选项。这个区域称为"音轨头"（track header），其中，包含一个 Voice-Over Record（画外音录制）按钮（🎤）。使用鼠标右键单击麦克风图标，从弹出菜单中，选择 Voice-Over Record Settings（画外音录制设置），在打开的"画外音录制设置"对话框中，选择你的麦克风，然后单击 Close（关闭）按钮。

3. 关掉你的扬声器，或者使用头戴式耳机，防止出现回音。

4. 打开 Theft_Unexpected_Layered 序列，它位于 Theft_Unexpected_Layered 素材箱中。

5. 增加音轨 A1 的高度。

图3-19

为了增加音轨高度，你可以向下拖动两个音轨之间的水平分割线，或者把鼠标放到相应的音轨头之上，按住 Option（macOS）或 Alt（Windows）键，滚动鼠标滚轮。

在 Timeline(时间轴)面板中，时间是从左到右增加的，这和在线视频是一样的。如图 3-20 所示，在 Timeline（时间轴）面板顶部有一个时间标尺，在时间标尺上有一个播放指针（▮），用来指示 Program Monitor（节目监视器）中显示的当前帧。你可以在时间标尺的任意位置上单击，此时播放指针会移动到你单击的位置，并在 Monitor（节目监视器）中显示这个位置上的帧。你还可以在时间标尺上按下鼠标左键进行拖曳，以浏览当前序列的内容，这个动作类似于刷洗地板。

图3-20

6. 把播放指针拖曳到时间标尺最左侧，即序列的开头位置，然后单击音轨 A1 的 Voice-Over Record（画外音录制）按钮，开始录音。

7. 倒数 3 个数之后，Premiere Pro 开始录音。说几句话，然后按空格键，停止录音。

此时，Premiere Pro 会新建一个音频剪辑，并将其添加到 Project（项目）面板和当前序列中。

8. 从菜单栏中，依次选择 File（文件）> Save（保存），保存当前项目。然后你可以关闭项目，或者保持其打开状态，开始学习下一课内容。

3.9 复习题

1. 在导入 P2、XDCAM、R3D、ARRIRAW、AVCHD 素材时，Premiere Pro CC 需要做转换吗？

2. 导入基于文件的媒体素材时，相比于 File（文件）> Import（导入）命令，使用 Media Browser 的一个优点是什么？

3. 导入包含图层的 Photoshop 文件时，有哪 4 种不同的导入方法？

4. 媒体缓存文件保存在哪里？

5. 导入视频时，如何启用创建代理功能？

3.10 复习题答案

1. 不需要。Premiere Pro CC 原生支持编辑 P2、XDCAM、R3D、ARRIRAW、AVCHD，以及其他多种格式文件。

2. Media Browser（媒体浏览器）能够识别 P2、XDCAM 以及其他多种文件格式的复杂文件夹结构，并使用一种友好的方式为你展示剪辑。

3. 在 Import Layered File（导入分层文件）对话框中，从 Import As（导入为）菜单中，选择 Merge All Layers（合并所有图层），可以把 Photoshop 文件中的所有可见图层合并成一个剪辑；选择 Merged Layers（合并的图层），选择指定的图层。如果你想把各个图层分别导成独立的剪辑，请选择 Individual Layers（各个图层），并选择要导入的图层；选择 Sequence（序列），可以导入你选定的图层，并使用它们新建一个序列。

4. 你可以把媒体缓存文件保存到任意指定的位置，或者存储与媒体素材相同的硬盘上（如果有可能的话）。用于存放媒体缓存的硬盘速度越快，Premiere Pro 就表现出更好的播放性能。

5. 你可以在 Project Settings（项目设置）对话框的 Ingest Settings（收录设置）中，开启"创建代理"功能。你可以通过勾选 Media Browser（媒体浏览器）顶部的 Ingest（收录）复选框来打开 Ingest Settings（收录设置）选项卡，也可以单击扳手图标（打开收录设置）来打开 Ingest Settings（收录设置）选项卡。

第4课 组织媒体文件

课程概览

本课学习如下内容：

- 使用 Project（项目）面板；

- 使用素材箱；

- 添加剪辑元数据；

- 使用基本播放控件；

- 解释素材；

- 修改剪辑。

　　学完本课大约需要 90 分钟。请使用本课的课程文件，并把它们存放到计算机中方便使用的位置。

一旦项目中有了一些视频和音频素材资源，你就得浏览这些素材，并把剪辑添加到序列中。但是，在此之前，你得花些时间组织现有素材，这样就可以避免以后再花费大量时间来搜索所需资源了。

4.1 课程准备

当项目中包含大量剪辑，并且这些剪辑来自于不同的媒体类型时，组织和管理这些剪辑就显得尤为重要。

在本课中，我们将学习如何使用 Project（项目）面板来组织剪辑。具体做法就是创建一些特殊的文件夹（叫作"素材箱"），把你的剪辑分门别类地放入这些"素材箱"中。本课我们还要学习向剪辑添加重要的元数据和标签的内容。

首先，我们介绍如何使用 Project（项目）面板来组织你的剪辑。

1. 本课会使用第 3 课中的项目文件。你可以在学完第 3 课之后不关闭项目文件，继续学习本课，也可以打开 Lessons/Lesson 04 文件夹中的 Lesson 04.prproj 项目文件。

2. 在开始之前，让我们先把工作区恢复到默认状态。在 Workspaces（工作区）面板中，单击 Editing（编辑），然后单击三道杠图标，在弹出菜单中，选择 Reset To Saved Layout（重置为已保存的布局）。

3. 在菜单栏中，依次选择 File（文件）> Save As（另存为）菜单。

4. 在"保存项目"对话框中，输入文件名：Lesson 04 Working.prproj。

5. 转到 Lessons/Lesson 04 文件夹下，单击 Save（保存）按钮，保存当前项目。

4.2 使用 Project（项目）面板

导入到 Adobe Premiere Pro 项目中的所有内容都会显示在 Project（项目）面板中。除了提供用于浏览剪辑和处理元数据的工具之外，Project（项目）面板还提供了一种类似文件夹的东西——素材箱（bins），你可以使用素材箱来组织项目中的各种素材。

序列中的所有内容都会显示在 Project（项目）面板中。如果你从 Project（项目）面板中删除了一个剪辑，并且这个剪辑已经被某个序列使用了，Premiere Pro 会自动把该剪辑从使用它的序列中删除。若删除某个剪辑会影响到已有序列，则 Premiere Pro 会给出相应警告。

除了用来保存所有剪辑之外，Project（项目）面板还提供了用于解释素材的重要选项。例如，所有素材都有帧速率（帧/秒，每秒帧数）、像素长宽比（像素形状）。出于创作需要或技术原因，你可能想修改这些设置。

图 4-1 所示为 List View（列表视图）下的 Project（项目）面板。单击面板左下角的 List View（列表视图）按钮，可以把面板切换到 List View（列表视图）之下。

例如，你可以把以 60 帧/秒拍摄的视频解释为 30 帧/秒来实现 50% 的慢动作效果。又比如，你可能得到的是一段像素长宽比设置错误的视频，而你想修正它。

图4-1

Premiere Pro 通过素材的元数据(见图 4-2)来了解如何播放素材。如果你想修改剪辑的元数据，可以在 Project（项目）面板中进行修改。

Name ∧		Frame Rate	Media Start	Media End	Media Duration
	Brightlove_film_logo.ai				
	Cutaways - 00042.mp4	25.00 fps	02:03:29:12	02:04:34:11	00:01:05:00
	Excuse Me - 00035.mp4	25.00 fps	01:53:49:17	01:54:20:21	00:00:31:05
	Excuse Me Tilted - 00036.m	25.00 fps	01:54:20:22	01:56:02:19	00:01:41:23
	First Sequence	29.97 fps	00;00;00;00	23;00;00;01	00;00;00;00
	HS John - 00032.mp4	25.00 fps	01:46:22:12	01:50:13:08	00:03:50:22

图4-2

4.2.1 自定义 Project（项目）面板

在使用 Project（项目）面板的过程中，你很可能想时不时地调整一下 Project（项目）面板的大小。Project（项目）面板提供了两种呈现剪辑的方式，一种是列表视图，另一种是图标视图，你可以灵活地在这两种方式之间切换。在查看面板中的信息时，有时调整面板大小要比滚动面板快捷得多。

在默认的 Editing（编辑）工作区下，用户界面简洁、清爽，有助于你集中精力进行创作。Preview Area（预览区域）是 Project（项目）面板的一部分，该区域默认不可见，你可以通过它获取剪辑的更多信息。

下面让我们一起了解一下。

1. 打开 Project（项目）面板菜单。

2. 从弹出菜单中，选择 Preview Area（预览区域）。

> **Pr** 提示：你可以滚动列表视图，或者把鼠标指针放到剪辑名称之上，以此访问大量剪辑信息。

> **Pr** 提示：把鼠标指针放到 Project（项目）面板之上，按键盘上的 `键（重音键），可以在 Project（项目）面板的最大化和最小化之间快速切换。这个方法也适用于其他面板。如果你的键盘上没有 `键（重音键），可以通过双击面板名称，在最大化面板和最小化面板之间进行切换。

如图 4-3 所示，在 Project（项目）面板中选择一个剪辑时，Preview Area（预览区域）会显示该剪辑的几种有用信息，包括帧大小、像素长宽比、时长。

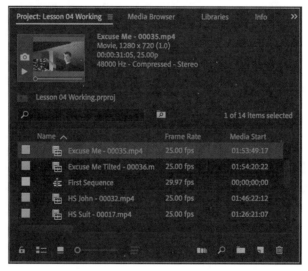

图4-3

如图 4-4 所示，单击 Poster Frame（标识帧）按钮，设置在 Project（项目）面板中显示的缩略图。

图4-4

若 Project（项目）面板左下方的 List View（列表视图）按钮（▦）处于未选中状态，单击它。在 Project（项目）面板的列表视图下，你会看到各个剪辑的大量信息，这些信息以列的形式组织，但是，你需要拖曳面板的水平滚动条才能逐个看到它们。

3. 从 Project（项目）面板菜单，再次选择 Preview Area（预览区域），将其隐藏起来。

4.2.2 在 Project（项目）面板中查找资源

处理剪辑有点类似于处理桌面上的纸张。如果只有一个或两个剪辑，会很简单。但是，如果有 100 ~ 200 个剪辑，你就需要有一个组织系统把它们有条理地组织起来。

为保证编辑顺利进行，一种做法是在使用之前先花点时间组织一下你的剪辑。当导入剪辑之后，要做的第一件事是为它们重命名，这样方便日后查找（参考本课"更改名称"部分）。

1. 单击 Project（项目）面板顶部的 Name（名称）列。每次单击 Name（名称）列，Premiere Pro 就会按照字母表顺序升序或降序显示 Project（项目）面板中的各个素材项。在 Name（名称）右侧有一个三角形图标，指示当前按什么顺序排列。

如果你正在搜索具有特定特征（例如时长或帧大小）的剪辑，则更改标题显示顺序会很有帮助。

> **Pr** 提示：你可以通过滚动鼠标滚轮来上下滚动查看 Project（项目）面板。当然，如果你有触控板，也可以使用手势来控制。

2. 在 Project（项目）面板中，向右拖曳水平滚动条，直到显示出 Media Duration（媒体持续时间）列标题。该列显示的是各个剪辑的总持续时间。

> **Pr** 注意：在 Project（项目）面板中，当向右拖曳水平滚动条时，Premiere Pro 总是在最左侧把剪辑名称显示出来，这样你就可以知道当前查看的是哪个剪辑的信息。

3. 单击 Media Duration（媒体持续时间）列标题，Premiere Pro 将根据持续时间的长短显示剪辑。请注意，在 Media Duration（媒体持续时间）列标题右侧也有一个三角形图标，每次单击列标题，三角形图标的方向就会发生改变（见图 4-5），朝上表示按持续时间从短到长排列剪辑，朝下表示按持续时间从长到短排列剪辑。

Media Duration ∨	Media Duration ∧
（a）	（b）

图4-5

> **Pr** 注意：你可能需要向右拖曳媒体持续时间和视频入点之间的分隔条来增加媒体持续时间的列宽，才能看见排序指示图标以及完整的列信息。

4. 如图 4-6 所示，向左拖曳 Media Duration（媒体持续时间）标题，直到蓝色分隔符出现在 Frame Rate（帧速率）和 Name（名称）列之间。然后释放鼠标，此时，Media Duration（媒体持续时间）列就被移动到了 Name（名称）列和 Frame Rate（帧速率）之间。

Name	Frame Rate	Media Start	Media End	Media Duration	Video In Point
HS John - 00032.mp4	25.00 fps	01:46:22:12	01:50:13:08	00:03:50:22	01:46:22:12
Mid Suit - 00008.mp4	25.00 fps	01:15:20:09	01:18:28:14	00:03:08:06	01:15:20:09

图4-6

1. 过滤素材箱内容

Premiere Pro 内置搜索工具，用来帮助我们查找所需要的媒体素材。即使你要使用的素材的名称由摄像机自行指定，对搜索不够友好，我们也可以使用 Premiere Pro 内置的强大搜索工具借助一些特征（例如帧大小、文件类型）进行搜索查找。

在 Project（项目）面板顶部，你可以在 Filter Bin Content（过滤素材箱内容）搜索框中输入文本，只显示那些名称或元数据与输入文本相匹配的剪辑。如果记得素材名称（或名称的一部分），你就可以直接在搜索框中输入素材名称，这样能快速地查找到所需要的剪辑。在搜索框中输入文本之后，那些与输入文本不匹配的剪辑会被隐藏起来，而那些与输入文本相匹配的剪辑都会显示出来，不管它们所在的素材箱是否处于展开状态。

下面让我们一起尝试一下。

（1）如图 4-7 所示，单击 Filter Bin Content（过滤素材箱内容），输入 jo。

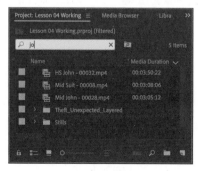

图4-7

Premiere Pro 只显示那些名称中或元数据中包含"jo"的剪辑。请注意，此时项目名称也在搜索框上方显示出来，并且后面带有"（fltered）"（已过滤）字样。

（2）单击搜索框右侧的 X 图标，清空搜索框。

（3）如图 4-8 所示，在搜索框中，输入 psd。

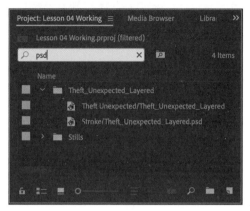

图4-8

Premiere Pro 只显示那些名称中或元数据中包含"psd"的剪辑。从搜索结果中，大家可以看到有一个名为 Theft_Unexpected 的 Photoshop PSD 文件，它是我们在上一课中导入的分层图像。通过 Filter Bin Content（过滤素材箱内容），你可以搜索特定类型的文件。

当查找到自己需要的剪辑之后，请一定记得单击搜索框右侧的 X 图标，以清空搜索框。现在就请你单击一下吧！

2. 使用高级查找

Premiere Pro 还提供了一种高级查找功能。为了学习这个功能，让我们再导入一些剪辑。

使用第 3 课中介绍的方法，导入如下视频素材：

- Seattle_Skyline.mov（位于 Assets/Video and Audio Files/General Views 文件夹中）；
- Under Basket.mov（位于 Assets/Video and Audio Files/Basketball 文件夹中）。

在 Project（项目）面板底部，单击 Find（查找）图标（▣）。此时，Premiere Pro 会打开 Find（查找）对话框，其中包含更多用来查找剪辑的高级选项。

在 Find（查找）对话框中，你可以同时执行两个查找。显示剪辑时，你可以在 Match（匹配）下拉列表中选择 all（全部）或 any（任意）。例如，根据你在 Match（匹配）菜单中所做的选择，可以执行如下操作之一：

- 搜索名称中包含 dog 和 boat 的剪辑；
- 搜索名称中包含 dog 或 boat 的剪辑。

图4-9

为此，在图 4-9 所示的菜单中做选择。

- Column（列）：从 Project（项目）面板显示的列中选择一个，然后单击 Find 按钮，Premiere Pro 将只在你选择的列中进行搜索。

- Operator（运算符）：该选项提供了一系列运算符，包括 contains（包含）、matches exactly（精确匹配）、begins with（开始于）、ends with（结束于）、不包含，用来把左侧的"列"和右侧的"查找目标"连接起来，形成一个完整的搜索条件，从而控制搜索结果。

- Match（匹配）：该选项中包含 All（全部）和 Any（任意）两个选择。选择 All（全部），Premiere Pro 将查找同时满足两个条件的剪辑；选择 Any（任意），Premiere Pro 将查找满足第一个条件或第二个条件的剪辑。

> **Pr** 提示：你还可以在序列中查找剪辑，具体做法是在序列处于打开状态下，从菜单栏中，依次选择 Edit（编辑）> Find（查找）。

- Case Sensitive（区分大小写）：勾选该复选框，Premiere Pro 将严格按照你输入的字母的大小写来搜索结果。

- Find What（查找目标）：在此输入搜索文本。最多可以添加两组搜索文本。

单击 Find（查找）按钮，Premiere Pro 会突出显示第一个符合搜索条件的剪辑；再次单击 Find（查找）按钮，Premiere Pro 会突出显示下一个符合搜索条件的剪辑。单击 Done（完成）按钮，退出 Find（查找）对话框。

4.3 使用素材箱

借助素材箱，你可以把剪辑放入到不同的分组之中，对剪辑进行分组组织和管理。

与硬盘上的文件夹一样，你可以根据项目需要在一个素材箱中创建多个子素材箱，形成一种复制的文件夹结构（见图 4-10）。

尽管素材箱和文件夹十分相像，但是它们之间存在一个非常重要的差别，那就是素材箱仅存在于 Premiere Pro 项目文件中，用来帮助组织剪辑。你不

图4-10

可能在硬盘上找到一个脱离 Premiere Pro 项目文件的独立素材箱。

4.3.1　创建素材箱

下面让我们创建一个素材箱。

1. 单击 Project（项目）面板底部的 New Bin（新建素材箱）按钮（■）。

此时，Premiere Pro 会新建一个素材箱，并自动使其名称处于可编辑状态，等待你修改素材箱名称。当创建素材箱时，就立即为它命名是一个好习惯。

2. 前面我们已经从一个短片中导入了一些剪辑，接下来，将把这些剪辑放入一个素材箱中。把新素材箱命名为 Theft Unexpected，按 Return 或 Enter 键，使修改生效。

3. 我们还可以使用 File（文件）菜单来创建素材箱。具体做法是：确保 Project（项目）面板处于活动状态，取选刚刚创建的素材箱，从菜单栏中，依次选择 File（文件）> New（新建）> Bin（素材箱）。

4. 把新建素材箱命名为 Graphics，按 Return 或 Enter 键，使修改生效。

5. 此外，还有一种创建素材的方法：在 Project（项目）面板中，使用鼠标右键单击空白区域，从弹出菜单中，选择 New Bin（新建素材箱）。使用这种方法可以新建一个素材箱。

> **注意**：当 Project（项目）面板中充满剪辑时，找一块"空地"比较难，此时可以在剪辑图标左侧的"空地"上单击，或者选择 Edit（编辑）>Deselect All（取消全选），取消选择。

6. 把新建素材箱命名为 Illustrator Files，按 Return 或 Enter 键，使修改生效。

为已经导入项目中的剪辑创建素材箱最快、最简单的一种方法是，把剪辑直接拖曳到 Project（项目）面板底部的 New Bin（新建素材箱）图标上。

7. 把 Seattle_Skyline.mov 剪辑拖动到 New Bin（新建素材箱）图标之上。

8. 把新建素材箱命名为 City Views，按 Return 或 Enter 键，使修改生效。

9. 确保 Project（项目）面板当前处于活动状态，并且没有素材箱处于选中状态。按 Command+B（macOS）组合键或 Ctrl+B（Windows）组合键，再创建一个素材箱。

> **提示**：如果你不小心在一个现有素材箱中新建了素材箱，可以把新建的素材箱拖曳出来，或者选择 Edit（编辑）> Undo（撤销），删除新创建的素材箱，然后取消选择，再进行创建。

10. 把新建素材箱的名称修改为 Sequences，然后按 Return 或 Enter 键，使修改生效。

如图 4-11 所示，如果当前 Project（项目）面板处在 List View（列表视图）之下，并且按照 Name 列进行排序，那么素材箱也会按照字母表顺序与剪辑一起显示。

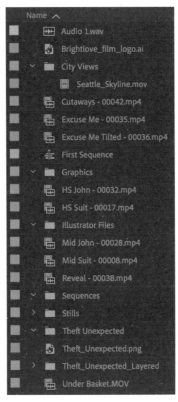

图4-11

4.3.2 管理素材箱中的媒体素材

前面我们创建好了几个素材箱，下面我们把它们用起来。在把剪辑移入素材箱之前，先单击素材箱左侧箭头（▶），把素材箱合上。

1. 把 Brightlove_film_logo.ai 剪辑拖入 Illustrator Files 素材箱之中。

2. 把 Theft_Unexpected.png 拖入 Graphics 素材箱之中。

3. 把 Theft_Unexpected_Layered 素材箱（当选择"各个图层"方式导入 PSD 分层文件时，Premiere Pro 会自动创建它）拖入 Graphics 素材箱之中。

4. 把 Under Basket.MOV 剪辑拖入 City Views 素材箱中。你可能需要重新调整 Project（项目）

面板尺寸，或者将其最大化，才能同时看到剪辑和素材箱。

> ![Pr] 注意：剪辑 Under Basket.MOV 的文件扩展名全部是大写，但这对操作系统或
> Premiere Pro 来说没有什么不同。

5. 把序列 First Sequence 拖入 Sequences 素材箱。

6. 如图 4-12 所示，把其他所有剪辑拖入 Theft Unexpected 素材箱。

现在，Project（项目）面板中的素材已经组织得很好了，每种剪辑素材都有单独的素材箱。

你还可以通过复制粘贴制作更多剪辑副本，只要这样做有助于更好地组织它们。在 Graphics 素材箱中有一个 PNG 文件，它可能对 Theft Unexpected 内容有用，下面我们为它创建一个副本。

图4-12

7. 单击 Graphics 素材箱左侧的箭头图标，将其展开。

8. 使用鼠标右键，单击 Theft_Unexpected.png，在弹出菜单中，选择 Copy（复制）。

9. 单击 Theft Unexpected 素材箱左侧的箭头图标，将其展开。

10. 使用鼠标右键，单击 Theft Unexpected 素材箱，在弹出菜单中，选择 Paste（粘贴）。

Premiere Pro 在 Theft Unexpected 素材箱中创建 Theft_Unexpected.png 的一个副本。

> ![Pr] 提示：与选择硬盘中的文件一样，在 Project（项目）面板中，可以按住 Ctrl 或
> Shift 键，单击多个剪辑，把它们全部选中。

> ![Pr] 注意：在 Premiere Pro 项目中，为剪辑创建副本，不涉及复制剪辑所链接的原始
> 媒体文件问题。因此，你可以根据需要复制任意多个剪辑副本，这些剪辑副本都
> 链接到同一个原始媒体文件。

查找媒体文件

如果你想知道某个媒体文件在硬盘上的位置，可以在Project（项目）面板中使用鼠标右键单击该剪辑，在弹出菜单中，选择Reveal In Finder（在Finder中显示）（macOS）或Explorer（在资源管理器中显示）（Windows）。

Premiere Pro会在文件夹浏览器中打开包含该媒体文件的文件夹。如果你要使用的媒体文件存储在多个硬盘上，或者在Premiere Pro项目中对剪辑进行了重命名，可以使用这种方法查找媒体文件。

4.3.3 更改素材箱视图

尽管 Project（项目）面板和素材箱之间是有区别的，但是它们拥有相同的控件和视图选项。无论如何，你都可以把 Project（项目）面板看成一个大素材箱。许多 Premiere Pro 编辑会混用"素材箱"（bin）和"项目面板"（Project panel）这两个术语。

素材箱有两种视图，分别是 List View（列表视图）（ ▤ ）和 Icon View（图标视图）（ ▦ ），它们位于"项目面板"左下方，需要使用哪种视图，只需单击相应的图标即可。

- List View（列表视图）：该视图以列表形式显示剪辑和素材箱，同时显示大量元数据。你可以拖曳滚动条查看这些元数据，单击列标题对剪辑进行排序显示。

- Icon View（图标视图）：该视图以缩览图形式显示剪辑和素材箱，你可以重排缩览图，并通过它们预览剪辑内容。

Project（项目）面板中有一个缩放控件，位于 List View（列表视图）和 Icon View（图标视图）右侧，用来调整图标和缩览图的大小（见图 4-13）。

图4-13

1. 双击 Theft Unexpected 素材箱，将其在素材箱面板中打开（在"首选项"的"常规"面板中，可以设置双击素材箱时触发的动作）。

2. 单击"素材箱"面板底部的 Icon View（图标视图）图标，以缩览图形式显示剪辑（见图 4-14）。

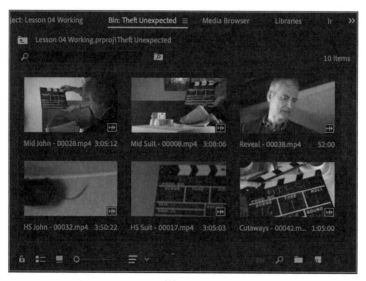

图4-14

3. 拖曳缩放滑块，调整图标和缩览图的大小。

Premiere Pro 可以用非常大的缩览图显示剪辑，使浏览和选择剪辑变得更容易。

如图 4-15 所示，在 Icon View（图标视图）下，单击 Sort Icons（排序图标）（ ▤▾ ），从弹出菜单中，选择各种排序方式对剪辑缩览图进行排序。

图4-15

4. 切换到 List View（列表视图）下。

5. 拖曳缩放控制块，调整素材箱中各个剪辑图标大小。

在 List View（列表视图）下，拖动缩放滑块没有太大意义，除非你在该视图下开启了缩略图显示功能。

> **注意**：在 Project（项目）面板或素材箱面板中，单击面板菜单图标，在弹出菜单中，选择 Font Size（字体大小），可以更改面板中显示的字体大小。如果你使用的是高分辨率屏幕，可能会用到这个功能。

6. 打开面板菜单，选择 Tumbnails（缩览图）。

此时，Premiere Pro 会在 List View（列表视图）下显示缩览图，与 Icon View（图标视图）下一样（见图 4-16）。

图4-16

7. 拖曳缩放滑块。

如图 4-17（剪辑缩览图）显示的是视频的第一帧。在某些剪辑中，第一帧不是特别有用，例如 HS Suit 剪辑（见图 4-18），第一帧显示的是场记板。如果缩览图能够显示出视频中的人物，就会非常有用。

图4-17

图4-18

8. 切换到 Icon View（图标视图）。

在这个视图下，你可以把鼠标放到剪辑的缩览图上预览剪辑。

 注意：当你单击缩览图选择一个剪辑时，会在缩览图底部显示一个时间条，拖曳这个时间条即可观看剪辑内容。

9. 把鼠标放到 HS Suit 剪辑之上，移动鼠标，直到你找到一个可以更好地代表该剪辑的帧。

10. 找到代表 HS Suit 剪辑的帧之后，按 I 键。

I 键是 Mark In（入点标记）的组合键。在一个剪辑中，选择要添加到序列中的部分时，按 I 键会设置所选内容的起点。同样的内容也会被设置成素材箱中剪辑的标识帧。

 提示：双击 Theft Unexpected 素材箱将其打开时，Premiere Pro 会在 Project（项目）面板组中打开一个素材箱面板。你可以打开多个素材箱，把它们放到指定的位置，以帮助你更好地组织素材。

11. 切换到 List View（列表视图）下。

如图 4-19 所示，Premiere Pro 显示你新选的帧作为这个剪辑的缩略图。

图4-19

12. 从面板菜单中，选择 Tumbnails（缩览图），关闭 List View（列表视图）下的缩览图。

创建搜索素材箱

在使用搜索框（过滤素材箱内容）显示特定剪辑时，你可以选择创建一种包含搜索结果的虚拟素材箱，叫Search bin（搜索素材箱）。

在搜索框（过滤素材箱内容）中，输入搜索关键字之后，单击Create New Search Bin From Query（从查询创建新的搜索素材箱）图标（）（见图4-20）。

随后，Premiere Pro会自动在Project（项目）面板中创建一个搜索素材箱，里面包含着搜索结果。你可以修改搜索素材箱的名字，也可以把它们放入其他素材箱之中。

图4-20

并且，搜索素材箱中的内容是可以动态改变的，如果你向项目中添加了符合搜索条件的新剪辑，这些剪辑就会被自动放入搜索素材箱之中。随着时间的流逝，你获得的新素材越来越多，项目中用到的文档资料不断发生变化，搜索素材箱内容动态改变功能可以大大节省时间。

> **Pr** 提示：在用完搜索框之后，请一定记得单击搜索框右侧的 X 号，以便把搜索框清空。

4.3.4　更改标签颜色

Project（项目）面板中的每个素材项都有一个颜色标签。在 List View（列表视图）之下，Label（标签）列中显示的是每个剪辑的标签颜色。当向序列添加剪辑时，这些剪辑就会在 Timeline（时间轴）面板中显示出来，并且带有相应的标签颜色。

接下来，我们为图 4-21 中的标题修改标签颜色。

1．如图 4-22 所示，在 Theft Unexpected 素材箱中，使用鼠标右键单击 Teft_Unexpected.png，在弹出菜单中，选择 Label（标签）> Forest（森林绿色）。

图4-21　　　　　　　　　　　　　　　　　　图4-22

你可以一次性为多个剪辑修改标签颜色，具体做法是：先选择多个剪辑，然后单击鼠标右键，在弹出菜单中，选择另一种标签颜色。

2．按 Command+Z（macOS）组合键或 Ctrl+Z（Windows）组合键，把 Theft_Unexpected.png 标签颜色恢复成"淡紫色"。

> **Pr** 提示：一旦为剪辑设置好合适的标签颜色，你就可以随时使用鼠标右键单击该剪辑，从弹出菜单中，选择 Label（标签）>Select Label Group（选择标签组），把所有拥有相同标签颜色的剪辑选出来。

在向序列添加一个剪辑时，Premiere Pro会为这个剪辑新建一个实例（或称为"副本"）。这样，你就会在Project（项目）面板和序列中各有一个副本。

默认情况下，当你在Project（项目）面板中修改一个剪辑的标签颜色或名称时，序列中的剪辑副本不会随之发生变化。

为了改变这个默认行为，你可以在菜单栏中，依次选择File（文件）> Project Settings（项目设置）> General（常规）菜单，在"项目设置"对话框中，勾选"针对所有实例显示项目项的名称和标签颜色"。

更改可用的标签颜色

在项目中，你最多可以指派16种标签颜色，其中有7种颜色是Premiere Pro根据素材类型（视频、音频、静态图像等）自动为各种素材指派的，这意味着你还有9种颜色可以使用。

在菜单栏中，依次选择Premiere Pro CC > Preferences（首选项）> Labels（标签）（macOS）或Edit（编辑）> Preferences（首选项）> Labels（标签）（Windows），你会看到一个颜色列表，每一种颜色对应一个色板。你可以单击色板修改颜色，或者单击名称进行重命名。

你可以使用Label Defaults（标签默认值）选项，改变项目中每种素材的默认标签颜色。

4.3.5　更改剪辑名称

项目中的剪辑和它们所链接的媒体文件是彼此分离的，你可以自由地在Premiere Pro中修改剪辑名称，同时又不会影响到硬盘上原始媒体文件的名称。因此，修改剪辑名称是一种安全的操作，在组织复杂的项目时，这会很有用。

在双击打开Theft Unexpected素材箱时，Premiere Pro会在Project（项目）面板组中新打开一个素材箱面板。让我们先了解一下如何在素材箱之间导航。

在Theft Unexpected素材箱左上方，有一个"返回上一级"导航按钮（）。无论何时，只要你进入一个素材箱查看其中内容，这个按钮就会呈现可用状态。类似于Finder（macOS）或Explorer（Windows）中的导航按钮，你可以按"返回上一级"按钮，返回到包含当前素材箱的上一级素材箱中。在本例中，按"返回上一级"会返回到Project（项目）面板中，但完全可以用来返回到上一级素材箱中。

1. 单击"返回上一级"，返回到Project（项目）面板中。

此时，如图4-23所示，在同一个面板组中存在两个一样的Project（项目）面板。你可以使用自己喜欢的方式自由地排列与放置素材箱或 Project（项目）面板的多个实例，它们都有一样的控件。

图4-23

2. 打开 Graphics 素材箱。

3. 使用鼠标右键，单击 Theft_Unexpected.png 剪辑，从弹出菜单中，选择 Rename（重命名）。

4. 如图 4-24 所示，把名称修改为 TU Title BW。

5. 使用鼠标右键单击 TU Title BW 剪辑，从弹出菜单中，选择 Reveal In Finder（在 Finder 显示）（macOS）或 Reveal In Explorer（在资源管理器中显示）（Windows）。

图4-24

> **提示**：在 Project（项目）面板中重命名一个剪辑时，你还可以单击剪辑名称，稍等片刻，然后输入新名称；或者也可以先选择剪辑，再按 Enter 键，然后输入新名称。

此时，Premiere Pro 会打开操作系统中的 Finder（macOS）或资源管理器（Windows），把所选剪辑链接的原始媒体文件显示出来。请注意，剪辑所对应的原始文件的名称并未发生改变（见图 4-25）。明白原始媒体文件和 Premiere Pro 项目中剪辑之间的这种关系很有用，因为这解释了 Premiere Pro 的主要工作方式。

图4-25

> **注意**：当在 Premiere Pro 中更改剪辑名称时，新名称会存储在项目文件中。两个名称不同的 Premiere Pro 项目文件可能代表同一个剪辑。事实上，在 Premiere Pro 中，同一个项目中的一个剪辑可以有两个副本，并且这两个副本还可以在同一个素材箱中。

4.3.6 自定义素材箱

在 List View（列表视图）之下，Project（项目）面板显示了各个剪辑的大量信息，这些信息分布在不同的列之中。你可以轻松地添加或删除这些信息列。根据你拥有的剪辑和所使用的元数据类型，你可能想显示或隐藏一些列。

1. 在 Project（项目）面板中，双击 Theft Unexpected 素材箱，打开它。

2. 如图 4-26 所示，打开面板菜单，从中选择 Metadata Display（元数据显示），打开 Metadata Display（元数据显示）对话框。

在 Metadata Display（元数据显示）对话框中，你可以选择想在 Project（项目）面板和素材箱的 List View（列表视图）下显示的元数据。所有你需要做的就是在 Metadata Display（元数据显示）

对话框中勾选想要显示的信息类型。

图4-26

3. 在 Metadata Display（元数据显示）对话框中，单击 Premiere Pro Project Metadata（Premiere Pro 项目元数据）左侧的三角形图标，显示其下各个选项（见图 4-27）。

4. 从中选择 Media Type（媒体类型）项。

> **Pr** | 注意：Metadata Display（元数据显示）对话框顶部有一个搜索框，如果你不知道要在哪个类别中查找，可以直接在搜索框中输入搜索项名称进行查找。

图4-27

5. 单击 OK（确定）按钮，结果如图 4-28 所示。

Name ∧	Media Duration	Media Type	Frame Rate
Cutaways - 00042.mp4	00:01:05:00	Movie	25.00 fps
Excuse Me - 00035.mp4	00:00:31:05	Movie	25.00 fps
Excuse Me Tilted - 00036.mp4	00:01:41:23	Movie	25.00 fps
HS John - 00032.mp4	00:03:50:22	Movie	25.00 fps

图4-28

此时，Premiere Pro 只把 Media Type（媒体类型）添加到了 Theft Unexpected 素材箱之中。如果你想把 Media Type（媒体类型）添加到所有素材箱时，不必逐个素材箱进行添加，可以使用 Project（项目）面板菜单下的 Metadata Display（元数据显示）命令一步搞定。

如何保存Metadata Display（元数据显示）设置

各个素材箱的Metadata Display（元数据显示）设置保存在项目文件中，而 Project（项目）面板的Metadata Display（元数据显示）设置是与工作区一起存储的。

对于任意一个素材箱，若未曾修改过Metadata Display（元数据显示）设置，则会继承Project（项目）面板的设置。

有些列仅用来显示信息，而另一些列可以直接进行编辑。例如，Scene（场景）列就允许你为每个剪辑添加一个场景编号，而 Media Type（媒体类型）列只能用来显示原始媒体文件的信息，你无法直接编辑它。

> **Pr** 注意：默认情况下，Premiere Pro 会显示几个有用的列，其中包括Good（良好）这个列，该列下每个剪辑都有一个复选框。为你喜欢的剪辑勾选这个复选框，然后单击列标题，就可以把"喜欢"（勾选）和"不喜欢"（未勾选）的剪辑分开。

添加信息并按 Return（macOS）或 Enter（Windows）键之后，Premiere Pro 会为下一个剪辑激活同一个选项。这样，你就可以使用键盘依次为多个剪辑快速输入信息，而无须使用鼠标点来点去的。此外，你还可以使用 Tab 键在各个列之间从左向右移动，按 Shift+Tab 组合键在各个列之间从右向左移动。借助这种方式，你就可以暂时弃用鼠标，只使用键盘就能为各个剪辑快速输入元数据。

4.3.7 同时打开多个素材箱

每个素材箱的行为方式一样，拥有相同的选项、按钮、设置。默认设置下，每双击一个素材箱，Premiere Pro 就会在同一个面板组中新打开一个素材箱面板。

如果你想更改这种默认行为，请在菜单栏中，依次选择 Premiere Pro CC > Preferences（首选项）> General（常规）（macOS）或 Edit（编辑）> Preferences（首选项）> General（常规）（Windows）。

如图 4-29 所示，在 General（常规）的 Bins（素材箱）区域中，你可以设定双击、Command+ 双击（macOS）或 Ctrl+ 双击（Windows）、Option+ 双击（macOS）或 Alt+ 双击（Windows）时的行为。

在熟悉并习惯了在不同素材箱之间进行导航之后，你可能想做出一些改变，让它们打开文件夹的方式和 Finder（macOS）或

图4-29

Explorer（Windows）一样，例如双击时在当前处打开素材箱。此时，你就需要在 General（常规）的 Bins（素材箱）区域中进行相应设置了。这里，我们保持默认设置就好。

4.4 播放视频剪辑

视频编辑的大部分工作都在观看或收听剪辑，以及针对剪辑做创造性选择。

Premiere Pro 为我们提供了多种方式来执行诸如播放视频剪辑这类常见任务，包括使用键盘组合键，使用鼠标点按钮，以及使用摇杆等其他控制设备。

1. 打开 Theft Unexpected 素材箱。

2. 如图 4-30 所示，单击左下角的 Icon View（图标视图）图标，拖动缩放滑块，把各个剪辑的缩览图放大到合适大小。

图4-30

3. 把鼠标放到任意一个剪辑的缩览图上，注意不要单击。

在缩览图上移动鼠标时，Premiere Pro 就会播放剪辑。缩览图最左边代表剪辑开头，最右边代表剪辑末尾，缩览图宽度代表的是整个剪辑。

4. 单击选择剪辑（请不要双击剪辑，否则会在 Source Monitor 中打开它）。此时，再移动鼠标将不会播放剪辑内容，在缩览图底部还有一个播放条，拖曳播放条上的滑块，可以播放剪辑内容。

当选中一个剪辑之后，你可以使用键盘上的 J、K、L 键来播放剪辑，就像在 Media Browser（媒体浏览器）中一样（见图 4-31）。

- J：向前播放。

- K：暂停。

- L：向后播放。

Pr | 提示：按 J 键或 L 键多次，Premiere Pro 会加速播放视频剪辑。按 Shift+J 组合键或 Shift+L 组合键，可以把播放速度放慢或加快 10%。

图4-31

5. 选择一个剪辑，按 J 键、K 键、L 键在缩览图中播放视频。

当你双击剪辑时，Premiere Pro 不但会把这个剪辑在 Source Monitor（源监视器）中显示出来，还会把它添加到最近的剪辑列表中。

使用触摸屏编辑

如果你使用的计算机配备了触摸屏，在 Project（项目）面板的缩览图中，你可能会看到更多控件（见图4-32）。

你可以使用这些控件执行各种编辑任务，而无须使用鼠标或触控板。如果你想在不支持触摸屏的计算机上看到这些控件，请单击面板菜单，从弹出菜单中，选择 Thumbnail Controls For All Pointing Devices（所有定点设备的缩览图控件）。

图4-32

6. 在 Theft Unexpected 素材箱中，双击 4 个或 5 个剪辑，在 Source Monitor（源监视器）中打开它们。

7. 如图4-33所示，打开Source Monitor（源监视器）的面板菜单，浏览最近剪辑。

图4-33

提示： 你可以选择关闭单个剪辑或所有剪辑，清空菜单和监视器。有些编辑人员喜欢先清空菜单，再在素材箱中选择（同一个场景下）多个剪辑，把它们一起拖入Source Monitor（源监视器）打开。你可以使用Recent Items（最近项目）菜单只浏览所选的剪辑，还可以按Shit+2（"源监视器"面板的键盘组合键），在打开的剪辑之间进行切换。

8. 在Source Monitor（源监视器）面板的左下角有一个Zoom Level（选择缩放级别）菜单。

如图4-34所示，这个菜单的默认设置为Fit（适合），Premiere Pro会把剪辑的完整画面显示出来，不管它原来的尺寸是多少。把Zoom Level（选择缩放级别）设置为100%（见图4-35）。

| Fit ∨ |

图4-34

通常，剪辑的分辨率会比显示器高。

| 100% ∨ |

图4-35

如图4-36所示，在Source Monitor（源监视器）面板的底部与右侧都有滚动条，你可以拖曳它们以查看画面的不同部分。如果你使用的显示器分辨率很高，画面可能会显得更小一些。

图4-36

把 Zoom Level（缩放级别）设置为 100% 的好处是，你可以看到原始视频的每个像素，这对于检查视频质量来说很有用。

9. 把 Zoom Level（选择缩放级别）设置为 Fit（适合）。

4.4.1 使用基本播放控件

下面让我们一起了解一下基本播放控件。

1. 在 Theft Unexpected 素材箱中，双击 Excuse Me（非 Excuse Me Tilted），在 Source Monitor（源监视器）中打开它。

2. 如图 4-37 所示，在 Source Monitor（源监视器）底部，有一个蓝色播放滑块。沿着面板底部的时间标尺，左右拖动可以观看剪辑的不同部分。你还可以单击时间标尺，播放滑块会立即跳到你单击的位置。

> **Pr** 提示：如果你不知道某个按钮的用途，可以把鼠标指针移动到这个按钮之上，这时 Premiere Pro 会把按钮名称和键盘组合键（位于小括号之中）显示出来。

图 4-37

3. 如图 4-38 所示，在时间标尺和播放滑块之下，有一个滚动条，它是一个缩放控件。拖曳滚动条的一头，可以放大时间标尺。这在观看时长很长的剪辑时很有用。

图 4-38

4. 单击 Play/Stop（播放 / 停止）按钮，播放剪辑。再次单击，停止播放。此外，你还可以按键盘上的空格键来播放或停止播放剪辑。

5. 单击 Step Back 1 Frame（后退一帧）和 Step Forward 1 Frame（前进一帧）按钮，可以逐帧播放剪辑。你还可以使用键盘上的左方向键和右方向键执行后退一帧和前进一帧操作。

6. 按 J 键、K 键、L 键，播放剪辑。

4.4.2　降低播放分辨率

如果你的计算机处理器落伍了或者运行速度很慢，或者你处理的是帧尺寸很大的 RAW 媒体文件，例如超高清视频（4K、8K 或更高），在播放这样的视频剪辑时，计算机可能会很吃力，虽然总播放时长未变（播放 10 秒长的视频仍然需要 10 秒），但是有些帧可能无法得到正常显示。

从功能强大的桌面型工作站到轻量型的笔记本计算机，这些计算机的配置千差万别。对于配置较低的计算机，你可以在 Premiere Pro 中主动降低播放分辨率，以保证视频播放的流畅性。如图 4-39 所示，默认播放分辨率是 1/2。

图4-39

在 Source Monitor（源监视器）和 Program Monitor（节目监视器）面板中，有一个 Select Playback Resolution（选择回放分辨率）菜单。你可以根据需要通过图 4-40 所示的菜单随时修改播放分辨率。

有些较低的分辨率只有处理特定类型的媒体时才可用。对于有些媒体类型，把视频转换为低分辨率播放比直接用全分辨率播放强不了多少，因为并非所有编解码器都能高效地播放低分辨率视频。

图4-40

Quality Playback（高品质回放），此时，Premiere Pro 会以高质量播放视频，但是播放性能会受到影响，特别是 H.264 视频、图形图像等这类压缩媒体。

4.4.3　获取时间码信息

在 Source Monitor（源监视器）左下方显示有时间码，显示的是播放滑块当前所在的位置，格式为：时、分、秒、帧（00:00:00:00）。例如，00:15:10:01 表示 0 时、15 分、10 秒、1 帧。剪辑时间码很少从 00:00:00:00 开始，所以估计剪辑持续时间时不要指望有这样的时间码。

在 Source Monitor（源监视器）的右下方也有一个时间码，用来显示剪辑的持续时间。默认情况下，显示的是整个剪辑的持续时间。当你添加入点和出点做部分选择时，其显示的持续时间就会相应地发生变化。

入点和出点的用法很简单：单击 Mark In（入点）图标（▮），设置片段起点；单击 Mark Out（出点）图标（▮），设置片段终点。更多相关内容，我们将在第 5 课中进行讲解。

显示安全边距

为了获得清晰的边缘，电视屏幕会经常裁剪画面边缘。单击 Source Monitor（源监视器）底部的 Settings 图标（🔧），从弹出菜单中，选择 Safe Margins（安全边距），此时就在视频画面上显示出两个白色边框（见图 4-41）。

图4-41

外框是"动作安全区域"，重要动作都应该放在这个方框之内，超出这个方框的画面运动、转场有可能不会被完整地显示出来。内框是"字幕安全区域"，该区域中的字幕、图形可以正常地显示给观众，观众可以看到它们。

此外，Premiere Pro 还提供了高级的"叠加"选项，你可以配置这些选项在 Source Monitor（源监视器）和 Program Monitor（节目监视器）中显示有用信息。单击 Settings（设置）图标（🔧），在弹出菜单中，选择 Overlays（叠加），即可开启或关闭叠加功能。

单击 Settings（设置）图标，在弹出菜单中，选择 Overlay Settings（叠加设置）> Settings（设置），在打开的"叠加设置"对话框中，你可以自行设置叠加和安全边距。

从 Source Monitor（源监视器）和 Program Monitor（节目监视器）的 Settings（设置）菜单中，再次单击 Safe Margins（安全边距）或 Overlays（叠加），可以禁用它们。这里，我们把它们关闭，以便看清整个画面。

4.4.4　自定义监视器

打开各监视器的 Settings（设置）菜单🔧，可以自定义监视器显示视频的方式。

Source Monitor（源监视器）和 Program Monitor（节目监视器）有相似的选项。你可以查看音频波形，它显示的是随时间变化的声音振幅（如果你要查找特定声音或一个单词的开头，音频波形会很有用），如果视频中有多个"场"，你可以选择要显示哪个"场"。

在 Source Monitor（源监视器）和 Program Monitor（节目监视器）的 Settings（设置）菜单中，确保 Composite Video（合成视频）处于选中状态。

> **Pr** 提示：如果你处理的是 360° 视频，可以在 Source Monitor（源监视器）和 Program Monitor（节目监视器）的 Settings（设置）菜单中，选择"VR 视频"，切换到 VR 视频查看模式下。

单击 Drag Video Only（仅拖曳视频，▣）或 Drag Audio Only（仅拖曳音频，⊶）图标，可以在查看剪辑音频波形和视频之间进行快速切换。这些图标主要用来把剪辑的视频部分或音频部分拖入到序列中，还可以用来在视频和音频波形之间进行快速切换。

此外，你可以修改显示在 Source Monitor（源监视器）和 Program Monitor（节目监视器）底部的按钮，包括添加、移动、删除按钮。请注意，你对某个监视器面板按钮所做的修改只会应用到那个面板上。

1. 单击 Source Monitor（源监视器）右下角的 Button Editor（按钮编辑器）图标（＋）。此时，Premiere Pro 会打开"按钮编辑器"浮动面板，其中显示了所有可用按钮（见图 4-42）。

图4-42

2. 如图 4-43 所示，把 Loop Playback（循环播放）按钮（⏎）从浮动面板拖到 Source Monitor（源监视器）的 Play（播放）按钮的右侧（其他按钮会自动让出位置），单击 OK（确定）按钮，关闭 Button Editor（按钮编辑器）。

图4-43

3. 在 Theft Unexpected 素材箱中，双击 Excuse Me 剪辑，在 Source Monitor（源监视器）中打开它。

4. 单击刚刚添加的 Loop Playback（循环播放）按钮，启用它。

5. 单击 Play（播放）按钮，播放剪辑。在 Source Monitor（源监视器）中使用空格键或 Play（播放）按钮播放视频。当再次回到视频起点时，停止播放。

当 Loop Playback（循环播放）处于开启状态时，Premiere Pro 会不断重复播放一个剪辑或序列。如果设置了入点和出点，循环播放会在两者之间进行。这是一种反复查看视频片段的好方法。

6. 单击 Step Back 1 Frame（后退一帧）◀和 Step Forward 1 Frame（前进一帧）按钮▶，在视

频剪辑中逐帧移动。此外，你还可以使用键盘上的左箭头和右箭头来后退或前进一帧。

4.5　修改剪辑

Premiere Pro 通过剪辑的元数据来了解如何播放剪辑。通常，元数据都是在拍摄媒体素材时由摄像机添加的，一般都是对的，但是偶尔有错，这时你就需要告诉 Premiere Pro 该如何解释剪辑。

只需一步，你就可以轻松更改一个文件或多个文件的剪辑解释方式，并且修改解释方式之后，所有选择的剪辑都会受到影响。

4.5.1　选择音频声道

Premiere Pro 为我们提供了高级音频管理功能。借助高级音频管理功能，你可以创建复杂的混音，并且有选择地输出带有原声的声道。你可以使用 mono（单声道）、stereo（立体声）、5.1、Ambisonics（环境立体声），甚至 32 声道的序列和剪辑，并可以对音频声道线路进行精确控制。

如果你是个视频编辑新手，可能会选择使用单声道或立体声源剪辑来制作立体声序列。这种情况下，默认设置几乎就能满足你的需求。

在使用专业摄像机录制音频时，常见的做法是使用两个麦克风，每个麦克风分别录制一个声道。虽然这些声道同样适用于普通的立体声音频，但此时它们包含的是两个完全独立的声音。

在录制声音时，摄像机会向音频中添加相应元数据，以告知 Premiere Pro 录制的声音是单通道（独立的音频通道）还是立体声（组合声道 1 和声道 2 中的音频形成完整的立体声混音）。

什么是声道？

当录制音频时，系统会捕捉声音，并把它们存储到一个或多个声道中。我们可以把一个声道看成是一个单独的信号，并且这个信号可以用一只耳朵听见。

每个人有两只耳朵，所以我们听到的是立体声，大脑会识别并比较声音到达每只耳朵的差别，从而判断一个声音的来源。这个过程是自动的，并且先于认知，也就是说，你的"显意识"不会做任何分析以感知声音的来源。

当捕捉立体声（两只耳朵侦测到的声音）时，需要两个信号，因此要录制两个声道。

在声音录制时，一个信号（一只麦克风捕捉的声音）会变成一个声道。输出时，一个声道通过一个扬声器或头戴式耳机的一个耳筒播放输出。录制的声道越多，你可以独立捕捉的源越多（想象一下，如果使用多个声道捕捉整个管弦乐队，那么在后期制作中就可以分别调整每个乐器的音量）。

在多个扬声器上播放不同音量级别的音频（例如环绕立体声），需要多个回放通道。有关音频的更多内容，我们将在第10课中进行讲解。

通过选择 Premiere Pro CC > Preferences（首选项）> Timeline（时间轴）> Default Audio Tracks（默认音频轨道）（macOS）或 Edit（编辑）> Preferences（首选项）> Timeline（时间轴）> Default Audio Tracks（默认音频轨道）（Windows），告诉 Premiere Pro 在导入新媒体文件时如何解释声道。

如图 4-44 所示，当选择 Use File（使用文件）选项后，Premiere Pro 会使用剪辑创建时所应用的设置。Default Audio Tracks（默认音频轨道）的默认选择是 Use File（使用文件）。你可以根据需要为每种媒体选择其他合适的选项。

图4-44

在导入剪辑时，如果 Default Audio Tracks（默认音频轨道）的设置有误，你可以在 Project（项目）面板中重新设置声道的解释方式。

1. 如图 4-45 所示，在 Theft Unexpected 素材箱中，使用鼠标右键单击 Reveal 剪辑，在弹出菜单中，依次选择 Modify（修改）> Audio Channels（音频声道）。

此时，Premiere Pro 会打开"修改剪辑"对话框，在"音频声道"选项卡中，默认的 Preset（预设）为 Use File（使用文件）。也就是说，Premiere Pro 会使用文件的元数据为音频设置声道格式。

图4-45

这里，Clip Channel Format（剪辑声道格式）设置为 Stereo（立体声），Number of Audio Clips（音频剪辑数）设置为 1。如果你把当前剪辑放入一个序列中，则这个数字指的是添加到序列中的音频剪辑数目。

在这些选项之下是"媒体源声道"。源剪辑（媒体源声道）的左、右声道都被分配给了一个剪辑（剪辑 1）。

当把这个剪辑添加到序列时，会显示一个视频剪辑和一个音频剪辑，而且同一个音频剪辑中有两个声道。

2. 如图 4-46 所示，打开 Preset（预设）菜单，选择 Mono（单声道）。

Premiere Pro 会自动把 Clip Channel Format（剪辑声道格式）切换为 Mono（单声道），并且 Left（左）和 Right（右）源声道链接到两个独立的剪辑。

图4-46

提示：设置"单声道"时，一定要使用 Preset（预设）菜单，请不要使用 Clip Channel Format（剪辑声道格式）菜单。

这样一来，当向一个序列添加剪辑时，每个声道都作为独立剪辑存在于独立的音轨上，你可以分别处理它们。

3. 单击 OK（确定）按钮。

音频剪辑声道解释的一些技巧

做音频剪辑声道解释时，要牢记以下几点：

- 在 Modify Clip（修改剪辑）对话框中，列出了每个可用音频声道。如果源音频中包含你不想要的声道，可以把它们取消选择，这些空声道不会占用序列空间。
- 你可以覆盖源文件音频声道解释（单声道、立体声等）。这意味着在把这个剪辑添加到序列时，可能需要用到另一种音轨。
- 对话框左侧的剪辑列表（该列表可能只包含一个剪辑）显示有多少个音频剪辑会被添加到序列中。
- 使用复选框选择要把哪些源音频声道添加到每个序列的音频剪辑中。这样，你可以根据自己的项目采用合适的方式把多个源声道轻松地合并到一个序列剪辑中，或者把它们分入不同的剪辑中。

4.5.2 合并剪辑

通常使用摄像机可以录制出高质量的视频，但录制不出高质量的音频。要录制高质量音频，必须使用单独的录音设备。在这种工作方式之下，你可能需要在 Project（项目）面板中把高质量音频和视频合并在一起。

合并视频和音频文件时最重要的是保持同步。你可以手动定义同步点（类似于场记板标记），也可以让 Premiere Pro 根据原始时间码信息或匹配音频自动同步剪辑。

当选择使用音频同步剪辑时，Premiere Pro 会分析摄像机内录制的音频和由其他录音设备录制的音频，并将它们进行匹配。当使用音频自动同步时，即使你知道后期处理中不会使用摄像机内录制的音频，还是建议你在录制视频时打开摄像机的麦克风，这样做很有必要。

- 如果要合并的剪辑中没有与之相配的音频，你可以手动向每个想合并的剪辑添加标记点，并且在添加标记点时，要把它放到一个明确的同步点上，例如场记板。添加标记点的键盘组合键是 M 键。

- 如图 4-47 所示，选择视频剪辑和音频剪辑，使用鼠标右键单击其中一个，在弹出菜单中，选择 Merge Clips（合并剪辑）。

- 在 Synchronize Point（同步点）之下，选择同步方法，单击 OK（确定）按钮。

图4-47

在"音频"中还提供了"使用剪辑的音频时间码"选项（该选项对于旧的磁带媒体有用）。

此外，还有一个"移除 AV 剪辑的音频"，用来从自动从 AV 剪辑中删除不想要的音频。不过，还是建议你把音频保留下来，以防使用外置麦克风录制的音频中出现问题。

在"合并剪辑"对话框中，单击 OK（确定）按钮后，Premiere Pro 会新建一个剪辑，其中包含了你选择的视频和音频。

4.5.3　解释视频素材

要正确播放剪辑，Premiere Pro 需要知道视频的帧速率、像素长宽比（像素形状）、场显示顺序（如果你的剪辑是隔行扫描的）。Premiere Pro 可以自动从文件的元数据中获取这些信息，但是你也可以主动修改素材的解释方式。

1. 使用 Media Browser（媒体浏览器）从 Assets/Video and Audio Files/RED 文件夹中导入 RED Video.R3D。双击 RED Video.R3D 剪辑，在 Source Monitor（源监视器）中将其打开。RED Video.R3D 剪辑是宽屏的，对目标序列来说显得太宽了。

2. 在 Project（项目）面板中，使用鼠标右键单击 RED Video.R3D 剪辑，在弹出菜单中，依次选择 Modify（修改）> Interpret Footage（解释素材）。

此时，声道修改选项是不可用的，因为当前剪辑中不包含音频。

3. 当前，在剪辑的"像素长宽比"中，默认选择的是"使用文件中的像素长宽比——变形 2:1"，表示像素宽是高的两倍。

4. 在 Pixel Aspect Ratio（像素长宽比）中，选择 Conform To（符合），从下拉列表中选择 Square Pixels（1.0）[方形像素（1.0）]，单击 OK（确定）按钮。在 Source Monitor（源监视器）中可以看到剪辑调整后的结果。

现在，剪辑看起来像个正方形。

5. 接着，尝试一下其他像素长宽比。在 Project（项目）面板中，使用鼠标右键单击 RED

Video.R3D 剪辑，在弹出菜单中，依次选择 Modify（修改）> Interpret Footage（解释素材）。如图 4-48 所示，在"符合"（Conformto）菜单中，选择 DVCPRO HD（1.5），单击 OK（确认）按钮。

图4-48

此时，Premiere Pro 会使用 DVCPRO HD（1.5）（像素长宽比）来解释剪辑，即像素的宽度是高度的 1.5 倍。经过调整后，视频画面变成了标准的 16:9 宽屏，你可以在 Source Monitor（源监视器）中看到调整后的结果。

4.5.4　处理 RAW 文件

Premiere Pro 为 RAW 摄像机文件（例如使用 RED 摄像机拍摄的 .R3D 文件、使用 ARRI 摄像机拍摄的 .ari RAW 文件等）提供了专门设置。RAW 摄像机文件类似于使用专业 DSLR 相机拍摄的 RAW 格式的照片。

RAW 文件必定包含一个解释层，借以查看 RAW 文件本身。你可以随时修改解释方式，这样做不会影响到播放性能。例如，你可以修改画面颜色，同时又不会增加处理负担。当然，你可以使用特效来实现类似效果，但在播放时，计算机会做大量额外工作。

向序列和 Project（项目）面板中的剪辑应用某些效果之后，我们可以在 Effect Controls（效果控件）面板中调整效果的各个参数。此外，我们还可以在 Effect Controls（效果控件）面板中调整 RAW 媒体文件的各个解释控件。

1. 双击 RED Video.R3D 剪辑，将其在 Source Monitor（源监视器）中打开。

2. 拖曳 Effect Controls（效果控件）面板标题，将其拖曳到 Program Monitor（节目监视器）中间，释放鼠标左键，把 Effect Controls（效果控件）面板放入 Program Monitor（节目监视器）同一个面板组中。这样，你可以同时看到 Source Monitor（源监视器）和 Effect Controls（效果控件）面板（见图 4-49）。

图4-49

此时，你可能需要再次单击 Source Monitor（源监视器）面板名称，将其重新显示出来。

当前 Source Monitor（源监视器）中显示的是 RED Video.R3D 剪辑，Effect Controls（效果控件）面板中显示的是 RED Source Settings（RED 源设置）选项，这些选项用来更改 RAW 文件的解释方式。

从许多方面来说，这是一套颜色调整控件，包含自动白平衡，以及对红、绿、蓝的单独调整控件。

3. 如图 4-50 所示，向下拖曳右侧滑动条，找到 Gain Settings 选项（增益设置），把 Red（红色）修改为 1.5 左右。在修改时，你可以单击左侧箭头，将其展开，然后向右拖曳滑块，直到数值变为 1.5，还可以单击数值，当它变成可编辑状态后，直接输入数值 1.5。

图4-50

4. 在 Source Monitor（源监视器）中观看剪辑。

如图 4-51 所示，你可以看到视频画面已经发生了明显的变化。如果你已经把这个剪辑放入了一个序列之中，序列中的剪辑也会进行更新。

图4-51

5. 向上拖曳位于 Effect Controls（效果控件）面板右侧的滑动条，单击 As Shot（原照设置）按钮，把视频剪辑恢复成原照设置。

6. 在菜单栏中，依次选择 File（文件）> Close All Projects（关闭所有项目）。若弹出对话框，询问是否保存更改，单击 Yes（是）。

针对不同的 RAW 媒体文件，Effect Controls（效果控件）面板会显示不同的 Source Settings（源设置）选项。调整视频剪辑外观的方法有很多，更多方法我们将在第 13 课中进行讲解。

4.6 复习题

1. 在 Project（项目）面板的 List View（列表视图）下，如何添加要显示的列？

2. 在 Project（项目）面板中，如何快速过滤要显示的剪辑以便轻松查找指定的剪辑？

3. 如何新建素材箱？

4. 在 Project（项目）面板中修改剪辑名称，其链接的原始媒体文件名称是否也会发生变化？

5. 播放视频和音频剪辑有哪些键盘组合键？

6. 如何更改解释剪辑声道的方式？

4.7 复习题答案

1. 打开 Project（项目）面板菜单，从中选择 Metadata Display（元数据显示），在 Metadata Display（元数据显示）对话框中，勾选要显示的列即可。你还可以使用鼠标右键单击列标题，然后选择 Metadata Display（元数据显示），打开 Metadata Display（元数据显示）对话框。

2. 单击搜索框（过滤素材箱内容），输入你要查找的剪辑名称。Premiere Pro 会隐藏那些与输入名称不匹配的剪辑，而只显示那些相匹配的剪辑。

3. 新建素材箱的方法有多种：在 Project（项目）面板底部，单击 New Bin（新建素材箱）按钮；在菜单栏中，依次选择 File（文件）＞New（新建）＞Bin（素材箱）；在 Project（项目）面板中，使用鼠标右键单击空白区域，在弹出菜单中，选择"新建素材箱"；按 Command+B（macOS）组合键或 Ctrl+B（Windows）组合键。此外，你还可以把剪辑拖动到 Project（项目）面板底部的 New Bin（新建素材箱）图标上来创建素材箱。

4. 不会。你可以在 Project（项目）面板中复制、重命名、删除剪辑，这些操作都不会影响到原始媒体文件。

5. 按空格键播放与停止播放。J 键、K 键、L 键可以像控制台按钮一样向前或向后播放，箭头键可用于向前或向后移动一帧。如果你使用的是触控板，可以把光标放到监视器中的视频或时间轴面板上，使用手势控制播放。

6. 在 Project（项目）面板中，使用鼠标右键剪辑，在弹出菜单中，依次选择 Modify（修改）＞Audio Channels（音频声道），在"修改剪辑"的"音频声道"选项卡中，选择正确选项（通常是选择一个预设），然后单击 OK（确定）按钮。

第5课 视频编辑基础知识

课程概览

本课学习如下内容：

- 使用 Source Monitor（源监视器）；

- 创建序列；

- 使用基本编辑命令；

- 查看时间码；

- 理解轨道。

     学完本课大约需要 75 分钟。请下载本课的课程文件，并把课程文件存放到计算机中方便使用的位置上。

本课讲解 Adobe Premiere Pro CC 中使用的关键编辑技术。编辑不仅仅
是选择素材,还要精确选择剪辑并把它们放到序列中正确的时间点和
轨道上(用以创建分层视觉效果),还要向现有序列添加新剪辑,以及
删除不想要的内容。

5.1 课程准备

在视频编辑过程中，有一些简单技术会一而再再而三地用到。视频编辑的大部分工作是浏览并选择剪辑的一部分，把它们放入你的序列之中。在 Premiere Pro 中有多种方法来做这样的事情。

在开始之前，确认当前正处在 Editing（编辑）工作区之下。

1. 从 Lesson 05 文件夹中，打开 Lesson 05.prproj 项目文件。

2. 从菜单栏中，依次选择 File（文件）> Save As（另存为）。

3. 在"保存项目"对话框中，设置文件名为 Lesson 05 Working.prproj。

4. 选择一个保存位置，单击 Save（保存）按钮，保存当前项目。

5. 在工作区面板中，单击 Editing，从面板菜单中，选择 Reset To Saved Layout（重置为已保存的布局）。

首先了解一下 Source Monitor（源监视器），并学习向剪辑添加入点和出点的方法，以便把它们添加到一个序列之中。然后，再学习 Timeline（时间轴）面板，了解如何在其中处理序列。

5.2 使用 Source Monitor（源监视器）

一般在把素材添加到序列之前，我们都会先使用 Source Monitor（源监视器）来查看素材。

 注意：在 Project（项目）面板中，使用鼠标右键单击剪辑，在弹出菜单中，依次选择 Modify（修改）> Interpret Footage（解释素材），在"修改剪辑"的"解释素材"下，可以更改剪辑的解释方式。

如果我们没有更改剪辑的解释方式，那么在 Source Monitor（源监视器）中查看视频剪辑时使用的就是原始格式，也就是使用录制时的帧速率、帧大小、场序、音频采样率、音频位深度进行播放（见图 5-1）。更多相关内容，请参考第 4 课。

在向序列添加剪辑时，Premiere Pro 会让剪辑和序列设置匹配。如果剪辑和序列不匹配，Premiere Pro 就会调整剪辑的帧速率、音频采样率，使序列中的所有剪辑拥有一致的播放方式。

除了用来查看不同类型的媒体之外，Source Monitor（源监视器）还提供了其他重要功能。例如，你可以使用两种特殊标记（入点和出点）来选取剪辑的一部分添加到序列之中。你还可以向剪辑中添加注释标记，以便在以后引用或使用它们时能够了解与该剪辑相关的重要信息，例如，你可以向无权使用的部分视频添加注释。

图5-1

5.2.1 加载剪辑

按照以下步骤，在 Source Monitor（源监视器）中加载剪辑。

1. 在 Project（项目）面板中，找到 Theft Unexpected 素材箱。保持首选项默认设置，按住 Command 键（macOS）或 Ctrl 键（Windows），在 Project（项目）面板中，双击 Theft Unexpected 素材箱，将其在现有面板中打开。

这跟在 Finder（macOS）或 Windows Explorer（Windows）中双击一个文件夹，进入文件夹的效果相同。

在当前面板中打开的素材箱中，完成相关工作之后，单击素材箱面板左上角的 Navigate Up（向上导航）图标（🖼），可以返回到 Project（项目）面板中。

2. 双击 RED Video.R3D 视频剪辑，或将其拖入 Source Monitor（源监视器）中。

上面这两种方法的效果是一样的，Premiere Pro 会在 Source Monitor（源监视器）中显示出剪辑，等待你观看以及添加入点和出点。

> **Pr** ┃ **提示：** 在选择剪辑时，要确保单击的是剪辑的图标或缩览图，不要单击剪辑名
> ┃ 称，避免进行重命名操作。

3. 把鼠标指针放到 Source Monitor（源监视器）之上，按键盘上的 ` 键（重音符号，位于键盘左上角），把源监视器最大化，这样你可以在最大视图中观看视频剪辑。再次按键盘上的 ` 键（重音符号），把源监视器恢复为原来大小。如果你使用的键盘上没有 ` 键（重音符号），可以双击面板名称来完成同样的操作。

提示：请注意，当前活动面板周围有一个蓝框。知道哪个面板是活动面板很重要，因为有时菜单和键盘组合键会根据你的当前选择给出不同的结果。例如，按Shift+\`组合键（重音符号，位于键盘左上角）会把当前活动面板最大化，与鼠标所处的位置无关。

在第二个显示器上查看视频

如果你还有一个显示器连接到了计算机上，则当每次按Play（播放）键时，Premiere Pro都可以使用它来全屏显示视频。

选择Premiere Pro CC > Preferences（首选项）> Playback（回放）（macOS）或Edit（编辑）> Preferences（首选项）>Playback（回放）（Windows），确保"启用Mercury Transmit"处于勾选状态，然后在"视频设备"中勾选用作全屏显示的显示器。

此外，你还可以选择使用DV设备（如果计算机连接了DV设备）或第三方硬件（如果安装了它）播放视频。

5.2.2 使用 Source Monitor（源监视器）控件

在 Source Monitor（源监视器）中，除了播放控件之外，还有其他一些重要按钮（见图 5-2）。

* Add Marker（添加标记）：向剪辑中播放滑块所在的位置添加一个标记。标记可以用来做简单的视觉参考或保存注释。

* Mark In（标记入点）：设置要在序列中使用的部分剪辑的起始位置。每个剪辑或序列只有一个入点，新入点会自动替换原来的入点。

* Mark Out（标记出点）：设置要在序列中使用的部分剪辑的结束位置。每个剪辑或序列只有一个出点，新出点会自动替换原来的出点。

* Go To In（转到入点）：把播放滑块移动到入点处。

* Go To Out（转到出点）：把播放滑块移动到出点处。

* Insert（插入）：使用插入编辑方法向 Timeline（时间轴）面板中的活动序列添加剪辑（参见本课后面的"使用基本编辑命令"）。

* Overwrite（覆盖）：使用覆盖编辑方法向 Timeline（时间轴）面板中的活动序列添加剪辑（参见本课后面的"使用基本编辑命令"）。

* Export Frame（导出帧）：根据显示器中显示的内容创建一张静态图像。更多内容，请参考第 16 课。

图5-2

5.2.3 在剪辑中选择范围

在编辑视频项目的过程中，通常我们只想在序列中使用剪辑的一个特定部分。编辑人员大部分时间都花在了观看视频剪辑上，他们不仅要选择使用哪些剪辑，还要选择使用剪辑的哪些部分。

1. 在 Theft Unexpected 素材箱中，双击 Excuse Me（非 Excuse Me Tilted）剪辑，将其在 Source Monitor（源监视器）中打开。在这段视频剪辑中，John 紧张地询问另一个人是否可以坐下。

2. 播放剪辑，了解人物行为。

当 John 走入镜头，到达画面中间时，停下来说了一句话。

3. 把播放滑块移动到 John 进入镜头之前或者开始说话之前的位置。大约在 01:54:06:00 位置，他停了一下，并开始说话。请注意，时间码是基于原来录制的视频的，并不是从 00:00:00:00 开始。

> **Pr** 提示：如果你想让所有剪辑的时间码都从 00:00:00:00 开始显示，可以在"首选项"的"媒体"中，把"时间码"设置为 00:00:00:00。

4. 单击 Mark In（标记入点）图标（▮），或者按键盘上的 I 键。

Premiere Pro 会突出显示剪辑中选中的部分。在这里，我们已经把剪辑的第一部分排除在外了，但是稍后你可以再把它包含进去，这正是非线性编辑的魅力所在。

使用数字小键盘

如果你使用的键盘带有独立的数字小键盘，你可以使用它直接输入时间码。例如，在没有选择剪辑的情形下，输入700，Premiere Pro会把播放滑块移动到 00:00:07:00处。并且输入时，不必输入前导零或数字分隔符。请务必使用位于键盘右侧区域的数字小键盘输入数字，一定不要使用键盘顶部的数字键，那些数字键还有其他用途。

5. 把播放滑块移动到 John 即将坐下的位置，大约是 01:54:14:00 处。

6. 如图 5-3 所示，单击 Mark Out（标记出点）图标（￼），或者按键盘上的 O 键，添加一个出点。

> **Pr** **注意**：添加到剪辑中的入点和出点是持久性的。也就是说，你关闭并再次打开剪辑时，它们仍然会存在。

> **Pr** **提示**：把鼠标指针放到某个按钮之上时，Premiere Pro 会把按钮名称及其键盘组合键（位于按钮名称后面的括号中）显示出来。

如果你不想循环播放入点和出点之间的剪辑，请记得先关闭"循环播放"（￼）按钮，然后再按播放按钮。

接下来，我们将为另外两个剪辑添加入点和出点。双击每个剪辑的图标，以便在 Source Monitor（源监视器）中打开它。

> **Pr** **注意**：有些编辑人员喜欢先浏览所有可用剪辑，根据需要添加入点和出点，然后再创建序列。而有些编辑人员则喜欢只有在使用某个剪辑时才添加入点和出点标记。你可以根据自己的项目需求选用合适的方式。

7. 对于 HS Suit 剪辑，在 John 说话之后添加一个入点，大约在镜头的 1/4 处（01:27:00:16）。

8. 在 John 从摄像机前经过，遮挡住我们的视线时（01:27:02:14），添加一个出点。

9. 对于 Mid John 剪辑，当 John 开始就座时（01:39:52:00），添加一个入点。

10. 如图 5-4 所示，当他喝了一小口茶之后（01:40:04:00），添加一个出点。

图5-3

图5-4

> **Pr** **提示**：为了帮助用户在素材中快速定位，Premiere Pro 提供了在 Source Monitor（源监视器）和 Program Monitor（节目监视器）的时间标尺上显示时间码的功能。单击 "Settings"（设置，￼）图标，在弹出菜单中，选择 Time Ruler Numbers（时间标尺数字），可以打开显示时间码功能。

在Project（项目）面板中编辑

在项目中，入点和出点一直在起作用，除非你更改了它们。因此，除了从Source Monitor（源监视器）之外，你还可以直接从Project（项目）面板把剪辑添加到序列之中。如果你已经浏览了所有剪辑，并选择了需要使用的部分，则这是一种快速创建序列粗略版本的方式。请记住，你可以在Project（项目）面板中直接添加入点和出点。

当你在Project（项目）面板中编辑剪辑时，Premiere Pro为我们提供了与使用Source Monitor（源监视器）类似的编辑控件，两者的使用体验十分相似，只需几次简单的单击即可完成。

虽然使用Project（项目）面板编辑剪辑速度会很快，但是在把它们添加到序列之前，还是有必要在Source Monitor（源监视器）中再查看一下剪辑的。

5.2.4　创建子剪辑

有一段很长的剪辑，你可能想在序列中使用它的不同部分。因此，创建序列之前，我们需要把剪辑分成若干片段，以便在 Project（项目）面板中更好地组织它们。

这正是创建子剪辑的原因所在。子剪辑是剪辑副本的一部分。在使用非常长的剪辑时通常会用到它们，尤其是当一个序列可能会用到同一个剪辑的几个不同部分时。

子剪辑有以下几个显著特征。

- 在 Project（项目）面板中，子剪辑显示为不同的图标（▣），但是它们和普通剪辑一样，可以组织在不同素材箱中。

- 子剪辑的持续时间大都有限，介于入点和出点之间。这样，相比于原始剪辑，你可以更快地查看它们。

- 子剪辑和母剪辑链接到相同的原始媒体文件。如果原始媒体文件被删除，母剪辑和子剪辑都会"离线"。

- 我们可以编辑子剪辑，修改其内容，甚至可以将其转换为原始未删减剪辑的一个副本。

下面让我们创建一个子剪辑。

1. 在 Theft Unexpected 素材箱中，双击 Cutaways 剪辑，将其在 Source Monitor（源监视器）中打开。

2. 浏览 Theft Unexpected 素材箱中的内容时，单击面板底部的 New Bin（新建素材箱）按钮，在 Theft Unexpected 素材箱内部新建一个素材箱。

3. 把新建的素材箱名称修改为 Subclips，按住 Command 键（macOS）或 Ctrl 键（Windows），双击 Subclips 素材箱，将其在当前面板而非新面板中打开。

4. 通过在剪辑上标记入点和出点，选择剪辑的一个片段，以便制作子剪辑。在视频中，大约播到一半的时候，点心包被拿走更换，我们用这一段创建子剪辑（见图5-5）。

图5-5

与 Premiere Pro 中的其他许多流程一样，创建子剪辑的方法有多种，而且这些方法的最终结果都一样。

5. 尝试使用下面方法中的一种创建子剪辑。

- 在 Source Monitor（源监视器）显示的画面上，单击鼠标右键，在弹出菜单中，选择 Make Subclip（制作子剪辑）。

- 在 Source Monitor（源监视器）处于活动状态下，按 Command+U（macOS）组合键或 Ctrl+U（Windows）组合键。

- 按住 Command 键（macOS）或 Ctrl 键（Windows），把画面从 Source Monitor（源监视器）拖入 Project（项目）面板素材箱。

注意：如图5-6所示，如果在"制作子剪辑"对话框中勾选了 Restrict Trims To Subclip Boundaries（将修剪限制为子剪辑边界），那么在浏览子剪辑时，你将无法查看所选片段之外的部分。或许这正是你想要的，当然你可以使用鼠标右键单击素材箱中的子剪辑，在弹出菜单中，选择 Edit Subclip（编辑子剪辑），更改这个设置。

图5-6

6. 如图 5-7 所示，在"制作子剪辑"对话框中，输入子剪辑名称 Packet Moved，单击 OK 按钮。

图5-7

此时，Premiere Pro 会把新的子剪辑添加到 Subclips 素材箱中，其持续时间就是你使用入点和出点指定的。

5.3 使用时间轴面板

时间轴面板是你进行创作的画布。如图 5-8 所示，在这个面板中，你可以把剪辑添加到序列中，对它们进行编辑修改、添加视觉和音频效果、混合音轨，以及添加字幕和图形。

图5-8

下面是有关时间轴面板的一些知识点。

- 你可以在时间轴面板中查看和编辑序列中的剪辑。

- Program Monitor（节目监视器）显示的是当前显示在序列中的内容，即播放滑块所在位置的内容。

- 你可以同时打开多个序列，每个序列显示在自己的时间轴面板中。

- 术语"序列"和"时间轴"通常可以互换使用，例如"在序列中"或"在时间轴上"。有时，"时间轴"用来指一系列抽象的剪辑，并不涉及特定的用户界面元素。

- 当向空的时间轴面板中添加剪辑时，Premiere Pro 会要求你先创建一个序列。

- 你可以添加任意数量的视频轨道，最终可添加的数量只受你的系统资源的限制。

- 播放时，上层视频轨道中的影像会覆盖下层视频轨道中的影像，所以你应该把前景视频剪辑放到背景视频剪辑上面的轨道上。

- 你可以添加任意数量的音频轨道，它们会同时播放创建混音。音频轨道可以是单声道（1声道）、立体声（2声道）、5.1（6声道）或自适应，最多支持32个声道。

- 你可以更改 Timeline（时间轴）面板中轨道的高度，以便看到视频剪辑的更多控件和缩览图。

- 每个轨道都有一组控件，显示在最左侧的轨道头中，用来改变轨道的工作方式。

- 在 Timeline（时间轴）面板中，时间从左到右流逝。播放序列时，播放滑块会从左到右移动。

- 如图 5-9 所示，Timeline（时间轴）面板中的大部分操作都可以使用标准的 Selection Tool（选择工具，▶）进行，该工具位于 Tools（工具）面板的最顶部。Tools（工具）面板中包含许多工具，你可以在 Timeline（时间轴）面板和 Program Monitor（节目监视器）面板中使用它们。工具面板中还有其他用于执行不同任务的工具，并且每种工具都对应着一个键盘组合键。例如，V 键是 Selection Tool（选择工具）的键盘组合键。

- 你可以使用键盘上的等号（=）和减号（−）键（位于主键盘上方）来缩放序列。使用反斜杠键（\），在当前缩放级别和显示整个序列之间进行切换。此外，你还可以双击 Timeline（时间轴）面板底部的导航条来查看整个序列。

图5-9

如果你的键盘上没有等号（=）和减号（−）键，可以自己创建键盘组合键。关于设置键盘组合键的内容，请参考第 1 课中的相关内容。

- 如图 5-10 所示，在 Timeline（时间轴）面板左上方，有一排按钮，用来切换不同模式、添加标记和进行设置。

图5-10

5.3.1 什么是序列

序列（见图 5-11）包含一系列剪辑（还经常包含多个混合图层、特效、字幕和音频），这些剪辑按先后顺序依次播放，形成一个完整的影片。

一个项目可以包含任意多个序列，像剪辑一样，序列存储在 Project（项目）面板中，并且有自己独特的图标。

图5-11

> **Pr** 提示：与剪辑一样，你可以把一个序列添加到另一个序列之中，这个过程称为"嵌套"。这将为高级编辑工作流创建一组动态连接的序列。

注意：你可能需要单击 Navigate Up（向上导航）按钮才能看到 Theft Unexpected 素材箱。

注意：如果当前已经有序列处于打开状态，那新序列会在同一位置的一个新面板中打开。

接下来，让我们为 Theft Unexpected 新建一个序列。

1. 在 Theft Unexpected 素材箱中，把 Excuse Me（非 Excuse Me Tilted）剪辑拖曳到面板底部的 New Item（新建项）按钮（🔳）之上。你可能需要重新调整 Project（项目）面板的大小才能看到 New Item（新建项）按钮。

这是一种创建与指定媒体完美匹配的序列的快捷方式。Premiere Pro 会新建一个序列，其名称和创建它时所使用的剪辑名称一样。

2. 新建序列在素材箱中突出显示出来，此时最好马上对新建序列进行重命名。使用鼠标右键单击新创建的序列，在弹出菜单中，选择 Rename（重命名），输入 Theft Unexpected（见图 5-12）。请注意，不管是在 List View（列表视图）还是在 Icon View（图标视图）下，序列的图标和剪辑的图标都是不一样的。

图5-12

如图 5-13 所示，你可以通过拖动 Timeline（时间轴）面板底部的导航条来放大或缩小序列。拖曳轨道 V1 和 V2 之间的分隔线(位于轨道头区域,这里可以看到一排轨道控件)，增加轨道 V1 的高度，可以看到剪辑的缩览图。

图5-13

序列自动打开，其中包含着你用来创建它的剪辑。这和我们的期望是一样的，但是如果你随便选用了一个剪辑来创建序列（确保序列设置正确），你可以在序列中选择剪辑，并按 Delete 键（macOS）或 Backspace 键（Windows）删除它。

如图 5-14 所示，在 Timeline（时间轴）面板中，单击序列名称左侧的 X 图标，可以关闭序列。

图5-14

提示：单击时间轴面板中的"时间轴显示设置"图标（🔧），从弹出菜单中，选择 Minimize All Tracks（最小化所有轨道）或 Expand All Tracks（展开所有轨道），可以一次性修改所有轨道的高度。

5.3.2 在 Timeline（时间轴）面板中打开序列

执行如下操作之一，可以在 Timeline（时间轴）面板中打开一个序列。

- 在素材箱中，双击序列图标。

- 使用鼠标右键，单击素材箱中的序列，从弹出菜单中，选择 Open In Timeline（在时间轴内打开）。

打开刚刚创建的 Theft Unexpected 序列。

 提示：你还可以就像剪辑一样把序列拖入 Source Monitor（源监视器）中使用它。注意不要把序列拖入 Timeline（时间轴）面板打开它，因为这会把它添加到当前序列中，或者基于它新建一个序列。

匹配序列设置

序列拥有帧速率、帧大小、音频母带格式（比如单声道、立体声）等属性。在向一个序列添加剪辑时，Premiere Pro会调整剪辑以匹配序列设置。

你可以选择是否缩放剪辑以匹配序列的帧大小。例如，序列的帧大小是1920像素×1080像素（全高清），而视频剪辑的是4096像素×2160像素（电影4K），这时你可能需要缩小高分辨率的剪辑以匹配序列的分辨率，也可以保持不变，但这样你就只能看到原始画面在序列这个"窗口"中显露的部分。

缩放剪辑时，会等比例缩放水平方向和垂直方向上的尺寸，这样可以保持原来的像素长宽比不变。如果剪辑和序列的像素长宽比不同，对剪辑进行缩放时，剪辑可能无法完全填满你的序列帧。例如，如果剪辑的像素长宽比是4∶3，把它添加到16∶9的序列中时，就会看到两侧有空白。

使用Effects Controls（效果控件）面板中的Motion（运动）控件（请参考第9课），你可以控制要显示画面哪一部分，甚至还可以创建动态摇摄效果。

5.3.3 了解轨道

就像火车轨道一样，序列中也有视频轨道和音频轨道，这些轨道用来控制添加剪辑的位置。最简单的序列只有一个视频轨道，音频轨道可有可无。在添加剪辑时，你要从左到右一个个把剪辑添加到轨道中，Premiere Pro 会按照剪辑的添加顺序播放它们。

如图 5-15 所示，一个序列可以有多个视频轨道和音频轨道，它们是视频和其他音频通道的图层。高层视频轨道出现在低层视频轨道之前，因此你可以把不同轨道上的剪辑组合起来，产生带分层的合成。例如，你可以使用高层视频轨道向序列添加字幕，或者使用视觉效果混合多个视频图层以创建复杂的合成。

图5-15

你可以使用多个音频轨道为序列创建一个完整的音频合成，带有原始对话、音乐，以及现场音效，例如枪声、烟花、大气音波和画外音等。

滚动剪辑和序列的方法有多种，这主要取决于鼠标指针所在的位置。

- 把鼠标指针放到 Source Monitor（源监视器）或 Program Monitor（节目监视器）之上，你可以使用鼠标滚轮向前或向后看。如果你使用的是触控板，也可以使用手势进行控制。

- 在首选项的 Timeline 面板中，选择 Horizontal Timeline Mouse Scrolling（时间轴鼠标滚动：水平），你可以在 Timeline（时间轴）面板中浏览序列。

- 按住 Option 键（macOS）或 Alt 键（Windows），转动鼠标滚轮，Timeline（时间轴）视图会进行放大或缩小。

- 把鼠标指针放到轨道头之上，并按住 Option 键（macOS）或 Alt 键（Windows），转动滚轮，可以增加或减小轨道高度。

- 把鼠标指针放到视频或音频轨道头上，按住 Shift 键，转动滚轮，可以增加或减小所有同类轨道（视频轨道或音频轨道）的高度。

> **Pr** 提示：按住 Option 键（macOS）、Alt 键（Windows）或 Shift 键，转动滚轮改变轨道高度时，若同时按住 Command 键（macOS）或 Ctrl 键（Windows），可以进行更精确的控制。

5.3.4 使用轨道

在每个轨道头中，"轨道锁定"按钮右侧的部分用来选择序列中的轨道。

轨道头最左侧是源轨道指示器，表示当前在 Source Monitor（源监视器）中显示或者在 Project（项目）面板中所选剪辑中的可用轨道，它们和时间轴轨道一样具有编号，在做更复杂的编辑时非常有用。

使用键盘组合键或 Source Monitor（源监视器）中的按钮向序列添加剪辑时，源轨道指示器非常重要，其相对于时间轴轨道头的位置指定了要把新剪辑添加到哪个轨道上如图 5-16 所示，在本例中，源媒体文件只包含视频，所以不存在源音频轨道指示器。

图 5-17 的右面第一个图中，源轨道指示器的位置意味着，在使用按钮或键盘组合键添加剪辑到当前序列时，会把带有一个视频轨道和一个音频轨道的剪辑添加到时间轴面板的 Video 1 和 Audio 1 轨道上。

图 5-17 的第二个图中，相对于时间轴的轨道头，源轨道指示器被拖移到了新位置。在使用按钮或键盘组合键向当前序列添加剪辑时，剪辑会被添加到 Video 2 和 Audio 2 轨道上。

单击源轨道指示器，可以启用或禁用它。蓝色表示轨道处于启用中。通过上下拖曳源轨道指示器到不同的轨道上，选择想启用或关闭的源轨道，你可以进行高级编辑。

当采用上面方式进行编辑时，启用或禁用时间轴轨道不会对结果产生影响。虽然源轨道指示器和序列轨道选择器看起来类似，但是它们的功能不一样。"轨道锁定"按钮左侧的是源轨道指示器，右侧的是序列轨道选择器。

源轨道指示器

时间轴轨道头

图5-16

图5-17

> **Pr**　**注意**：时间轴轨道选择按钮在渲染效果或做时间轴选择时，时间轴轨道选择按钮很重要，但是在向序列添加剪辑时，这些按钮不会产生影响，只有源轨道指示器会产生影响。

在把一个剪辑拖入一个序列时，源轨道指示器的位置会被忽略，而只添加启用的源轨道上的内容。

5.3.5 在时间轴面板中使用入点和出点

在 Source Monitor（源监视器）中使用入点和出点可以指定要把剪辑的哪一部分添加到序列中。

在序列中使用入点和出点有两个主要目的。

• 当向序列添加新剪辑时，告知 Premiere Pro 应该把新剪辑放在哪里。

- 从序列中选择想要删除的部分。使用入点、出点，以及轨道选择按钮，你可以准确指定是要从指定轨道上删除整个剪辑，还是剪辑的一部分。

如图 5-18 所示，在时间轴面板中，序列中使用入点和出点选出的部分会被高亮显示出来，未被选择的区域不会高亮显示。

图5-18

1. 设置入点和出点

在时间轴面板中添加入点、出点与在 Source Monitor（源监视器）中添加几乎完全一样。

一个主要区别是，与 Source Monitor（源监视器）中的控件不同，Program Monitor（节目监视器）中的选择按钮也适用于时间轴。

在向时间轴上播放滑块当前所在的位置添加入点时，首先确保时间轴面板或节目监视器处于活动状态，然后按键盘上的 I 键，或单击节目监视器上的 Mark In（标记入点）按钮。

在向时间轴上播放滑块当前所在的位置添加出点时，首先确保时间轴面板或节目监视器处于活动状态，然后按键盘上的 O 键，或单击节目监视器上的 Mark Out（标记出点）按钮。

2. 清除入点和出点

如果你打开的剪辑中已经含有入点和出点了，可以通过添加新的入点和出点来改变它们，新添加的入点和出点会替换掉原来已有的入点和出点。

你还可以删除剪辑或序列中已有的入点和出点。无论是时间轴、节目监视器，还是源监视器，在它们中删除入点和出点的方法都是一样的。

1. 在时间轴面板中，单击 Excuse Me 剪辑，将其选中。

2. 按键盘上的 X 键，在剪辑的起点（左侧）和终点（右侧）添加入点和出点。你可以在时间轴面板顶部的时间标尺上看到它们。

3. 使用鼠标右键，单击时间标尺，打开弹出菜单。

从弹出菜单中，选择要使用的命令，或者使用如下键盘组合键。

- Option+I（macOS）或 Ctrl+Shift+I（Windows）组合键：清除入点（Clear In）。

- Option+O（macOS）或 Ctrl+Shift+O（Windows）组合键：清除出点（Clear Out）。

- Option+X（macOS）或 Ctrl+Shift+X（Windows）组合键：清除入点和出点（Clear In And Out）。

4. 最后一个组合键特别有用。它不但容易记忆，而且能够快速删除出点和入点。现在就用一下这个组合键，把前面添加的入点和出点删除。

5.3.6　使用时间标尺

Source Monitor（源监视器）、Program Monitor（节目监视器）、Timeline（时间轴）中的时间标尺用途都一样，你可以使用它们按照时间浏览剪辑或序列。

在 Premiere Pro 中，时间从左到右流逝，播放滑块的位置给出了当前显示的是哪一帧。

在时间轴面板的时间标尺上，按下鼠标左键，左右拖曳鼠标，播放滑块会随着鼠标移动。同时，你可以在 Program Monitor（节目监视器）中看到 Excuse Me 剪辑的内容。使用这种方式浏览视频内容，称为选段播放（Scrubbing）。

请注意，在 Source Monitor（源监视器）、Program Monitor（节目监视器）、Timeline（时间轴）面板底部都有一个导航条。如图 5-19 所示，把鼠标放到导航条上，转动鼠标滚轮（支持触控板手势），可以缩放时间标尺。放大时间标尺后，你可以左右拖曳导航条在时间标尺上移动。此外，拖动导航条两侧端点，也可以调整时间标尺的缩放级别。

图5-19

双击导航条，把时间标尺缩放到最小。

5.3.7　使用时间码面板

Premiere Pro 为我们提供了一个专门的时间码面板。和其他面板一样，你可以选择让它浮动在一个独立的窗口中，也可以把它添加到一个面板组之中。在菜单栏中，依次选择 Window（窗口）> Timecode（时间码），即可打开时间码面板。

如图 5-20 所示，时间码面板包含多行时间码信息，每一行显示一种特定的时间码信息。

默认配置下，时间码面板中显示的是主时间码、总持续时间，以

图5-20

及在活动面板（源监视器、节目监视器、时间轴面板）中由入点和出点指定的持续时间。

如图 5-21 所示，主时间码与 Source Monitor（源监视器）（左下）、Program Monitor（节目监视器）（左下）、Timeline（时间轴）（左上）面板中显示的时间码是一样的。

图5-21

在时间码面板中，单击鼠标右键，在弹出菜单中，选择 Add Line（添加行）、Remove Line（移除行），你可以轻松地向时间码面板中添加新的时间码信息或删除现有的时间码信息，以便更轻松地监视你的剪辑和序列。

为了指定每行显示的信息类型，你可以使用鼠标右键单击信息行，然后从弹出菜单的"显示"中，选择想要显示的内容。

使用鼠标右键，单击任意一行，在弹出菜单中，选择 Save Preset（保存预设），把当前设置保存下来，以便下次使用。此时，在时间码面板中，单击鼠标右键，在弹出菜单中，你可以看到自己保存的预设。

此外，你还可以单击鼠标右键，从弹出菜单中，选择 Manage Presets（管理预设），在"管理预设"对话框中，为预设指定键盘组合键，或者删除预设。

如图 5-22 所示，时间码面板有两个模式，一个是精简模式（Compact），另一个是完整大小（Full Size），两者显示的内容一样，但是显示方式有区别。使用鼠标右键，单击时间码面板，从弹出菜单中，选择相应模式，即可切换到相应模式之下。

图5-22

时间码面板中不包含活动控件，也就是说，你无法使用它添加入点、出点，以及做编辑，但是它提供的信息很有用，这些信息可以帮助你做决策。例如，了解总持续时间和选段持续时间的差异有助于你为多次编辑估计总共有多少可用的媒体剪辑。

关闭时间码面板。

5.3.8　自定义轨道头

就像定制 Source Monitor（源监视器）、Program Monitor（节目监视器）中的控件一样，你可以更改时间轴轨道头中的多个选项。

要访问这些选项，使用鼠标右键，单击视频轨道头或音频轨道头，从弹出菜单中，选择 Customize（自定义），或者单击 Timeline Display Settings（时间轴显示设置）图标（🔧），从弹出菜单中，选择 Customize Video Header（自定义视频头）或 Customize Audio Header（自定义音频头）。

把鼠标放到各个按钮之上，就会显示相应按钮的名称。其中，有些按钮各位已经很熟悉了，还有一些按钮我们将在以后课程中讲解。

如图 5-23 所示，如果你想把按钮添加到轨道头，只需把它从 Button Editor（按钮编辑器）拖动到轨道头上即可。当 Button Editor（按钮编辑器）处于打开状态时，拖走某个按钮，即可把它从轨道头中删除。

所有轨道头都会根据你调整的那个轨道头进行调整更新。

如图 5-24 所示，你可以自由地尝试这些功能，尝试完成后，单击 Button Editor（按钮编辑器）中的 Reset Layout（重置布局），把轨道头恢复成默认状态。

最后，单击 Cancel（取消）按钮，关闭 Button Editor（按钮编辑器）。

图5-23

图5-24

5.4 使用基本编辑命令

不管采用何种方式（拖曳、单击源监视器中的按钮、使用键盘组合键）把剪辑添加到序列，最终都会发生如下两种编辑之一：插入编辑或覆盖编辑。

在把一个新剪辑添加到序列时，如果目标位置上已经存在剪辑了，执行这两种编辑——插入和覆盖会产生完全不同的结果。

做这两种类型的编辑是非线性编辑的核心所在。在本书讲解的所有技术中，这是最常用的技术。从根本上说，这是一种非线性编辑，在继续往下学习之前，建议你先花点时间熟悉一下非线性编辑的工作流程。

5.4.1 覆盖编辑

接下来，我们继续处理 Theft Unexpected 序列。目前为止，序列中只有一个剪辑，剪辑中 John 向另一个人问这个座位是否有人。

首先，使用覆盖编辑添加一个镜头作为对 John 请求座位的回应。

1. 在 Source Monitor（源监视器）中打开 HS Suit 剪辑。之前我们已经向这个剪辑添加了入点和出点。

2. 你需要小心设置时间轴面板。刚开始时会有点慢，但熟练之后，你会发现这样做起来既快又轻松。

在 Excuse Me 剪辑中，把播放滑块拖曳到 John 提出请求之后，大约在 00:00:04:00 处。

Pr 提示：你可以复制时间码，并把它粘贴到当前时间指示器（位于源监视器或节目监视器的左下角）中。单击选择时间码，粘贴新时间码，然后按 Return 或 Enter 键，把播放滑块移动到那个时间点。在使用相机日志时，这个功能很有用，它可以让你快速定位到剪辑的特定部分。

Pr 提示：专业编辑人员经常把"镜头"（shot）和"剪辑"（clip）交换使用。

在时间轴中没有添加入点和出点的情形下，当使用键盘或屏幕按钮进行编辑时，播放滑块用来指定新编辑的位置。在使用鼠标把一个剪辑拖入一个序列时，播放滑块的位置和现有的入点、出点就会被忽略。

3. 尽管新剪辑中包含音频轨道，但我们并不需要它。你需要保留时间轴中已有的音频。如图 5-25 所示，单击源轨道选择指示器 A1，将其关闭。这时按钮应该变为灰色，而非蓝色。

4. 检查你的轨道头是否和左图一样。对于这次编辑，只有源 A1 和 V1 轨道指示器是重要的，因为序列中的其他轨道不包含任何剪辑。

5. 在 Source Monitor（源监视器）中，单击 Overwrite（覆盖）按钮（ ）。

此时，剪辑被添加到序列的 V1 轨道上（见图 5-26）。

图5-25

图5-26

尽管添加的时间点可能有点问题，但是现在有了对话场景。

默认情况下，把剪辑拖入序列时，执行的就是"覆盖"编辑。拖动剪辑时，如果同时按住 Command 键（macOS）或 Ctrl 键（Windows），则执行的是"插入"编辑。

Pr 注意：在执行覆盖编辑时，序列长度不会增加。

6. 把播放滑块放到时间轴面板或节目监视器最左侧，单击节目监视器中的 Play（播放）按钮（ ▶ ），或者按键盘上的空格键，可以预览编辑结果。

5.4.2 插入编辑

接下来，尝试一下插入编辑。

1. 在 Timeline（时间轴）面板中，把播放滑块移动到 Excuse Me 剪辑之上，使其位于 00:00:02:16 处，此时 John 刚刚说完 "Excuse me" 这句话。并且确保序列中不存在入点和出点。

2. 在 Project（项目）面板中，双击 Mid Suit 剪辑，将其在 Source Monitor（源监视器）中打开，在 01:15:46:00 处添加入点，在 01:15:48:00 处添加出点。这其实是一个不同的镜头，但观众感觉不出来，我们把它用作回应镜头。

3. 确保时间轴的源轨道选择指示器的排列如图 5-27 所示。

4. 单击 Source Monitor（源监视器）中的 Insert（插入）按钮 。

图5-27

Pr 注意：做 Insert（插入）编辑会使序列变长。序列中所选轨道上的剪辑会向后移动（即向右移动），为新剪辑让出位置。

恭喜！至此，你已经完成了第一个插入编辑（见图 5-28）。

图5-28

此时，序列中原有的 Excuse Me 剪辑被分割，并且播放滑块之后的部分向后移动，以便为新插入的剪辑留出位置。

5. 把播放滑块放到序列最开始的位置，浏览编辑结果。如果你的键盘上有 Home 键，你可以使用它跳到序列的开头；你也可以使用鼠标拖曳播放滑块向前或向后移动，或者按向上箭头键把播放滑块移动到上一个编辑位置（按向下箭头，把播放滑块移动到下一个编辑位置）。

Pr 注意：编辑人员经常把"序列"（sequence）和"编辑"（edit）混用。

6. 在 Source Monitor（源监视器）中打开 Mid John（非 Mid Suit）剪辑。之前，我们已经在这个剪辑中添加了入点和出点。

7. 在时间轴中，把播放滑块放到序列末尾，即 Excuse Me 剪辑末尾。当拖曳播放滑块时，你可以同时按住 Shift 键，让播放滑块对齐到剪辑末尾。

Pr 注意：若时间轴上添加了入点或出点，则在执行编辑时，相比于播放滑块的位置，Premiere Pro 会优先使用它们。

8. 在 Source Monitor（源监视器）中，单击 Insert（插入）或 Overwrite（覆盖）按钮。因为时间轴中的播放滑块当前处于序列末尾，后面没有其他剪辑，所以不论使用插入还是覆盖都可以。

Pr 提示：随着序列越来越长，你可能需要不断进行缩放，才能更好地查看剪辑。

接下来，让我们再插入一个剪辑。

9. 在时间轴中，把播放滑块放到 00:00:14:00 处，这时，John 正打算要喝一口茶。

Pr 注意：你还可以通过把剪辑从 Project（项目）面板或 Source Monitor（源监视器）拖入 Program Monitor（节目监视器）向序列中添加剪辑。按住 Command 键（macOS）或 Ctrl 键（Windows），执行插入编辑。

10. 在 Source Monitor（源监视器）中，打开 Mid Suit 剪辑。使用入点和出点，从剪辑中选择一个片段，以便放入 John 落座和喝第一口茶之间。大约把入点设置在 01:15:55:00，出点设置在 01:16:00:00 就好。

新设置入点和出点之后，剪辑上原来的入点和出点就被替换掉了。

11. 单击"插入"按钮，把剪辑片段添加到序列中（见图 5-29）。

图5-29

添加剪辑的时间点可能没那么完美，但是也还可以。以后你可以随时进行修改，这正是非线性编辑的魅力所在。最重要的是保证剪辑顺序正确。

从这个简短的例子可以看出，剪辑的名称和组织相当重要。使用组织良好且命名规范的剪辑可以大大节省后期处理时间。

5.4.3　三点编辑

在把一个剪辑或剪辑片段添加到序列时，Premiere Pro 需要知道剪辑的持续时间，以及在序列中的放置时机和位置。

这需要用到 4 个入点和出点。

- 剪辑入点。
- 剪辑出点。
- 序列入点，用来在添加剪辑后指定剪辑起点。
- 序列出点，用来在添加剪辑后指定剪辑终点。

事实上，你只需要给出 3 个点，Premiere Pro 会根据所选剪辑片段的持续时间自动计算最后一个点。

举个例子：如果你在 Source Monitor（源监视器）中从一个剪辑中选取了一个时长为 4 秒的片段，那 Premiere Pro 就会知道它将占用序列的 4 秒时长。一旦你指定了剪辑的放置位置，接下来，就可以做编辑了。

我们把这种只使用 3 个点的编辑称为"三点编辑"（three-point editing）。在编辑的最后阶段，Premiere Pro 会把剪辑的入点（剪辑起点）和时间轴的入点（如果没有添加入点，则把播放滑块所在的位置用作入点）进行对齐。

即使你没有手动向时间轴添加入点，你做的还是三点编辑，持续时间是 Premiere Pro 根据 Source Monitor（源监视器）剪辑计算出来的。

如果你向时间轴添加了入点，Premiere Pro 会把这个入点作为新剪辑的插入位置，并且忽略播放滑块的位置。

向时间轴添加出点（非入点）也能得到类似的结果。这个过程中，当你做编辑时，Premiere Pro 会把 Source Monitor（源监视器）中的剪辑出点和时间轴上的出点进行对齐。如果序列剪辑的末尾有一个定时动作，例如关门，并且你的新剪辑需要和这个动作在时间上对齐，那么你可能想这么做。

使用4个点会怎样？

编辑时，你可以使用4个点：Source Monitor（源监视器）中入点和出点、时间轴上入点和出点。如果所选剪辑的持续时间和序列持续时间一致，你可以像往常一样进行编辑。如果不一致，Premiere Pro会要求你选择如何处理。

此时，你可以拉伸或压缩新剪辑的播放速度，以匹配时间轴上选定的持续时间，或者有选择性地忽略入点或出点中的一个。

5.4.4　故事板式编辑

术语"故事板"（storyboard）是一系列视觉草图，用来描述电影中摄像机的角度和动作等。故事板非常类似于连环画，但包含的信息更多，比如摄像机的移动、台词和音效等。

你可以把素材箱中的剪辑缩览图作为故事板草图使用。

拖曳剪辑的缩览图，按照剪辑在序列中的顺序从左到右自上而下排列剪辑缩览图。然后，再把它们全部拖入到序列中。

1. 使用故事板创建集合序列

集合序列中各个剪辑的前后顺序正确，但是起止时间点还没确定。编辑过程中，我们通常会先创建集合序列，保证各个剪辑的顺序正确，然后再调整各个剪辑的起止时间。

你可以使用故事板式编辑方式让所有剪辑快速排好顺序。

1. 保存当前项目。

2. 打开 Lessons/Lesson 05 文件夹中的 Lesson 05 Desert Sequence.prproj 文件。

3. 从菜单栏中，依次选择 File（文件）> Save As（另存为），在"保存项目"对话框中，把项目保存为 Lesson 05 Desert Sequence Working.prproj。

> **提示**：项目文件名可以很长。虽然长文件名可以包含很多有用的信息，帮助你识别各个项目，但是名称也不要起得太长了，不然会影响到文件的管理工作。

这个项目中包含一个名为 Desert Montage 的序列，里面有音乐，但是没有视频画面。接下来，我们向其中添加一些视频镜头。

当前，轨道 A1 处于锁定状态（单击锁头图标，可以锁定或解锁一个轨道）。此时，调整序列时不会影响到音频轨道。

2. 安排故事板

双击 Desert Footage 素材箱，将其打开。这个素材箱中包含一些不错的镜头。

> **注意**：在图标视图下，可以根据不同条件来排列剪辑。单击 Sort Icons（排列图标）按钮（▤▾），从弹出菜单中，选择 User Order（用户顺序）后，你就可以通过拖动来调整各个剪辑的顺序了。

1. 单击素材箱左下角的 Icon View（图标视图）按钮（▦），以缩览图的方式显示各个剪辑。

2. 如图 5-30 所示，拖动各个剪辑的缩览图，按住剪辑在序列中的顺序从左到右自上而下排列它们，看起来就像连环画或故事板一样。这个过程中，可能需要调整面板大小，把面板最大化或者滚动滑动条，以便看到所有剪辑。

3. 确保 Desert Footage 素材箱处于选中状态（周围有蓝框）。按 Command+A（macOS）组合键或 Ctrl+A（Windows）组合键，选中素材箱中所有剪辑。

4. 把剪辑拖入序列，放到 V1 轨道上，紧贴时间轴的最左侧。

此时，Premiere Pro 会按照你在 Project（项目）面板中选择的顺序把剪辑添加到序列之中。当选择所有剪辑时，若之前没有剪辑处于选中状态，则按照从左到右自上而下的顺序添加剪辑到序列中。

在选择所有剪辑时，如果你已经选中了一个剪辑，则在把所有剪辑添加到序列时，那个剪辑会被第一个添加到序列中（见图 5-31）。

图5-30

图5-31

5. 虽然你在素材箱中事先为序列中的剪辑定好了顺序，但是你仍然可以随时修改这些剪辑的先后顺序和播放时间点。

播放序列，查看结果。

目前有两个项目同时处于打开状态。有时你可能不清楚当前正在处理哪个项目。此时，你可以通过 Premiere Pro 用户界面最顶部的项目信息进行判断。如图 5-32 所示，如果项目名称之后有 * 号，表示你当前处理的是这个项目，并且最近所做的改动没有保存。

/MEDIA/Lessons/Lesson 05/Lesson 05 Desert Sequence Working.prproj *

图5-32

6. 选择两次 File（文件）> Close Project（关闭项目），或者选择 File（文件）> Close All Projects（关闭所有项目），关闭所有项目。若 Premiere Pro 询问是否保存项目，单击 OK（是）。

设置静止图像的持续时间

如果视频剪辑中已经有入点和出点了，那么当你把这样的剪辑添加到序列时，Premiere Pro会自动使用入点和出点。

在序列中，图形和照片的持续时间可以是任意的。但是当你把它们导入项目时，它们其实是带默认入点和出点的。

你可以选择Premiere Pro CC > Preferences（首选项）> Timeline（时间轴）（macOS）或Edit（编辑）> Preferences（首选项）>Timeline（时间轴）（Windows），在Still Image Default Duration（静止图像默认持续时间）中修改持续时间。在把静止图像导入项目时，这种更改才会发生作用，而对那些已经导入到项目中的静止图像不起作用。

静止图像和静止图像序列（像动画那样顺序播放的一系列图像）没有时基（timebase，每秒播放的帧数）。你可以为静止图像设置默认时基，具体操作为：选择Premiere Pro > Preferences（首选项）> Media（媒体）（macOS）或Edit（编辑）> Preferences（首选项）> Media（媒体）（Windows），为Indeterminate Media Timebase（不确定的媒体时基）选择一个时基。

5.5　复习题

1. 入点和出点有什么用?

2. 轨道 V2 在轨道 V1 前面还是后面?

3. 子剪辑如何帮助组织素材?

4. 如何在时间轴面板中选择要处理的一个序列的时间范围?

5. 覆盖编辑和插入编辑有何不同?

6. 如果源剪辑和序列中都没有入点和出点,你的源剪辑中会有多少将被添加到序列中?

5.6　复习题答案

1. 在 Source Monitor(源监视器)和 Project(项目)面板中,入点和出点用来指定序列要使用剪辑的哪一部分。在时间轴上,入点和出点用来指定你想删除、编辑、渲染、导出序列的哪部分。

2. 高层视频轨道总是位于低层视频轨道之前。

3. 在 Premiere Pro 中,就播放来说,子剪辑和其他剪辑几乎没有差别。你可以通过使用子剪辑把素材轻松地分到不同的素材箱中。对于包含大量长剪辑的大项目来说,使用子剪辑划分内容会带来很大的好处。

4. 你可以使用入点和出点指定要处理序列哪部分,例如,带效果渲染或导出为文件。

5. 使用"覆盖"方式把剪辑添加到序列时,剪辑会替换掉序列中相同位置上的内容。而使用"插入"方式把剪辑添加到序列时,剪辑不会替换原有剪辑,而是把原有剪辑往后推(向右移动),这会增加序列的长度。

6. 如果不向源剪辑添加入点或出点,则整个剪辑都会被添加到序列中。向源剪辑添加入点、出点可以指定要在序列中使用剪辑的哪一部分。

第6课 使用剪辑和标记

课程概述

本课学习以下内容：

- 了解节目监视器和源监视器的不同；

- 为 VR 头盔播放 360° 视频；

- 使用标记；

- 应用同步锁定和轨道锁定；

- 在序列中选择项目；

- 在序列中移动剪辑；

- 从序列中删除剪辑。

　学完本课大约需要 90 分钟。请先下载本课的课程文件，并把课程文件存放到计算机中便于使用的位置上。

　　在向序列中添加好剪辑之后，接下来，就该做精细调整了。例如，你可以调整序列中的剪辑顺序，删除不想要的部分。还可以添加注释标记，存放有关剪辑和序列的信息。这些信息在你日后再次编辑，或把序列发送到其他 Adobe Creative Cloud 应用程序时会非常有用。

Adobe Premiere Pro CC 为我们提供了用来精细调整序列的标记，以及同步和锁定轨道的高级工具。借助这些工具，你可以轻松地编辑视频序列中的剪辑。

6.1 课程准备

在你完成序列的第一个版本之后，接下来就是最能体现视频编辑技艺的时候。一旦你选好了要用的剪辑，并把它们按照正确的顺序放入序列中，接着就该精细调整各个剪辑在序列中的时间点了。

在本课中，我们将学习 Program Monitor（节目监视器）中的更多控件，了解如何使用标记来帮助组织素材。

另外，我们还会学习如何处理时间轴上已有剪辑的内容，这些内容正是使用 Adobe Premiere Pro CC 进行非线性编辑的部分。

在开始之前，先检查自己当前使用的是否是 Editing（编辑）工作区。

1. 打开 Lesson 06 文件夹中的 Lesson 06.prproj 文件。

2. 选择 File（文件）> Save As（另存为）。

3. 把文件重命名为 Lesson 06 Working.prproj。

4. 选择一个保存位置，单击 Save（保存）按钮，保存项目。

5. 在工作区面板中，单击 Editing，从面板菜单中，选择 Reset To Saved Layout（重置为已保存的布局），把工作区重置为默认布局。

6.2 使用 Program Monitor（节目监视器）

Program Monitor（节目监视器）和 Source Monitor（源监视器）几乎完全一样，但是它们之间还是有一些重要区别的。

6.2.1 什么是节目监视器

如图 6-1 所示，节目监视器显示的是序列播放滑块所在位置的帧，或当前正在播放的帧。时间轴面板中的序列显示的是剪辑片段和轨道，而节目监视器显示的是最终视频输出结果。相比于时间轴面板中的时间标尺，节目监视器中的时间标尺要小得多。

在编辑的早期阶段，很多时候，你都在使用源监视器。一旦序列基本"拼凑"好了，在接下来的大部分时间里，你都要使用节目监视器和时间轴面板。

当前
序列帧

设置

播放滑块

入点标记　出点标记　　　　提升　提取　　　　导航器

图6-1

节目监视器和源监视器

两者最大的不同如下所示。

- 源监视器显示的是剪辑的内容，而节目监视器显示的是时间轴面板中当前显示的序列内容。尤其注意的是，节目监视器会显示时间轴面板中播放滑块下的一切内容。

- 在添加剪辑（或剪辑的一部分）到序列时，源监视器为我们提供了Insert（插入）和Overwrite（覆盖）按钮。相应地，节目监视器提供了Extract（提取）和Lift（提升）按钮，用来把剪辑（或剪辑的一部分）从序列中删除（有关"提取"和"提升"的更多内容后面讲解）。

- 两个监视器都有时间标尺。节目监视器上的播放滑块和时间轴中当前序列的播放滑块是一致的（当前序列名称显示在节目监视器的左上角）。因为当一个播放滑块移动时，另一个播放滑块也会随之移动，所以你可以通过任意一个面板（节目监视器或时间轴）来更改当前显示的帧。

- 在Premiere Pro中应用效果后，你只能在节目监视器中看到应用结果。但有个例外，那就是主剪辑的效果，在源监视器和节目监视器中你都能查看它（关于效果的更多内容，请参考第12课）。

- 在节目监视器和源监视器中都有Mark In（标记入点）和Mark Out（标记出点）按钮，且它们的功能是一样的。在节目监视器中添加入点和出点时，它们会被添加到当前显示的序列上，并且和剪辑中的入点、出点一样，它们会一直存在于序列之中。

6.2.2　通过节目监视器中把剪辑添加到时间轴

前面我们学习了如何在源监视器中选取剪辑的一部分，以及如何使用按键、单击按钮，或通过拖放把剪辑添加到序列中。

此外，你还可以直接把剪辑从源监视器拖入节目监视器，以将其添加到时间轴中。

> **输入时间码**
>
> 你可以直接单击面板中显示的时间码，输入目标时间码，告诉Premiere Pro你想把播放滑块移动哪里，并且在输入时不需要使用标点符号，然后按Enter键把播放滑块移动到那个时间。
>
> 在输入时间码时，你可以使用句号代替两个零，或者跳到下一个数字类型，并且前导零不需要输入。
>
> 例如，你想把播放滑块移动到00:00:27:15，你可以输入27.15。如果你想把播放滑块移动到01:29:00:15，你可以输入1.29..15。

1. 在 Sequences 素材箱中，双击 Theft Unexpected 序列，将其打开。

> **Pr** 提示：在 Project（项目）面板的 List View（列表视图）之下，你可以使用键盘上的右箭头和左箭头来展开或收起素材箱。

2. 在时间轴面板中，把播放滑块移动到序列末尾，即 Mid John 剪辑最后一帧的后面。按住 Shift 键，可以让播放滑块与剪辑对齐，或者按键盘上的向上或向下箭头键在各个剪辑之间导航。

> **Pr** 提示：按 Fn+ 右箭头键（macOS）或 End 键（Windows），可以把播放滑块移动到序列末尾。按 Fn+ 左箭头键（macOS）或 Home 键（Windows），可以把播放滑块移动到序列开头。

3. 在 Theft Unexpected 素材箱中，双击 HS Suit 剪辑，将其在 Source Monitor（源监视器）中打开。这个剪辑已经在序列中用过，但这里，我们想用这个剪辑的另外一部分。

4. 大约在 HS Suit 剪辑的 01:26:49:00 处，设置一个入点。这个镜头中没有太多动作，适合用来做"转移镜头"（cutaway）。在 01:26:52:00 处添加一个出点，给穿西装的人留一点时间。

5. 如图 6-2 所示，在 Source Monitor（源监视器）中单击画面中间，把剪辑拖入 Program Monitor（节目监视器）中，先不要释放鼠标。

此时，Program Monitor（节目监视器）中的画面被分为几个区域，每个区域代表一种编辑操作。

图6-2

如果你使用的计算机配有触摸屏支持触摸操作，则在 Premiere Pro 中使用触摸编辑能够带来更大的灵活性。你可以使用鼠标拖放剪辑，也可以通过触摸方式拖放剪辑。

当把鼠标指针移动到各个区域之上时，相应区域就会变成蓝色，此时释放鼠标就会执行蓝色区域所标识的操作。

有如下几种操作。

- Insert（插入）：执行"插入"编辑，使用源轨道选择按钮来选择剪辑要放置的轨道。

- Overwrite（覆盖）：执行"覆盖"编辑，使用源轨道选择按钮来选择剪辑要放置的轨道。

- Overlay（叠加）：如果当前序列中有剪辑处于选中状态，新剪辑会被添加到所选剪辑上面第一个可用轨道上。如果上面第一个可用轨道上已经存在剪辑了，则添加到第二个可用轨道，以此类推。

- Replace（替换）：新剪辑会替换时间轴中播放滑块当前所指的剪辑（更多相关内容，将在第 8 课中讲解）。

- Insert After（此项后插入）：新剪辑会被插入时间轴中播放滑块当前所指剪辑的后面。

- Insert Before（此项前插入）：新剪辑会被插入时间轴中播放滑块当前所指剪辑的前面。

> **提示**：在把剪辑拖入序列时，Premiere Pro 仍然使用时间轴面板中的源轨道选择按钮来控制要使用剪辑（视频通道和音频通道）的哪些部分。

在本例中，时间轴上没有任何剪辑处于选中状态，也没有要进行覆盖的剪辑。所以，这里我们选择 Insert（插入）操作，它位于画面中央，是画面上最大的区域，很容易选。

当释放鼠标后，剪辑就被添加到了序列之中，而且被插入到播放滑块所指示的位置上，此时整个编辑工作就完成了。

下面让我们使用同样的方法把一个剪辑插入到序列中间。

1. 在时间轴面板中，把播放滑块拖曳到 Mid Suit 和 Mid John 剪辑之间，大约在 00:00:16:01 处。这两个剪辑之间动作的连续性不是很好，为解决这个问题，我们在它们之间插入一个衔接镜头，该镜头是 HS Suit 剪辑的一部分。

2. 在 Source Monitor（源监视器）中，向 HS Suit 剪辑添加入点和出点。如图 6-3 所示，你可以从 HS Suit 剪辑中选择自己喜欢的部分，不过要保证总时长大约为 2 秒。在源监视器的右下角，你可以看到所选部分的持续时间。

| 1/2 ⌄ 🔧 00:00:02:00 |

图6-3

3. 如图 6-4 所示，再次把剪辑从源监视器拖入节目监视器的中间区域，然后释放鼠标，把剪辑插入序列中。

图6-4

如果你喜欢直接把剪辑拖放到序列中或拖放到节目监视器中，而不愿使用键盘组合键、源监视器中的 Insert（插入）和 Overwrite（覆盖）按钮，我们仍然有办法只把剪辑的视频或音频部分添加到序列中。

下面综合运用各种技术，先设置时间轴面板中的轨道头，然后再把剪辑拖放到节目监视器中。

> **Pr** **注意**：在把剪辑添加到序列时，只有源轨道选择按钮起作用，时间轴中的轨道选择按钮不起作用。

1. 在时间轴面板中，把播放滑块拖曳到 00:00:25:20 处，即 John 掏出笔之前。

2. 如图 6-5 所示，在时间轴的轨道头中，把源 V1 轨道选择按钮拖曳到 V2 轨道上，这个轨道就是用来添加剪辑的位置。

图6-5

3. 在源监视器中，打开 Mid Suit 剪辑。在 01:15:54:00（此时，John 正挥动着钢笔）添加一个入点。

4. 在 01:15:56:00 处，添加一个出点。这里，我们只需要一个快速切换角度。在源监视器底部，你会看到 Drag Video Only（仅拖动视频）和 Drag Audio Only（仅拖动音频）两个图标（ 🎞 ⼁→ ）。

这两个图标有如下 3 个用途。

• 指示你的剪辑中是否包含视频、音频，或者两者兼而有之。若不包含视频，则第一个图标呈现灰色，处于不可用状态；若不包含音频，则第二个图标呈现灰色不可用状态。

• 单击其中一个图标，可用把显示画面切换到视频或音频视图下。

• 如图 6-6 所示，使用鼠标拖曳它们，可以把剪辑的视频或音频拖入到你的序列中。

图6-6

5. 把第一个图标（电影胶片）从源监视器底部拖曳到节目监视器的 Overwrite（覆盖）区域中。释放鼠标，此时只有剪辑的视频部分被添加到了时间轴中的 V2 轨道上。

即使同时启用了 Source Video（源视频）和 Source Audio（源音频）选择按钮，上面方法也可以使用，因此它是一种从剪辑快速选择所需部分的直观方式。当然，通过有选择性地禁用源轨道选择按钮，也可以实现同样的效果，但这需要用到更多次单击。

6. 从头播放序列。

虽然时序还不是很准确，但看上去还不错。刚添加的剪辑在 Mid John 剪辑末尾和 HS Suit 剪辑开始之前播放，这更改了时序关系。Premiere Pro 是一个非线性编辑系统，编辑时你可以随时调整时序，更多内容，我们将在第 8 课中讲解。

为什么有这么多种方法可以把剪辑添加到序列中？

随着编辑技术和经验的增加，你会发现某个特定情况下有些添加方法用起来更方便。有时你需要添加的时间点绝对正确，这时就需要在源监视器和时间轴面板中仔细选择和调整。有时你想把各个剪辑快速拼接在一起，这时就可以从项目面板中把剪辑直接拖入到时间轴面板中，时间安排日后再做调整。

此外，你会发现自己会自然而然地喜欢上某种编辑风格。为了确保编辑人员可以按照自己的风格和习惯进行编辑，Premiere Pro 提供了多个工作流来实现同样的结果。

6.3 设置播放分辨率

在水银回放引擎的强大支持下，Premiere Pro 可以实时播放多种媒体类型、特效等。水银回放引擎利用计算机硬件的能力来提升播放性能。也就是说，CPU 的速度、RAM 大小、GPU 的能力，以及存储器的速度都会影响到播放性能。

如果你的计算机配置较低，播放序列（在节目监视器中）或剪辑（在源监视器中）的视频时会显得很吃力，这时你可以考虑降低播放分辨率让播放更流畅一些。在播放视频时，如果出现卡顿、暂停等问题，这表明你的系统硬件配置较差，无法实现视频的顺畅播放。

总之，你要知道，流畅地播放高分辨率视频并非易事。对于一个未经压缩的全高清视频，它的一帧就相当于大约 800 万个文本字符。而一个 UHD 视频（常称为 4K 视频）帧是它的 4 倍。而且这些视频的帧速率最少都是每秒 24 帧。

当你降低播放分辨率之后，将无法看到图像中的每个像素，但是却能显著地提升播放性能，使创意工作变得更简单。此外，一个常见的现象是，视频本身所拥有的分辨率要比可显示的分辨率高得多，这是因为源监视器和节目监视器往往要比原始媒体尺寸小，这意味着降低播放分辨率时在显示上你可能看不出差别。

6.3.1 更改播放分辨率

下面让我们更改一下播放分辨率。

1. 在 Boston Snow 素材箱中，双击 Snow_3 剪辑，将其在 Source Monitor（源监视器）中打开。在 Source Monitor（源监视器）和 Program Monitor（节目监视器）的右下方，有一个 Select

Playback Resolution（选择回放分辨率）菜单。

默认情况下，显示的回放分辨率应该是 1/2。如果不是，请将其改成 1/2（见图 6-7）。

图6-7

2. 当回放分辨率为 1/2 时，播放一下剪辑，了解一下质量。

3. 如图 6-8 所示，把回放分辨率修改为 Full（完整），再次播放剪辑，将其与分辨率为 1/2 时的质量做比较，它们看起来可能很类似。

图6-8

4. 如图 6-9 所示，把分辨率修改为 1/8，再次播放剪辑，这时你能感受到画面质量有了明显的变化。当暂停播放时，画面变清晰。这是因为暂停时的分辨率和播放时的分辨率是相互独立的（参见下一节）。

图6-9

你会发现在降低回放分辨率后，画面细节丢失了很多。例如，你可以比较一下回放分辨率降低前后树枝、文本细节的变化。

Pr 注意：Source Monitor（源监视器）和 Program Monitor（节目监视器）中的播放分辨率选择菜单是完全一样的，但是它们是相互独立的。

---

5. 把回放分辨率修改为 1/16。修改分辨率时，Premiere Pro 会对使用的每种素材文件进行评估，如果降低分辨率带来的好处小于降低分辨率所花的时间，则该分辨率选项将不可用。这里，素材文件是真 4K（4096 像素 ×2160 像素），所以 1/16 这个选项可用。

6. 把回放分辨率重新改回 1/2，为项目中的其他剪辑做好准备。

如果你使用的是一台功能十分强大的计算机，那么在预览素材时你可能想使用完整分辨率进行播放，以便获得最好的播放质量。为此，Premiere Pro 为我们专门提供了一个选项。你可以在 Source Monitor（源监视器）和 Program Monitor（节目监视器）中，单击 Settings（设置）图标（🔧），从弹出菜单中，选择 High Quality Playback（高品质回放）。

选择 High Quality Playback（高品质回放）后，Premiere Pro 会根据素材导入时的质量播放素材。当取消选择该项后，Premiere Pro 播放素材时会牺牲一点质量，以换取更好的播放性能。

6.3.2 更改暂停播放时的分辨率

你还可以在 Source Monitor（源监视器）和 Program Monitor（节目监视器）的 Settings（设置）菜单（🔧）中找到回放分辨率选择菜单。

在 Settings（设置）菜单中，除了用来设置回放分辨率的菜单之外，还有另外一组与显示分辨率有关的菜单：Paused Resolution（暂停分辨率）。

Paused Resolution（暂停分辨率）与回放分辨率菜单的工作方式一样，但是它控制的是视频暂停播放时画面显示的分辨率。

如图 6-10 所示，大多数编辑人员会把 Paused Resolution（暂停分辨率）设置为 Full（完整）。这样，在播放视频时，你看到的是低分辨率画面，但是当暂停播放时，Premiere Pro 会使用完整分辨率显示当前画面。也就是说，使用效果时，你看到的是处在完整分辨率下的视频。

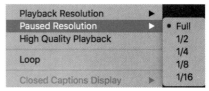

图6-10

如果你用到了第三方特效，可能会发现它们在使用系统硬件方面不像 Premiere Pro 那么高效。因此，在你更改了效果设置之后，画面可能需要花很长时间才能更新过来。这种情况下，你可以通过降低暂停分辨率来加快画面更新速度。

最后一点需要说明的是，回放分辨率和暂停分辨率设置对文件的输出质量没有影响。

6.4 播放 VR 视频

现在，家用 VR 头盔变得越来越普及。Premiere Pro 为 VR 头盔显示 360° 视频提供了支持，提供了剪辑解释选项、沉浸式视频视觉效果、桌面播放控件、集成的 VR 头盔播放和环境立体声。

360°视频和虚拟现实有何不同?

360°视频画面看起来有点像全景照片。360°视频是从多个方向录制的,而后把不同角度拍摄的影像合成一个完整的球体(这个过程叫"缝合"),再利用"球面投影"(equirectangular)技术把这个球体被展成2D视频素材。你在书中看到的世界地图就是使用"球面投影"技术制作的。

这样的视频(等矩形视频)带有相当大的失真,并且难以查看,视频中的动作也很难跟踪。虽然这样的视频人眼看上去会很奇怪,但其实它就是一个普遍的视频文件,Premiere Pro能够轻松地处理它。

观看360°视频时,通常都需要佩戴专门的VR头盔。在头盔视角下,360°视频呈现在你周围,你可以转动头部观看图像的不同部分。由于VR头盔是观看360°视频的必需设备,所以360°视频也叫VR视频。

事实上,真正的VR不是视频,而是一个完整的3D环境,你可以在其中走动,并且从不同方向观看景物,就像360°视频一样,而且还可以在虚拟空间的不同位置上观察景物。

360°视频和VR最重要的区别是:在360°视频中,你可以从不同角度观看景物,而在VR中,你可以从场景中不同的位置观看景物。

接下来,让我们尝试播放一个360°视频剪辑。

1. 在 Further Media 素材箱中,双击 360 Intro.mp4 剪辑,将其在 Source Monitor(源监视器)中打开,播放该剪辑(见图 6-11)。

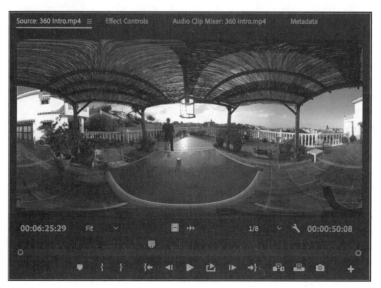

图6-11

这段视频是关于 360° 视频的介绍。该视频剪辑是 4K 分辨率，如果你的系统播放起来有点吃力，可以先把播放分辨率降低一些，再进行播放。

画面中心很容易辨认出来，但是如果看画面的边缘，那你很难知道看到的是什么。

这是因为这个剪辑是等矩形视频，即把一个用于 VR 头盔的球形视频展成 3D 图像。要看清这种视频，你需要切换到 VR 视频模式。

2. 单击 Source Monitor（源监视器）中的 Settings（设置）菜单，从弹出菜单中，依次选择 VR Video（VR 视频）> Enable（启用）。

Pr | 注意：Source Monitor（源监视器）和 Program Monitor（节目监视器）中都有 VR 视频播放控件，并且相同（见图 6-12）。

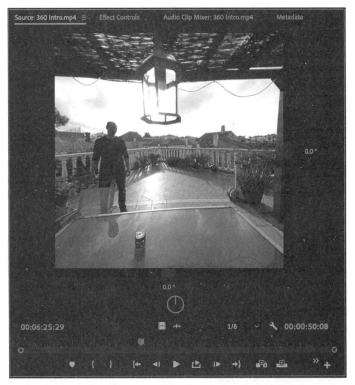

图6-12

此时，剪辑看起来和正常视频无异，只是在 Source Monitor（源监视器）中多了一些控件。

3. 再次播放剪辑。在播放时，把鼠标指针移到画面上，按下鼠标左键并拖曳，改变观看角度。

显示在画面下方和右侧的数字分别表示水平角度和垂直角度，你可以直接在其中输入相应度数，对观看角度进行精确控制。这些控件很有用，但是会占据界面空间，我们可以把它们关闭。

4. 单击 Source Monitor（源监视器）中的 Settings（设置）菜单，从弹出菜单中，依次选择

VR Video（VR 视频）> Show Controls（显示控件），把控件隐藏起来。

此时，你仍然可以通过拖动视频画面来更改观看角度，并且 Source Monitor（源监视器）中的视频画面也变得比以前更大了。

另外，从 Settings（设置）菜单中，依次选择 VR Video（VR 视频）> Settings（设置），可以打开 VR Video Settings（VR 视频设置）对话框（见图 6-13），在其中你可以设置视图的宽度和高度，用来模拟不同的 VR 头盔。

默认情况下，视图的宽度和高度都非常小。把 Monitor View Horizontal（水平监视器视图）更改为 150°，单击 OK（确定）按钮。

图6-13

不同的 VR 头盔有不同的视野范围，最好根据目标 VR 头盔的视野范围进行设置。从这个意义上来说，每个 VR 头盔就是一个不同的屏幕，我们要根据屏幕尺寸来调整视频大小。

我们要查看视频在每种播放媒介上的播放效果，确保观众有良好的观看体验。

5. 打开 Source Monitor（源监视器）中的 Settings（设置）菜单，从弹出菜单中，依次选择 VR Video（VR 视频）> Enable（启用），取消选择。

6.5 使用标记

有时你可能很难记住镜头的哪一部分有用以及如何处理它。这种情况下，如果允许你向剪辑添加注释，并标记感兴趣的区域，那该多好啊！

为此，Premiere Pro 为我们提供了标记功能。

6.5.1 什么是标记

标记允许你标识剪辑和序列中的特定时间点，并允许向它们添加注释。如图 6-14 所示，这些临时（基于时间）的标记有助于你组织剪辑，帮助你与其他编辑人员保持良好的沟通。

图6-14

你可以向剪辑中添加标记供自己或协作者参考，并且你可以把这些标记与单独的剪辑或序列联系在一起。

默认情况下，当你向某个剪辑添加标记时，这个标记就会被记录到原始文件的元数据中。这样一来，当你在另一个 Premiere Pro 项目中导入并打开这个素材文件时，仍然会看到这些标记。在菜单栏中，依次选择 Premiere Pro CC > Preferences（首选项）> Media（媒体）（macOS）或 Edit（编辑）> Preferences（首选看）> Media（媒体）（Windows），取消勾选 Write Clip Markers To XMP（将剪辑标记写入 XMP），这样剪辑标记就不会被写入原始文件的元数据中了。

6.5.2　标记类型

标记类型有多种，并且每种标记都有不同的颜色。通过双击标记，你可以更改标记类型。

- Comment Marker（注释标记）：你可以向这种标记指定名称、持续时间和注释。

- Chapter Marker（章节标记）：DVD 和蓝光光盘设计程序可以把这种标记转换成普通的章节标记。

- Segmentation Marker（分段标记）：某些视频服务器可以使用这种标记分割视频内容。

- Web Link（Web 链接）：某些视频格式可以使用这种标记在视频播放期间自动打开指定的 Web 页面。在把序列导出为某种格式的文件时，Web 链接标记会被添加到导出文件中。

- Flash Cue Point（Flash 提示点）：Adobe Animate CC 会使用这种标记。在 Premiere Pro 中向时间轴添加这些提示点之后，你可以在编辑序列的同时开始准备你的 Animate 项目。

> **注意**：当添加标记时，如果时间轴中某个序列的某个剪辑处于选中状态，标记会被添加到处于选中状态的剪辑上，而非序列上。关于选择序列剪辑的更多内容，请参考本课中"选择剪辑"部分。

序列标记

下面向序列添加一些标记。

1. 在 Sequences 素材箱中，双击 City Views 序列，将其打开。

这个序列使用了几个源自旅行广播节目的镜头。

2. 在时间轴面板中，把播放滑块拖动到 00:01:12:00 处，确保没有剪辑处于选中状态（你可以单击时间轴背景，取选剪辑）。

3. 使用如下方式之一，向序列添加标记：

- 单击时间轴面板左上角的 Add Marker（添加标记）按钮（▇）。

- 使用鼠标右键，单击时间轴中的时间标尺，从弹出菜单中，选择 Add Marker（添加标记）。

- 按键盘上的 M 键。

Premiere Pro 向时间轴添加一个绿色标记，就在播放滑块之上。如图 6-15 所示，在 Program Monitor（节目监视器）底部的时间轴上，也出现同样的标记。

图6-15

你可以把这个标记用作重要时间点的提醒标志，或者进入标记设置窗口，将其修改为另外一种类型的标记。稍后我们会这样做，但首先让我们在标记面板中看看这个标记（见图6-16）。

图6-16

4. 打开 Markers（标记）面板。默认情况下，标记面板和 Project（项目）面板在同一个面板组中。如果找不到，请从菜单栏中，依次选择 Window（窗口）> Markers（标记），将标记面板打开。

提示：如图 6-17 所示，标记面板顶部有一个搜索框，它和项目面板中的搜索框是一样的。搜索框右侧是标记过滤器。勾选其中一个或多个，标记面板将只显示相应颜色的标记。

图6-17

标记面板按时间顺序显示一系列标记。标记面板还可以显示序列或剪辑中的标记，这取决于当前处于活动状态的是时间轴、序列剪辑，还是源监视器。

5. 如图 6-18 所示，在标记面板中，双击标记缩览图，打开 Marker（标记）对话框。

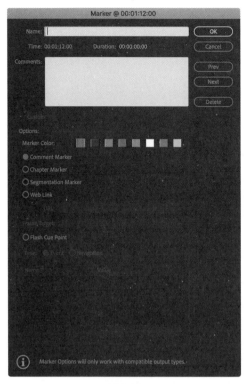

图6-18

<table>
<tr><td>**Pr**</td><td>提示：打开标记对话框的方法有两种：一是双击标记面板中的标记；二是双击标
记图标。</td></tr>
</table>

<table>
<tr><td>**Pr**</td><td>提示：当添加标记之后，紧接着按两次 M 键，也可以打开标记对话框。</td></tr>
</table>

6. 单击 Duration（持续时间）右侧的蓝字，输入 400。注意此时不要按 Enter 或 Return 键，否则会关闭对话框。单击其他地方，或者按 Tab 键把光标移动到下一个位置，Premiere Pro 会自动添加时间码分隔符，把 400 转换成 00:00:04:00（4 秒）。

7. 如图 6-19 所示，单击 Name（名称）输入框，输入一条注释，例如 Replace this shot。

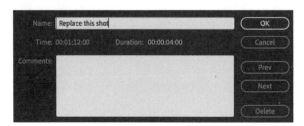

图6-19

8. 单击 OK（确定）按钮。

此时，在时间轴上，标记有了一段持续时间。把时间轴放大，你会看到前面在 Name（名称）中输入的文本（见图 6-20）。

图6-20

如图 6-21 所示，标记名称同时显示在标记面板中。

图6-21

> **提示**：标记菜单中的各个菜单项都有相应的键盘组合键。使用键盘组合键处理标记通常要比使用鼠标快得多。

9. 在菜单栏中，单击 Markers（标记）菜单，将其打开，查看其下可用的菜单命令。

在 Markers（标记）菜单底部有一个 Ripple Sequence Markers（波纹序列标记）命令。启用该命令后，在执行那些能够改变序列持续时间和时间点的编辑操作时，例如插入剪辑与提取剪辑，序列标记会随着剪辑一起移动。当禁用该命令后，当剪辑发生移动时，标记仍然保持不动。

如图 6-22 所示，Markers（标记）菜单最底部是 Copy Paste Includes Sequence Markers（复制粘贴包括序列标记）。启用该命令后，当复制序列中的一段（该段借助入点和出点选取）并将其粘贴到其他位置时，该段中的序列标记也会被一起复制粘贴。

剪辑标记

下面向剪辑添加标记。

✓ Ripple Sequence Markers
Copy Paste Includes Sequence Markers

图6-22

1. 在 Further Media 素材箱中，双击 Seattle_Skyline.mov 剪辑，将其在 Source Monitor（源监视器）中打开。

注意：当添加标记时，你既可以使用按钮也可以使用键盘组合键。借助键盘组合键（M），你可以轻松添加与音乐节奏合拍的标记，因为你可以边播放音乐边添加标记。

2. 播放剪辑，并不时地按 M 键，添加几个标记（见图 6-23）。

图6-23

3. 打开 Markers（标记）面板，若 Source Monitor（源监视器）当前处于活动状态，你可以在标记面板中看到添加的各个标记（见图 6-24）。

图6-24

当把包含标记的剪辑添加到序列时，其中的标记也会被一起保留下来。

提示：你可以使用标记在剪辑和序列之间快速导航。单击标记面板中的一个标记，播放滑块会立即跳到标记处，实现快速导航。在标记面板中，双击某个标记，将打开该标记的设置对话框。

4. 单击 Source Monitor（源监视器），使其处于活动状态。从菜单栏中，依次选择 Markers（标记）> Clear All Markers（清除所有标记），删除剪辑中的所有标记。

提示：在 Source Monitor（源监视器）、Program Monitor（节目监视器）、时间轴的时间标尺上，单击鼠标右键，在弹出菜单中，选择 Clear All Markers（清除所有标记），也可以删除剪辑中的所有标记。

你可以在添加标记之前先选择标记，然后将其添加到序列的剪辑之中。当你查看剪辑时，那些添加到序列剪辑中的标记仍然会在源监视器中显示出来。

导出标记

为了协作与参考，你可以把剪辑或序列中的标记导出为 HTML 页面（包含缩览图）或 .csv（逗号分隔值，可由电子表格编辑程序读取）文件。

从菜单栏中，依次选择 File（文件）> Export（导出）> Markers（标记），即可把标记导出。

使用Adobe Prelude添加标记

Adobe Prelude是Adobe Creative Cloud中的一个视频记录和采集程序，它为管理大批量素材提供了优秀的工具。你可以使用它向素材中添加标记，并且与Premiere Pro完全兼容。

这些添加到剪辑中的标记以元数据形式存在，它们和Premiere Pro中的标记一样，会随着素材进入其他应用程序。

使用Adobe Prelude向素材中添加标记后，在Premiere Pro中浏览剪辑时，这些标记会自动显示出来。事实上，你还可以把剪辑从Prelude复制到Premiere Pro项目中，并且剪辑中的标记会被一同复制到Premiere Pro项目中。

6.5.3　在时间轴面板中查找剪辑

除了在项目面板中查找剪辑之外，你还可以在序列中搜索剪辑。根据当前活动面板是项目面板还是时间轴面板，选择 Edit（编辑）>Find（查找）或按 Command+F（macOS）或 Ctrl+F 键（Windows），可以打开相应的搜索对话框（见图 6-25）。

图6-25

当在序列中找到符合搜索条件的剪辑时，Premiere Pro 会高亮显示它们。若选择 Find All（查找所有），Premiere Pro 将高亮显示所有符合搜索条件的剪辑。

6.6 使用同步锁定和轨道锁定

在时间轴中，有如下两种锁定轨道的方法。

- 你可以同步锁定剪辑，当使用插入编辑添加一个剪辑时，其他剪辑也会保持时间同步。

- 你可以锁定轨道，这样就不能对轨道做任何修改（见图 6-26）。

6.6.1 使用同步锁定

如果一个演员的口型和嗓音对不上，我们就会说他假唱。这样的同步问题我们很容易发现，但其他一些同步问题可能就没那么容易发觉了。

图6-26

你可以把同步理解成协调两件事让它们同时发生。例如，当出现某个精彩动作或发生某些事件（例如屏幕底部出现介绍发言人的字幕）时，可能就会有音乐响起。如果这两个事件同时发生，我们就说它们是同步的。

打开 Sequences 素材箱中的 Theft Unexpected 序列。

在序列开头，John 到达时，观众并不知道他在看什么。

1. 在 Theft Unexpected 素材箱中，双击 Mid Suit 剪辑，将其在 Source Monitor（源监视器）中打开。在 01:15:35:18 处，添加一个入点；在 01:15:39:00 处，添加一个出点。

2. 在时间轴中，把播放滑块拖动到序列开头，确保时间轴上没有入点和出点。

3. 取消选择 V2 轨道的同步锁定（见图 6-27）。

4. 参考图 6-28，设置时间轴面板：源 V1 轨道与 V1 轨道对应。现在，时间轴的轨道头按钮不重要，但是启用合适的源轨道选择按钮很重要。

图6-27

图6-28

在做其他处理之前，让我们先看一下 Mid Suit 剪辑在 V2 轨道上的位置，该位置临近序列末尾。

![Pr] 注意：你可能需要先执行缩小操作才能看到序列中的其他剪辑。

如图 6-29 所示，Mid Suit 剪辑位于 V1 轨道上 Mid John 和 HS Suit 两个剪辑接合处的上方。

图6-29

5. 采用插入编辑方式，把源剪辑添加到序列开头。

再次查看 Mid Suit 剪辑的位置（见图 6-30）。

图6-30

V2 轨道上的 Mid Suit 剪辑位置不变，而 V1 轨道上的其他剪辑全部向右移动，给新插入的剪辑腾出位置。这带来一个问题，因为 Mid Suit 和其他剪辑的相对位置发生了变化，使其无法再覆盖相应部分。

6. 按 Command+Z（macOS）组合键或 Ctrl+Z（Windows）组合键，撤销操作。打开 V2 轨道的同步锁定，再试一次。

7. 打开 V2 轨道的同步锁定（▣），再次执行插入编辑。

这一次，Mid Suit 剪辑和时间轴上的其他剪辑一起移动，但是我们并没有对 V2 轨道做任何编辑。这正是同步锁定的强大之处——它让一切保持同步。

![Pr] 注意：因为覆盖编辑不会改变序列的持续时间，所以不受同步锁定影响。

6.6.2 使用轨道锁定

轨道锁定功能可以防止你对轨道进行修改。这是一种避免对序列进行意外修改，以及修复特定轨道上剪辑的绝佳方式。

例如，你可以在插入不同视频剪辑时，把音乐轨道锁定。在锁定之后，你就可以在编辑时把音乐轨道暂时忘记了，因为编辑期间对音乐轨道的任何意外改动都不起作用。

如图 6-31 所示，单击 Toggle Track Lock（切换轨道锁定）按钮（ 🔒 ），可以锁定或解锁轨道。锁定轨道上的剪辑会有斜线。

图6-31

6.7 查找序列中的间隙

到现在为止，我们一直在向序列添加剪辑（不是删除）。非线性编辑的强大之处在于，你可以自由地移动序列中的剪辑，并删除不想要的部分。

当删除剪辑或剪辑的一部分时，做提升编辑会留下间隙，做提取编辑不会留下间隙。

提取编辑有点类似反向的插入编辑。在提取编辑中，不是把序列中的其他剪辑移走以为新剪辑腾出空间，而是把其他剪辑移过来以填充某个剪辑删除后留下的间隙。

当缩小一个复杂的序列时，编辑之后产生的小间隙会很难发现。在菜单栏中，依次选择 Sequence（序列）> Go To Gap（转到间隔）> Next In Sequence（序列中下一段），Premiere Pro 会自动查找下一个间隙。

当找到一个间隙之后，选择它，然后按 Delete 键，即可将它删除。

如图 6-32 所示，在菜单栏中，依次选择 Sequence（序列）> Close Gap（封闭间隙），可以删除多个间隙。

如果序列中有入点和出点，则只有它们之间的间隙才会被删除。

接下来，让我们进一步学习一下如何使用序列中的剪辑。这里还是以 Theft Unexpected 作为例子。

图6-32

6.8 选择剪辑

在 Premiere Pro 中，选择是正确使用 Premiere Pro 的重要前提。例如，选择的面板不同，可使用的菜单项也会不同。在做调整之前，你必须先认真选择序列中的剪辑。

在使用包含视频和音频的剪辑时，每个剪辑都会两个或多个片段：一个视频片段、一个或多个音频片段。

当视频和音频剪辑片段来自于同一个原始文件时，Premiere Pro 会把它们自动链接起来。如果你选择其中一个，另一个也会被自动选中。

在时间轴面板的左上角有一个 Linked Selection（链接选择项）按钮（），单击该按钮，可以打开或关闭链接选择项，并且这个链接选择项是全局性的。当打开 Linked Selection（链接选择项）时，单击序列中的视频或音频剪辑，与之对应的音频或视频剪辑会同时被选中。当关闭 Linked Selection（链接选择项）时，单击剪辑的视频或音频，将只选中你单击的部分。当有多个音频剪辑时，选中的也只是你单击的那个。

6.8.1 选择剪辑或剪辑范围

选择序列中的剪辑有如下两种方法：

- 使用入点标记和出点标记进行时间选择；

- 通过选择剪辑片段做选择。

要选择序列中的一个剪辑，最简单的方法是单击它。请注意不要双击，否则会在 Source Monitor（源监视器）中打开序列剪辑，供你调整入点或出点标记（它们也会在时间轴面板中实时更新）。

在做选择时，你可以使用 Selection Tool（选择工具，），该工具位于工具面板中，默认处于选中状态，键盘组合键为 V 键。

如图 6-33 所示，按住 Shift 键，使用 Selection Tool（选择工具）单击序列剪辑，你可以同时选择多个剪辑，或者取消对某个剪辑的选择。

图6-33

此外，你还可以使用"选择工具"拖选多个剪辑。首先，在时间轴面板中找一块空白区域，按下鼠标左键，然后拖动产生一个选择框，该选择框中的所有剪辑都会被选中。

Premiere Pro 还提供了一个自动选择功能，该功能借助播放滑块进行选择，所有播放滑块经过的剪辑都会被自动选中。在基于键盘的编辑工作流中，这个功能十分有用。要开启这个功能，需要选择 Sequence（序列）> Selection Follows Playhead（选择跟随播放指示器）。另外，你还可以按键盘上的 D 键，选择当前播放滑块所指的剪辑。最高启用轨道上的剪辑会被选中。

6.8.2　选择轨道上的所有剪辑

如果你想选择轨道上的每个剪辑，有两个方便工具可以做到：Track Select Forward Tool（向前选择轨道工具），键盘组合键 A）、Track Select Backward Tool（向后选择轨道工具），键盘组合键 Shift+A）。现在我们就试一下。选择 Track Select Forward Tool（向前选择轨道工具），在 V1 轨道上单击任意一个剪辑（见图 6-34）。

图6-34

从你选择的剪辑到序列末尾，每个轨道上的每个剪辑都会被选中。如果你想向序列中添加间隙以便为其他剪辑留下空间，你可以使用向前选择轨道工具，先选中要移动的剪辑，然后把它们向右拖动。

查看工具面板中的 Track Select Forward Tool（向前选择轨道工具）图标，可以看到其右下角有一个三角形图标，这表明其下还有其他工具。单击 Track Select Forward Tool（向前选择轨道工具）图标并按住鼠标不放，会弹出一个菜单，里面除了 Track Select Forward Tool（向前选择轨道工具）之外，还有 Track Select Backward Tool（向后选择轨道工具）。选择 Track Select Backward Tool（向后选择轨道工具）后，在序列中单击一个剪辑，则从序列的第一个剪辑到该剪辑之间的所有剪辑都会被选中。

使用 Track Select Forward Tool（向前选择轨道工具）或 Track Select Backward Tool（向后选择轨道工具）时同时按住 Shift 键，则只有一个轨道上的剪辑会被选中。

当使用完毕后，单击工具面板中的 Selection Tool（选择工具），或按键盘上的 V 键，即可切换到选择工具。

6.8.3　仅选择音频或视频

视频编辑中经常遇到的一种情况是：在把一个剪辑添加到序列之后，才发现这个剪辑的音频或视频部分我们并不需要。这时，你可能想把不需要的音频或视频删除，以保持时间轴面板清洁。确保选择正确有一个简单方法是，如果开启了 Linked Selection（链接选择项），你可以暂时将其关闭。

切换到 Selection Tool（选择工具），按住 Option 键（macOS）或 Alt 键（Windows），单击时间轴面板中的一些剪辑片段。Premiere Pro 会忽略剪辑中视频和音频之间的链接。使用这种方式，你还可以拖选多个剪辑。

6.8.4 拆分剪辑

在视频编辑中，需要拆分剪辑的情况也常见，例如在把某个剪辑添加到序列之后，你发现需要把它分成两部分。可能你只想使用剪辑的一个片段作为切换镜头，或者可能想分离剪辑的开头和结尾，以便为新剪辑留出空间。

拆分剪辑的方法有如下多种：

- 使用 Razor Tool（剃刀工具，✎）。按住 Shift 键，使用 Razor Tool（剃刀工具）单击，则每个轨道上的剪辑都会被拆分开。

> **Pr** | 提示：Razor Tool（剃刀工具）的键盘组合键为 C。

- 确保时间轴面板处于选中状态，从菜单栏中，依次选择 Sequence（序列）> Add Edit（添加编辑）。Premiere Pro 会在目标轨道（轨道选择按钮处于打开状态）的剪辑中添加一个编辑，添加位置是播放滑块所在的位置。如果序列中选择了剪辑，则 Premiere Pro 只向选择的剪辑添加编辑，而忽略轨道选择按钮。

- 在菜单栏中，依次选择 Sequence（序列）> Add Edit To All Tracks（添加编辑到所有轨道），Premiere Pro 会向所有轨道上的剪辑添加编辑，而不管它们是不是目标轨道。

- 使用 Add Edit（添加编辑）键盘组合键。按 Command+K（macOS）组合键或 Ctrl+K（Windows）组合键，向目标轨道或所选剪辑添加编辑；按 Shift+Command+K（macOS）组合键或 Shift+Ctrl+K（Windows）组合键，向所有轨道添加编辑。

在拆分后，那些原本连续的剪辑播放时仍然是连续的，除非你移动了它们，或者对剪辑的不同部分单独进行了调整。

如图 6-35 所示，在时间轴面板中，单击 Timeline Display Settings（时间轴显示设置）图标（✎），在弹出菜单中，选择 Show Through Edits（显示直通编辑点），Premiere Pro 会在拆分的两段剪辑之间显示一个特殊图标。

图6-35

使用鼠标右键，单击图标，在弹出菜单中，选择 Join Trough Edits（通过编辑连接），可以把拆分的两段剪辑重新合成一段完整的剪辑。

此外，你还可以使用"选择工具"，单击拆分图标，按 Delete 键（macOS）或 Backspace 键（Windows），将其删除，即可把拆分的两部分重新连接成一个剪辑。

你可以自己尝试一下这种方法。然后，执行 Undo（撤销）操作，删除新添加的剪辑。

6.8.5 链接和断开剪辑

在 Premiere Pro 中，你可以轻松地打开或关闭视频和音频片段之间的链接。你只需选择要处理的剪辑，单击鼠标右键，然后从弹出菜单中，选择 Unlink（取消链接）即可。

当然，如图 6-36 所示，你还可以从 Clip（剪辑）菜单，选择 Unlink（取消链接）命令。当取消链接之后，你还可以再次把剪辑的视频部分和音频部分链接起来，具体操作是：首先同时选择剪辑的视频和音频部分，使用鼠标右键单击其中一部分，在弹出菜单中，选择 Link（链接）。链接或取消链接都是无害的，它们都不会改变 Premiere Pro 播放序列的方式。借助链接与取消链接操作，你可以按照自己的想法灵活地处理剪辑。

图6-36

即便剪辑的视频和音频部分是链接在一起的，你还得确保时间轴中的 Linked Selection Option（链接选择项）处于开启状态，这样你才能把两部分同时选中。

6.9 移动剪辑

插入编辑和覆盖编辑向序列添加新剪辑的方式完全不同。在插入编辑时，序列中已有的剪辑会向后移动，而在覆盖编辑中，新的剪辑会替换现有剪辑。这两种处理剪辑的方法和在序列中移动剪辑、从序列中删除剪辑所使用的方法是相通的。

使用 Insert（插入）模式移动剪辑时，要确保所有轨道的同步锁定处于开启状态，这样可以避免出现不同步问题。

下面让我们具体操作一下。

6.9.1 拖动剪辑

在时间轴面板左上方，有一个 Snap（对齐）按钮（■）。当启用对齐功能时，剪辑片段会彼此自动对齐。对齐功能简单却非常有用，它可以帮你准确设置剪辑片段的位置，精确到帧级别。

1. 如图 6-37 所示，在时间轴面板中，选择最后一个剪辑——HS Suit，将其略微向右移动一点。

图6-37

由于 HS Suit 剪辑之后没有其他剪辑了，因此 Premiere Pro 会在这个剪辑之前添加一个间隙，这不会影响到其他剪辑。

2. 确保 Snap（对齐）功能处于启用状态，然后把剪辑拖回到原来的位置。慢慢移动鼠标，HS Suit 剪辑在最后时刻会自动回到原来的位置上。这种情况下，你就可以确定 HS Suit 剪辑已经放好了。请注意，此时 HS Suit 剪辑也会对齐到 V2 轨道中切换镜头的末尾。

3. 继续向左拖曳剪辑，使 HS Suit 剪辑的尾部和前一个剪辑的尾部对齐，即两个剪辑的尾部重叠在一起。当释放鼠标后，HS Suit 剪辑就会替换掉上一个剪辑的末端部分（见图 6-38）。

拖放剪辑时，默认编辑模式为 Overwrite（覆盖）。

4. 不断撤销，直到 HS Suit 剪辑回到初始位置。

图6-38

6.9.2 微移剪辑

相比于鼠标，许多编辑人员更喜欢使用键盘操作，因为使用键盘执行操作速度会更快一些。

在视频编辑中，一种常见的操作方式是，使用键盘上的箭头键配合修饰键移动序列中的剪辑片段，即把所选片段沿着轨道左右移动（把时间提前或拖后）或在轨道间上下移动。

在时间轴面板中，视频轨道和音频轨道之间存在分隔线，当你向上或向下逐步移动链接在一起的视频和音频剪辑时，其中一个会因为无法越过分隔线而待在原地保持不动，这样在它们之间就会出现间隔。虽然这个间隔不会影响到播放，但是可能会让我们难以分清哪些剪辑是链接在一起的。

默认微移组合键

Premiere Pro为我们提供了许多键盘组合键，有些组合键已经被占用，有些尚未被指定，你可以根据自己的操作习惯设置这些组合键。

微移剪辑的默认组合键如下。

- 左移1帧（同时按住Shift键，每次向左移动5帧）：Command+左箭头（macOS）组合键或Alt+左箭头（Windows）组合键。
- 右移1帧（同时按住Shift键，每次向右移动5帧）：Command+右箭头（macOS）组合键或Alt+右箭头（Windows）组合键。
- 上移：Option+向上箭头（macOS）组合键或Alt+向上箭头（Windows）组合键。
- 下移：Option+向下箭头（macOS）组合键或Alt+向下箭头（Windows）组合键。

6.9.3　重排序列中的剪辑

在时间轴上拖动剪辑时，同时按住 Command 键（macOS）或 Ctrl（Windows）键，当释放鼠标时，Premiere Pro 会使用插入模式（非覆盖模式）来放置剪辑。

在 HS Suit 剪辑中，位于大约 00:00:20:00 处的镜头放在前一个镜头之前会比较好，有助于隐藏 John 在两个镜头之间动作的不连续性。

> Pr　提示：你可能需要放大时间轴才能看清剪辑，以及轻松移动它们。

1. 把 HS Suit 剪辑向左拖曳到它前面一个剪辑的左边。如果打开了"对齐"功能，HS Suit 剪辑的左边缘会很容易和 Mid Suit 剪辑的左边缘对齐（见图 6-39）。

在拖曳时，同时按住 Command 键（macOS）或 Ctrl 键（Windows），先释放鼠标，再释放修饰键。

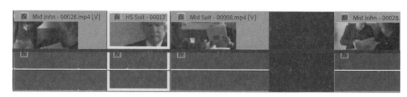

图6-39

2. 按空格键播放，可以看到你想要的结果，但是在 HS Suit 剪辑原来的位置上出现了一段空隙。

接下来，让我们尝试使用另一个修饰键。

3. 撤销操作，让剪辑回到原来的位置上。

4. 按住 Command+Option（macOS）组合键或 Ctrl+Alt（Windows）组合键，再次把 HS Suit 剪辑放到前一个剪辑的开始位置。

此时，序列中不再出现间隙（见图 6-40），按空格键播放，查看结果。

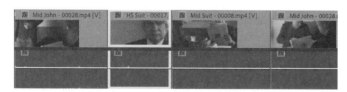

图6-40

> Pr　提示：一定要注意剪辑放置的位置。就像开头一样，剪辑的末端也要与边缘对齐。

6.9.4　使用剪贴板

在文字处理程序中，我们经常复制粘贴文本。类似地，我们也可以复制粘贴时间轴中的剪辑片段。

1. 从序列中，选择你想复制的剪辑片段，然后按 Command+C（macOS）组合键或 Ctrl+C（Windows）组合键，把它们添加到剪贴板。

2. 把播放滑块移动到指定位置，按 Command+V（macOS）组合键或 Ctrl+V（Windows）组合键即可把上面复制的剪辑片段粘贴到播放滑块所在的位置上。

Premiere Pro 会根据启用的轨道把剪辑副本添加到序列中，并且添加到最下方的轨道上。如果没有指定目标轨道，Premiere Pro 会把剪辑添加到它们原来所在的轨道上，重排剪辑时这非常有用。

6.10 提取和删除剪辑片段

前面我们学习了如何把剪辑添加到序列，以及如何在序列中移动剪辑。接下来我们学习如何从序列中删除剪辑。请注意，下面的操作是在插入或覆盖模式下进行的。

从序列中选择想要删除的剪辑有两种方法：一种方法是使用入点、出点配合使用轨道选择器；另一种方法是直接选择剪辑片段。

6.10.1 提升编辑

提升编辑用来删除序列中所选的部分，删除后会留下空白。提升编辑有点类似覆盖编辑，但是过程相反。

打开 Sequences 素材箱中的 Theft Unexpected 02 序列，其中包含一些我们不想要的剪辑，我们使用不同的标签颜色来标识它们。

在时间轴中，设置入点和出点，选择要删除的部分。设置入点和出点时，你可以先把播放滑块移到指定的位置，然后按 I 键或 O 键，也可以简便的快捷方式。

1. 移动播放滑块，使其位于第一个不想要的剪辑（Excuse Me Tilted）之上。

2. 确保 V1 轨道头处于开启状态，并且 Excuse Me Tilted 剪辑处于未选中状态。按键盘上的 X 键。

如图 6-41 所示，Premiere Pro 会根据 Excuse Me Tilted 剪辑的起点和终点自动添加入点和出点，并高亮显示序列中被选中的部分。

把 V1 和 A1 轨道作为目标，准备执行提升编辑。

图6-41

添加入点和出点的不同快捷方式

前面学过，按斜杠键（/），可以在所选剪辑（一个或多个）的开头和结尾添加入点和出点。此外，你还可以使用X键，具体做法是：先把播放滑块放到目标剪辑上（请不要选择它），确保轨道选择正确，然后按X键。上面这两种添加入点和出点的方法区别很小，不过当轨道已经选择好之后，使用X键比/键速度要更快。

3. 单击 Program Monitor（节目监视器）底部的 Lift（提升）按钮（▣）。如果你的键盘上有分号键（；），也可以按分号键来执行提升编辑。

此时，Premiere Pro 会删除你选择的部分，同时留下一段间隙。在其他场合下，这不会有什么问题，但是这里我们并不想有这个间隙。你可以手动删除这个间隙，也可以使用提取编辑在删除所选部分的同时去掉间隙。

6.10.2　提取编辑

提取编辑用来删除你在序列中选取的部分，并且删除之后不会留下间隙。提取编辑有点类似于插入编辑，但过程相反。

1. 撤销上一次操作。

2. 单击 Program Monitor（节目监视器）底部的 Extract（提取）按钮（▣）。如果你的键盘上有单引号键（'），也可以按单引号键来执行提取编辑。

此时，Premiere Pro 会删除序列中选中的部分，并且向左移动序列中的其他剪辑来消除间隔。

6.10.3　删除编辑和波纹删除编辑

前面学过，基于入点和出点删除序列一部分的方法有两种。类似地，通过选择剪辑片段删除剪辑的方法也有两种：Delete（清除）和 Ripple Delete（波纹删除）。

单击选择第二段不想要的剪辑——Cutaways，使用如下两种方法之一，将其删除。

* 按 Delete 或 Backspace 键删除所选剪辑，删除后留下间隙。这与提升编辑一样。

* 按 Shift+Forward Delete（macOS）组合键或 Shift+Delete（Windows）组合键删除所选编辑，删除后不会留下间隙。这和提取编辑是一样的。如果你使用的 Mac 键盘上没有专用的 Forward Delete 键，你可以按住功能键（Fn）键，再按 Delete 键，将其转换为 Forward Delete 键。

最终结果与使用入点、出点标记实现的效果类似，因为之前你使用入点和出单标记选择了整个剪辑。不过，你可以使用入点和出点标记选择剪辑的各个部分，而选择剪辑片段并按 Delete 键将删除整个剪辑。

6.10.4 禁用剪辑

就像轨道输出可以打开或关闭一样,你也可以启用或禁用剪辑。被禁用的剪辑仍然留在序列中,但是播放时(或拖动播放滑块浏览时)你无法看到或听到它们。

对于一个复杂且包含多个层的序列来说,有选择地隐藏某些剪辑是个很有用的功能。例如,借助于这个功能,你可以选择只查看背景图层,或者比较序列的不同版本,以及测试把剪辑放到不同轨道上所表现出的性能差异。

下面拿 V2 轨道上的 Mid Suit 剪辑为例,介绍如何启用或禁用剪辑。

1. 使用鼠标右键,单击 V2 轨道上的 Mid Suit 剪辑,在弹出菜单中,单击 Enable(启用),取消选择它(见图 6-42)。

图6-42

> **Pr** **注意**:使用鼠标右键单击序列中的剪辑时,注意不要单击到 Fx 标记(▓),否则会弹出与该效果有关的上下文菜单,而非普通的剪辑上下文菜单。

播放序列,你会发现虽然 Mid Suit 剪辑仍然在序列之中,但是 Premiere Pro 不会播放其中内容。

2. 再次使用鼠标右键单击 Mid Suit 剪辑,选择 Enable(启用),重新启用它。

6.11　复习题

1. 在把剪辑拖入时间轴面板时，同时按住哪些修饰键（Command/Ctrl、Shift 或 Option/Alt）执行的是插入编辑而非覆盖编辑。

2. 如何把剪辑的视频或音频部分从 Source Monitor（源监视器）拖入到序列中？

3. 如何在 Source Monitor（源监视器）或 Program Monitor（节目监视器）中降低播放分辨率？

4. 如何向剪辑或序列添加标记？

5. 提取编辑与提升编辑有何不同？

6. Delete（删除）和 Ripple Delete（波纹删除）有何不同？

6.12　复习题答案

1. 把剪辑拖入时间轴面板时，同时按住 Command 键（macOS）或 Ctrl 键（Windows），即可执行插入编辑（非覆盖编辑）。

2. 不要直接把 Source Monitor（源监视器）中的画面拖入序列中，要把监视器底部的"仅拖动视频"或"仅拖动音频"图标拖入序列中，这样可以只把剪辑中的视频或音频拖入序列中。此外，你还可以使用时间轴面板中的源选择指示器对你想排除的部分取消选择。

3. 使用监视器底部的 Select Playback Resolution（选择回放分辨率）菜单，更改播放分辨率。

4. 要添加标记，请单击监视器或时间轴面板中的 Add Marker（添加标记）按钮，或者按 M 键，还可以使用 Marker（标记）菜单。

5. 在使用入点和出点标记提取序列的一个片段时，不会留下空隙。而执行提升编辑则会留下空隙。

6. 从序列中删除一个或多个剪辑片段时，会留下空隙。但在使用波纹删除时，不会留下空隙。

第 **7** 课 添加过渡

课程概览

本课学习如下内容：

- 理解过渡；

- 理解编辑点和手柄；

- 添加视频过渡；

- 修改过渡；

- 调整过渡；

- 一次应用过渡到多个剪辑；

- 使用自动过渡。

 学完本课大约需要 75 分钟。请先下载本课的课程文件，并把课程文件存放到计算机中便于使用的位置上。

过渡可以把两个视频或音频剪辑自然流畅地衔接在一起。视频过渡常用来表示时间或地点的变化。音频过渡也是一种常用的手段，可以防止影片中声音突然出现或消失，从而避免给观众带来不适的感觉。最常见的过渡就是画面切换，即当一个剪辑播放结束，另一个剪辑播放开始，使用带动画的切换效果，能够为视频带来很大的创意空间。

7.1　课程准备

本课我们学习如何在视频和音频剪辑之间使用过渡。视频编辑人员在编辑中经常使用过渡效果让两段剪辑实现平滑衔接。接下来，你会学到选择过渡的最佳做法。

在本课的学习中，我们会使用一个新项目。

1. 启动 Adobe Premiere Pro CC，打开 Lessons/Lesson 07 文件夹中的 Lesson 07.prproj 项目。

2. 把项目另存为 Lesson 07 Working.prproj，存储在同一个文件夹下。

3. 如图 7-1 所示，从工作区面板中，选择 Effects（效果），或者从菜单栏中，依次选择 Window（窗口）> Workspaces（工作区）> Effects（效果）。把工作区重置为已保存的布局。

这会把工作区切换到效果工作区之下，在效果工作区下，使用过渡和效果会变得非常简单。

在效果工作区下，各个面板堆叠放置，软件界面上可以最大限度地显示面板个数。

注意：如果你使用 Premiere Pro 一段时间了，那可能在你的设置之下，工作区面板不会显示出来。此时，从 Window（窗口）菜单中，选择相应工作区，然后再回到 Window（窗口）菜单，依次选择 Workspaces（工作区）> Reset To Saved Layout（重置为保存的布局），即可恢复。

图7-1

对于任意一个面板组，若想启用堆叠面板，首先打开面板菜单（☰），然后从中选择 Panel Group Settings（面板组设置）> Stacked Panel Group（堆叠的面板组）。若想关闭堆叠面板，只需再次选择 Stacked Panel Group（堆叠的面板组）即可。

在堆叠状态下，单击任意一个面板名称，即可将其展开，查看其中内容。默认 Effects（效果）面板处于展开状态。

在 Effects（效果）面板中，单击效果分组左侧的三角形图标，即可将其打开，显示其中内容，效果面板会根据所包含的内容自动调整高度。

7.2 什么是过渡

Adobe Premiere Pro 为我们提供了若干特效和预设动画，帮助把序列中相邻的剪辑衔接起来，实现平滑过渡。这些特效和预设（比如溶解、翻页等）提供了一种让观看者从一个场景轻松过渡到另一个场景的方式。有时，过渡还可以用来吸引观众的注意力，指示故事的重大转折。

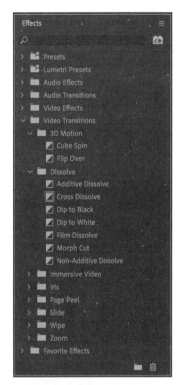

向项目中添加过渡是一门艺术，但应用过渡却十分简单，只需把想要的过渡拖动到两个剪辑之间即可，关键是确定过渡的位置、长度、设置，例如方向、运动、开始和结束的位置等。

添加过渡之后，你可以在时间轴面板中调整过渡的某些设置，但在 Effects Controls（效果控件）面板中（见图 7-2），你可以做更精细的调整，并且调整起来也更方便。在序列中选择切换效果后，你可以在 Effects Controls（效果控件）面板中看到其设置。

除了每个过渡效果独有的设置项之外，Effects Controls（效果控件）面板中还显示 A/B 时间轴（见图 7-3）。借助它，你可以更方便地更改过渡效果相对于编辑点的切换时间点、切换持续时间，以及把过渡应用到没有足够多头帧或尾帧（即用来在剪辑的头部或尾部形成覆盖的内容）的剪辑上。

图7-2

图7-3

此外，你还可以把一个过渡效果应用到一组剪辑的所有编辑点上。

VR视频过渡

Premiere Pro对360°视频提供了完美支持，而且还为它专门提供了一系列的VR视频效果（这部分内容已经超出本书讨论范围）。

不同于2D或立体视频，360°视频需要设计专门的视觉效果和过渡来处理不带边缘的环形视频。

这里讲解的方法也适用于为360°视频添加过渡，但是要确保你使用的过渡效果在效果面板的Video Transitions（视频过渡）> Immersive Video（沉浸式视频）分类中可以找到。

7.2.1　何时使用过渡

向序列中添加过渡有点类似于编写剧本。恰当地使用过渡能够帮助观众更好地理解故事或人物。例如，在一段视频中，你可能想从室内切换到室外，或者在同一个地点往前跳几个小时，此时你都可以使用过渡来实现。动画过渡、黑场过渡或溶解等效果都有助于观众意识到时间的流逝或地点的变化。

在视频编辑中，过渡是一个标准的故事讲述工具。例如，在一个场景末尾过渡到黑场，这表明当前场景结束了。但是，过渡效果也不可随便使用，一定要保持克制，并且确保所有过渡效果的使用都有明确目的。

你的作品只有自己知道什么是对的。只要是你有意添加的效果，观众就会相信你这样做有着特定的意义（不管他们是否同意你这么做）。只有通过大量练习和训练，积累经验，培养出感觉，才知道什么时候该用过渡效果，什么时候不要用。如果你不确定要不要使用过渡效果，那就不要用。

7.2.2　使用过渡的最佳实践

有时，编辑新手会滥用过渡效果，这可能是因为他们觉得添加过渡是一种增加视觉趣味的简单手段。你可能想在每个场景转换中都使用过渡效果。千万不要这样做！或者至少在你的第一个项目中不要这样做。

大多数电视节目和剧情片在制作时都只做剪接编辑，很少看到过渡效果。原因何在？因为一种效果到底要不要用主要看用它有没有好处。例如，有时候，使用过渡效果会分散观众的视线，让他们无法把精力放到故事本身上，总是让他们感觉自己正在看一个虚假的故事，从而无法真正沉浸其中。这种情形下，我们就不应该使用过渡效果。

在新闻编辑中，使用过渡效果都是有特定目的的。新闻编辑人员经常使用过渡效果把原本会让人感到突兀、刺耳的内容变得更容易让人接受。

在跳跃剪辑（jump cut，跳切）中，过渡效果很有用。跳跃剪辑出现在两个相似的镜头之间。前后两个镜头让人以突兀、不自然，甚至不正常的视觉跳动感，它们之间好像缺了一段，造成故事不连续。通过在两个镜头之间添加过渡效果，让观众知道这是一个有意为之的"跳切"，从而减少分心的可能。

戏剧性的过渡效果在故事讲述中确实占有一席之地。电影《星球大战》中就运用了一些极具特色的过渡效果，例如明显又缓慢的擦除效果。每种过渡的运用都有其特定的目的。在这部电影中，导演创建了一种类似旧电影连载和电视节目的过渡效果，明确向观众传达一个信息："请注意！我们正在切换时间和空间。"

7.3　使用编辑点和手柄

要理解过渡效果，需要先理解编辑点和手柄。编辑点是序列中的一个点，在这个点上，前一个剪辑结束，后一个剪辑开始。这通常称为场景"切换"（cut）。序列中的编辑点很容易找到，因为在一个剪辑结束和另一个剪辑开始的地方，Premiere Pro 会显示一条垂直线，看上去就像两块挨在一起的砖头（见图7-4）。

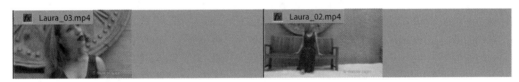

图7-4

在把剪辑的一部分添加到序列时，位于剪辑开头和结尾处未使用的部分仍然可用，但是被隐藏了起来。这些未使用的部分称为剪辑手柄，简称为手柄。

如图 7-5 所示，在把剪辑添加到序列之前，需要先在剪辑上设置入点和出点把要使用的部分选出来。剪辑开头和入点之间的部分就是一个手柄，剪辑终点和出点之间的部分也是一个手柄。

图7-5

当然，你可能没使用入点或出点，或者只是在剪辑的开头或结尾设置了一个入点或出点或其他标记。此时，将不存在未使用的部分，或者未使用的部分只在剪辑的一端。

在序列中，如果一个剪辑的右上角或左上角显示出一个三角形图标，这表示已经到了原始剪辑的末端，而且再无其他帧可用。在图7-6中，第一个剪辑没有手柄（剪辑两端都有三角形）。第二个剪辑在开始处（左侧）有一个手柄，但是在末尾（右侧）则没有手柄。

图7-6

要让过渡奏效，需要用到手柄，因为手柄给出了创建过渡效果所需要的重叠区域。

默认情况下，剪辑中那些未使用的部分是不可见的，除非你向它们应用了过渡效果。过渡效果会在转出和转入剪辑之间自动创建一个重叠区域。例如，如果你想在两个视频剪辑中间添加一个 2 秒时长的 Cross Dissolve（交叉溶解）过渡效果，每个剪辑至少分别留出一个 1 秒时长的手柄（每个剪辑的 1 秒在序列中一般是不可见的）。图 7-7 中的过渡效果图标显示了效果的持续时间和剪辑的重叠部分。

图7-7

7.4　添加视频过渡

Premiere Pro 提供了多种视频过渡效果，供大家选择使用。你可以在 Effects（效果）面板的 Video Transitions（视频过渡）组中找到它们。

如图 7-8 所示，Video Transitions（视频过渡）组中包含 8 个子分组。还有一些视频过渡效果存在于 Effects（效果）面板的 Video Effects（视频效果）> Transition（过渡）之下。这些效果应用于整个剪辑，并可用于显示剪辑开始和结束帧之间的视觉内容（不使用剪辑手柄）。第二类过渡效果适用于叠加文本或图形。

图7-8

| Pr | 注意：如果你想使用更多过渡效果，请访问 Adobe 官网页面，单击 Plug-ins 链接，你会找到一些第三方过渡效果。 |

7.4.1 应用单侧过渡

最容易理解的过渡是仅应用于剪辑一端的过渡，例如，应用到序列第一个剪辑上的淡入过渡或溶解成动画图形的过渡等。

> **注意**：在 Effects（效果）面板顶部有一个搜索框，在其中输入效果的名称或关键词，即可查找到相应效果。当然，你也可以浏览各个效果文件夹进行查找。

下面让我们一起应用交叉溶解效果。

1. 打开 Transitions 序列。

这个序列包含 4 个视频剪辑和背景音乐。这些剪辑都有足够长的手柄来在它们之间应用过渡效果。

2. 在 Effects（效果）面板中，打开 Video Transitions（视频过渡）> Dissolve（溶解）效果组，从中找到 Cross Dissolve（交叉溶解）效果。

3. 如图 7-9 所示，把 Cross Dissolve（交叉溶解）效果拖曳到第一个视频剪辑的开头。Premiere Pro 会高亮显示要添加过渡效果的位置。当把过渡效果放到合适的位置上时，释放鼠标。

图7-9

4. 如图 7-10 所示，再次把 Cross Dissolve（交叉溶解）效果拖曳到最后一个视频剪辑的尾部。

图7-10

如图 7-11 所示，Cross Dissolve（交叉溶解）图标指明了效果的起止时间。例如，添加到序列中最后一个剪辑上的"交叉溶解"效果从剪辑结束之前的某个时间点开始，并持续到剪辑末尾结束。

图7-11

上面两个"交叉溶解"过渡效果都应用在了剪辑的某一端上,在它们前面或后面没有接续剪辑,所以视频画面会消融在时间轴背景(这里恰好是黑色)之中。

这类过渡(使用手柄)不会增加剪辑的长度,因为它们都没有超过剪辑的末尾。

5. 播放序列,查看结果。

在序列开始时画面从黑色慢慢淡入,到序列末尾时画面又淡出到黑色之中。

使用这种方式应用 Cross Dissolve(交叉溶解)效果时,所得到的结果看上去与"黑场过渡"(Dip to Black)效果类似。但其实不然,在 Cross Dissolve(交叉溶解)效果下,剪辑会逐渐变透明,并最终显示出黑色背景。当你使用的剪辑中包含多个不同颜色的背景图层时,两种效果的区分会更加明显。

7.4.2 在两个剪辑之间应用过渡效果

接下来,我们将在几个剪辑之间应用过渡效果。为了演示的需要,这里我们不会顾及艺术规则,会尽可能地多做一些尝试。在执行这些步骤的过程中,你可以不断播放序列,随时查看效果。

1. 继续使用 Transitions 这个序列。

2. 在时间轴中,把播放滑块移动到剪辑 1 和剪辑 2 之间的编辑点处,然后按等号键(=)两次或 3 次,进行放大,以便近距离查看。

如果你使用的键盘上没有等号键,可以使用时间轴面板底部的导航器进行放大。此外,你还可以自己定义放大操作的键盘组合键,相关内容,请参考第 1 课。

> **Pr** 提示:我们可以很容易记住等号键(=)执行的是放大操作,因为等号键上还有一个"+"号,看到它,你很自然地就会想到放大操作。

3. 从 Effects(效果)面板的 Dissolve(溶解)效果组中,把 Dip to White(白场过渡)效果拖动到剪辑 1 和剪辑 2 之间的编辑点上。拖动效果时,效果会自动对齐到如下 3 个位置之一:第一个剪辑的末尾、第二个剪辑的开头、第一个和第二个剪辑之间。请一定要确保把 Dip to White(白场过渡)效果拖动到两个剪辑之间。

如图 7-12 所示,Dip to White(白场过渡)效果会逐渐生成一个全白的画面,把第一个剪辑和第二个剪辑之间的转换处遮盖起来。

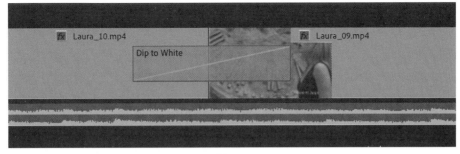

图7-12

4. 在 Effects（效果）面板中，单击 Slide（滑动）组左侧的三角形，将其展开。找到 Push（推）效果，并将其拖曳到剪辑 2 和剪辑 3 之间的编辑点上（见图 7-13）。

图7-13

5. 播放序列，查看过渡效果。然后按键盘上的向上箭头或向下箭头键，把播放滑块移动到剪辑 2 和剪辑 3 之间的编辑点上。按键盘上的向上箭头或向下箭头键，可以快速地把播放滑块移动到上一个或下一个编辑点上。

6. 在时间轴面板中，单击 Push（推）过渡效果图标，将其选中，然后打开 Effects Controls（效果控件）面板（如果没看到效果控件面板，请从 Window 菜单中选择它）。

7. 在 Effects Controls（效果控件）面板的左上角中，单击缩览图上的方向控件，把剪辑方向从"自西向东"更改为"自东向西"。

如图 7-14 所示，在缩览图四周各有一个三角形图标，它们用来控制 Push（推）过渡效果的方向。把鼠标放到三角形之上，可以看到相应提示。

图7-14

播放序列，查看过渡结果。

8. 从 3D 运动效果组中，把 Flip Over（翻转）过渡效果拖曳到剪辑 3 和剪辑 4 之间的编辑点上。

9. 从头到尾，播放序列，查看所有过渡效果。

当看完整个序列后，你应该明白为什么要在使用过渡效果时保持克制了。

下面让我们尝试替换一个现有效果。

10. 从 Slide（滑动）效果组中，把 Split（拆分）过渡效果拖动到现有的 Push（推）过渡效果图标（位于剪辑 2 和剪辑 3 之间）上。此时，Split（拆分）过渡效果会替换掉 Push（推）过渡效果，并占据其持续时间。

注意：当从效果面板拖动一个新的视频或音频过渡效果到已有的过渡效果上时，新过渡效果会取代已有的过渡效果，并且会保留旧过渡效果的对齐方式和持续时间。这也是一种更换过渡效果和进行尝试的简单方式。

11. 在时间轴中，单击选择 Split（拆分）过渡效果，其设置参数会在 Effects Controls（效果控件）面板中显示出来。如图 7-15 所示，在效果控件面板中，把 Border Width（边框宽度）设置为 7，设置 Anti-aliasing Quality（消除锯齿品质）为 Medium（中），创建一个黑边框。

图7-15

当效果中包含线条动画时，打开消除锯齿功能，可以减少闪烁发生。

注意：你可能需要向下滚动 Effects Controls（效果控件）面板，才能看到更多控制选项。

12. 播放序列，查看过渡效果。播放之前，最好先把播放滑块放到靠近过渡效果开始的位置，然后再进行播放观看。

若过渡期间视频播放有卡顿，可以先按 Return/Enter 键，对效果进行预渲染（更多内容后面讲解），而后再尝试播放。

视频过渡效果有默认的持续时间，可以按秒或帧设置（默认是帧）。效果的持续时间会随着序列的帧速率发生变化，除非默认持续时间是按秒设置的。在首选项的"时间轴"中，可以修改视频过渡的默认持续时间。

13. 在菜单栏中，依次选择 Premiere Pro CC > Preferences（首选项）> Timeline（时间轴）（macOS）或 Edit（编辑）> Preferences（首选项）> Timeline（时间轴）（Windows）。

如图 7-16 所示，在不同地区下，你所看到的视频过渡默认持续时间可能是 30 帧，也可能是 25 帧。

14. 当前序列的帧速率为 24 帧 / 秒，但是你可以把 Video Transition Default Duration（视频过渡默认持续时间）修改为 1 秒，这不会对序列造成影响。这样修改之后，单击 OK（确定）按钮。

图7-16

在更改了首选项之后，现有过渡效果保持原有设置不变，但未来添加的过渡效果会采用修改后的持续时间。

效果的持续时间与其影响息息相关，本课后面将讲解与过渡时间调整相关的内容。

7.4.3　同时向多个剪辑应用过渡效果

前面我们讲了如何向视频剪辑应用过渡效果。其实，除了视频剪辑之外，你可以向静止图像、图形、颜色蒙版，甚至音频应用过渡效果，相关内容我们后面讲解。

编辑过程中，编辑人员经常会创建照片蒙太奇，在照片之间添加过渡能够形成不错的视觉效果。一次向 100 张图像应用过渡效果会花费很长时间。Premiere Pro 大大简化了这个过程，它允许把默认过渡效果添加到一组剪辑上。

1. 在 Project（项目）面板中，打开 Slideshow 序列。

如图 7-17 所示，在这个序列中，按照特定顺序放置了一些图像。请注意，在音乐剪辑的开头和结尾部分已经应用了 Constant Power（恒定功率）音频过渡效果，用以创建音频淡入和淡出效果。

2. 在时间轴面板处于活动状态下，按空格键，播放序列。

每个剪辑之间都需要添加视频过渡效果。

3. 按反斜杠键（\），缩小时间轴，以便看到完整的序列。

4. 在轨道头区域，向上拖曳 V1 和 V2 之间的分隔线，增加 V1 轨道高度，使剪辑缩览图显示出来。

5. 使用 Selection Tool（选择工具），拖选所有剪辑。在拖曳鼠标形成选择框时，请从剪辑的外部开始，不要从剪辑上开始，否则会导致剪辑的位置发生移动。

图7-17

6. 在菜单栏中，依次选择 Sequence（序列）> Apply Default Transitions To Selection（应用默认过渡到选择项）。

如图 7-18 所示，此时，Premiere Pro 会把默认过渡效果应用到当前所有被选中的剪辑之间。

同时请注意音乐剪辑开头和结束部分的 Constant Power（恒定功率）音频过渡效果的时间也变短了。

图7-18

默认视频过渡效果是 1 秒时长的交叉溶解过渡，默认音频过渡效果是 1 秒时长的 Constant Power Crossfade（恒定功率交叉淡化）效果。在上面操作中，Premiere Pro 把序列上现有的音频交叉淡化效果更换成更短的。

在 Effects（效果）面板中，使用鼠标右键单击一个过渡效果，在弹出菜单中，选择 Set Selected As Default Transition（将所选过渡设置为默认过渡），即可更改默认过渡效果。

> **Pr** 提示：在菜单栏的 Sequence（序列）菜单中，你可以找到"应用视频过渡"和"应用音频过渡"的菜单项。

7. 播放序列，观察交叉溶解过渡在照片蒙太奇中表现出的效果。

> **Pr** 注意：如果你使用的是包含链接视频和音频的剪辑，使用"选择工具"时，按住 Option 键（macOS）或 Alt 键（Windows）拖曳，只选择视频或音频部分，然后在菜单栏中，依次选择 Sequence（序列）▷ Apply Default Transitions To Selection（应用默认过渡到选择项）。

此外，你还可以使用键盘组合键把现有过渡效果复制到多个编辑点上。下面我们一起试一下。

1. 按 Command+Z（macOS）组合键或 Ctrl+Z（Windows）组合键，撤销最后一步，再按 Esc 键，取消选择剪辑。

2. 在 Effects（效果）面板中，任选一个过渡效果，将其拖曳到 Slideshow 序列中前两个视频剪辑之间。

3. 在时间轴上，单击刚添加的过渡效果图标，将其选中。

4. 按 Command+C（macOS）或 Ctrl+C（Windows）组合键复制效果。然后按住 Command 键（macOS）或 Ctrl 键（Windows），使用 Selection Tool（选择工具），拖选其他多个编辑点（非剪辑），把它们全部选中（见图 7-19）。

图7-19

5. 按 Command+V（macOS）组合键或 Ctrl+V（Windows）组合键，把过渡效果粘贴到所有选中的编辑点上。

这种方式很适合用来把拥有相同设置的过渡效果添加到多个编辑点上，尤其是那些经过你定制的效果。

更改序列显示

在向序列添加过渡效果时，在时间轴面板中，在序列上方会出现红色或黄色水平线。黄线表示Premiere Pro预期能够平滑播放效果。红线表示在录制到磁带或观看无丢帧的预览之前需要先渲染序列的这一部分。

在把序列导出为文件时，Premiere Pro会自动渲染序列，但是你可以选择在任何时间进行渲染，以便能够在运行较慢的计算机上平滑地预览相关片段。

启动渲染的最简单方式是使用键盘组合键——Return键（macOS）或Enter键（Windows）。你还可以在序列上添加入点和出点，选择指定部分进行渲染。此时，只有序列被选中的部分才能进行渲染。当你有许多效果等待渲染，而当前你只想渲染其中一部分时，部分渲染会非常有用。

如图7-20所示，一个片段在渲染之后，其上方的红线或黄线会变成绿线，Premiere Pro会为这个片段创建视频文件，保存到Preview Files（预览文件夹）文件夹（与暂存盘设置一样）之中。只要剪辑片段上方显示有绿线，Premiere Pro就能平滑地播放它。

图7-20

7.5 使用 A/B 模式细调过渡效果

在 Effects Controls（效果控件）面板中，查看过渡效果的设置选项时，你会看到一个 A/B 编辑模式，它把单个视频轨道一分为二。原来在单个轨道上两个相邻其连续的剪辑现在变成两个独立的剪辑，并且分别位于两个独立轨道上，过渡效果就在它们之间。在这种模式下，过渡效果的组成元素相互分离，让你可以更方便地处理头帧和尾帧，以及更改其他过渡设置项。

7.5.1 在效果控件面板中修改参数

Premiere Pro 中，所有过渡效果都是可定制的。有些效果只有少数几个可定制的属性（比如持续时间或起点），而有些效果则提供了丰富的控制选项，例如方向、颜色、边框宽度等。使用

Effects Controls（效果控件）面板的最大好处是，在其中你可以看到转出和转入剪辑手柄（源剪辑中未使用的部分），这让我们可以很容易地调整效果的位置。

下面让我们修改一下过渡效果。

1. 在时间轴面板中，打开 Transitions 序列。

2. 把播放滑块移动到剪辑 2 和剪辑 3 之间的 Split（拆分）过渡效果上，单击效果图标，将其选中。

3. 如图 7-21 所示，在 Effects Controls（效果控件）面板中，勾选 Show Actual Sources（显示实际源），显示实际剪辑中的帧。

这样，你可以更方便地查看所做的修改。

4. 在 Effects Controls（效果控件）面板中，打开 Alignment（对齐）菜单，从中选择 Start At Cut（起点切入）。

图7-21

Effects Controls（效果控件）和 Timeline（时间轴）面板中的过渡效果图标会移动到新位置上。

5. 如图 7-22 所示，在 Effects Controls（效果控件）面板的左上角有一个 Play The Transition（播放过渡）按钮，单击它，预览过渡效果。

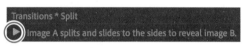

图7-22

6. 接下来，修改过渡持续时间。在 Effects Controls（效果控件）面板中，单击 Duration（持续时间）右侧的蓝色数字，输入 300，然后单击其他位置，或者按 Tab 键，使修改生效，即过渡效果当前持续时间为 3 秒（请记住，Premiere Pro 会自动向时间码中添加正确的分隔符）。

此时，Alignment（对齐）菜单自动变为 Custom Start（自定义起点），原因在于拆分过渡效果已经侵入到下一个过渡效果的开头中去了。为了适应新的过渡持续时间，Premiere Pro 会把起点设置得稍早一些。

如图 7-23 所示，观察 Effects Controls（效果控件）面板的右侧区域，Premiere Pro 在时间轴背景下显示过渡效果。

 注意：若效果控件面板中当前没有显示出时间轴，可以单击面板中的 Show/Hide Timeline View（显示 / 隐藏时间轴视图）按钮，将其打开。你可能需要重新调整效果控件面板的尺寸，才能看见 Show/Hide Timeline View（显示 / 隐藏时间轴视图）按钮。

图7-23

在本例中，在 Effects Controls（效果控件）面板中，播放滑块处于切换中间，你可以看到效果的时间是如何进行自动调整的。这些调整可能很微小，所以需要认真检查设置结果才行。

播放过渡效果，查看变化。

 提示：在 Effects Controls（效果控件）面板中，在时间轴底部有一个缩放导航条，它和监视器、时间轴面板中的导航条功能是一样的。

有一点很重要，那就是通过不断地播放过渡效果来保证你从手柄中新露出的部分感到满意。这个新露出的部分原本不可见，直到添加了过渡效果，它才显露出来。必要时，Premiere Pro 会自动调整效果的起止时间点，但更重要的是，我们要随时检查过渡效果，确保它们合乎我们的需要。

接下来，继续调整过渡效果。

7. 在 Effects Controls（效果控件）面板右侧区域顶部有一个时间轴，把鼠标放到中间的竖直黑线（该黑线贯穿了 3 个图层，这 3 个图层分别是两个剪辑以及它们之间的过渡效果）之上。这条黑线就是两个剪辑之间的编辑点。

提示：你可能需要往前或往后移动播放滑块，以便看到位于两个剪辑之间的编辑点。

如图 7-24 所示，这条编辑线（黑线）靠近效果左边缘，你可以把 Effects Controls（效果控件）面板中的时间轴放大，以便进行调整。

此时，鼠标变成红色的 Rolling Edit（滚动编辑）工具。

在 Effects Controls（效果控件）面板中，使用 Rolling Edit（滚动编辑）工具拖曳编辑线可以调整编辑点的位置。

图7-24

8. 在 Effects Controls（效果控件）面板中，左右拖曳 Rolling Edit（滚动编辑）工具，更改切入时间点。当释放鼠标后，在时间轴上，编辑点左侧剪辑的出点和编辑点右侧剪辑的入点会发生相应变化。这个操作也称为"修剪"（trimming）。

关于修剪的更多内容，我们将在第 8 课中介绍。

注意：在修剪时，过渡效果有可能缩短到一个帧的持续时间。这增加了选取和放置过渡效果图标的难度，此时可以尝试使用 Duration（持续时间）和 Alignment（对齐）控件。如果你想删除过渡效果，请先在时间轴面板的序列中选中它，然后按 Delete（删除）（macOS）或 Backspace（退格）键（Windows）。

9. 在 Effects Controls（效果控件）面板中，把鼠标移动到编辑线的左侧或右侧，此时光标变为 Slide（滑动）工具。蓝色线条是时间轴上的播放滑块。

如图 7-25 所示，在 Effects Controls（效果控件）面板中，效果图标上的黑色竖直线为编辑线。

图7-25

使用 Slide（滑动）工具可以更改过渡效果的起点和终点，同时无须修改总体持续时间。不同于 Rolling Edit（滚动编辑）工具，使用 Slide（滑动）工具移动过渡条时不会改变两个序列剪辑之间的编辑点，只会修改过渡效果的起止时间点。

> 提示：你可以使用鼠标拖曳来更改溶解效果的起始时间。也就是说，你不必设置 Centered（中心切入）、Start At Cut（起点切入）、End At Cut（终点切入）选项。你还可以直接拖曳时间轴上过渡效果的位置，而不必使用 Effects Controls（效果控件）面板。

10. 使用 Slide（滑动）工具，左右拖动过渡条，比较结果有何不同。

7.5.2 使用 Morph Cut 效果

Morph Cut 是一种特殊的过渡效果，用来隐藏你删除的部分。这个效果专门用于处理包含演说者头部特写的镜头，在这种镜头中，演说者会看向摄像机的方向。如果演说者停顿很长时间或者素材中包含不妥内容，你可能想从视频中删除这些片段。

删除这些片段之后，通常会带来画面跳帧问题（画面图像突然从一个内容切换到另一个内容）。为此，Premiere Pro 专门提供了用于修改跳帧问题的效果——Morph Cut，该效果会产生一个不可见的过渡，能够无缝隐藏被你删除的视频片段。下面我们试一下这个效果。

1. 打开 Morph Cut 序列。播放序列开头部分。

如图 7-26 所示，这个序列其实是一个镜头，但在开头部分出现跳帧问题。这个跳帧时间很短，但观众仍然能够明显地感觉出来。

2. 在 Effects（效果）面板中，在 Video Transitions（视频过渡）> Dissolve（溶解）效果组下找到 Morph Cut 效果，将其拖曳到两个剪辑之间。

此时，Morph Cut 过渡效果开始分析背景中的两个剪辑。在分析期间，你可以继续对序列做其他处理。

图7-26

添加好 Morph Cut 过渡效果之后，你可以在"效果控件"面板中多次修改"持续时间"，不断尝试，直至获得最好的过渡效果。

3. 双击 Morph Cut 过渡效果，显示出 Set Transition Duration（设置过渡持续时间）对话框，把"持续时间"修改为 18 帧（不管哪种过渡效果，你都可以双击打开其设置过渡持续时间对话框，进而修改持续时间）。

4. 当分析完成后，按 Return 键（macOS）或 Enter 键（Windows），渲染效果，然后播放预览。

结果并不完美，但已经十分接近了，观众几乎感觉不到有跳帧问题。建议你多修改几次持续时间，直至得到最好的过渡效果。

7.5.3 处理长度不足（或不存在）的头手柄和尾手柄

在向一个手柄帧数不够的剪辑添加过渡效果时，过渡效果能够添加上，但是会在过渡条上出现一个斜线警示标记，这表示 Premiere Pro 使用冻结帧来增加剪辑的持续时间。

对于这个问题，你可以通过调整过渡效果的持续时间和位置予以解决。

1. 打开 Handles 序列。

2. 找到两个剪辑之间的编辑点。

显而易见，这两个剪辑没有头部和尾部，因为在剪辑的边角上出现了三角形标记（见图 7-27），三角形代表的是原始剪辑的最后一帧。

图7-27

3. 如图 7-28 所示，在 Tools（工具）面板中，选择 Ripple Edit（波纹编辑）工具，使用它把第一个剪辑的右边缘向左拖动（从靠近两个剪辑间编辑点左侧位置开始拖动）。在拖曳时，Premiere Pro 会显示一个工具提示栏，同时第一个剪辑的持续时间会缩短，到大约 1:10 时，释放鼠标。

图7-28

编辑点右侧的剪辑会随着拖曳移动，确保两个剪辑之间没有间隙出现。请注意，在修剪之后，剪辑的末端（右边缘）不再有小三角形。

4. 如图 7-29 所示，从 Effects（效果）面板中，把 Cross Dissolve（交叉溶解）过渡效果拖到两个剪辑之间的编辑点上。

图7-29

你只能把过渡效果拖动到编辑点右侧，而无法拖动到左侧。这是因为如果不使用冻结帧，则在第二个剪辑的开头部分没有可用的手柄与第一个剪辑的末端重叠来创建溶解效果。

5. 按 V 键，选择 Selection Tool（选择工具）▶，或者在 Tools（工具）面板中，单击选择"选择工具"。在时间轴面板中，单击 Cross Dissolve（交叉溶解）过渡效果图标，选择它。你可能需要放大才能轻松选中过渡效果图标。

6. 在 Effects Controls（效果控件）面板中，设置"持续时间"为 1:12。

由于没有足够的视频帧来创建这个效果，所以在 Effects Controls（效果控件）面板和 Timeline（时间轴）面板中，过渡效果条上都显示有斜线标记，Premiere Pro 会自动添加静态帧来填满你设置的持续时间。凡是出现斜线的地方，都存在冻结帧（见图 7-30）。

图7-30

7. 播放过渡效果，查看结果。

8. 如图 7-31 所示，在 Effects Controls（效果控件）面板中，把"对齐"更改为 Center At Cut（中点切入）。

9. 在时间轴中，慢慢拖动播放滑块，查看过渡效果。

- 对于过渡的前半部分（到编辑点为止），剪辑 B 是一个冻结帧，而剪辑 A 则继续播放。

- 在编辑点，剪辑 A 和剪辑 B 开始播放。

图7-31

- 在编辑点之后，使用了一个简短的冻结帧。

修复这类问题的方法有如下几种。

- 你可以更改过渡效果的持续时间或对齐方式。

- 在 Tools（工具）面板中，在 Ripple Edit（波纹编辑）工具上按住鼠标左键，从弹出菜单中选择 Rolling Edit（滚动编辑）工具（⊞）（见图 7-32），在时间轴面板中修改过渡的时间点。这不一定会删除所有冻结帧，但可以大大改善最终结果。请确保单击的是两个剪辑之间的编辑点，而非过渡效果图标。

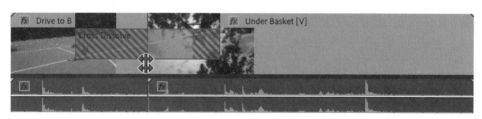

图7-32

| Pr | 注意：使用 Rolling Edit（滚动编辑）工具可以向左或右移动过渡效果，但不会改变序列的总长度。 |

- 你可以使用 Ripple Edit（波纹编辑）工具缩短剪辑长度。如图 7-33 所示，请确保单击的是两个剪辑之间的编辑点，而非过渡效果图标。

图7-33

我们将在第 8 课中详细讲解 Rolling Edit（滚动编辑）工具和 Ripple Edit（波纹编辑）工具。

7.6 添加音频过渡

通过删除不想要的音频噪声或生硬的编辑，音频过渡可以有效地改善序列的声音。相比于声音的整体质量，观众通常更在意声音中不和谐的地方，而交叉淡化过渡对于平滑剪辑之间的变化有很好的效果。

图7-34

7.6.1 创建交叉淡化效果

Premiere Pro 提供了如下 3 种风格的交叉淡化效果（见图 7-34）。

- Constant Gain（恒定增益）：顾名思义，Constant Gain（恒定增益）交叉淡化效果在剪辑之间使用恒定音频增益（音量）来过渡音频（见图 7-35）。有些人觉得这种过渡很有用，但该过渡效果会导致音频电平的轻微下降，因为转出剪辑的声音淡出后，转入剪辑会以相同的增益淡入。当你不希望混合两个剪辑，只想在两个剪辑之间应用淡入淡出时，使用 Constant Gain（恒定增益）效果最为合适。

图7-35

- Constant Power（恒定功率）：这是 Premiere Pro 的默认音频过渡方式，它可以在两个音频剪辑之间创建一种平滑的渐变过渡（见图 7-36）。Constant Power（恒定功率）交叉淡化效果的工作方式类似于视频过渡中的溶解效果。在效果开始时，先是转出剪辑慢慢淡出，然后快速靠近剪辑末尾。对于转入剪辑，过程相反，先是音频电平快速增高，然后慢慢地逼近过渡末尾。当你想混合两个剪辑之间的音频，而又不想在音频中间部分电平出现明显的下降时，使用 Constant Power（恒定功率）效果非常合适。

图7-36

- Exponential Fade（指数淡化）：Exponential Fade（指数淡化）用来在两个剪辑之间创建非常平滑的淡化效果（见图 7-37）。该效果使用对数曲线对声音进行淡入淡出。在做单侧过渡（比如在节目的开头和结尾处，从静默到淡入）时，有些编辑人员喜欢使用这种过渡效果。

图7-37

7.6.2　添加音频过渡

向序列添加音频交叉淡化效果的方法有好几种。你可以像添加视频过渡效果一样通过拖放方式来添加音频过渡效果，此外，还有其他快捷方式来加快这个操作过程。

音频过渡有默认的持续时间，单位是秒或帧。在菜单栏中，依次选择 Premiere Pro CC > Preferences（首选项）> Timeline（时间轴）（macOS）或 Edit（编辑）> Preferences（首选项）> Timeline（时间轴）（Windows），可以更改默认的持续时间。

下面学习一下添加音频过渡的方法。

1. 打开 Audio 序列。

这个序列包含的几个剪辑都带有音频。

2. 在 Effects（效果）面板中，打开 Audio Transitions（音频过渡）> Crossfade（交叉淡化）效果组。

3. 如图 7-38 所示，把 Exponential Fade（指数淡化）过渡效果拖动到第一个音频剪辑的开头。

4. 转到序列末尾。

5. 在时间轴面板中，使用鼠标右键单击最后一个编辑点，从弹出菜单中，选择 Apply Default

Transitions（应用默认过渡）（见图 7-39）。

图7-38 图7-39

此时，在序列末尾的视频部分和音频部分分别添加上了默认过渡效果。

> **Pr** 注意：按住 Option 键（macOS）或 Alt 键（Windows），使用鼠标右键单击选择
> 音频剪辑，可以只向音频部分添加过渡效果。

默认音频过渡效果是 Constant Power（恒定功率），在最后一个音频剪辑上你可以看到它，它会创建平滑混合作为音频的结尾。

6. 在时间轴中，通过拖动过渡效果的边缘，可以改变过渡效果的长度。拖动音频过渡效果边缘，增加其长度，然后听一下结果。

7. 为了进一步润色项目，在序列开头添加一个 Cross Dissolve（交叉溶解）过渡效果。把播放滑块移动到开头，选择第一个剪辑，按 Command+D（macOS）组合键或 Ctrl+D（Windows）组合键，添加默认视频过渡效果。

此时，序列开始时有一个从黑色淡入的过渡效果，然后在末尾有一个淡出到黑色的过渡效果。接下来，添加一些简短的音频溶解效果，对混音做平滑处理。

8. 按住 Option 键（macOS）或 Alt 键（Windows），使用 Selection Tool（选择工具），拖选 A1 轨道上的所有音频剪辑。注意不要选择任何视频剪辑，在音频轨道上拖选音频剪辑时，避免选中视频轨道上的视频剪辑（见图 7-40）。

按 Option 键（macOS）或 Alt 键（Windows），可以临时把音频剪辑和视频剪辑之间的链接断开，以把过渡效果分离。

图7-40

> **Pr** 注意：选择时，剪辑可以不是连续的。按住 Shift 键，单击序列中的各个剪辑，
> 即可同时选中它们。

9. 如图 7-41 所示，在菜单栏中，依次选择 Sequence（序列）> Apply Default Transitions To Selection（应用默认过渡到选择项）。

图7-41

 提示：从 Sequence（序列）菜单中选择 Apply Audio Transition（应用音频过渡），将仅向音频剪辑应用过渡效果。如果你已经选择了音频剪辑，且只选择了它，除了使用 Apply Audio Transition（应用音频过渡）命令之外，你还可以使用 Apply Default Transitions To Selection（应用默认过渡到选择项）命令，它们的效果相同。

10. 播放序列，检查所做的修改。

11. 在菜单栏中，依次选择 File（文件）> Close（关闭），关闭当前项目。若弹出询问对话框，单击 Yes（是）。

 提示：按 Shift+Command+D（macOS）组合键或 Shift+Ctrl+D（Windows）组合键，可以把默认音频过渡添加到靠近播放滑块的编辑点（位于所选剪辑之间或所选切换点上）上。轨道选择（或剪辑选择）指出了应用效果的准确位置。

音频编辑人员经常会向序列的各个转场处添加一帧或两帧音频过渡，以避免在音频剪辑开始或结束时出现刺耳的声音。如果你把音频过渡的默认持续时间设置为两帧，你可以使用 Sequence（序列）菜单中的 Apply Default Transitions To Selection（应用默认过渡到选择项）命令快速对音频混合做平滑处理。

7.7 复习题

1. 如何把默认过渡效果应用到序列的多个剪辑上？

2. 在 Effects（效果）面板中，如何使用名称查找过渡效果？

3. 如何把一个过渡效果替换为另一个？

4. 请指出更改过渡效果持续时间的 3 种方法。

5. 如何在剪辑开头添加音频淡入效果？

7.8 复习题答案

1. 先选择剪辑，再从菜单栏中，依次选择 Sequence（序列）> Apply Default Transitions To Selection（应用默认过渡到选择项）。此外，你还可以使用 Shift+D 组合键。

2. 在 Effects（效果）面板的搜索框中，输入过渡效果名称。输入时，Premiere Pro 会显示所有名称中包含所输字母的效果和过渡效果（音频和视频）。你输入的 字母越多，所显示的搜索结果越少，匹配得也越准确。

3. 把替换过渡效果拖动到现有过渡效果之上，这样新效果就会自动替换掉旧效 果，同时保留原效果的持续时间。

4. 在时间轴中，拖动过渡效果图标边缘，或者在效果控件面板的 A/B 时间轴中拖 动效果图标边缘，或者在效果面板中修改持续时间。此外，你还可以在时间轴 面板中双击过渡效果图标，在弹出的对话框中，修改持续时间。

5. 把音频交叉淡化过渡效果应用到剪辑开头。

第 **8** 课　掌握高级编辑技术

课程概览

本课学习如下内容：

- 执行四点编辑；

- 更改序列中剪辑的速度或持续时间；

- 替换序列中的剪辑；

- 替换项目中的素材；

- 创建嵌套序列；

- 对剪辑做基本修剪；

- 应用滑移和滑动编辑；

- 动态修剪剪辑。

　　学完本课大约需要 120 分钟。请先下载本课的课程文件，并把课程文件存放到计算机中便于使用的位置上。

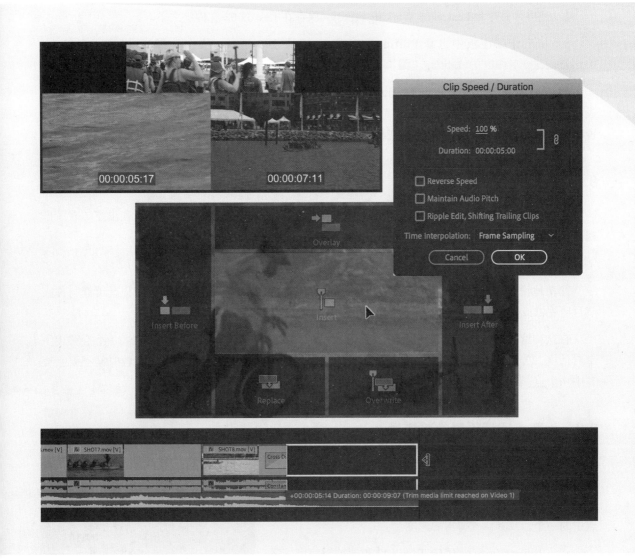

在 Adobe Premiere Pro CC 中，基本的编辑命令都很容易掌握。但是高级编辑技术需要花一些时间才能掌握，不过这样做很值得。这些高级技术不但可以帮助我们加快编辑速度，还让我们知道如何创建出高水准的专业效果。

8.1　课前准备

在本课中，我们将通过几个简短的序列来学习 Adobe Premiere Pro CC 中的一些高级编辑技术。在学习的过程中，我们会带领各位亲身体验一下 Premiere Pro 中的高级编辑技术。

1. 打开 Lesson 08 文件夹中的 Lesson 08.prproj 项目。

2. 把项目另存为 Lesson 08 Working.prproj，保存在 Lesson 08 文件夹之下。

3. 从工作区面板中选择 Editing（编辑），或从菜单栏中，依次选择 Window（窗口）> Workspaces（工作区）>Editing（编辑）菜单。

4. 在工作区面板中，单击 Editing（编辑）右侧的菜单，从中选择"重置为已保存的布局"，或者从菜单栏中，依次选择 Window（窗口）> Workspaces（工作区）> Reset To Saved Layout（重置为已保存的布局），或者直接双击 Editing（编辑）这个工作区名称。

8.2　执行四点编辑

在前一课中，我们学习并使用了标准的三点编辑技术，也就是使用 3 个入点和出点（在源监视器、节目监视器或时间轴面板中）来设置编辑的源、持续时间和位置。

但是，如果你定义了 4 个点会怎样呢？

简单地说，在这种情况下你必须做出选择。你在源监视器中标记的持续时间很有可能与你在节目监视器或时间轴面板中标记的持续时间不同。

在这种情况下，当你试图使用键盘组合键或界面中的按钮进行编辑时，Premiere Pro 会弹出一个对话框，告诉你持续时间不匹配，并询问你该如何处理。遇到这种情况，大多数时候都要丢弃其中一个点。

8.3　为四点编辑设置编辑选项

在做四点编辑时，Premiere Pro 会打开 Fit Clip（适合剪辑）对话框（见图 8-1）向你指出问题。此时，你需要从 5 个选项中选择一个，以便解决冲突问题。你可以忽略 4 个点中的一个，或者修改剪辑的速度。

图8-1

- Change Clip Speed（Fit To Fill）【更改剪辑速度（适合填充）】：这个选项假定你有意设置了 4 个点，并且标记的持续时间不同。Premiere Pro 会保留源剪辑的入点和出点，并根据你在时间轴面板或节目监视器中设置的持续时间调整播放速度。如果你想精确调整剪辑播放速度来弥合间隙，请勾选该选项。

- Ignore Source In Point（忽略源入点）：当勾选该项后，Premiere Pro 会忽略源剪辑的入点，把四点编辑转换成三点编辑。如果源监视器中有出点但没入点，Premiere Pro 就会根据你在时间轴面板或节目监视器中设置的持续时间（或到剪辑末尾）自动确定入点的位置。只有当源剪辑长于序列上设置的持续时间时，该选项才可用。

- Ignore Source Out Point（忽略源出点）：当勾选该项后，Premiere Pro 会忽略源剪辑的出点，把四点编辑转换成三点编辑。如果源监视器中有入点但没出点，Premiere Pro 就会根据你在时间轴面板或节目监视器中设置的持续时间（或到剪辑末尾）自动确定出点的位置。只有当源剪辑长于目标持续时间时，该选项才可用。

- Ignore Sequence In Point（忽略序列入点）：当勾选该选项后，Premiere Pro 会忽略你在序列中设置的入点，仅使用序列出点执行三点编辑。持续时间从源监视器获取。

- Ignore Sequence Out Point（忽略序列出点）：该选项与上一个选项类似。勾选该选项后，Premiere Pro 会忽略你在序列中设置的出点，并执行三点编辑。持续时间从源监视器获取。

> **Pr** 提示：在"适合剪辑"对话框中，选择一个选项，并勾选底部的 Always Use This Choice（总是使用此选择）。这样每次执行四点编辑时，"适合剪辑"对话框将不再弹出，Premiere Pro 会自动应用之前勾选的选项。如果你不想再使用默认选择项，可以在"编辑"菜单中，依次选择"首选项>时间轴"，勾选 Fit Clip Dialog Opens For Edit Range Mismatches（"适合剪辑"对话框打开，以编辑范围不匹配项）。当出现编辑范围不匹配时，"适合剪辑"对话框会自动弹出。

执行四点编辑

下面我们一起做一个四点编辑。在这个过程中，我们会根据序列持续时间的设置更改剪辑的播放速度。

1. 打开 01 Four Point 序列。播放序列，查看内容。

2. 在时间轴面板中，转动鼠标滚轮，滚动序列，找到设置有入点和出点的片段。此时，在时间标尺上，你应该能够看到入点和出点标记。

3. 进入 Clips To Load 素材箱，双击 Laura_04 剪辑，将其在 Source Monitor（源监视器）中打开。

如图 8-2 所示，在源监视器底部的时间标尺上，你应该能够看到已经设置好的入点和出点标记。

图8-2

4. 如图 8-3 所示，在时间轴面板中，检查源轨道指示器是否开启，并且源 V1 是否与时间轴上的"视频 1"（Video 1）对齐。由于源剪辑中没有声音，所以我们只需要检查源 V1。

图8-3

5. 在 Source Monitor（源监视器）中，单击 Overwrite（覆盖）按钮，进行覆盖编辑。

6. 在弹出的 Fit Clip（适合剪辑）对话框中，勾选 Change Clip Speed（Fit To Fill）【更改剪辑速度（适合填充）】选项，单击 OK（确定）按钮。

7. 当覆盖编辑完成后，使用时间轴面板底部的导航器，把时间标尺放大，直到你能看到刚刚添加到序列中的 Laura_04 剪辑的名称和速度。

如图 8-4 所示，百分比表示新的播放速度。Premiere Pro 对播放速度进行了调整，以便完全匹配新的持续时间。

图8-4

> **Pr** 注意：更改剪辑的播放速度也是一种视觉效果，此时剪辑上 fx 图标的颜色已经发生了变化，表示此处应用了一个效果。

8. 播放序列，查看编辑的效果和速度变化的情况。

8.4 更改播放速度

在视频后期制作中，慢动作是最常用的效果之一。你可能会出于技术因素或艺术表现的需要而修改剪辑的播放速度。慢动作是增添影片戏剧化的有效手段，它能让观众有足够多的时间来体会某一个重要时刻。

> **Pr** 注意：在更改剪辑的播放速度时，如果新的播放速度是原剪辑播放速度的偶数倍或几分之一（整除），播放起来通常会更平滑。例如，把一个 24 帧 / 秒的剪辑以 25% 的速度播放，也就是以 6 帧 / 秒播放，比以非整除的播放速度（例如 27.45%）播放看起来要更平滑。有时，通过修改剪辑播放速度并修剪得到一个精确的持续时间，可以换来最好的播放效果。

前面学习的 Fit to Fill（适合填充）是更改剪辑播放速度的一种方法，但我们最终得到的结果各不相同。如果源素材中的运动一直很平滑，那你最终得到的结果可能会更好。另外，由于 Fit to

Fill（适合填充）经常会导致带小数的帧速率，因此有可能产生运动不一致的问题。

若想得到高质量的慢动作效果，最佳方式是使用比播放帧速率更高的帧速率来录制视频。如果视频播放时的帧速率低于录制时的帧速率，只要新的帧速率不低于序列帧速率，你就能得到慢动作效果。

例如，有一段 10 秒的视频剪辑，录制时的帧速率为 48 帧 / 秒，序列设置的帧速率为 24 帧 / 秒。你可以根据序列设置素材，使其以 24 帧 / 秒进行播放。当你把该剪辑添加到序列并进行播放，播放会非常平滑，并且也不需要做帧速率转换。不过，如果以源素材帧速率一半的帧速率来播放剪辑，会得到 50% 的慢动作，这样播放完整个剪辑要比原来多花一倍时间，也就是说，剪辑的当前持续时间变成了 20 秒。

增格拍摄（Overcranking）

上面这种拍摄技术通常称为"增格拍摄"，对应的英文是"Overcranking"，这个词来源于早期的胶片照相机，它们都带有手摇柄，拍摄者通过转动手摇柄来进行拍摄。

当使用手摇相机时，手摇柄转得越快，每秒捕捉到的帧数就越多。相反，手摇柄转得越慢，相机每秒捕捉到的帧数就越少。这样，当影片以正常速度播放时，就表现出快速运动或慢动作效果。

现代摄像机大都支持用户以高帧率录制视频，这样可以在后期制作中获得高质量的慢动作效果。摄像机可以向剪辑元数据指定一个帧速率，而它有可能与录制时的帧速率（系统帧速率）不同。

当把这样的视频素材导入Premiere Pro时，剪辑就会自动以慢动作方式播放。你可以通过Interpret Footage（解释素材）对话框告诉Premiere Pro如何播放剪辑。

下面我们就来试一下。

1. 打开 02 Laura In The Snow 序列，播放序列中的剪辑。

剪辑是以慢动作形式呈现的，原因有以下几个：

* 录制剪辑时使用的帧速率为 96 帧 / 秒；
* 剪辑的播放时帧速率为 24 帧 / 秒（通过摄像机设置）；
* 序列的播放速率被设置为 24 帧 / 秒。

2. 在时间轴面板中，使用鼠标右键单击剪辑，从弹出菜单中，选择 Reveal In Project（在项目中显示）。

此时，剪辑在 Project（项目）面板中被高亮显示出来。

3. 如图 8-5 所示，在 Project（项目）面板中，使用鼠标右键单击剪辑，从弹出菜单中，选择

Modify（修改）> Interpret Footage（解释素材）。接着，我们通过 Interpret Footage（解释素材）对话框告知 Premiere Pro 如何播放这个剪辑。

图8-5

4. 选择 Assume This Frame Rate（采用此帧速率）选项，输入 96，告诉 Premiere Pro 以 96 帧 / 秒播放剪辑，单击 OK（确定）按钮。

再次查看时间轴面板，可以看到剪辑外观已经发生了变化（见图 8-6）。

图8-6

经过修改，剪辑的帧速率更快了，因此 Premiere Pro 不再使用源剪辑的持续时间。因为剪辑播放速度更快了，所以其持续时间变得更短了，斜线表示剪辑的这部分没有素材。

Premiere Pro 不会更改剪辑片段的持续时间，因为这样做有可能会改变序列的时间安排，不包含素材的那部分序列剪辑是空的。

5. 再次播放序列。

此时，剪辑以正常速度播放，因为它最初就是采用 96 帧 / 秒录制的。画面看上去不太平滑，这并不是因为剪辑自身有问题，而是因为摄像机在录制视频时有颠簸。

> **Pr** 注意：在计算机系统中，如果硬盘速度较慢，你可能需要在节目监视器中降低播放分辨率，才能以较快的帧速率播放剪辑，并且保证不丢帧。

6. 把 Laura_01.mp4 剪辑拖动到序列中，使其靠近第一个实例，这样你能同时看到它们两个（见图 8-7）。

图8-7

新添加的剪辑时长更短，并且使用新帧速率来匹配总播放时间。如果你把剪辑的播放速度降到 25%，它会恢复成原来的帧率（24 帧 / 秒），并产生慢动作效果。

8.4.1 更改剪辑速度和持续时间

除了放慢剪辑的播放速度之外，加快剪辑播放速度也是一种很有用的效果。时间轴面板中的 Speed/Duration（速度 / 持续时间）命令能够以两种不同的方式更改剪辑的播放速度。你可以根据特定时间修改剪辑的持续时间，也可以采用百分比的方式设置播放速度。

例如，如果你把剪辑的播放速度设置为 50%，那么剪辑将以原来一半的速度进行播放；若设置为 25%，则以原来 1/4 的速度进行播放。在 Premiere Pro 中，当设置播放速度时，最多可以使用两位小数，比如 27.13%。

下面让我们具体学习一下这种技术。

1. 打开 03 Speed and Duration 序列。播放序列，了解一下正常播放速度。

2. 使用鼠标右键，单击序列中的 Eagle_Walk 剪辑，在弹出菜单中，选择 Speed/Duration（速度 / 持续时间）。你还可以先选中序列中的剪辑，再从菜单栏中，依次选择 Clip（剪辑）> Speed/Duration（速度 / 持续时间）。

如图 8-8 所示，在打开的 Clip Speed/Duration（剪辑速度 / 持续时间）对话框中，包含一些用来控制剪辑播放速度的选项。

单击锁链图标（），可以打开或关闭剪辑速度和持续时间之间的联动。处于开启状态时，更改其中一个，另一个会随之发生相应变化。

图8-8

- 单击锁链图标（），断开剪辑速度和持续时间之间的链接，此时，修改剪辑速度或持续时间不会影响到另一个。也就是说，当你输入一个速度时，其持续时间不会发生变化。

- 一旦剪辑速度和持续时间之间的链接断开，你就可以单独更改剪辑的持续时间，并且剪辑速度不会发生变化。如果当前剪辑后面紧接着另一个剪辑，缩短当前剪辑的持续时间可能会留下间隙。默认情况下，如果剪辑长于可用间隙，更改剪辑速度不会产生什么影响。这是因为在修改持续时间和速度时，剪辑无法移动下一个剪辑来为新的持续时间留出空间。如果选择"Ripple Edit，Shifting Trailing Clips"（波纹编辑，移动尾部剪辑）选项，剪辑会把序列中其他剪辑往后推，从而为自己留出空间。

- 如果想倒放剪辑，请选择 Reverse Speed（倒放速度）选项。此时，在序列中显示的新速度旁边有一个负号。

- 在更改包含音频的剪辑速度时，请选择 Maintain Audio Pitch（保持音频音调），这将在新播放速度下保持剪辑的原有音调。取消选择该项，音调会随着速度的变化而上升或下降。对于微小速度的变化，这个选项相当有效。太剧烈的重采样会产生不自然的结果。如果你想大幅更改播放速度，建议你使用 Adobe Audition 来调整音频。关于使用 Adobe Audition 调整音频速度的内容，请阅读 *Adobe Audition Classroom in a Book* 一书。

> **注意**：Clip Speed/Duration（剪辑速度 / 持续时间）对话框中锁链图标的工作方式有一个例外：如果一个更快的播放速度大幅降低了持续时间，使得我们即便使用了全部原始剪辑素材，所产生的持续时间也比时间轴上的剪辑片段短，此时，Premiere Pro 会主动缩短时间轴上的剪辑进行匹配。这样一来，在序列中就不会再有空白的视频帧了。

3. 确保 Speed（速度）与 Duration（持续时间）处于链接状态，把 Speed（速度）修改为 50%，单击 OK（确定）按钮。

在时间轴面板中，播放剪辑。你可能需要按 Return（macOS）或 Enter（Windows）键，渲染剪辑，保证视频播放平滑流畅。请注意，当前剪辑的长度为 10 秒，那是因为你把它的速度修改成了 50%（见图 8-9）：播放速度降低一半，时长变为原来的 2 倍。

图8-9

4. 在菜单栏中，依次选择 Edit（编辑）> Undo（撤销），或者按 Command+Z（macOS）组合键或 Ctrl+Z（Windows）组合键。

5. 在时间轴面板中，选择剪辑，按 Command+R（macOS）组合键或 Ctrl+R 组合键，打开 Clip Speed/Duration（剪辑速度 / 持续时间）对话框。

6. 单击锁链图标（🔗），断开 Speed（速度）与 Duration（持续时间）之间的链接，把 Speed（速度）修改为 50%。

7. 单击 OK（确定）按钮，播放剪辑。此时，剪辑会以较慢的速度播放，并且由于断开了 Speed（速度）与 Duration（持续时间）之间的链接，剪辑的持续时间保持不变。

> **提示**：你可以同时更改多个剪辑的速度。为此，先选择多个剪辑，然后从菜单栏中，依次选择 Clip（剪辑）>Speed/Duration（速度 / 持续时间）。在更改多个剪辑的速度时，一定要注意"Ripple Edit, Shifting Trailing Clips"（波纹编辑，移动尾部编辑）选项。改变速度之后，该选项会自动为所有选择的剪辑闭合或扩大间隙。

此时，如图 8-10 所示，剪辑以 50% 的速度播放，持续时间应该变为原来的 2 倍。但是，由于我们断开了 Speed（速度）与 Duration（持续时间）之间的链接，所以 Premiere Pro 把另一半修剪掉，这样持续时间仍然保持为 5 秒。

接下来，尝试倒放剪辑。

8. 选择剪辑，再次打开 Clip Speed/Duration（剪辑速度 / 持续时间）对话框。

9. 把 Speed 修改为 50%，勾选 Reverse Speed（倒放速度），单击 OK（确定）按钮。

10. 播放剪辑。此时，如图 8-11 所示，剪辑以 50% 的速度倒放，并呈现出慢动作效果。

图8-10

图8-11

8.4.2 使用"比率拉伸工具"修改剪辑的速度和持续时间

在视频编辑中，在使用剪辑填充序列中的间隙时，虽然剪辑的内容很合适，但是它的长度有点不太合适，要么短一些，要么长一些。这时，Rate Stretch Tool（比率拉伸工具）就派上用场了。

1. 打开 04 Rate Stretch 序列。

这个序列包含同步音乐，而且剪辑中包含了所需要的内容，不过第一个视频剪辑太短了。你可以自己估计一下，然后调整 Speed/Duration（速度 / 持续时间）。但是，Premiere Pro 为我们提供了一个更简单、更快捷的方法，那就是使用 Rate Stretch Tool（比率拉伸工具）直接拖动剪辑末端填充间隙。

2. 在 Tools（工具）面板中，按住 Ripple Edit Tool（波纹编辑工具，），从弹出菜单中，选择 Rate Stretch Tool（比率拉伸工具，）。

3. 如图 8-12 所示，使用 Rate Stretch Tool（比率拉伸工具），向右拖曳第一个视频剪辑的右边缘，使其到达第二个视频剪辑的左边缘。

图8-12

第一个剪辑的速度会自动发生变化，以弥合间隙。当然，剪辑的内容不会发生变化，只是播放速度变慢了。

4. 还是使用 Rate Stretch Tool（比率拉伸工具），向右拖曳第二个视频剪辑的右边缘，使其到达第三个剪辑的左边缘（见图 8-13）。

图8-13

> **提示**：如果你想撤销使用 Rate Stretch Tool（比率拉伸工具）做出的改动，总是可以使用它对剪辑进行恢复。或者，你可以使用 Speed/Duration（速度／持续时间）命令，直接把 Speed（速度）修改为 100%，把剪辑恢复到默认速度。

5. 使用 Rate Stretch Tool（比率拉伸工具），向右拖曳第三个剪辑的右边缘，使其与音频末端对齐。请注意，在使用"比率拉伸工具"拖动时，必须拖曳过渡效果图标之外的地方才能更改持续时间（见图 8-14）。

此时，视频持续时间就和音乐持续时间一致了。你可能需要放大时间标尺，才能看到剪辑的新播放速度。

图8-14

6. 播放序列，查看结果（见图 8-15）。

图8-15

7. 按键盘组合键 V，或者单击 Tools（工具）面板中的 Selection Tool（选择工具），选择它。

8. 使用鼠标右键，单击第三个剪辑，在弹出菜单中，依次选择 Time Interpolation（时间插值）> Optical Flow（光流法）。修改剪辑速度时，这可以让剪辑平滑地播放。"光流法"是一种用于渲染运动变化的高级系统，它需要花费较长时间来进行渲染和预览。

9. 渲染并播放序列，查看结果。

改变时间产生的影响

对于一个包含多个剪辑的序列，如果你修改了第一个剪辑的速度，则有可能会对它后面的其他剪辑造成一系列影响，如下所示。

- 播放速度变快了，剪辑变得更短了，由此会产生许多间隙。
- Ripple Edit（波纹编辑）会导致整个序列的持续时间发生改变。
- 改变速度有可能会带来音频问题，比如音调变了。

在更改剪辑的速度或持续时间时，一定要随时检查它对整个序列造成的影响。在这个过程中，你可能需要调整时间标尺的缩放级别，以便把整个序列或片段尽收眼底。

8.5　替换剪辑和素材

在视频编辑过程中，经常需要把序列中的一个剪辑换成另一个，以尝试制作不同版本，呈现不同的视觉效果。

有时替换是全局性的，例如使用一个新 Logo 替换旧 Logo；有时替换是局部的，例如把序列中的一个剪辑替换成素材箱中的另一个剪辑。Premiere Pro 提供了多种替换方法，根据任务的不同，所选用的方法也不同。

8.5.1　拖曳替换

你可以直接把一个剪辑拖曳到序列某个现有剪辑上，此时，Premiere Pro 就会使用新剪辑替换掉旧剪辑。这个过程称为"替换编辑"。

下面动手操作一下。

1. 打开 05 Replace Clip 序列（见图 8-16）。

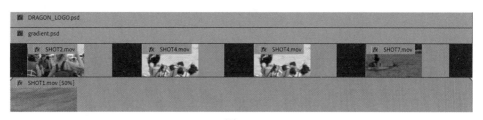

图8-16

2. 播放序列。

在 V2 轨道上，剪辑 2 和剪辑 3 的内容是一样的，它们对应的都是 SHOT4 这个剪辑。剪辑上应用了运动关键帧，让它们旋转着出现在屏幕上，然后又旋转着消失。有关创建这种动画效果的内容，我们将在第 9 课中讲解。

接下来，我们要使用一个新剪辑（Boat Replacement）替换掉 SHOT4 的第一个实例（即序列上第二个剪辑）。替换后，你不需要再重新创建效果和动画，原来的效果和动画会自动应用到新剪辑上。对于替换序列中的剪辑来说，这是最好不过的。

3. 进入 Clips To Load 素材箱，把 Boat Replacement 剪辑直接从 Project 面板拖曳到序列中第二个剪辑（即 SHOT4 剪辑的第一个实例）上，但是先不要释放鼠标。如图 8-17 所示，当拖曳时，鼠标放置的位置不需太精确，只要保证在被替换的剪辑之上即可。Boat Replacement 剪辑要比你想替换的现有剪辑长。

图8-17

4. 按住 Option 键（macOS）或 Alt 键（Windows）时，替换剪辑会变得和被替换的剪辑一样长。Premiere Pro 会使用相同长度的新剪辑来替换序列中现有剪辑（见图 8-18）。释放鼠标，替换剪辑。

图8-18

5. 播放序列。所有画中画剪辑虽然对应于不同素材，但它们应用了相同效果。新剪辑继承了被替换剪辑的设置和效果。使用这种方法替换序列中的各个剪辑既快捷又简单。

8.5.2 执行同步替换编辑

在使用拖放方式替换序列中的剪辑时，Premiere Pro 会用序列中现有剪辑的第一个可见帧同步替换剪辑的第一个帧（或入点）。通常情况下，这样做都很好，但是如果你想同步的是动作中某个特定的时刻，例如拍手或关门，又该如何做呢？

如果你想拥有更多控制，可以使用 Replace Edit（替换编辑）命令中的其他选项。它们允许你使用被替换剪辑的一个特定帧去同步替换剪辑的特定帧。

1. 打开 06 Replace Edit 序列。

这个序列和前面使用的序列一样，但这次我们会精确放置替换剪辑的位置。

2. 如图 8-19 所示，把序列中的播放滑块拖到大约 00:00:06:00 处。播放滑块所在的位置就是你要做的编辑的同步点。

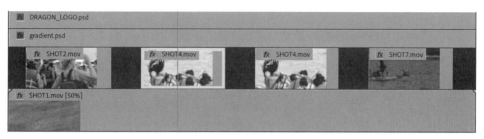

图8-119

3. 单击序列中 SHOT4 剪辑的第一个实例，以选择它。

4. 进入 Clips To Load 素材箱，双击 Boat Replacement 剪辑，将其在 Source Monitor（源监视器）中打开。

5. 如图 8-20 所示，在 Source Monitor（源监视器）中，拖动播放滑块，选择一段好的替换片段，并在剪辑上添加一个标记用作参考。单击标记，播放滑块会自动与它对齐。

图8-20

6. 确保时间轴面板处于活动状态，选中 SHOT4.mov 的第一个实例，从菜单栏中，依次选择 Clip（剪辑）> Replace With Clip（替换为剪辑）> "From Source Monitor，Match Frame"（从源监视器匹配帧）。

此时，剪辑被成功替换（见图 8-21）。

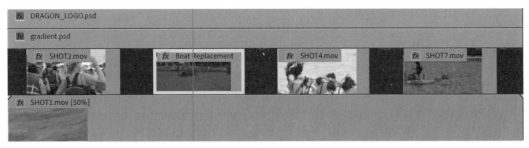

图8-21

7. 播放新编辑的序列，查看结果是否满意。

Source Monitor（源监视器）和 Program Monitor（节目监视器）中的播放滑块位置是同步的。序列剪辑的持续时间、效果、设置都应用到了替换剪辑上。当你需要精确匹配动作的时间时，上面这种方法会非常有用，而且十分节省时间。

8.5.3　使用素材替换功能

替换编辑用来替换序列中的剪辑，而素材替换功能则用来替换项目面板中的素材，以便让剪辑链接到不同的素材文件。当你需要替换一个在一个序列或多个序列中被多次使用的剪辑时，素材替换功能会非常有用。例如，你可以使用素材替换功能更新一个动态 Logo 或一段音乐。

在项目面板中替换素材剪辑之后，该剪辑的所有实例都会发生改变，不管你把这个剪辑用在了什么地方。

1. 打开 07 Replace Footage 序列。

2. 播放序列。

接下来，让我们把第四个视频轨道上的图像替换成更有趣的图像。

3. 在项目面板中，进入 Clips To Load 素材箱中，单击选择 DRAGON_LOGO.psd。

4. 如图 8-22 所示，在菜单栏中，依次选择 Clip（剪辑）> Replace Footage（替换素材），或使用鼠标右键单击剪辑，从弹出菜单中，选择 Replace Footage（替换素材）。

5. 在替换素材对话框中，转到 Lessons/Assets/Graphics 文件夹中，双击 DRAGON_LOGO_FIX.psd 文件，完成替换。

图8-22

6. 播放序列，可以看到整个序列和项目中的图像都发生了变化。

而且，项目面板中的剪辑名称也变成新文件的名称，如图 8-23 所示。

图8-23

8.6　嵌套序列

嵌套序列指的是包含在另一个序列中的序列。你可以把项目的每个部分创建成单独的序列，从而把一个大项目划分成若干个易于管理的单元。然后，你可以把每个序列（包含剪辑、图形、图层、多个音频 / 视频轨道、效果）拖入另一个主序列之中。嵌套序列在外观和行为上与单个音频 / 视频剪辑类似，但是你可以编辑它们的内容，并在主序列中查看更新后的变化。

嵌套序列是一个十分高级的工作流程，但是如果你习惯了把序列当剪辑看待，它就能在后期制作中发挥强大的威力。嵌套序列有以下一些用途。

- 借助于嵌套序列，你可以创建出复杂的序列，简化编辑工作。并且有助于避免冲突和误移剪辑，防止破坏编辑。

- 通过嵌套序列，只需要一步，你就可以把一个效果应用到一组剪辑上。

- 允许你在其他多个序列中把序列作为源使用。你可以为大部分系列创建一个介绍序列，并把它添加到每个部分中。如果你需要修改介绍序列，只要修改一次，然后在每个地方都能看到更新后的结果。

- 允许你使用类似于在项目面板中创建子文件夹的方式来组织你的作品。

- 允许你向一组剪辑（这一组剪辑被视为一项）应用过渡效果。

在把一个序列添加到另一个序列时，在时间轴面板的左上角有一个重要按钮，通过这个按钮，你可以选择添加序列内容（▦）或者嵌套它（▦）。

添加嵌套序列

使用嵌套的一个好处是可以对一个已经编辑好的序列进行多次重用。下面让我们把一个已经编辑好的开场片段添加到序列中。

 提示：创建嵌套序列的一个快捷方法是，直接把序列从项目面板拖入到当前活动序列相应的轨道上。此外，你还可以把序列拖入源监视器，添加入点和出点，执行插入和覆盖编辑，把所选片段添加到另一个序列中。

1. 打开 08 Bike Race 序列，确保选项被设置为嵌套序列（ ⌘ ）。

2. 在序列开头设置一个入点。

3. 在项目面板中选择一个剪辑或序列，或者在源监视器中打开时，其源轨道指示图标会出现在时间轴面板中，以便你设置轨道修补。

在项目面板中，单击 09 Race Open 序列，将其选中。在时间轴面板中，确保源轨道 V1 和 Video 1（视频 1）对齐。

4. 你可以使用任意一种方法把一个序列添加到另一个序列中，在嵌套时，序列和剪辑完全一样。这里，我们把 09 Race Open 序列拖入节目监视器（注意不是时间轴面板），将其放到 Insert（插入）选项之上（见图 8-24）。

图8-24

此时，会执行插入编辑。因为你在序列中设置了入点，所以播放滑块的位置无关紧要，Premiere Pro 会直接使用入点。

5. 播放 08 Bike Race 序列，查看结果。

尽管 09 Race Open 序列中包含多个视频轨道和音频剪辑，但它仍然是被作为单个剪辑进行添加的（见图 8-25）。

6. 按 Command+Z（macOS）组合键或 Ctrl+Z（Windows）组合键，撤销最后一次编辑。

7. 关闭序列嵌套（ ▓ ）。

8. 把 09 Race Open 序列拖入节目监视器，再次选择 Insert（插入）选项。如图 8-26 所示，09 Race Open 序列中的各个剪辑被添加到当前序列中。

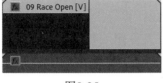

图8-25   图8-26

提示：如果需要修改嵌套序列，双击它，Premiere Pro 会在一个新的时间轴面板中打开它。

8.7 执行常规修剪

你可以使用多种方法来调整序列中使用的一个剪辑的某个部分，这个过程通常称为"修剪"（trimming）。在修剪时，你可以把序列中源剪辑某个选中的部分加长或缩短。有些修剪只影响单个剪辑，而有些修剪会影响到两个相邻剪辑（或多个剪辑）之间的关系。

8.7.1 在源监视器中修剪

当从项目面板中把源剪辑添加到序列之后，序列中出现的剪辑就是源剪辑的一个独立实例。在时间轴面板中，双击序列中的某个剪辑，即可在源监视器中将其打开，然后你就可以调整剪辑的入点和出点了，Premiere Pro 会把你做的修改更新到序列中。

默认情况下，当你在源监视器中打开序列中的剪辑片段时，源监视器的导航器会自动放大，以便把已选择的区域完整地显示出来。

如图 8-27 所示，你可能需要调整导航器的缩放级别，以便看到剪辑中的所有可用内容。

图8-27

在源监视器中调整现有入点和出点的基本方法有以下两种。

- 添加新入点和出点：在源监视器中，设置新的入点和出点，以替换当前的选择。若序列中当前剪辑的前面或后面紧接着其他剪辑，则你不能朝那个方向扩展入点或出点。

- 拖动入点和出点：移动鼠标到源监视器底部的时间轴上，把光标放到入点或出点之上，此时，光标变成一个红黑图标（见图 8-28），表示可执行修剪操作。然后向左或向右拖动鼠标，调整入点和出点的位置。

再次强调，若序列中当前剪辑的前面或后面紧接着有其他剪辑，则你不能朝那个方向扩展入点或出点。

图8-28

8.7.2　在序列中修剪

另外，你可以直接在时间轴面板中修剪剪辑，这种方法更快捷。把一个剪辑加长或缩短称为"常规修剪"，这非常简单。

1. 打开 10 Regular Trim 序列。

2. 播放序列。

最后一段剪辑过早截止了，我们需要把它加长一点，让其与音乐一起结束。

3. 确保 Selection Tool（选择工具，▶）处于选中状态。

Tip："选择工具"的键盘组合键为 V。

4. 把鼠标放到序列中最后一个剪辑的右边缘上。

此时，如图 8-29 所示，鼠标光标变成红色的修剪图标，中间带有一个方向箭头。

图8-29

把鼠标放到剪辑的前边缘或后边缘时，鼠标光标都会变成修剪图标：修剪入点图标（向右）和修剪出点图标（向左）。这里，我们要修剪的剪辑位于序列末尾，其后再无其他剪辑。

> **注意**：在修剪剪辑时，把剪辑缩短后，在当前剪辑和其相邻剪辑之间会出现间隙。稍后我们会学习如何使用 Ripple Edit（波纹编辑）工具自动删除间隙或把剪辑向后拉长。

在剪辑的末尾应用有过渡效果。你可能需要把它放大，才能更方便地修剪剪辑，而且不用调整过渡效果的时间。

5. 向右拖动边缘，使其与音频文件等长。

如图 8-30 所示，当拖动时，Premiere Pro 会显示一个工具提示，指出修剪长度。

图8-30

6. 释放鼠标，使修剪生效。

8.8 执行高级修剪

到目前为止，我们学习的各种修剪方法都有其局限性。在使用这些方法缩短剪辑时，在序列中都会留下间隙。此外，当要修剪的剪辑前后紧跟着其他剪辑时，我们无法使用这些方法增加剪辑的长度。

为了解决这些问题，Premiere Pro 为我们提供了几种高级修剪方法。

8.8.1 执行波纹编辑

Pr 注意：做波纹编辑时，会让其他轨道上的素材变得不同步。为此，我们可以使用同步锁定让所有轨道上的素材保持同步。

在修剪剪辑时，使用 Ripple Edit Tool（波纹编辑工具，◆）而非 Selection Tool（选择工具）可以避免修剪时留下间隙。

使用 Ripple Edit Tool（波纹编辑工具）修剪剪辑的方式和使用 Selection Tool（选择工具）一样。当使用 Ripple Edit Tool（波纹编辑工具）更改一个剪辑的持续时间时，这种调整会波及整个序列。例如，当你使用 Ripple Edit Tool（波纹编辑工具）向左拖曳某个剪辑的右边缘时，其后所有剪辑会同时向左移动以填充间隙；当向右拖动某个剪辑的右边缘时，其后所有剪辑会同时向右移动以留出加长空间。

下面我们就亲自动手试一试。

Pr 提示：Ripple Edit Tool（波纹编辑工具）的键盘组合键是 B。

1. 打开 11 Ripple Edit 序列。

2. 在 Tools(工具)面板中，把鼠标移动到 Rate Stretch Tool(比率拉伸工具)上并按下鼠标左键，显示出隐藏的工具，从中选择 Ripple Edit Tool（波纹编辑工具）。

3. 如图 8-31 所示，把 Ripple Edit Tool（波纹编辑工具）移动到第 7 个剪辑（SHOT7）的右边缘附近，此时光标变成一个黄色的左中括号，中间有一个向左的箭头。

图8-31

这个镜头太短了，接下来，让我们把它加长一下。

4. 按下鼠标左键，向右拖动，直到工具提示中显示的时间码为 +00:00:01:10，如图 8-32 所示。

图8-32

请注意，如图 8-33 所示，在使用 Ripple Edit Tool（波纹编辑工具）时，节目监视器左侧显示的是第一个剪辑的最后一帧，右侧显示的是第二个剪辑的第一帧。进行修剪时，画面会动态更新。

图8-33

5. 释放鼠标，完成编辑。

经过修剪，SHOT7 剪辑变长了，而且其后剪辑也一起向右移动。再次播放序列，查看前后衔接是否平滑，如图 8-34 所示。

图8-34

使用键盘组合键执行波纹编辑

当修剪剪辑时，使用Ripple Edit Tool（波纹编辑工具）可以更好地控制修剪过程。此外，Premiere Pro还为我们提供了两个有用的键盘组合键来执行同样的修剪调整，它们都是基于时间轴面板中播放滑块的位置的。

这些组合键要正常工作，必须开启时间轴面板中相应的轨道指示器。只有开启了轨道指示器的轨道才能执行修剪操作。

在时间轴面板中，把播放滑块移动到某个剪辑（或剪辑的多个图层）上，然后按如下组合键之一。

Q：对剪辑做波纹修剪，修剪范围是从剪辑的开头到播放滑块所在的位置。

W：对剪辑做波纹修剪，修剪范围是从剪辑的末尾到播放滑块所在的位置。

这种剪辑修剪方式速度很快，适合用在视频的早期编辑中，尤其是你只想删除剪辑的头尾部分时。

6. 再次修剪，把 SHOT7 剪辑加长到 +2:00 秒，播放介于 SHOT7 和 SHOT8 之间新增加的部分。

> **Pr** 提示：按住 Command（macOS）或 Ctrl（Windows）键，可以临时把选择工具变为波纹编辑工具。请一定要确保单击的是剪辑的一端，避免执行滚动编辑（后面讲解）。

当修剪之后，画面中出现轻微的摄像机晃动问题，接下来，我们对此进行处理。

8.8.2 执行滚动编辑

使用 Ripple Edit Tool（波纹编辑工具）会改变序列的总长度。这是因为当一个剪辑加长或缩短时，序列中其他剪辑会一起向加长或缩短方向移动，从而增加或缩短整个序列的长度。

同样，Rolling Edit（滚动编辑）也会改变序列中剪辑的时间关系，但它不会改变序列的总长度。

在做滚动编辑时，序列的总长度保持不变。在使用滚动编辑缩短一个剪辑的长度时，另一个剪辑会同时增长相同的帧数。

> **Pr** 注意：有时，滚动编辑修剪也叫双滚动修剪（double-roller 或 dual-roller trim）。

例如，当使用 Rolling Edit（滚动编辑）工具把一个剪辑加长 2 秒时，其相邻剪辑会相应地缩短 2 秒。

> **Pr** 提示：把时间轴面板放大，方便做更精确的调整。

1. 继续使用 11 Ripple Edit 序列。

该序列中包含几个剪辑，并且有足够的闲余帧来做滚动编辑。

Pr | 注意：在修剪剪辑时，你可以把一个剪辑的持续时间修剪为 0，即将其从时间轴上删除。

2. 在工具面板中，把鼠标移动到 Ripple Edit Tool（波纹编辑工具，）之上，按下鼠标左键，在弹出菜单中，选择 Rolling Edit Tool（滚动编辑工具， ）。

3. 把鼠标放到 SHOT7 和 SHOT8 之间的编辑点上（时间轴上最后两个剪辑）。向左拖曳编辑点，同时查看节目监视器中的分屏（见图 8-35），找到衔接这两个镜头的最佳位置，同时确保删除画面中摄像机的抖动。

Pr | 提示：滚动编辑工具的键盘组合键为 N。

图8-35

Pr | 注意：在"选择工具"处于选中的状态下，按住 Command（macOS）或 Ctrl（Windows）键，可以临时将其变为 Ripple Edit Tool（波纹编辑工具）或 Rolling Edit Tool（滚动编辑工具）。

使用"滚动编辑工具"，把编辑点向左拖曳 –01:20（1 秒 20 帧）。你可以参照节目监视器中的时间码或时间轴面板中弹出的时间码找到目标位置，如果你预先放置好了播放滑块，向左拖曳时会自动对齐到播放滑块所在的位置。

8.8.3 执行外滑编辑

外滑修剪会以相同的改变量同时改变序列剪辑的入点和出点，从而把可见内容滚动到适当的位置。

由于外滑修剪对剪辑的起点与终点的改变量相同，所以它不会改变序列的持续时间。就这一点来说，它与前面讲解的滚动修剪是一样的。

外滑修剪只修剪你选择的剪辑，其前后的相邻剪辑不会受到影响。使用 Slip Tool（外滑工具）调整剪辑有点类似于移动传送带：时间轴上剪辑中的可见内容发生了变化，但是剪辑的长度和序列长度都不发生变化。

1. 继续使用 11 Ripple Edit 序列。

2. 选择 Slip Tool（外滑工具，），其键盘组合键为 Y。

3. 向左和右拖动 SHOT5。

4. 边做外滑编辑边看节目监视器。

在图 8-36 中，上面两个小图显示的是 SHOT4（SHOT5 前一个剪辑）的出点和 SHOT6（SHOT5 后一个剪辑）的入点，它们不会受到影响。下面两个大图显示的是 SHOT5（当前你正在调整的剪辑）的入点和出点，这两个编辑点的确发生了变化。

SHOT4 出点（未改变）　　　　　　　　　　　　　SHOT6入点（未改变）

00:00:03:21　　　　　　00:00:08:08

SHOT5入点（改变了）　　　　　　　　SHOT5出点（改变了）

图8-36

外滑修剪工具很值得你花时间认真掌握一下，对于剪辑动作镜头，调整各镜头的时间安排，它是一个非常高效的工具。

8.8.4　执行内滑编辑

内滑工具不会改变剪辑的持续时间，但是会以相同的改变量沿相反方向改变剪辑的出点（向左）和入点（向右）。它是另外一种形式双滚动修剪。

由于内滑工具会以相同的帧数改变其他剪辑，所以序列的总长度不会发生变化。

1. 继续使用 11 Ripple Edit 序列。

2. 在工具面板中，把鼠标移动到 Slip Tool（外滑工具）图标（）上，单击鼠标左键，在弹出菜单中，选择 Slide Tool（内滑工具，），其键盘组合键为 U 键。

3. 把 Slide Tool（内滑工具）放到序列中第二个剪辑（SHOT2）的中间位置上。

4. 向左或右拖曳剪辑。

5. 边拖曳边查看节目监视器。

图 8-37 的上面两个图显示的是 SHOT2（你正在拖动的剪辑）的入点和出点。它们没有发生变化，因为你并没改动 SHOT2 中选择的部分。

图 8-37 的下面两个大图显示的是 SHOT1（SHOT2 前面一个剪辑）的出点和 SHOT3（SHOT2 后面一个剪辑）的入点，当你在这两个相邻剪辑上滑动所选剪辑时，这两个编辑点都发生了变化。

图8-37

8.9　在节目监视器中修剪

如果你想对修剪做更多控制，可以使用节目监视器的修剪模式。在该模式下，你可以同时看到修剪的转入帧和转出帧，并且有专门的按钮用来做精确调整。

在把节目监视器设置为修剪模式之后，按空格键会循环播放编辑点周围的部分。这样，你可以不断进行调整，并随时查看调整结果。

使用节目监视器修剪模式的控件，你可以做以下 3 种修剪，这些修剪前面刚学过。

- 常规修剪：这种基本修剪会移动所选剪辑的边缘，它只修剪编辑点的一侧，会把所选编辑点沿着序列向前或向后移动，但不会移动其他任何一个剪辑。

- 滚动修剪：滚动修剪会移动一个剪辑的尾部及其相邻剪辑的头部。它允许你调整编辑点（前提是有手柄）。执行滚动修剪不会留下间隙，序列的持续时间也不会发生变化。

- 波纹修剪：波纹修剪会向前或向后移动所选剪辑的边缘。编辑点后面的剪辑会跟随一起移动以封闭间隙或者增加剪辑的长度。

8.9.1　在节目监视器中使用修剪模式

在修剪模式下，节目监视器的某些控件会发生改变，以便帮助用户专注于修剪。为了进入修剪模式，你需要使用以下 3 种方法之一选择两个剪辑之间的编辑点以激活它。

- 使用选择工具或修剪工具，双击时间轴上的编辑点（位于剪辑的左端或右端）。

- 在轨道指示器处于启用的状态下，按 Shift+T 组合键，Premiere Pro 会把播放滑块移动到最近的编辑点，并且在节目监视器中打开修剪模式。

- 使用波纹编辑工具或滚动编辑工具拖选一个或多个编辑点，此时节目编辑器会进入修剪模式。

> **提示**：此外，你还可以按住 Command 键（macOS）或 Ctrl 键（Windows），使用选择工具拖选编辑点，此时节目编辑器也会进入修剪模式。

当进入修剪模式后，你会在节目监视器中看到两个视频剪辑画面。左侧显示的是转出剪辑（又叫 A 边），右侧显示的是转入剪辑（也叫 B 边）。在两个视频画面之下有 5 个按钮和两个指示器（见图 8-38）。

各项解释在下一页。
A 出点变换
B 大幅向后修剪
C 向后修剪
D 应用默认过渡到选择项
E 向前修剪
F 大幅向前修剪
G 入点变换

图8-38

A：Out Shift counter（出点变换）显示 A 边出点有多少帧改变了。

B：Trim Backward Many（大幅向后修剪）向后修剪多个帧，具体修剪的帧数由"首选项"的"修剪"中的 Large Trim Offset（大修剪偏移）设定。

C：Trim Backward（向后修剪）执行向后修剪，每次向左调整一帧。

D：Apply Default Transitions to Selections（应用默认过渡到选择项）应用默认过渡效果（通常是溶解）到视频和音频轨道（它们的编辑点被选中）。

E：Trim Forward（向前修剪）类似于"向后修剪"，但每次把编辑点向右移动一帧。

F：Trim Forward Many（大幅向前修剪）类似于"大幅向后修剪"，但它每次向右调整多个帧。

G：In Shift counter（入点变换）显示 B 边入点有多少帧改变了。

8.9.2 在节目监视器中选择修剪方法

前面我们已经学习了 3 种修剪方法（常规修剪、滚动修剪、波纹修剪）。使用节目监视器中的修剪模式会让修剪变得更简单，因为你能立刻看到修剪结果。在节目监视器的修剪模式下，拖曳时都能精确地控制，无论时间轴面板的视图如何缩放：即使时间轴面板缩放到很小，你仍然能够在节目监视器的修剪模式下做精确到帧级别的修剪。

1. 打开 12 Trim View 序列。

2. 按住 Option（macOS）或 Alt（Windows）键，使用"选择工具"（键盘组合键 V），双击序列中第一个视频剪辑和第二个视频剪辑之间的视频编辑点。同时按住 Option（macOS）或 Alt（Windows）键可以只选择视频编辑点，而不改动音频轨道。

3. 在节目监视器中，把鼠标放到剪辑 A 和 B 的图像上（但不要单击）。

从左到右移动鼠标光标时，你会看到工具从修剪出点（左）变到滚动修剪（中）再到修剪入点（右）。

4. 在节目监视器中，在两个剪辑之间拖动，执行滚动编辑修剪。

不断拖动，直到节目监视器右下角（剪辑 B 的画面中）显示的时间为 01:26:59:01，如图 8-39 所示。

图8-39

5. 按键盘上的向下箭头键 3 次，跳到第三个剪辑和第四个剪辑之间的编辑点（音频轨道上两个音频剪辑之间算作一跳）。

转出镜头太长了，以至于在画面中演员坐下了两次。

> **Pr** **注意**：单击 A 边或 B 边可以切换当前修剪的是哪一边。在中间单击会切换为滚动编辑。

6. 当在节目监视器中做拖动修剪时，工具的颜色指示你要做的是哪种修剪。红色代表常规修剪，黄色代表波纹修剪。

按住 Command 键（macOS）或 Ctrl 键（Windows），在节目监视器中单击其中一个画面，可以快速更改修剪类型。单击后，你需要移动鼠标，才能更新工具的颜色。

现在，按住 Command 键（macOS）或 Ctrl 键（Windows），在节目监视器中单击其中一个画面，直到修剪工具图标变为黄色（见图 8-40），这表示你选择了波纹修剪工具。

图8-40

7. 在转出剪辑（位于节目监视器左侧）上，向左拖动，缩短剪辑长度。

如图 8-41 所示，确保左侧画面中显示的时间是 01:54:12:18。

图8-41

8. 按空格键，进行播放。注意播放会循环进行，方便你仔细查看。

修饰键

你可以使用多个修饰键来调整修剪选择。

- 选择剪辑时同时按住Option键（macOS）或Alt键（Windows）会临时断开序列中视频剪辑和音频剪辑之间的链接。
- 按下Shift键，选择多个编辑点。你可以同时修剪多个轨道或剪辑。只要看到有修剪手柄的地方，你就可以进行修剪调整。
- 组合使用这两种修饰键，可以做出更高级的修剪选择。

8.9.3 执行动态修剪

大多数修剪工作调整的是剪辑的节奏。从许多方面来说，为一个切换镜头安排一个最佳时间是让视频编辑上升为一门艺术的关键所在。

在修剪模式下，按空格键可以循环播放，这让我们可以更方便地调整修剪的时间点。此外，你还可以使用键盘组合键或按钮在序列实时播放时进行修剪。

1. 继续使用 12 Trim View 序列。

2. 按键盘上的向下箭头键，移动到下一个视频编辑点，即位于第 4 个和第 5 个视频剪辑之间的编辑点。设置修剪类型为滚动修剪。

在编辑点之间切换时，你可以留在修剪模式之下（见图 8-42）。

3. 按空格键，循环播放。

你会看到循环播放会持续几秒，而且在播放剪辑的前后都有镜头呈现。这有助于你了解编辑的内容。

图8-42

4. 循环播放期间，请尝试使用前面学过的方法调整修剪。

修剪模式视图底部的 Trim Forward（向前修剪）与 Trim Backward（向后修剪）按钮用起来非常方便。在播放剪辑期间，你可以使用它们对修剪进行调整。

接下来，我们尝试使用键盘进行动态控制。控制播放时使用的 J、K、L 键同样可以用来控制修剪。

5. 按 Stop 或空格键，停止循环播放。

6. 按 L 键，向右修剪。

按一次进行实时修剪。多次按 L 键，可以加快修剪。

在常规修剪模式下，若修剪一个剪辑会延伸到下一个剪辑，则修剪将无法进行。在波纹修剪模式下，剪辑会进行移动以便容纳新剪辑的持续时间。

这些剪辑都非常短，所以你可以快速修剪完。接下来，让我们修剪得更精确一些。

7. 按 K 键，停止修剪。

8. 按住 K 键，按 J 键缓慢向左修剪。

9. 释放两个键，停止修剪。

10. 在时间轴中，单击其他地方，取消选择编辑点，退出修剪模式。

8.9.4 使用键盘修剪

修剪时，常用的键盘组合键整理如下所示。

MacOS	Windows
向后修剪：Option+ 左箭头	向后修剪：Ctrl+ 左箭头
大幅向后修剪：Option+Shift+ 左箭头	大幅向后修剪：Ctrl+Shift+ 左箭头
向前修剪：Option+ 右箭头	向前修剪：Ctrl+ 右箭头
大幅向前修剪：Option+Shift+ 右箭头	大幅向前修剪：Ctrl+Shift+ 右箭头
将剪辑选择项向左内滑 5 帧：Option+Shift+，（逗号）	将剪辑选择项向左内滑 5 帧：Alt+Shift+,（逗号）
将剪辑选择项向左内滑 1 帧：Option+，（逗号）	将剪辑选择项向左内滑 1 帧：Alt+,（逗号）
将剪辑选择项向右内滑 5 帧：Option+Shift+.（句号）	将剪辑选择项向右内滑 5 帧：Alt+Shift+.（句号）
将剪辑选择项向右内滑 1 帧：Option+.（句号）	将剪辑选择项向右内滑 1 帧：Alt+.（句号）
将剪辑选择项向左外滑 5 帧：Command+Option+Shift+ 左箭头	将剪辑选择项向左外滑 5 帧：Ctrl+Alt+Shift+ 左箭头
将剪辑选择项向左外滑 1 帧：Command+Option+ 左箭头	将剪辑选择项向左外滑 1 帧：Ctrl+Alt+ 左箭头
将剪辑选择项向右外滑 5 帧：Command+Option+Shift+ 右箭头	将剪辑选择项向右外滑 5 帧：Ctrl+Alt+Shift+ 右箭头
将剪辑选择项向右外滑 1 帧：Command+Option+ 右箭头	将剪辑选择项向右外滑 1 帧：Ctrl+Alt+ 右箭头

8.10　复习题

1. 把剪辑的播放速度更改为 50%，会对剪辑的持续时间有什么影响？

2. 哪种工具可以用来拉伸序列剪辑，以改变它的播放速度？

3. 内滑编辑和外滑编辑有何不同？

4. 替换剪辑和替换素材有何不同？

8.11　复习题答案

1. 剪辑的持续时间是原来的两倍。降低剪辑的播放速度将使剪辑变长，除非你在 Clip Speed/Duration（剪辑速度 / 持续时间）对话框中断开了速度和持续时间之间的链接，或者剪辑被另一个剪辑遮挡了。

2. 你可以使用 Rate Stretch Tool（比率拉伸工具）调整剪辑播放速度，就像在修剪剪辑一样。当你需要填充序列中一小段时间或稍微缩短一下剪辑时，这个工具非常有用。

3. 在相邻剪辑上对一个剪辑执行内滑操作时，Premiere Pro 会保留所选剪辑的源入点和出点。在相邻剪辑之下对一个剪辑执行外滑操作（或者像传送带一样滚动内容）时，所选剪辑的入点和出点会发生变化。

4. 在替换剪辑时，Premiere Pro 会使用项目面板中的新剪辑替换掉时间轴上的一个序列剪辑。在替换素材时，Premiere Pro 会使用新的源剪辑替换项目面板中的剪辑，并且项目中所有用到该剪辑实例的序列都会被更新。在这两种情况下，应用到被替换剪辑的效果都会被保留。

第 9 课 让剪辑动起来

课程预览

本课学习如下内容：

· 调整剪辑的运动效果；

· 更改剪辑尺寸、添加旋转效果；

· 调整锚点改善旋转效果；

· 使用关键帧插值；

· 使用阴影和边缘斜面增强运动效果。

　　学完本课大约需要 75 分钟。请先下载本课的课程文件，并把课程文件存放到计算机中便于使用的位置上。

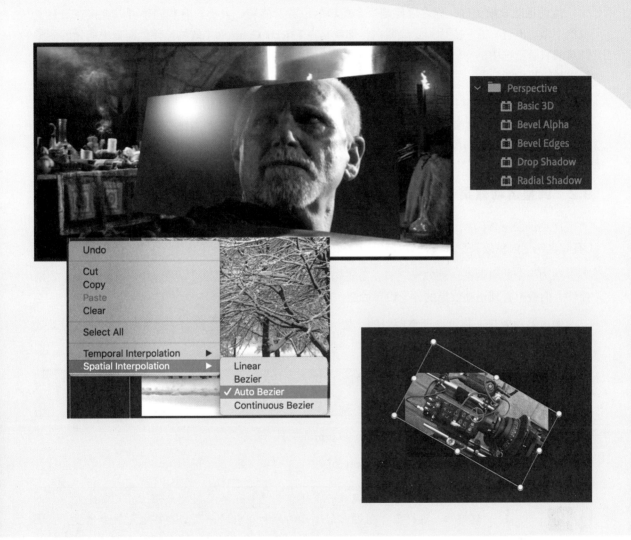

运动效果控件可以用来为剪辑添加运动效果,即让一个图形动起来或者动态调整视频剪辑的尺寸和位置。在 Premiere Pro 中,你可以使用关键帧动态改变一个对象的位置,并通过控制关键帧的解释方式来增强运动效果。

9.1 课程准备

视频项目通常都是面向动态图形的，常见的复杂合成都是由多个镜头组合而成的，并且它们通常都是动态运动的。例如，有多个视频剪辑流过浮动的盒子，或者看到一个视频剪辑缩小后停在主持人旁边。在 Premiere Pro 中，你可以使用 Effects Controls（效果控件）面板中的 Motion（运动）设置或大量支持运动设置的剪辑效果来创建这些及其他效果。

借助运动效果控件，你可以控制一个剪辑的位置、旋转、大小。有些调整可以直接在节目监视器中做。不过，有一点你一定要明白，那就是在 Effects Controls（效果控件）面板中所做的调整针对的只是已选中的剪辑，而非它所在的序列。你可以把 Sequence（序列）菜单中的"序列设置"看成是输出设置。

关键帧是一种特殊的标记，它把设置保存在特定时间点上。如果添加了两个（或更多）关键帧，Premiere Pro 会自动在它们之间做动态调整设置。你可以使用高级控件对使用了不同类型关键帧的动画的时间进行控制。

9.2 调整运动效果

在 Premiere Pro 中，序列中每个视频剪辑都自动应用了许多效果，这些效果被称为"固定效果"（有时也叫"内在效果"）。运动效果就是其中之一。

在为一个剪辑调整运动效果之前，需要先在序列中选中它，然后才能在 Effects Controls（效果控件）面板中看到运动效果的各个设置参数。

通过运动效果，你可以调整剪辑的位置、缩放、旋转。下面让我们一起了解如何使用运动效果来调整序列中剪辑的位置。

> **Pr** 提示：不同于其他效果控件，如果你展开或折叠运动效果的设置，则所有剪辑的设置都会保持展开或折叠状态。

1. 打开 Lesson 09 文件夹中的 Lesson 09.prproj 文件。

2. 把项目另存为 Lesson 09 Working.prproj。

> **Pr** 提示：在处理项目时，你实际操作的是使用新名称保存的项目文件，原有项目文件不会受到影响，这样当你想返回到项目的最初状态时，只需要再次复制原始项目文件即可。

3. 在工作区面板中，选择 Effects（效果），或者从菜单栏中，依次选择 Window（窗口）> Workspaces（工作区）> Effects（效果），重置工作区。

4. 打开 01 Floating 序列。这个序列很简单，只包含一个剪辑（Gull.mp4）。

5. 如图 9-1 所示，在节目监视器中，从 Select Zoom Level（选择缩放级别）菜单中，选择 Fit（适合），保证设置视觉效果时可以看到整个合成。使用 Select Zoom Level（选择缩放级别）菜单不会改变序列内容，只是改变内容的呈现方式。在查看图像细节或设置效果时，Select Zoom Level（选择缩放级别）菜单会非常有用，但一般来说，把它设置为 Fit（适合）就够用了。

6. 播放序列。

从播放中可以看到剪辑的位置、缩放、旋转属性都发生了变化。我们向剪辑添加了关键帧，并在不同时间点做了不同设置，所以剪辑就动了起来。

图9-1

9.2.1　理解运动设置

尽管这些控件都称为 Motion（运动），但是如果你不添加它，就不会有运动效果。默认情况下，剪辑会以原始尺寸显示在节目监视器的中央位置。先在序列中选择剪辑，再在 Effects Controls（效果控件）面板的 Video Effects（视频效果）下，单击 Motion（运动）左侧的箭头图标（见图 9-2），将其展开，显示所有可用设置，如下所示。

图9-2

- Position（位置）：沿着 x 轴（水平方向）和 y 轴（垂直方向）放置剪辑。位置坐标根据图像左上角的锚点（稍后讲解）位置计算得到。因此，对于一个 1280×720 的剪辑来说，其默认位置是 640，360，也就是说图像的中心点。

- Scale（缩放）：当取消选择 Uniform Scale（等比缩放）时，显示的是 Scale Height（缩放高度），在默认情况下，剪辑的缩放值为 100%。输入小于 100% 的值，会缩小剪辑；输入大于 100% 的值，会放大剪辑。虽然你可以把剪辑放大到 10000%，但是这样做会让画面显得模糊不清晰。

- Scale Width（缩放宽度）：当取消选择 Uniform Scale（等比缩放）时，Scale Width（缩放宽度）才可用。你可以单独修改剪辑的宽度和高度。

- Rotation（旋转）：你可以绕着 z 轴旋转一副图像——平面旋转（就像从上往下俯瞰转盘或旋转木马）。你可以输入旋转的度数或旋转数。例如，450° 和 1×90（1 代表 1 圈，即 360°，90 表示再加上 90°）所表达的含义是一样的。正数表示沿顺时针方向旋转，负数表示沿逆时针方向旋转。

- Anchor Point（锚点）：旋转和位置移动都是基于锚点进行的，默认情况下，锚点位于剪辑的中心。你可以把其他任意一个点设置为锚点，包括剪辑 4 个角点，以及剪辑之外的点。

例如，你可以把剪辑的一个角点设置成锚点，这样当你旋转剪辑时，剪辑将绕着那个角点而非剪辑的中心点旋转。当改变了剪辑的锚点之后，你必须重新调整剪辑的位置以适应所做的调整。

提示：就像其他运动控制项一样，我们可以为锚点位置添加动画，以便实现更复杂的运动。

- Anti-flicker Filter（防闪烁滤镜）：这个功能对于隔行扫描视频剪辑和包含丰富细节（例如细线、锐利边缘、产生摩尔纹的平行线）的图像很有用。在运动过程中，这些包含丰富细节的图像可能会发生闪烁。此时，你可以把"防闪烁滤镜"值设置为 1.00，向图像中添加一点模糊以减少闪烁。

注意：如果包含效果控件面板的面板组太窄，有些控件就会重叠在一起，使得我们很难和它们进行交互。若遇到这种情况，在使用效果控件面板之前，请先把面板组拓宽一些。

下面我们继续使用 01 Floating 序列，继续了解一下运动效果的各个控制项。

1. 在时间轴面板中，单击一下剪辑，使其处于选中状态。

2. 打开 Effects Controls（效果控件）面板。重置 Effects（效果）工作区后，你就应该能看到 Effects Controls（效果控件）面板。如果没有看到，请在 Windows（窗口）菜单中查找它。

3. 在 Effects Controls（效果控件）面板中，单击 Motion（运动）左侧的箭头图标（▶），将运动效果的控件展开。

4. 如图 9-3 所示，在 Effects Controls（效果控件）面板右上侧有一个小箭头图标（▶）（位于主剪辑名和序列剪辑名右侧），用来显示 / 隐藏时间轴视图。检查时间轴视图是否处于打开状态。

若没有，请单击箭头图标，把时间轴视图显示出来。效果控件面板的时间轴中显示有关键帧。

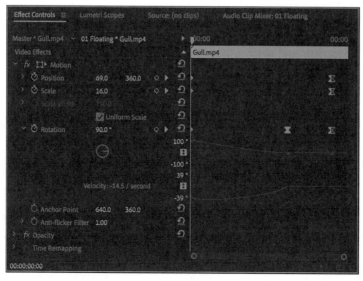

图9-3

5. 每个设置控件都有自己的关键帧。如图 9-4 所示，单击 Go To Previous Keyframe（转到上一关键帧）或 Go To Next Keyframe（转到下一关键帧）箭头，在特定控件的现有关键帧之间进行跳转。

图9-4

> 注意：把播放滑块移动到指定关键帧处并不容易。使用上一个 / 下一个关键帧按钮可以防止你意外添加关键帧。你可以指定键盘组合键，把播放滑块快速移动到上一个关键帧或下一个关键帧。

6. 在效果控件面板、时间轴面板、节目监视器面板中，向前与向后拖曳播放滑块，了解关键帧标记的位置是如何关联动画的。

现在，你已经知道了如何查看现有动画的设置。接下来，让我们先把剪辑重置一下。

7. 每个设置左侧都有一个名为 Toggle Animation（切换动画）的秒表图标（），用来打开或关闭动画。当秒表显示为蓝色时，表明该设置上有关键帧动画。单击 Position（位置）属性左侧的秒表图标，可以关闭关键帧。

8. 因为 Position（位置）属性上有关键帧，所以 Premiere Pro 会弹出警告窗口，询问你是否要删除现有关键帧（见图 9-5）。单击 OK（确定）按钮，删除现有关键帧。

9. 使用同样方法，删除 Scale（缩放）和 Rotation（旋转）属性上的关键帧。

10. 在效果控件面板中，单击 Motion（运动）右侧的 Reset Effects（重置效果）按钮（）。

> Pr 注意：每个控件都有单独的 Reset（重置参数）按钮（见图 9-6）。按 Reset Effects（重置效果）按钮，每个控件都会回到默认状态。

图9-5

图9-6

现在，Motion（运动）效果的所有设置都恢复到了默认值。

> Pr 注意：当 Toggle Animation（切换）按钮处于开启状态时，单击 Reset（重置参数）按钮不会改变现有关键帧，而是使用默认设置添加一个新的关键帧。为了避免这种情况，在重置效果之前，请一定要先关闭动画。

9.2.2 调整运动属性

Position（位置）、Scale（缩放）、Rotation（旋转）属性都是空间属性，当对象的尺寸、位置发生变化时，你能轻松地看出来。在调整这些属性时，你可以直接输入数值，也可以拖曳数字（即在蓝色数字上拖动）或变形控件。

1. 打开 02 Motion 序列。

2. 在节目监视器中，把缩放级别设置为 25% 或 50%（或者其他你能看到周围空间的缩放值）。

像这样，把缩放级别设置得小一些，可以很容易找到画面之外的项目。

3. 在时间轴面板中，拖动序列上的播放滑块，使视频剪辑的内容在节目监视器中显示出来。

4. 在序列中，单击剪辑，将其选中，此时在 Effects Controls（效果控件）面板中显示出其应用的视频效果。

5. 在 Effects Controls（效果控件）面板中，单击 Motion（运动）效果，选中它。

当选中运动效果时，在节目监视器中，剪辑的周围出现一个边框（见图 9-7），同时边框上出现多个控制点，而且在画面中心出现一个十字形图标。

图9-7

6. 在节目监视器中，单击边框中的任意位置，注意避开中心的十字图标（见图 9-8），按住鼠标左键，四处拖曳剪辑。

当你拖曳剪辑时，在 Effects Controls（效果控件）面板中，位置坐标会随之发生变化。

图9-8

7. 如图 9-9 所示，把剪辑放到屏幕的左上角上，使其中心点(▦)恰好与屏幕左上角的顶点重合。

> **注意**：有些效果（例如运动效果）在效果名称左侧会有一个变形图标（ ▣▸ ），这表明在单击效果名称后，你可以直接在节目监视器中通过变形框来调整剪辑的位置、缩放、旋转等属性。Corner Pin（边角定位）、Crop（裁剪）、Mirror（镜像）、Transform（变换）、Twirl（旋转扭曲）等效果都支持你这样操作。

中心的十字形图标是一个锚点，调整位置和旋转时会用到它。单击时，注意不要点到这个锚点，不然你移动的就是锚点了。

此时，在 Effects Controls（效果控件）面板中，Position（位置）的坐标值应该是（0，0），或是接近该坐标的值，具体的坐标值取决于你把剪辑的中心放到了什么地方。

02 Motion 是一个 720p 的序列，屏幕右下角的坐标应该是（1280，720）。

图9-9

> **注意**：在 Premiere Pro 使用的坐标系统中，屏幕的左上角是坐标原点（0，0），沿水平方向向右为 x 轴正半轴，沿垂直方向向下为 y 轴正半轴。位于坐标原点左上区域中的 x、y 值都是负值；位于坐标原点右下区域中的 x、y 值都是正值。

8. 单击 Reset（重置参数）按钮，把剪辑恢复到默认位置。

9. 在 Effects Controls（效果控件）面板中，把鼠标移动到 Rotation（旋转）右侧的蓝色数字上，按下鼠标左键，向左或右拖曳，此时在节目监视器中可以看到剪辑发生了相应的旋转（见图 9-10）。

> **提示**：在拖曳蓝色数字时，同时按住 Shift 键，以 10° 为单位改变旋转角度，每次调整的幅度变得更大。按住 Command 键（macOS）或 Ctrl 键（Windows），每次以 0.1° 为单位改变旋转角度，调整的精度更高。

图9-10

10. 在 Effects Controls（效果控件）面板中，单击 Motion（运动）右侧的 Reset（重置效果）按钮，把剪辑恢复到默认位置。

9.3 更改剪辑的位置、大小和旋转

改变剪辑的位置，让剪辑动起来只是运动效果的一个功能。除此之外，我们还可以通过运动效果改变剪辑的大小和旋转，而这正是运动效果如此有用的原因之一。在接下来的例子中，我们将使用运动效果为幕后花絮制作一个简单的介绍片段。

9.3.1 更改位置

首先，我们使用关键帧为图层位置制作动画。为此，你要做的第一件事就是改变剪辑的位置。在这个动画中，最初画面在屏幕之外，然后自右向左穿过屏幕。

1. 打开 03 Montage 序列。

这个序列包含几个轨道，其中有些目前还用不到，后面我们会用它们。

2. 把播放滑块放到序列开头。

3. 在节目监视器中，把缩放级别设置为 Fit（适合）。

4. 如图 9-11 所示，单击轨道 V3 上的第一个视频剪辑，将其选中。

为了看得更清楚一些，你可以把轨道 V3 的高度增加一点。

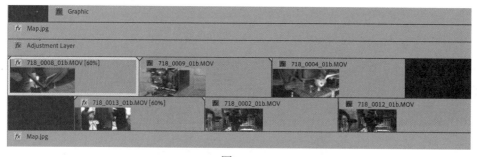

图9-11

此时，在 Effects Controls（效果控件）面板中，你可以看到各种效果的设置属性。

5. 在 Effects Controls（效果控件）面板中，单击 Position（位置）左侧的秒表图标（⏱，切换动画），打开该属性的关键帧，并在播放滑块所在的位置自动添加一个关键帧（◆），你可以在 Effects Controls（效果控件）面板中看到它。关键帧图标只显示一半，这是因为它位于剪辑的第一帧上。

打开 Position（位置）的关键帧动画之后，当你改变剪辑的位置时，Premiere Pro 会自动添加（或更新）一个关键帧。

6. Position（位置）属性有两个值，第一个是 x 轴坐标，第二个是 y 轴坐标。请把第一个值更改为 −640（x 坐标），指定剪辑的起始位置。

此时，剪辑向左移动到屏幕之外，同时 V1 和 V2 轨道上的剪辑显露出来。

当所选剪辑移出屏幕之外时，轨道 V1 上的剪辑 Map.jpg 显露出来（见图 9-12）。

图9-12

7. 在 Timeline（时间轴）面板或 Effects Controls（效果控件）面板中，把播放滑块拖曳到所选剪辑的最后一帧（00:00:4:23）。

8. 如图 9-13 所示，向 Position（位置）属性的 x 坐标输入 1920，剪辑向右移出屏幕边缘。

图9-13

当一个属性有两个值时，它们通常分别表示 x 轴坐标和 y 轴坐标。

9. 从头开始播放序列，可以看到第一个剪辑从屏幕左侧进入，而后慢慢向右移动，直到移出屏幕右边缘。

然后，V3 轨道上的第二个剪辑突然出现。接下来，我们将为这个剪辑和其他文本制作动画。

9.3.2 重用运动设置

前面我们已经向一个剪辑应用了关键帧和效果，你可以把它们重用到其他剪辑上，操作的时候也很简单，你只需要把它们从一个剪辑复制粘贴到另一个或多个剪辑上即可，这样做可以大大节省操作时间。在接下来的例子中，我们将把前面制作的从左到右的移动动画效果应用到项目的其他剪辑上。

重用效果的方法有好几种，下面我们选择其中一种方法尝试一下。

1. 在时间轴面板中，选择刚刚制作好动画的那个剪辑，即 V3 轨道上的第一个剪辑。

2. 在菜单栏中，依次选择 Edit（编辑）> Copy（复制）菜单。

此时，所选剪辑连同它的效果、设置都被临时复制到计算机的剪贴板之中。

3. 使用 Selection Tool（选择工具，V），从右向左拖曳鼠标，把 V2、V3 两个轨道上的其他 5 个剪辑同时选中（你可能需要把时间轴放大一些才能看到所有剪辑）。当然，你还可以按住 Shift 键，单击 5 个剪辑中的第一个和最后一个，从而把它们同时选中（见图 9-14）。

图9-14

4. 在菜单栏中，依次选择 Edit（编辑）> Paste Attributes（粘贴属性）菜单，打开 Paste Attributes（粘贴属性）对话框。

如图 9-15 所示，在 Paste Attributes（粘贴属性）对话框中，你可以选择要粘贴复制自另一个剪辑的哪些效果和关键帧。

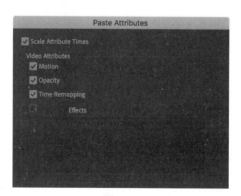

图9-15

> **注意**：除了在时间轴面板中复制整个剪辑之外，你还可以在效果控件面板中单击选择一个或多个效果，同时按住 Command 键（macOS）或 Ctrl 键（Windows）单击，可以选择多个不相邻的效果，而后从菜单栏中，依次选择 Edit（编辑）> Copy（复制）菜单。然后选择另一个（或多个）剪辑，在菜单栏中，依次选择 Edit（编辑）> Paste（粘贴）菜单，把效果粘贴到其他剪辑。

5. 保持默认设置不变，单击 OK（确定）按钮。

6. 播放序列，查看结果如图 9-16 所示。

图9-16

9.3.3　添加旋转并更改锚点

前面我们已经使用 Position（位置）属性关键帧让剪辑在屏幕上动起来了，接下来我们将使用另外两个属性来进一步增强剪辑的动态效果。让我们先从 Rotation（旋转）属性做起。

Rotation（旋转）属性可以让一个剪辑围绕着它在 z 轴上的锚点旋转。默认情况下，锚点位于图像中心。不过，你可以更改锚点和图像之间的关系，以制作出更有趣的动画。

下面，我们为剪辑添加旋转效果。

1. 在 Timeline（时间轴）面板中，单击 V6 轨道上的 Toggle Track Output（切换轨道输出）按钮（▦）启用它（◉）。该轨道上的剪辑是一个文本图形，包含的文本是 Behind The Scenes。

因为这个文本图形是在 Premiere Pro 中使用基于矢量的设计工具创建的，所以不管如何缩放，它总是清晰的，并且其中的曲线非常平滑，不会有像素化问题。处理矢量图形与非矢量图形的方式类似，你可以使用相同的控件、效果和调整工具。

2. 把播放滑块移动到图形剪辑的起始位置（00:00:01:13）。当拖动播放滑块时，同时按住 Shift 键，当播放滑块靠近剪辑起始位置时会自动吸附到起始位置上。

3. 在序列中，选择图形剪辑。此时，在 Effects Controls（效果控件）面板中可以看到图形剪辑的各个控件。

针对矢量图形，Premiere Pro 提供了如下两种运动效果。

- Motion（运动）：该效果会把图形内容看成是由像素组成的，当放大图形时，像素尺寸会增加，这会产生锯齿状边缘，并使图形变得模糊不清。

- Vector Motion（矢量运动）：这种效果会把图形内容看成是矢量组成的，当放大图像时，仍然保持清晰的线条，同时不会出现像素化问题。

4. 单击 Vector Motion（矢量运动），此时在节目监视器中，你会看到画面中心的锚点和周围的边框控件。锚点指的是圆圈内有一个十字形的图标（见图 9-17），请注意它的位置,它在文本的中心。

接下来，我们在 Effects Controls（效果控件）面板中调整 Rotation（旋转）属性，并查看调整结果。

图9-17

5. 单击 Vector Motion（矢量运动）左侧的箭头图标，将其下包含的控件展开，在 Rotation（旋转）属性中，输入 90.0。

此时，文本会围绕着屏幕中心顺时针旋转 90 度。

6. 在菜单栏中，依次选择 Edit（编辑）> Undo（撤销）菜单，取消旋转操作。

7. 在 Effects Controls（效果控件）面板中，确保 Vector Motion（矢量运动）仍然处于选中状态。

8. 如图 9-18 所示，在 Program Monitor（节目监视器）中，把锚点拖动到文本第一个字母 B 的左上角。

在 Effects Controls（效果控件）面板中，Position（位置）属性控制着锚点相对于序列帧的位置。Anchor Point（锚点）属性控制着锚点相对于剪辑图像的位置。

图9-18

在移动了图像中的锚点之后，Effects Controls（效果控件）面板中的 Position（位置）属性和 Anchor Point（锚点）属性都会发生变化。

9. 当前播放滑块应该还在剪辑的第一帧。在 Vector Motion（矢量运动）中，单击 Rotation（旋转）左侧的秒表图标，打开关键帧动画，Premiere Pro 会在播放滑块所在的位置自动添加一个关键帧。

10. 把 Rotation（旋转）设置为 90.0，更新你刚刚添加的关键帧。

11. 如图 9-19 所示，向前移动播放滑块到 00:00:06:00，把 Rotation（旋转）设置为 0.0。此时，Premiere Pro 会自动添加另一个关键帧。

12. 播放序列，查看动画效果。

图9-19

9.3.4 更改剪辑大小

更改序列中剪辑大小的方法有好几种。默认情况下，添加到序列中的剪辑都是原始尺寸大小（100%）。不过，你可以自己手动调整剪辑的大小，或者让 Premiere Pro 自动为你调整剪辑大小。

可选方法有以下几种。

- 在 Effect Controls（效果控件）面板中，使用 Motion（运动）或 Vector Motion（矢量运动）效果下的 Scale（缩放）属性。

- 若剪辑的帧大小与序列不同，请使用鼠标右键单击序列中的剪辑，在弹出菜单中，选择 Set To Frame Size（设为帧大小）。此时，Premiere Pro 会自动调整 Motion（运动）效果的 Scale（缩放）属性，使剪辑的帧大小和序列的帧大小保持一致。

- 若剪辑的帧大小与序列不同，请使用鼠标右键单击序列中的剪辑，在弹出菜单中，选择 Scale To Frame Size（缩放为帧大小）。这样得到的结果与 Set To Frame Size（设为帧大小）类似，不同的是 Premiere Pro 会使用新的（通常是较低的）分辨率对图像重新采样。此时，使用 Motion（运动）> Scale（缩放）把图像缩放回去，不管原始剪辑的分辨率有多高，图像看起来都会显得很模糊。

- 此外，你还可以选择 Premiere Pro CC > Preferences（首选项）> Media（媒体）> Default Media Scaling（默认媒体缩放）（macOS）或 Edit（编辑）> Preferences（首选项）> Media（媒体）> Default Media Scaling（默认媒体缩放）（Windows），把默认媒体缩放设置为 Scale To Frame Size（缩放为帧大小）或 Set To Frame Size（设置为帧大小），当向项目中导入素材时，Premiere Pro 会自动应用该设置，但是已经导入的素材不受影响。

在上面 4 种方法中，第一种和第二种方法灵活性最大，你可以使用它们根据需要灵活地缩放图像，同时又不会影响到图像质量。下面我们就一起试一试。

1. 打开 04 Scale 序列，如图 9-20 所示。

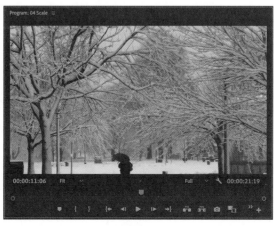

图9-20

2. 拖动播放滑块，浏览序列内容，如图 9-21 所示。

位于 V1 轨道上的第二个和第三个剪辑要比第一个剪辑长一些。事实上，在不丢帧的情况下播放如此高分辨率的剪辑对有些系统来说可能会很吃力，而且在画面边缘还可能出现明显的裁剪。

在时间轴面板中，把播放滑块移动到序列的最后一个剪辑上（V1 轨道上）。

图9-21

3. 使用鼠标右键单击剪辑，从弹出菜单中，选择 Scale To Frame Size（缩放为帧大小）。

在执行这个命令时，Premiere Pro 会根据序列的分辨率对图像进行缩放，同时对图像重新采样，这在一定程度上会造成画质损失。这里还有一个问题：剪辑是全 4K，分辨率为 4096 像素 ×2160 像素，因为图像不是标准的 16：9，这与序列的长宽比不匹配，所以你可以在图像的顶部和底部看到有黑条，这些黑条就是人们常说的"黑边"（letterboxing）。

当你使用的剪辑的长宽比和序列不一样时，就会出现"黑边"问题，这时你只能进行手工调整，此外没有别的更简单的办法。

4. 如图 9-22 所示，再次使用鼠标右键，单击剪辑，在弹出菜单中，再次选择 Scale To Frame Size（缩放为帧大小），取消它。你可以随时打开或关闭这个选项。

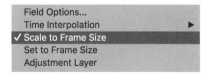

图9-22

5. 在剪辑处于选中的状态下，打开 Effects Controls（效果控件）面板。

6. 使用 Scale（缩放）属性调整帧大小，使剪辑图像和序列帧一致（见图 9-23），并且没有黑边。大约设置为 34% 就行。若需要，你可以选择其他宽高比，并调整 Position 属性来重新组织镜头。

图9-23

当缩放图像消除黑边时,需要裁切剪辑边缘。在宽高比不一致时,你要么缩放图像并裁剪图像边缘,要么在 Effects Controls 面板中取消 Uniform Scale(等比缩放)后改变图像的宽高比。

9.3.5 动态改变剪辑大小

在前面的例子中,剪辑图像的宽高比都与序列不同。

下面我们尝试做另一个例子,把调整处理成动画。

 注意:在 Effects Controls(效果控件)面板中,当某个属性的单位是像素、百分比、度数时,这些单位不会被明确指出来。你可能需要花点时间来适应,等有了一定经验之后,你会发现这样做很有意义。

1. 在时间轴面板中,把播放滑块移动到 04 Scale 序列中第二个剪辑的第一帧上,即 00:00:05:00 处。

这个剪辑是超高清(UHD)的,分辨率为 3840 像素 ×2160 像素,与序列(1280 像素 ×720 像素)的宽高比相同(16:9),它还与全 HD(1920 像素 ×1080 像素)的宽高比一样,这意味着 UHD 视频素材可以很方便地用在 HD 视频制作之中。

2. 选择剪辑,在 Effects Controls(效果控件)面板中,把 Scale(缩放)设置为 100%。

3. 在时间轴面板中,使用鼠标右键,单击剪辑,在弹出菜单中,选择 Set To Frame Size(设为帧大小)。

选择 Set To Frame Size(设为帧大小)后,Premiere Pro 会通过 Scale(缩放)属性重新调整剪辑尺寸,使其与序列帧保持一致(见图 9-24)。根据剪辑的图像大小和序列的分辨率,调整的量会有不同。

此时，剪辑被缩小到了 33.3%。若想画面周围不出现黑边，剪辑的缩放值必须设置在 33.3% ~ 100% 之间（见图 9-25），并且在这个缩放范围内，图像还保持着很好的质量。

图9-24

图9-25

4. 在 Effects Controls（效果控件）面板中，单击 Scale（缩放）左侧的秒表图标（切换动画， ），打开关键帧动画。

5. 把播放滑块放到剪辑的最后一帧上。

6. 在 Effects Controls（效果控件）面板中，单击 Scale（缩放）右侧的 Reset（重置参数）按钮（ ）。

7. 拖动播放滑块，浏览剪辑的缩放效果。

从预览中可以看到剪辑上有了一个缩放动画。而且由于剪辑的最大缩放不超过 100%，所以画面仍然保持着完整的分辨率（见图 9-26）。

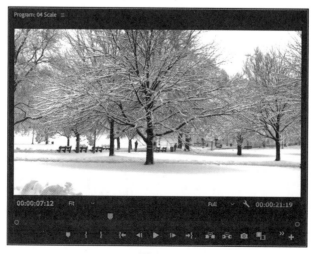

图9-26

8. 打开 V2 轨道的 Track Output（切换轨道输出）图标。

这个轨道上有一个调整图层。调整图层会把效果应用到低层视频轨道的所有素材上。

9. 选择 Adjustment Layer 剪辑，打开 Effects Controls（效果控件）面板，可以看到其上应用的各种效果。

除了 3 个通用的视频效果之外，还包括另外两个非常重要的视频效果（见图 9-27）：Black & White（黑白）、Brightness & Contrast（亮度与对比度）。其中，Black & White（黑白）用来去除图像中的颜色饱和度，Brightness & Contrast（亮度与对比度）用来增加对比度。关于调整图层的更多内容，我们将在第 12 课中学习。

图9-27

10. 播放序列。

你可能需要先渲染序列，然后才能实现平滑播放。因为有些剪辑的分辨率很高，播放时需要耗费大量的计算机处理能力。为了渲染序列，需要你先在时间轴面板中选择它，然后从菜单栏中，依次选择 Sequence（序列）> Render In To Out（渲染入点到出点）。

9.4 使用关键帧插值

前面我们学习使用关键帧来制作动画。"关键帧"（keyframe）这个术语来自于传统动画，在制作传统动画时，艺术总监绘制关键帧（或主动作），然后助理动画师绘制关键帧之间的帧，并让它们动起来。在 Premiere Pro 中制作动画时，你就是艺术总监，负责制作关键帧，关键帧之间的各个帧由计算机通过插值完成。

9.4.1 使用不同的关键帧插值方法

前面我们已经学习了如何使用关键帧来制作动画，但那只是关键帧强大功能的冰山一角。关键帧最有用但用的最少的一个功能是其插值方法。它一种描述从 A 点如何到 B 点的理想方式，类似于描述一个赛跑者从起跑线起跑时快速加速而后越过终点线后逐渐减速的过程。

Premiere Pro 为我们提供了 5 种插值方法，采用不同的插值方法会产生非常不同的动画。使用鼠标右键单击关键帧图标，在弹出菜单中（见图 9-28），你可以看到 5 种可用的插值方法（有些效果同时具有空间和时间选项）。

- Linear（线性，◆）：这是默认的关键帧插值方法，它会在关键帧之间创建一种匀速变化。变化从第一帧开始，并保持恒定速度到下一帧。在第二帧时，变化速度立即达到它和第三帧之间的速度，以此类推。这种方法很有效，但看起来有点机械。

- Bezier（贝塞尔曲线，▧）：这种方法对关键帧插值的控制最强。贝塞尔关键帧（以法国工程师 Pierre Bézier 的名字命名）提供了控制手柄，

图9-28

通过控制手柄，你可以更改关键帧任意一侧的值图（value graph）形状或运动路径。选中关键帧，拖曳出现的贝塞尔手柄，你可以做出平滑或尖锐的运动效果。例如，你可以让一个对象舒缓地移动到屏幕上的某一个位置，然后急剧地朝着另一个方向奔去。

- Auto Bezier（自动贝塞尔曲线， 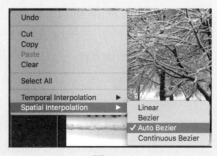）：自动贝塞尔关键帧能够让关键帧之间变化的速度很平滑。当你改变设置时，它们会自动更新，这是上面贝塞尔关键帧的一个改进版本。

> **提示**：如果你熟悉 Adobe Illustrator 或 Adobe Photoshop，那么你对贝塞尔曲线应该不会感到陌生。这些软件中的贝塞尔曲线和 Premiere Pro CC 中的贝塞尔曲线在工作原理上都是一样的。

- Continuous Bezier（连续贝塞尔曲线， ）：该方法与 Auto Bezier（自动贝塞尔曲线）类似，但是它支持一定程度的人工控制。运动或值路径（value path）的过渡总是很平滑，但是你可以使用控制手柄调整关键帧两侧的贝塞尔曲线的形状。

- Hold（定格， ）：该方法仅适用于基于时间的属性。在整个时间中，定格关键帧的值保持不变，并且无逐渐过渡。在创建不连贯的运动或者让某个对象突然消失时，这个方法会非常有用。在使用该方法时，第一个关键帧的值会一直保持，直到遇到下一个定格关键帧，值会立即发生变化。

时间插值与空间插值

有些属性和效果为关键帧之间的过渡同时提供了时间插值和空间插值方法（见图9-29）。在Premiere Pro中，所有属性都有与时间有关的控件，有些属性还提供空间插值（涉及空间或运动）。

关于这两种方法，你需要了解以下内容。

- 时间插值（Temporal Interpolation）：时间插值处理的是时间上的变化，它是一种用来确定对象移动速度的有效方式。例如，你可以使用名为Ease（缓和）或Bezier（贝塞尔）的特殊关键帧添加加速或减速效果。

- 空间插值（Spatial Interpolation）：该方法处理的是一个对象位置上的变化，它是一种在对象穿过屏幕时控制其路径形状的有效方式。该路径称为"运动路径"。例如，控制一个对象从一个关键帧移动到下一个关键帧时是否会产生硬角弹跳，或者是否有带圆角的倾斜运动。

图9-29

9.4.2　添加缓入缓出

为剪辑运动添加惯性感觉的一种快捷方法是使用关键帧预设。例如,使用鼠标右键单击关键帧,在弹出菜单中,选择 Ease In（缓入）或 Ease Out（缓出）,可以创建一种加速效果。Ease In（缓入）当接近关键帧时使用,Ease Out（缓出）当远离关键帧时使用。

继续使用 04 Scale 序列。

1. 选择序列中的第二个视频剪辑。

2. 在 Effects Controls（效果控件）面板中, 找到 Rotation（旋转）和 Scale（缩放）属性。

3. 如图 9-30 所示, 单击 Scale（缩放）左侧的箭头图标, 单击 Scale（缩放）属性标题, 显示控制手柄和速率图形。

图9-30

你可以增加 Effects Controls（效果控件）面板的高度,以把所有控件全部显示出来。

不要畏惧数字和图形。一旦你理解了其中一个, 另一个就也理解了, 因为它们使用了相同的设计。

借助于图形, 你可以更方便地查看关键帧插值的效果。直线表示的是速度或加速度没有任何变化。

4. 如图 9-31 所示, 在 Effects Controls（效果控件）面板的迷你时间轴中, 使用鼠标右键,单击第一个缩放关键帧,在弹出菜单中,选择 Ease Out（缓出）。第一个缩放关键帧位于迷你时间轴左侧,并且图标只显示一半。

5. 使用鼠标右键, 单击第二个缩放关键帧, 在弹出菜单中, 选择 Ease In（缓入）。

此时, 图形中呈现一条曲线（见图 9-32）, 代表动画逐渐加速和减速。

图9-31

图9-32

6. 播放序列，查看动画。

7. 在 Effects Controls（效果控件）面板中，尝试拖曳蓝色的贝塞尔曲线手柄，了解它们对速度快慢的影响。

曲线越陡峭，动画运动或速度增加得越剧烈。尝试完成后，如果你不喜欢它，可以多次选择 Edit（编辑）> Undo（撤销）进行撤销。

9.5 添加投影和斜面

虽然 Motion（运动）效果最直观，但是你可能还想要更多。除了运动效果之外，Premiere Pro 还为我们提供了其他许多效果来控制对象的运动。

此外，Transform（变换）和 Basic 3D（基本 3D）效果也非常有用，它们可以让我们更好地控制对象（包括 3D 旋转）。

9.5.1 添加投影

投影通过在对象背后添加阴影来增强空间透视感。在分离前景和背景元素，增加场景透视感时，我们经常会使用这种效果。

下面我们来添加投影。

1. 打开 05 Enhance 序列。

2. 在 Program Monitor（节目监视器）中，把缩放级别设置为 Fit（适合）。

3. 如图 9-33 所示，在 Effects（效果）面板中，进入 Video Effects（视频效果）> Perspective（透视）中。

4. 把 Drop Shadow（投影）效果拖曳到 Journey to New York 文本剪辑（位于 V3 轨道）上。

5. 在 Effects Controls（效果控件）面板中，尝试调整 Drop Shadow（投影）下的各项设置。你可能需要向下拖曳面板右侧的滚动条，才能看到 Drop Shadow（投影）下的各个设置。尝试完毕之后，请做以下设置。

图9-33

- 设置 Distance（距离）为 15，让阴影离文本更远一些。

- 把 Direction（方向）设置为 320°，以便观看阴影角度的变化。

- 把 Opacity（不透明度）设置为 85%，加深阴影。

- 把 Softness（柔和度）设置为 25，柔化阴影边缘。一般而言，Distance（距离）设置得越大，Softness（柔和度）值就越大。

6. 播放序列，查看效果，如图 9-34 所示。

图9-34

在以后的课程中，我们会学习向图形添加投影的方法。不过，使用这种方式添加阴影效果可以让阴影位置在调整设置或制作属性动画（如旋转）时保持不变，这样可以得到更自然的效果。

> **Pr** 注意：要让阴影远离光源，可将感知到的光源方向加减 180°，这样就能得到正确的投影方向。

9.5.2　添加斜面

另一种增强剪辑边缘的方法是添加斜面。这种效果特别适合用来突显画中画或文本。Premiere Pro 提供了两种斜面效果供我们选用。Bevel Edges（边缘斜面）效果适用于对象是一个标准的视频剪辑；Bevel Alpha（斜面 Alpha）效果更适用于文本或 Logo，在应用斜边之前，它会检测图像中复杂的透明区域。

> **Pr** 注意：相比于 Bevel Alpha（斜面 Alpha），Bevel Edges（边缘斜面）效果产生的边缘略微硬一些。对于长方形剪辑，这两种效果的表现都不错，但对于文本或 Logo，使用 Bevel Alpha（斜面 Alpha）效果会更好一些。

下面让我们把文本增强一下。

1. 继续使用 05 Enhance 序列。

2. 选择 V3 轨道上的 Journey to New York 剪辑，在 Effects Controls（效果控件）面板中，可以看到其上应用的效果。

3. 在 Effects（效果）面板中，依次选择 Video Effects（视频效果）> Perspective（透视），把

Bevel Alpha 效果拖入到 Effects Controls（效果控件）面板中，使其位于 Drop Shadow（投影）效果之下。

此时，文本边缘出现轻微的斜面，但效果十分不明显。

 提示：向剪辑应用效果的方法有如下 3 种：1）把效果直接拖曳到剪辑之上；2）先选中剪辑，然后把效果拖入 Effects Controls（效果控件）面板中；3）先选择一个或多个剪辑，然后在 Effects（效果）面板中双击要应用的效果。

4. 在 Effects Controls（效果控件）面板中，把 Bevel Alpha（斜面 Alpha）的 Edge Thickness（边缘厚度）设置为 10，使边缘更明显。你可能需要向下拖曳 Effects Controls（效果控件）面板的滚动条，才能看到 Bevel Alpha（斜面 Alpha）效果的各个控制项。

5. 把 Light Intensity（光照强度）设置为 0.80，让边缘效果更亮一些。

现在，效果看起来还是不明显，因为当前它同时应用到了文本和投影上（见图 9-35），而这又是由于 Bevel Alpha（斜面 Alpha）效果在 Effects Controls（效果控件）面板中位于 Drop Shadow（投影）效果之下造成的（效果的堆叠顺序很重要）。

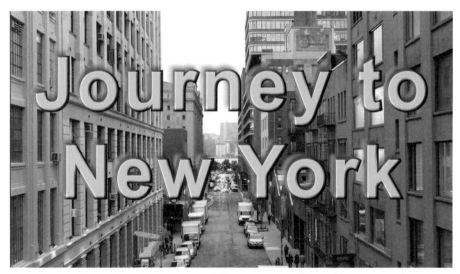

图9-35

6. 在 Effects Controls（效果控件）面板中，向上拖曳 Bevel Alpha（斜面 Alpha）效果，使其位于 Drop Shadow（投影）效果之上（见图 9-36）。当拖动效果时，会出现一条黑线，指示目标放置位置。更改效果堆叠顺序会改变渲染顺序。

注意：在向一个剪辑应用了多种效果之后，若最终呈现的效果不是你想要的，你可以试着在效果控件面板中调整各个效果的堆叠顺序，看看能不能得到更好的结果。

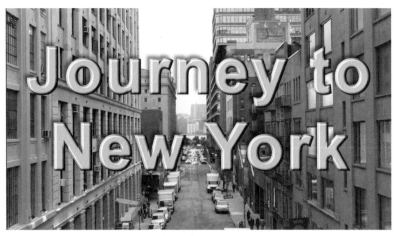

图9-36

7. 把 Edge Thickness 减小到 8。

8. 仔细查看斜面效果所发生的变化。

9. 播放序列，查看最终结果。

Pr 注意：因为剪辑的分辨率很高，而且没有加速效果，所以在播放之前，你可能需要先渲染一下序列，这样可以保证播放的流畅性。

9.5.3 使用 Transform（变换）效果添加运动

除了 Motion（运动）效果之外，Premiere Pro 还提供了另外一种类似的效果——Transform（变换）。它们拥有相似的控制属性，但是有以下两个重要区别。

- 不同于 Motion（运动）效果，Transform（变换）效果处理的是剪辑的锚点、位置、缩放、不透明度的变化。这意味着投影、斜面等效果会有不同的行为表现。

- Transform（变换）效果下包含 Skew（倾斜）、Skew Axis（倾斜轴）、Shuttle Angle（快门角度）属性设置，可以用来为剪辑创建视觉角度变换效果。

下面我们使用一个预构建的序列来比较两种效果。

1. 打开 06 Motion and Transform 序列。

2. 播放序列，了解其内容。

序列包含两个部分，每一部分都有一个画中画（Picture In Picture，PIP），它在背景剪辑上从左向右移动，同时旋转两周。请在这两部分剪辑中仔细观察阴影的位置。

- 在第一个例子中，阴影出现在 PIP 右下边缘之外，并且当 PIP 旋转时，阴影也随之一起发生旋转，这显然是不真实的，因为这个过程中产生阴影的光源并没有发生移动。

- 在第二个例子中，在 PIP 旋转时，阴影始终出现在 PIP 的右下边缘之外，这看起来会更真实。

3. 如图 9-37 所示，单击 V2 轨道上的第一个剪辑，在 Effects Controls（效果控件）面板中，查看其应用的效果：Motion（运动）效果和 Drop Shadow（投影）效果。

图9-37

4. 单击 V2 轨道上的第二个剪辑。在 Effects Controls（效果控件）面板中，可以看到产生运动的是 Transform（变换）效果，产生阴影的仍然是 Drop Shadow（投影）效果（见图 9-38）。

图9-38

Transform（变换）效果和 Motion（运动）效果有许多相同的控制属性，但 Skew（倾斜）、Skew Axis（倾斜轴）、Shuttle Angle（快门角度）属性是其特有的。如你所见，相比于 Motion（运动）效果，Transform（变换）效果与 Drop Shadow（投影）效果配合使用能够形成更真实的视觉效果，这是由效果的应用顺序决定的，Motion（运动）效果总是应用在其他效果之后。

> **Pr** 注意：在应用 Transform（变换）效果时，取选 Use Composition's Shutter Angle（使用合成的快门角度），能够让我们通过 Shutter Angle（快门角度）属性创建出非常自然的运动模糊效果。

9.5.4 使用 Basic 3D（基本 3D）效果在 3D 空间中操纵剪辑

在 Premiere Pro 中，创建运动的另一个选择是使用 Basic 3D（基本 3D）效果，该效果允许用户在 3D 空间中操纵剪辑，例如绕着水平轴或垂直轴旋转图像，或者让它靠近你或远离你。此外，Basic 3D（基本 3D）效果下还包含一个"镜面高光"属性，当开启该属性后，在图像的旋转表面上会出现反光效果。

下面让我们使用一个预构建的序列了解一下这个效果。

1. 打开 07 Basic 3D 序列。

2. 在时间轴面板中，拖曳序列上的播放滑块，查看内容（见图 9-39）。

图9-39

跟随运动的光线来自于观看者的上方、后方与左侧。因为光线来自于上方，所以直到图像向后倾斜并到达反射位置时，你才能看到效果。这种类型的镜面高光可以用来增强 3D 效果的真实性。

如图 9-40 所示，基本 3D 效果主要有以下 4 种属性。

图9-40

- Swivel（旋转）：控制围绕着 y 轴（垂直轴）的旋转。若旋转超过 90°，你会看到图像背面，它是前面的镜像。

- Tilt（倾斜）：控制围绕着 x 轴（水平轴）的旋转。若旋转超过 90°，你也能看到背面。

- Distance to Image（与图像的距离）：沿着 z 轴移动图像模拟深度。该值越大，图像离你越远。

- Specular Highlight（镜面高光）：在旋转图像的表面添加反射光，就像头顶上有一盏灯照在表面上一样。该属性有一个复选框，用来控制开启或关闭。

3. 调整基本 3D 效果的各个属性，了解它们的作用。请注意，Draw Preview Wireframe（绘制预览线框）选项仅在 Software Only（仅软件）模式下才可用（而且也没有在项目设置中 GPU 加速）。

在开启 Draw Preview Wireframe（绘制预览线框）选项之后，将只显示剪辑帧的线框。借助这个选项，你可以快速地应用效果，同时计算机又不会渲染图像。如果开启了 GPU 加速，不管何时，整个图像都会显示出来。

9.6　复习题

1. 哪个固定效果可以让一个剪辑动起来？

2. 我们想让一个剪辑在全屏时显示几秒，然后旋转着消失。如何让运动效果的旋转功能从剪辑中的某个位置启动，而不是从一开始就启动？

3. 如何让一个对象慢慢转起来，然后再慢慢停下来？

4. 当向剪辑添加投影时，为什么要选择一个不同于 Motion（运动）的运动效果？

9.7　复习题答案

1. 你可以使用 Motion（运动）效果为剪辑设置新位置。借助关键帧，你可以把这个效果做出动画。

2. 把播放滑块放到旋转的起始位置，单击 Add/Remove Keyframe（添加 / 删除关键帧）按钮，或者秒表图标。然后，把播放滑块移动到旋转停止的位置，调整 Rotation（旋转）参数，此时会出现另一个关键帧。

3. 使用 Ease Out（缓出）和 Ease In（缓入）改变关键帧插值，可以让对象慢慢旋转，而不是突然转动。

4. Motion（运动）是最后一个应用到剪辑的效果。Motion 会把它之前应用的所有效果组合成一个整体进行旋转。若想为旋转对象创建真实的投影，请选用 Transform（变换）或 Basic 3D（基本 3D）效果，然后在 Effects Controls（效果控件）面板中，把 Drop Shadow（投影）效果放到所选效果之下。

第10课　编辑和混合音频

课程概览

本课学习如下内容：

- 使用音频工作区；

- 了解音频特性；

- 调整剪辑音量；

- 调整序列中的音频电平；

- 自动降低音乐电平；

- 使用音频剪辑混合器。

　　学完本课大约需要 90 分钟。请先下载本课的课程文件，并把课程文件存放到计算机中便于使用的位置上。

到目前为止，我们一直关注的是对视频画面的处理。毫无疑问，视频画面对于整个视频作品至关重要，但是音频的重要性绝不亚于视频画面，有时甚至更重要，相信大部分专业剪辑师都会同意这一点。在本课中，我们将学习一些混音的基础知识，并了解 Adobe Premiere Pro CC 提供的强大音频处理工具。

10.1 课程准备

摄像机录制的音频都或多或少地存在这样或那样的问题，大都需要做一定的处理才能用在最终作品中。Premiere Pro 为我们提供了强大的音频处理工具，支持我们对音频做如下一些处理。

- 让 Premiere Pro 以不同于摄像机录制音频时采用的方式来解释所录制的音频声道。例如，可以把录制为立体声的音频解释为独立的单声道。

- 清除背景声音。无论是系统的嗡嗡声，还是空调噪声，Premiere Pro 都提供了强大的处理帮助我们处理这样的背景声音。

- 使用 EQ 效果调整剪辑中不同音频的音量（不同音调）。

- 调整素材箱中剪辑或序列中剪辑片段的音量级别。我们可以根据时间对序列中剪辑做不同调整，以便创建复杂的混音效果。

- 在音乐剪辑和对话剪辑之间添加音乐和混音。

- 添加现场声音效果，例如爆炸、关门声、大气环境声。

想一想观看恐怖电影时把声音关掉会怎样？关闭声音之后，原本很吓人的场景现在看起来忽然有了点喜感。

音乐不仅能影响我们的判断能力，还能影响我们的情感。实际上，不管什么样的声音，喜欢的或不喜欢的，我们的身体都能对其做出反应。例如，在听音乐时，你的心率会受到音乐节拍的影响，快节奏的音乐会加快你的心跳，而慢节奏的音乐则会减慢你的心跳。音乐真是有一股魔力啊！

在本课中，我们先学习如何使用 Premiere Pro 中的音频处理工具调整剪辑与序列中的音频，然后学习如何使用音频剪辑混合器在播放序列时实时改变音量。

10.2 切换到音频工作区中

首先，让我们先把工作区切换到音频工作区下。

1. 打开 Lesson 10.prproj。

2. 把项目另存为 Lesson 10 Working.prproj。

3. 如图 10-1 所示，在 Workspaces（工作区）面板中，单击 Audio（音频），然后双击 Audio（音频）这个名称，在弹出的 Confirm Workspace Reset（确认重置工作区）对话框中，单击 Yes（是）。这是一种把工作区重置为已保存布局的快捷方式。

图10-1

10.2.1　使用音频工作区

音频工作区中的大部分组件和视频编辑工作区中的一样。一个明显的不同是，音频工作区中默认显示的不是 Source Monitor（源监视器），而是 Audio Clip Mixer（音频剪辑混合器）。当然 Source Monitor（源监视器）仍然存在，只不过暂时隐藏了起来，且与 Audio Clip Mixer（音频剪辑混合器）在同一个面板组中。

在时间轴面板中，你可以自定义音频轨道头，为每个音轨添加一个轨道计，以及基于轨道的电平和声道控件。这在混合音频时会很有用，因为它有助于你查找想调整的音频电平源。

下面我们尝试一下。

1. 在 Project（项目）面板（位于 Premiere Pro 用户界面左侧）中，打开 Master Sequences 素材箱中的 Theft Unexpected 序列。

2. 在时间轴面板中，单击 Timeline Display Settings（时间轴显示设置）图标（🔧），从弹出菜单中，选择 Customize Audio Header（自定义音频头）。

此时，弹出 Audio Header Button Editor（音频头按钮编辑器），如图 10-2 所示。

图10-2

3. 把 Track Meter（轨道计，）拖曳到时间轴的音频头上，单击 OK（确定）按钮。

单击 OK（确定）按钮后，音频轨道头恢复成原来的大小。你可能需要沿水平方向和垂直方向调整音频头的尺寸，才能看到新添加的轨道计。

现在，每个音频轨道都有了一个轨道音频计（见图 10-3）。

轨道音频计

图10-3

如图 10-4 所示，Premiere Pro 提供了两种音频混合器面板，下面了解两者之间的区别。

- Audio Clip Mixer（音频剪辑混合器）：提供了用来调整音频电平和移动序列剪辑的控件。你可以在播放序列期间进行调整，Premiere Pro 会随着播放滑块的移动向剪辑添加关键帧。

- Audio Track Mixer（音轨混合器）：用来调整轨道上（非剪辑）的音频电平和平移。虽然它的控件和音频剪辑混合器类似，但是它提供了更多高级混合选项。

图10-4

最终输出时会把剪辑的调整和轨道调整合并在一起。例如，你把剪辑的音频电平降低了 −3dB，同时又把轨道音频电平降低了 −3dB，那么总降低量应为 −6dB。

你可以应用基于剪辑的音频效果，并在 Effect Controls（效果控件）面板中调整这些效果的设置，但是基于轨道的音频调整只能 Audio Track Mixer（音轨混合器）或时间轴中进行。

在 Premiere Pro 中，基于剪辑的音频调整和效果先于基于轨道的调整和效果得以应用。调整应用的先后顺序会对结果产生很大的影响，尤其是在应用各种效果时。

10.2.2　定义主轨道输出

序列的设置方式与媒体文件的定义方式几乎完全一样，例如都包括帧率、帧大小、像素长宽比等。

音频主设置指定了序列输出的声道数量。这有点类似于为媒体文件配置声道。实际上，如果你使用与序列设置一样的选项来导出序列，那么序列的音频主配置就会变成新文件的音频格式。

在创建新序列时，在 New Sequence（新建序列）对话框的 Tracks（轨道）选项卡中，你可以在 Audio（音频）下找到音频主设置（见图 10-5）。

图10-5

- Stereo（立体声）有 2 个声道：Left（左声道）和 Right（右声道）。在向客户交付最终产品时，通常都会选择这个选项。

- 5.1 有 6 个声道：Middle（中央声道）、Front-Left（前置左声道）、Front-Right（前置右声道）、Rear-Left（后置左环绕声道）、Rear-Right（后置右环绕声道）、Low Frequency Effects（LFE）（重低音声道，由重低音喇叭放出）

- Multichannel（多声道）的声道数在 1～32 个之间。这个选项常用在高级多声道广播电视中。

- Mono（单声道）只有一个声道，一般用在网络视频中，有助于减小文件尺寸。

大部分序列设置可以多次更改，但是音频主设置只能做一次。也就是说，除了多声道序列之外，你无法随意更改序列输出的声道数。

音轨可以随时添加或删除，但是音频主设置始终保持不变。如果你确实需要更改音频主设置，你可以先把剪辑从一个序列中复制出来，然后将其粘贴到另一个拥有不同设置的序列中。

什么是声道?

　　一般都认为左声道和右声道在某些方面是不同的。但实际上，它们都是单声道，只不过被指定为左声道或右声道而已。在录制声音时，标准做法是把Audio Channel 1设置为左声道，把Audio Channel 2设置为右声道。

　　把Audio Channel 1设置为左声道的原因有如下几点：

- 它是由左麦克风负责录制的；
- 在Premiere Pro中将其解释为左声道；
- 它输出到左扬声器中。

　　本质上，它仍然是一个单声道。

　　同样，使用右麦克风录制的Audio Channel 2就是右声道，然后把左右两个声道合起来就得到了立体声。实际上，立体声就是由左右两个单声道组成的。

10.2.3　使用音量指示器

　　音量指示器的主要功能是显示序列的总混音输出音量。在播放序列时，随着音量的变化，你会看到电平表在动态改变。

　　要查看音量指示器，请执行有如下步骤：

- 若音量指示器未显示，请从菜单栏中，依次选择 Window（窗口）> Audio Meters（音频仪表），将其显示出来。

　　如图 10-6 所示，在默认音频工作区中，音量指示器虽然有显示，但是宽度较窄，使用时，你可能需要将其宽度增加一些。

- 每个音量指示器底部都有一个 Solo（独奏）按钮，单击它，你可以只倾听选中的单个（或多个）声道。如果 Solo（独奏）按钮显示为小圆圈，向左拖曳面板左边缘，略微增加其宽度。此时，会显示更大的 Solo（独奏）按钮。

图10-6

> **Pr** 注意：在使用更高级的多声道音频主选项时，Solo（独奏）按钮不会显示。

　　使用鼠标右键单击音量指示器，从弹出菜单中，你可以选择不同的显示比例。默认范围是从 0dB 到 −60dB（见图 10-7），这足以清晰地显示你想查看的音频电平的主要信息。

　　此外，你还可以选择静态峰值或动态峰值。在播放声音的过程中，当你突然听到一个刺耳的声响，想要查看音量指示器时，它却已经播放过去。选择"静态峰值"后，Premiere Pro 会把声音的最高值在指示器中标记出来，方便你查看最高音量是什么。

图10-7

你可以单击音量指示器重置声音峰值。当选择"动态峰值"后，峰值电平会不断更新，你要一直盯着音量指示器，才能知道声音的最高峰值是多少。

音频电平

音量指示器中显示的刻度单位是分贝，用dB表示。在分贝刻度上有点反常的是最高音量为0dB。所有低于最高音量的音量的分贝值都是负数，并且音量越低，分贝值越小，直到变为负无穷。

如果录制的声音很小，则有可能会被背景噪声掩盖。背景噪声有可能来自于周围的环境，例如空调设备发出的嗡嗡声，还有可能是系统噪声，例如在不播放声音时，你可能会从扬声器中听到轻轻的嘶嘶声。

在增加音频的总音量时，背景噪声也会跟着一同变大；当降低总音量时，背景噪声也会一起减小。根据这个特点，我们可以使用高于需要的音量（但也不要太高）来录制音频，然后再降低音量，从而删除背景噪声（这样做至少可以有效地降低背景噪声）。

不同的音频硬件有不同的信噪比（指正常的声音信号与背景噪声信号的差值），有的大一些，有的小一些。信噪比通常用SNR表示，单位为分贝（dB）。

10.2.4 查看采样

下面我们了解一下音频采样。

1. 如图 10-8 所示，在 Project（项目）面板中，打开 Music 素材箱，双击 Cooking Montage.mp3 剪辑，将其在 Source Monitor（源监视器）中打开。这个音乐由作曲家 Patrick Cannell 创作。

因为这个剪辑中不包含视频，所以 Premiere Pro 把两个声道的波形图显示了出来。

图10-8

在 Source Monitor（源监视器）和 Program Monitor（节目监视器）底部，都有一个时间标尺，用来显示剪辑的总持续时间。

2. 打开 Source Monitor Settings（源监视器设置）菜单，从中选择 Time Ruler Numbers（时间标尺数字）。此时，在时间标尺上显示出了时间码指示器（见图10-9）。

尝试使用时间标尺下方的导航器把时间标尺放大，即拖动导航器两个端点中的一个让它们彼此靠近。放大到最大之后，你会看到一个个帧，如图 10-10 所示。

图10-9

图10-10

3. 再次打开 Source Monitor Settings（源监视器设置）菜单，从中选择 Show Audio Time Units（显示音频时间单位）。

此时，你可以看到时间标尺上的一个个音频采样。再放大一点。现在，放到一个音频采样大小，这里是 1 秒的 1/48000，即该音频的采样率（见图 10-11）。

图10-11

你可以在时间轴面板的面板菜单（注意不是"时间轴显示设置"菜单）中找到同样的选项来查看音频采样。

4. 现在，使用 Source Monitor Settings（源监视器设置）菜单，可以关闭 Time Ruler Numbers（时间标尺数字）和 Show Audio Time Units（显示音频时间单位）。

10.2.5 显示音频波形

在 Source Monitor（源监视器）或 Program Monitor（节目监视器）中打开音频波形后，在每个声道右侧你会看到有导航器缩放控件（见图 10-12）。这些控件与面板底部的导航器缩放控件的工作方式类似。你可以沿垂直方向调整导航器的大小，让波形显示得更大一些或更小一些，这对抚静音频特别有用。

左声道的垂直导航器

右声道的垂直导航器

图10-12

对于任意一个包含音频的剪辑，你都可以通过在 Source Monitor Settings（源监视器设置）菜单中选择 Audio Waveform（音频波形）来显示它的波形图。

如果一个剪辑中同时包含视频和音频，默认情况下 Source Monitor（源监视器）中显示的是视频。单击 Drag Audio Only（仅拖动音频）按钮（ ▦ ），可以切换到音频波形视图之下。

下面我们一起看几个波形。

1. 从 Theft Unexpected 素材箱中，打开 HS John 剪辑。

2. 打开 Source Monitor Settings（源监视器设置）菜单，从中选择 Audio Waveform（音频波形）。

在音频波形中，你可以很轻松地找到对话开始和结束的地方。请注意剪辑入点与出点之间的部分在波形图中是高亮显示的（见图 10-13）。

图10-13

另外，还要注意，在波形图中单击，即可把播放滑块移动到单击位置。

3. 使用 Source Monitor Settings（源监视器设置）菜单，切换回合成视频视图下。

当然，你还可以在时间轴面板中为剪辑片段打开或关闭音频波形显示。

4. 当前，Theft Unexpected 序列应该已经在时间轴面板中打开了。若没有，请从 Master Sequences 素材箱中打开它。

5. 打开 Timeline Display Settings（时间轴显示设置）菜单，确保 Show Audio Waveform（显示音频波形）处于打开状态。

6. 如图 10-14 所示，调整 Audio 1（音频 1）轨道的高度，确保波形完全可见。请注意，这个序列的音频剪辑上有两个声道，即剪辑的音频是立体声。

图10-14

这些剪辑的音频波形看起来和 Source Monitor（源监视器）中的波形不太一样，它们是调整后的音频波形，从这种波形中你可以更容易地找到低音量音频，例如场景中的对话。你可以在调整的音频波形和正常音频波形之间来回切换。

7. 打开时间轴面板菜单（▤）（注意不是时间轴显示设置菜单），单击 Rectified Audio Waveforms（调整的音频波形），取消其选择（见图 10-15）。

图10-15

此时，Premiere Pro 切换回正常的音频波形视图下。在正常音频波形中，你可以很容易地找到高音量音频部分，但对低音量音频来说，在这种波形下很难观察到音频电平的变化。

8. 打开时间轴面板菜单，再次选择 Rectified Audio Waveforms（调整的音频波形）菜单。

10.2.6 使用标准音轨

在序列中，标准音轨可以同时放置单声道剪辑和立体声剪辑。你可以使用 Effects Controls（效果控件）面板中的控件、Audio Clip Mixer（音频剪辑混合器）和 Audio Track Mixer（音频轨道混合器）来处理这两种类型的素材。

如图 10-16 所示，如果项目中同时用到了单声道和立体声剪辑，你会发现相比于传统的单声道轨道或立体声轨道，使用标准音轨要方便得多。

这个标准音轨中既有立体声剪辑也有单声道剪辑。

图10-16

10.2.7 声道选听

在处理音频时，你可以选择倾听序列的哪个声道。

下面我们使用一个序列尝试一下：

1. 打开 Desert Montage 序列。

2. 播放序列，同时单击音量指示器底部的每个 Solo（独奏）按钮（见图10-17）。

每个 Solo（独奏）按钮只允许你倾听所选择的声道。如果有多个声道，你可以同时打开其中几个声道的 Solo（独奏）按钮，倾听这几个声道的混音，但在本例中我们并不需要这样做，因为只有两个声道可供选择。处理多声道序列时，我们经常使用 Solo（独奏）按钮来倾听输出声道。

如果你处理的音频来自于不同的麦克风，并且放置在不同轨道上，Solo（独奏）功能会特别有用。这种情况在专业的录音现场很常见。

声道数量和显示的 Solo（独奏）按钮取决于当前序列音频的主设置。

图10-17

此外，你还可以使用时间轴面板中各个音频轨道头中的 Mute（静音轨道，■）按钮或 Solo（独奏轨道，■）按钮来精确控制混音中包含或不包含哪些声道。

10.3 了解音频特性

当你在 Source Monitor（源监视器）中打开一个剪辑并查看其波形时，你会看到显示的每一个声道。波形越高，音量越大。

有 3 个因素会影响声音传递到耳朵的方式。下面我们以电视扬声器为例进行讲解。

- Frequency（频率）：指扬声器纸盆振动的快慢。衡量纸盆每秒拍打空气的次数的单位是赫兹（Hz）。人类听觉范围是 20Hz ~ 20000Hz。有很多因素（如年龄）会影响你可以听到的频率范围。频率越高，听到的音调就越高。

- Amplitude（振幅）：指扬声器纸盆振动的幅度。振动幅度越大，产生的空气压力波越高（这会把更多能量传递到你的耳朵），声音也就越大。

- Phase（相位）：指扬声器纸盆向外与向内运动的精确时序。如果两个扬声器的纸盆同步向外或向内运动，它们就是"同相"（in phase）的；如果它们运动时不同步，那它们就是"异相"（out of phase）的，这会导致重现声音时出现问题。一个扬声器在降低空气压力，与此同时，另一个扬声器在增加空气压力，最终结果是你可能什么声音都听不到。

扬声器纸盆振动产生声音是声音生成的一个简单例子，但是其中的原理适用于其他所有声源。

什么是音频特性？

想象一下，扬声器的纸盆拍打空气时的运动情况。纸盆在运动时会产生高低压波，在空气中传播到达人耳，就像水波涟漪在池塘中扩散传播一样。

压力波会使人耳中的鼓膜产生振动，随后这种振动会被转换成能量传递给大脑，大脑再把它解释成声音。整个过程极为准确，另外，人有两只耳朵，并且大脑能够不可思议地平衡这两种声音信息，最终形成整体听觉效果。

人们倾听声音是主动而不是被动的。也就是说，大脑会不断滤掉它认为不相关的声音，并且从中识别出特定模式，这样你就可以把精力集中到所关心的事情上。例如，你或许有参加聚会的体验，当你身处其中时，周围充斥着嘈杂的交谈声，就像是一堵噪声墙，但是当房间另外一侧有人提到你的名字时，你仍然能够准确地听出来。你可能没有意识到，这期间其实你的大脑一直在倾听各种声音，只不过你把注意力放在了倾听眼前这个人的说话上。

这个主题大致属于心理声学的范畴，有大批科研人员做了大量相关研究。尽管声音对人心理的影响是个非常有趣的课题，并且值得深入研究，但这里我们只关注声音本身，不会涉及它对人心理产生的影响。

录音设备没有人耳那样敏锐的辨别能力，这也是我们要戴上耳机听现场声音的原因之一，只有这样做，我们才能获得最棒的录音效果。录制现场声音时，通常都在没有背景噪声的情况下进行。在后期制作中，为了渲染气氛，我们会添加一定数量的背景噪声，但添加数量有严格控制，以保证不会影响到主要对话。

10.4　录制画外音

如果连接了麦克风，你可以使用 Audio Track Mixer（音频轨道混合器）或音频轨道头中的 Voice-over Record（画外音录制）按钮把声音直接录制到序列中。当使用这种方式录制音频时，首先要把首选项中的"音频硬件"设置为允许输入。你可以从菜单栏中依次选择 Premiere Pro CC > Preferences（首选项）> Audio Hardware（音频硬件）（macOS）或 Edit（编辑）> Preferences（首选项）> Audio Hardware（音频硬件）（Windows），检查你的音频硬件输入和输出设置。

按照如下步骤，尝试录制画外音。

1. 打开 Master Sequences 素材箱中的 Voice Over 序列。这个序列只包含视频，接下来我们录制画外音。

2. 在 A1（音频 1）轨道头中，你应该能够看到一个 Voice-over Record（画外音录制）按钮（🎤）。

3. 在录制画外音时，请关闭你的扬声器或戴上耳机，防止出现回声。

4. 把播放滑块放到序列的起始位置，单击 Voice-over Record（画外音录制）按钮。此时，

Program Monitor（节目监视器）中会出现倒计时，等倒计时结束，你就可以开始录制声音了。对着麦克风说一些描述镜头的话录制伴音。

如图 10-18 所示，在录制时，Program Monitor（节目监视器）中会显示"正在录制"（Recording），音量指示器显示输入电平。

图10-18

5. 录制完成后，按空格键，或单击 Voice-over Record（画外音录制）按钮，停止录制。

此时，在时间轴面板中出现新录制的音频，并且在 Project（项目）面板中出现相关音频剪辑。

在下面的例子中，音频录制成了立体声音轨，因此有两个声道（见图 10-19）。若是单声道音轨，则只录制一个声道。

图10-19

Premiere Pro 会在 Scratch Disks（暂存盘）设置（在项目设置中）指定的位置下新建一个音频文件（见图 10-20）。默认情况下，与项目文件在同一位置下（见图 10-21）。

借助这种方法，你可以使用专业麦克风在隔音室中录制专业品质的音频。或者利用这种方法，在拍摄完成后，使用笔记本计算机内置的麦克风录制导轨画外音。画外音是粗剪的基础，利用好它能够帮助你节省大量时间。

图10-20

图10-21

10.5 调整音频音量

在 Premiere Pro 中，调整剪辑音量的方法有好几种，并且都是非破坏性的，即你所做的改动不会影响到原始素材文件，所以你可以大胆尝试。

10.5.1 使用 Effects Controls（效果控件）面板调整音量

前面，我们学习了如何使用 Effects Controls（效果控件）面板对序列中剪辑的缩放和位置进行了调整。此外，我们还可以使用 Effects Controls（效果控件）面板调整剪辑音量。

1. 打开 Master Sequences 素材箱中的 Excuse Me 序列。

这个序列很简单，只包含两个剪辑。其实，这两个剪辑的内容是一样的，只是被添加到序列中两次。一个剪辑被解释为立体声，另一个被解释为单声道。关于解释剪辑的更多内容，请参考第 4 课中的相关内容。

2. 单击第一个剪辑，将其选中，打开 Effects Controls（效果控件）面板。

3. 如图 10-22 所示，在 Effects Controls（效果控件）面板中，展开 Volume（音量）、Channel Volume（声道音量）、Panner（声像器）控件。

图10-22

每个控件都提供了适用于所选音频类型的选项。

• Volume（音量）用来调整所选剪辑中所有声道的综合音量。

• Channel Volume（声道音量）用来调整所选剪辑中各个声道的音量。

• Panner（声像器）为所选剪辑提供立体声左 / 右输出平衡控制。

请注意，此时位于所有控制项左侧的秒表图标是自动开启的（蓝色），因此你每做一次调整，Premiere Pro 都会添加一个关键帧。

如果你向一个设置只添加一个关键帧并使用它进行调整，则调整会应用到整个剪辑。

4. 在时间轴面板中，把播放滑块移动到第一个剪辑中你想添加关键帧的地方（如果你只打算调整一次，那无论你把播放滑块放到哪里都不会有什么问题）。

5. 单击 Timeline Display Settings（时间轴显示设置）菜单，确保 Show Audio Keyframes（显示音频关键帧）处于选中状态。

6. 增加 Audio 1（音频 1）轨道高度，以便能够看到波形，以及用于添加关键帧的白色细线，这条白线通常称为"橡皮筋"。

7. 如图 10-23 所示，在 Effects Controls（效果控件）面板中，向左拖曳设置音量级别的蓝色数字。

Premiere Pro 添加一个关键帧，并且橡皮筋向下移动，表示降低音量。看起来区别并不怎么明显，但随着你对 Premiere Pro 界面越来越熟悉，这种区别会变得越来越清晰（见图 10-24）。

图10-23

之前

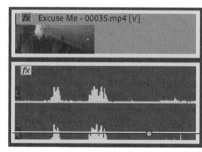

之后

图10-24

> **Pr** 注意：橡皮筋使用音频剪辑的整个高度来调整音量。

8. 现在，选择序列中 Excuse Me 剪辑的第二个版本。

如图 10-25 所示，在 Effects Controls（效果控件）面板中，你会看到与上面类似的控件，但是里面没有 Channel Volume（声道音量）。这是因为每个声道都是其剪辑的一部分，所以每个声道都有单独的 Volume（音量）控件。

此外，原来的 Balance（平衡）控件现在变成了 Pan（声像）控件，它们的用途类似，但是声像控件更适合用来调整多个单声道音频。

9. 尝试为两个独立的剪辑调整音量。

图10-25

10.5.2 调整音频增益

大多数音乐在制作时都尽可能地把音频信号放到最大，以最大限度地拉开信号和背景噪声之间的差异。但这对大部分视频序列来说可能太过了。为了解决这个问题，你可以调整剪辑的音频增益。

这个方法与你在前面做调整时使用的方法类似，但是它应用的对象是项目面板中的剪辑，所以当你把某个剪辑从项目面板添加到序列时，这个剪辑的各个部分就包含了你做的调整。另外，你还可以在项目面板和时间轴面板中把音频增益调整一次性应用到多个剪辑上。

1. 打开 Music 素材箱中的 Cooking Montage.mp3 剪辑。你可能需要在 Source Monitor（源监视器）中调整缩放级别，才能看到波形（见图 10-26）。

图10-26

2. 在素材箱中，使用鼠标右键，单击剪辑，从弹出菜单中，选择 Audio Gain（音频在增益）。

在弹出的 Audio Gain（音频在增益）对话框中，有下面两个选项（见图 10-27）你需要了解。

- Set Gain To（将增益设置为）：使用该选项为剪辑指定调整值。
- Adjust Gain By（调整增益值）：使用该选项为剪辑指定调整的增量。

图10-27

例如，选择 Adjust Gain By（调整增益值），输入 −3dB，单击"确定"（OK）按钮后，Set Gain To（将增益设置为）会变为 −3dB。再次打开 Audio Gain（音频在增益）对话框，把 Adjust Gain By（调整增益值）设置为 −3dB，单击"确定"（OK）后，Set Gain To（将增益设置为）将变为 −6dB，以此类推。

注意：你对剪辑音量所做的调整不会影响到原始素材。除了在 Effects Controls（效果控件）面板中做修改之外，你还可以在素材箱、时间轴面板中修改总增益，而且所有这些修改都不会影响到原始素材文件。

3. 选择 Set Gain To（将增益设置为），输入 −12dB，单击 OK（确定）按钮。

此时，你能立即在 Source Monitor（源监视器）中看到波形的变化，如图 10-28 所示。

图10-28

在素材箱中更改音频增益这类调整不会更新那些已经添加到序列中的剪辑。但是，你可以使用鼠标右键，单击序列中的一个或多个剪辑，从弹出菜单中，选择 Audio Gain（音频增益），然后在 Audio Gain（音频增益）做同样的调整。

10.5.3　标准化音频

对音频进行标准化与调整增益类似。事实上，标准化的最终结果就是对剪辑的增益进行调整。不同之处在于，标准化是基于软件自动分析的，而非你的主观判断。

在标准化一个剪辑时，Premiere Pro 会先分析音频找出最高峰值，即音频最洪亮的部分。然后自动调整剪辑的增益，使得最高峰值与你指定的级别相同。

你可以让 Premiere Pro 为多个剪辑调整音量，以便使它们符合要求。

假设你正在处理过去几天录制的多个画外音剪辑。或许是因为使用了不同的录制设置或麦克风，其中有几个剪辑的音量不一样。在这种情况下，你可以同时选择多个剪辑，让 Premiere Pro 自动为它们设置成一样的音量。这样你就不必再一个个地浏览剪辑并进行调整了，这会大大节省时间。

接下来，我们按照如下步骤，尝试对一些剪辑做标准化处理。

1. 打开 Journey to New York 序列。

2. 播放序列，观察音量指示器。

各处的音量差别很大，第一个剪辑的音量明显低于第三个和第四个（见图 10-29）。

> **Pr** | **注意**：你可能需要拖曳音轨头之间的分隔线增加轨道高度，才能看到音频波形。

图10-29

3. 如图 10-30 所示，选择轨道 A1 上所有画外音剪辑。选择时，你既可以拖选，也可以逐个选择它们。

图10-30

4. 使用鼠标右键，在选中的任意一个剪辑上单击，从弹出菜单中，选择 Audio Gain（音频增益），或者直接按键盘上的 G 键，打开 Audio Gain（音频增益）对话框。

5. 如图 10-31 所示，选择 Normalize All Peaks To（标准化所有峰值为），输入 −8dB，单击 OK（确定）按钮。

再次听一下。

Premiere Pro 会调整每个选中的剪辑，使最大峰值是 −8dB。

在播放时，除了画外音之外，背景音乐也一起放了出来。如果你只想听画外音，可以打开 A1 轨道上的 Solo（独奏轨道，**s**）功能。听完画外音进行下一步操作之前，请记得把 Solo（独奏轨道）功能关掉。

图10-31

请注意剪辑波形的平整方式，如图 10-32 所示。

图10-32

如果选择 Normalize Max Peak To（标准化最大峰值为），而非 Normalize All Peaks To（标准化所有峰值为），Premiere Pro 将基于所有剪辑结合后的最大峰值瞬间进行调整，就像它们是一个剪辑一样，把等量调整应用到每一个剪辑，保持所有剪辑的相对水平不变。

发送音频到Adobe Audition CC

尽管Premiere Pro提供了许多高级工具可以帮助我们完成大部分音频编辑工作，但就音频编辑而言，它远比不上Adobe Audition。Adobe Audition是一款专业的音频后期处理软件。

Audition是Adobe Creative Cloud套件的一部分。使用Premiere Pro编辑视频时，你可以把它无缝地纳入整个编辑流程中。

你可以把一个独立序列发送到Adobe Audition中，使用所有剪辑和基于序列的视频文件制作伴随画面的混音。Audition甚至还能打开一个Premiere Pro项目文件（.pproj），把序列转换成多声道会话，进一步细调音频。

当安装好Audition之后，你可以使用如下步骤把一个序列发送给它。

1. 打开要发送到Adobe Audition中的序列。

2. 从菜单栏中，依次选择Edit（编辑）> Edit In Adobe Audition（在Adobe Audition中编辑）> Sequence（序列）。

3. 接下来，我们创建新文件，方便在Adobe Audition中使用，这样可以保证不改变原始素材。在Edit In Adobe Audition（在Adobe Audition中编辑）对话框中，输入文件名称，通过"浏览"按钮找到保存位置，然后根据需要设置其他选项，最后单击OK（确定）按钮。

4. 在Video（视频）菜单中，选择Send Through Dynamic Link（通过Dynamic Link发送），以便在Audition中实时查看Premiere Pro序列的视频部分。

Adobe Audition提供了许多很棒的音频处理工具，例如用来帮助我们识别和删除噪声的光谱显示器、高性能多轨道编辑器、高级音频效果和控件。

你可以很容易把一个独立剪辑发送到Audition中，以便进行编辑、添加各种效果，以及做各种调整。要把音频剪辑发送到Audition，在Premiere Pro中，使用鼠标右键单击序列中的剪辑，然后从弹出菜单中选择Edit In Adobe Audition（在Adobe Audition中编辑）即可。

Premiere Pro复制音频剪辑，并使用副本替换当前序列剪辑，然后在Audition中打开副本，准备进行处理。

此后，每当你在Audition中保存对剪辑进行的调整时，这些调整都会自动更新到Premiere Pro中。

10.6 自动避开音乐

在制作混音时，最常见的处理就是在有人讲话的时候降低音乐音量。例如，有一个画外音音轨，你可能希望当有人在分享知识时把音乐音量降低，让其成为混音中的次要元素，然后在分享结束后再次让音乐成为混合的主导元素。电台DJ在主持广播节目时通常会采样这种处理方式，当DJ开始讲话时，背景音乐会自动变得轻柔、安静，防止其喧宾夺主。这种处理技术叫作回避（ducking）。

你可以通过手动添加音频关键帧来应用回避技术（后面我们会详细讲解这个技术），但是Premiere Pro为我们提供了一种自动化的回避手段，你可以通过 Essential Sound（基本声音）面板来应用它。

有关 Essential Sound（基本声音）面板更多内容，我们将在第11课中讲解。这里大家只要知道它是一种快速创建混音的简单方式，能够帮助我们大大节约时间就够了。接下来，我们通过一个例子进一步了解一下。

1. 继续使用 Journey to New York 序列,并确保 A1 轨道上的所有画外音剪辑全部处于选中状态。

2. 如图 10-33 所示，在 Essential Sound（基本声音）面板中，单击 Dialogue（对话）按钮，把对话音频类型指定给所选剪辑，从而访问与对话相关的工具和控件。

3. 调整 A2 轨道的尺寸，直到你能清晰地看到音乐剪辑的音频波形。选择 A2 轨道上的音乐剪辑，在 Essential Sound（基本声音）面板中，选择 Music（音乐）音频类型。

4. 如图 10-34 所示，在 Essential Sound（基本声音）面板中,勾选 Ducking（回避）复选框,其下包含如下选项。

图10-33

图10-34

- Duck Against（回避依据）：音频类型有多种，你可以选择一种、多种，或所有音频类型来触发自动回避。

- Sensitivity（敏感度）：敏感度越高，触发回避所需要的音频音量越低。

- Reduce By（降噪幅度）：把音乐降低到什么程度，单位是分贝（dB）。

- Fades（淡化）：淡化设置得越低，音乐从变小到再变大所需要的时间越长。

- Generate Keyframes（生成关键帧）：单击该按钮（见图 10-35），应用设置，并添加关键帧至音乐剪辑。

图10-35

5. 为音频回避设置合适的参数是一门科学，也是一门艺术。你处理的音频类型不同，做出的选择也不同。解决之道是多做尝试。

这里，我们做如下设置。

- Duck Against（回避依据）：默认选择的是"依据对话剪辑回避"。

- Sensitivity（敏感度）：6.0。

- Reduce By（降噪幅度）：−8.0dB。

- Fades（淡化）：500ms。

6. 单击 Generate Keyframes（生成关键帧）。

此时，Premiere Pro 把关键帧添加到音频剪辑，你可以在 Effects Controls 面板和序列剪辑上看到它们。

7. 播放序列，认真听一下。虽然效果并不完美，但是已经相当不错了。

你可以反复调整各个设置参数，并单击 Generate Keyframes（生成关键帧），删除和替换已有关键帧，多次试验直到获得自己满意的效果。

此外，你还可以手动调整 Premiere Pro 添加的关键帧，可以随时删除、移动、添加关键帧。

10.7 创建拆分编辑

拆分编辑是一种简单经典的编辑技术，用来对音频和视频的剪接点进行偏移。在播放时，一个剪辑的音频会出现在另一个剪辑的画面中，让人感觉从一个场景进入了另一个场景。

10.7.1 执行 J 剪接（J-cut）

J 剪接这个名字来自于剪辑剪接时所形成的形状，音频剪辑（位于低层轨道上）在视频剪辑（位于高层轨道上）左侧，类似于字母 J。

1. 打开 Theft Unexpected 序列。

2. 播放序列的最后两个剪辑。两段剪辑之间的声音转接非常突兀（见图 10-36），你可以调高扬声器的音量仔细听一下。接下来，我们通过调整音频的播放时间来改善一下。

图10-36

3. 把鼠标移动到工具面板中的 Ripple Edit Tool（波纹编辑工具）图标（ ）上，按下鼠标左键，在弹出的菜单中，选择 Rolling Edit Tool（滚动编辑工具， ）。

4. 如图 10-37 所示，按住 Option（macOS）或 Alt（Windows）键（可以临时取消视频和音频剪辑之间的链接），把音频剪辑稍微向左拖曳一点（视频剪辑保持不动）。恭喜你！完成了第一个 J 剪接。

图10-37

提示：在 Premiere Pro 默认首选项设置下，选中"选择工具"，同时按住 Command（macOS）或 Ctrl（Windows）键，可以执行滚动编辑。

5. 播放序列，查看 J 剪接效果。

你可以进一步调整时间，让转接变得更自然，但这里，我们只使用 J 剪接就可以了。后面你可以添加音频交叉淡化效果让过渡更加自然。

最后，把工具切换回 Selection Tool（选择工具，V）。

提示：关于键盘组合键的更多内容，请参考第 1 课中的 1.5 节的讲解。

10.7.2　执行 L 剪接（L-cut）

L 剪接和 J 剪接的工作方式一样，只是方向相反。重复上一节的操作步骤，但在按住 Option（macOS）或 Alt（Windows）键时，要把音频剪辑稍微向右拖曳。最后播放序列，感受一下 L 剪接的效果。

10.8　调整剪辑的音频电平

与调整剪辑增益一样，你可以使用"橡皮筋"调整序列剪辑的音量。另外，你还可以调整轨道音量，Premiere Pro 会把两次音量调整组合起来形成一个总输出电平。

如果有什么不同的话，那就是使用"橡皮筋"调整音量比调整增益更方便，因为你可以随时做增量调整，并且会立即给出视觉反馈。

使用剪辑上的"橡皮筋"调整音量与使用 Effects Controls（效果控件）面板调整音量的最终结果是一样的。实际上，它们是自动保持同步更新的。

10.8.1　调整剪辑总音量

按照如下步骤，调整剪辑的总音量。

1. 打开 Master Sequences 素材箱中的 Desert Montage 序列。

在音乐开头和结尾已经有了渐强和渐弱效果。接下来，我们调整它们之间的音量。

2. 如图 10-38 所示，使用"选择工具"把 A1 轨道头底部向下拖曳，或者把鼠标放到轨道头上滚动，让轨道变得更高一些，方便对音量进行精细调整。

图10-38

3. 音乐的开头和结尾已经添加了渐强和渐弱，并且添加了关键帧来放慢速度。音乐中间部分音量有点太高，把橡皮筋的中间部分稍微向下拖一点（见图 10-39）。

图10-39

在拖曳过程中，Premiere Pro 会显示一个工具提示，给出调整量。

4. 采用这种方式进行调整之后，查看结果的唯一办法就是播放音频。现在播放一下，如果觉得不满意，你可以做进一步调整，并查看结果。

由于我们拖曳的是"橡皮筋"的一段，而非关键帧，所以我们最终调整的是两个关键帧之间的剪辑的总音量。如果剪辑上没有关键帧，那我们调整的是整个剪辑的总音量。

使用键盘组合键调整剪辑音量

在时间轴面板中，把播放滑块放到剪辑上后，你就可以使用键盘组合键来增加或降低剪辑音量了。最终结果和上面是一样的，但是在调整过程中你是看不到有关调整量的提示信息的。Premiere Pro为我们提供了非常方便的键盘组合键，帮助我们快速、精确地调整音频电平。

- 每按一次[键，把剪辑音量降低1dB。
- 每按一次]键，把剪辑音量增加1dB。
- 每按一次Shift+[组合键，把剪辑音量降低6dB。
- 每按一次Shift+]组合键，把剪辑音量增加6dB。

如果你使用的键盘上没有方括号键，你可以依次选择Premiere Pro CC > Keyboard Shortcuts（键盘组合键）（macOS）或Edit（编辑）> Keyboard Shortcuts（键盘组合键）（Windows），设置其他组合键。

10.8.2　添加音量调整关键帧

像调整视频关键帧一样，你可以使用"选择工具"调整添加到序列剪辑中的音频关键帧。向上拖曳音频关键帧，声音会变大；向下拖曳音频关键帧，声音会变小。

> **Pr** 提示：当调整剪辑音频增益时，Premiere Pro会把效果和关键帧调整动态组合起来，你可以随时调整其中任意一个。

你可以使用 Pen Tool（钢笔工具，✎）向"橡皮筋"上添加关键帧，还可以使用它调整已有的关键帧，或者框选多个关键帧一同调整。

当然，添加关键帧不一定非要用钢笔工具，例如，按住 Command（macOS）或 Ctrl（Windows）键，使用"选择工具"单击"橡皮筋"，也可以添加关键帧。

在为音频剪辑添加关键帧并上下调整关键帧的位置之后，"橡皮筋"的形状会发生变化。和前面讲过的一样，橡皮筋越高，声音越大。

现在，新添加几个关键帧，而后把音量调整得戏剧化一些，再听一下调整之后的结果（见图 10-40）。你可以随心所欲地调整关键帧，务必使调整清晰可见，然后播放序列，倾听结果。

图10-40

10.8.3　对关键帧之间的音量做平滑处理

在前面的学习中，我们所做的调整的力度可能会非常大，接下来，你可能想对那些调整做一下平滑处理。

为此，使用鼠标右键单击任意一个关键帧，在弹出菜单中，你会看到多个标准的菜单选项，包括 Ease In（缓入）、Ease Out（缓出）、Delete（删除）。你还可以使用钢笔工具，一次拖选多个关键帧，然后使用鼠标右键单击任意一个关键帧，从弹出菜单中选择一个命令应用到所有选中的关键帧上。

对于不同类型的关键帧，最好的学习方法是选择每种关键帧，然后做一些调整，再查看或倾听调整结果。

> **Pr** 注意：应用调整时，对剪辑的调整会在对轨道的调整之前得到应用。

10.8.4　使用剪辑关键帧与轨道关键帧

到目前为止，你已经对序列剪辑做了关键帧调整。在使用 Audio Clip Mixer（音频剪辑混合器）时，所有调整都是直接针对当前序列中的剪辑进行的，稍后你会看到这一点。

对于放置序列剪辑的音频轨道，Premiere Pro 为我们提供了类似的控件。基于轨道的关键帧和基于剪辑的关键帧工作方式相同，区别是基于轨道的关键帧不会随着剪辑一起移动。

也就是说，你可以先使用轨道控件为音频电平设置关键帧，然后再向序列添加不同的音乐剪辑。当每次向序列添加新音乐之后，你听到的是应用了轨道调整之后的结果。

随着 Premiere Pro 编辑水平的提高，你会创建出更复杂的混音，这时你可以综合运用剪辑关键帧调整和轨道关键帧调整，从而为编辑工作带来很大的灵活性。

10.8.5　使用 Audio Clip Mixer（音频剪辑混合器）

Audio Clip Mixer（音频剪辑混合器）提供了直观的控件来调整剪辑音量和平移关键帧。

每个序列音轨用一组控件表示。你可以对一个音轨做静音或独奏操作，播放期间，你可以拖曳音量控制器或调整平移控件，以此启动向剪辑写入关键帧的功能。

什么是音量控制器？如图 10-41 所示，音量控制器是行业标准控件，它模拟的是真实的混音台。向上移动音量控制滑块，增大音量，向下移动，减小音量。此外，你还可以使用音量控制器在播放序列期间向剪辑上的"橡皮筋"添加关键帧。

请尝试下列操作。

1. 继续使用 Desert Montage 序列。在 Timeline Display Settings（时间轴显示设置）菜单中，打开"显示音频关键帧"，让 A1 轨道显示出音频关键帧。

音量
控制器滑块

图10-41

2. 打开 Audio Clip Mixer（音频剪辑混合器）（注意不是音频轨道混合器），从头开始播放序列。

由于序列上已经添加了关键帧，所以在播放期间，你可以上下移动音量控制滑块。

3. 在时间轴面板中，再次把播放滑块拖曳到序列开头。在 Audio Clip Mixer（音频剪辑混合器）中，开启 A1 的 Write Keyframes（写关键帧，■）功能。

4. 当停止播放时，关键帧才会显示出来。播放序列，这期间对 A1 的音量做一点戏剧化的调整。如图 10-42 所示，这里我们调整得有点过分了（实际上，我们很少需要对音量做这样的调整），添加太多关键帧会引起一些问题。

图10-42

5. 再次播放序列，你会发现音量控制器滑块会自动随着现有的关键帧进行变化，但你仍然可以手动调整它。

> **Pr** 注意：当停止播放时，你才能看到新添加的关键帧。

打开"写关键帧"功能，边播放边拖曳音量控制滑块，Premiere Pro 会为我们添加大量关键帧。默认情况下，每拖曳一下音量控制滑块，Premiere Pro 就会添加一个关键帧。不过，你可以为关键帧设置最小时间间隔。

6. 在菜单栏中，依次选择 Premiere Pro CC > Preferences（首选项）> Audio（音频）（macOS）或 Edit（编辑）> Preferences（首选项）> Audio（音频）（Windows），选择 Minimum Time Interval Tinning（减小最少时间间隔），把"最小时间"设置为 500ms（半秒相对较慢，但是它在精确调整和关键帧过多之间做出很好的平衡），单击 OK（确定）按钮。

7. 如图 10-43 所示，把播放滑块拖曳到序列开头，在 Audio Clip Mixer（音频剪辑混合器）中，拖曳音量控制滑块，添加音量关键帧。

从最后的调整结果看，关键帧排列得更加整齐有序。即便是大幅度调整，关键帧的数量也比较少，很容易进行管理。

当然，你也可以像调整那些使用"选择工具"或"钢笔工具"创建的关键帧一样来调整所创建的关键帧。

图10-43

提示：在 Audio Clip Mixer（音频剪辑混合器）中，你可以像调整音量一样调整左右声道平衡。具体操作是：先开启"写关键帧"功能，然后播放序列，使用旋钮控件调整即可。

平移和平衡之间的区别

创建立体声或5.1音频序列时，单声道和立体声音频剪辑使用不同的声像器控件为每个输出设置音量。

- 单声道音频剪辑有一个Pan（平移）控件。在立体声序列中，这使得你可以在可用的输出通道之间分配单个音频声道。就立体声序列来说，这意味着选择多少个音频在混音的左侧或右侧。
- 立体声音频剪辑有一个Balance（平衡）控件，用来调整剪辑中左声道和右声道的相对音量。

根据序列音频主设置和所选剪辑中可用音频的不用，显示的控件也不一样。

在本课中，我们学习了在 Premiere Pro 添加和调整关键帧的几种方法。值得注意的是，这些方法本身没有好坏之分，具体选用哪种方法取决于个人习惯和项目需求。

10.9　复习题

1. 如何分离一个序列声道，只听这个声道？

2. 单声道音频和立体声音频有何区别？

3. 在 Source Monitor（源监视器）中，如何查看剪辑的音频波形？

4. 标准化和增益之间的区别是什么？

5. J 剪接和 L 剪接之间有什么区别？

6. 在播放序列剪辑期间，在 Audio Clip Mixer（音频剪辑混合器）中，使用音量控制滑块添加关键帧之前，必须先开启哪个功能？

10.10　复习题答案

1. 在音量指示器底部有两个 Solo（独奏）按钮，使用它们可以倾听某个特定声道。

2. 立体声音频有两个声道，而单声道音频只有一个。在录制立体声音频时，常见的做法是把使用左麦克风录制的声音指定为"声道 1"（Channel 1），把使用右麦克风录制的音频指定为"声道 2"（Channel 2）。

3. 在 Source Monitor（源监视器）中，从 Settings（设置）菜单中，选择 Audio Waveform（音频波形）。此外，还可以单击 Source Monitor（源监视器）底部的 Drag Audio Only（仅拖动音频）按钮。在时间轴面板中，序列中的剪辑可以显示波形。

4. 标准化会根据原始峰值振幅自动为剪辑调整增益。你可以通过 Gain（增益）设置做手动调整。

5. 使用 J 剪接得到的效果是：当前剪辑的视频画面尚未结束，下一个剪辑的音频就开始播放了（即由声音引出画面）。使用 L 剪接得到的效果是：当前已经在播放第二个剪辑的画面，但音频仍然是第一个剪辑的（即由画面引出声音）。

6. 为每个你想添加关键帧的音频轨道开启 Write Keyframes（写关键帧）功能。

第**11**课 美化声音

课程概览

本课学习如下内容：

· 使用"基本声音"面板；

· 提高讲话声；

· 去除噪声。

 　学完本课大约需要 75 分钟。请先下载本课的课程文件，并把课程文件存放到计算机中便于使用的位置上。

在视频编辑过程中，恰当地运用 Adobe Premiere Pro CC 提供的各种音频效果，能够进一步改善项目的听觉体验。如果想进一步提高混音水平，你需要把 Adobe Audition CC 这个软件加入到整个编辑流程中，充分利用其强大的音频处理能力。在本课中，我们将讲解一些用来提高混音质量的简单快捷的方法。

11.1 课程准备

Adobe Premiere Pro CC 为我们提供了许多音频效果,你可以借助这些效果更改音调、制造回声、添加混响,以及清除磁带噪声。另外,你还可以为这些音频效果设置关键帧,并随时间调整它们。

1. 打开项目 Lesson 11.prproj。

2. 把项目另存为 Lesson 11 Working.prproj。

3. 在工作区面板中,单击 Audio(音频),单击右侧的三道杠图标,从弹出菜单中,选择 Reset To Saved Layout(重置为已保存的布局),或者双击 Audio(音频)面板名称,然后在弹出的 Confirm Workspace Reset(确认重置工作区)对话框中,单击 Yes(是),重置工作区。

11.2 使用"基本声音"面板美化声音

在理想情况下,项目中使用的音频应该是完美、无瑕疵的。不过,遗憾的是,在实际项目制作中用到的音频素材多少都有这样或那样的问题。为此,你需要使用各种音频效果来解决这些问题。

同一种声音在不同的音频设备上播放也会呈现不同的效果。例如,使用笔记本计算机和大型扬声器播放同一段低音,听起来肯定是不一样的。

在处理音频的过程中,听声音时一定要使用高品质的耳机或专业的扬声器,这样才能防止你因硬件问题而对音频做出不必要的调整。专业的音频监听设备都经过仔细调校,它们可以"均匀地"播放声音,这样可以保证听众听到的声音和你调整时听到的声音是一样的。

在检查音频效果时,有时我们也会用一些质量较差的扬声器播放,这有助于你检查声音是否足够清晰,以及低频音是否会导致声音走形。

Premiere Pro 为我们提供了大量有用的音频效果,你可以在 Effects(效果)面板中找到它们(见图 11-1),包含但不限于下面这些。

- Parametric Equalizer(参数均衡器):该效果允许你在不同频率下对音频电平做细致、精确的调整。

- Studio Reverb(室内混响):该效果使用混响增强录制时的"临场效果",可以用它模拟大房间中的声音。

- Delay(延迟):这个效果用来向音频轨道添加轻微(或明显)的回声。

- Bass(低音):该效果用来调整剪辑的低频,非常适合处理旁白,尤其是男声。

- Treble(高音):该效果用来调整音频剪辑中的高频部分。

图11-1

前面讲过渡效果时，我们说只要把过渡效果拖曳到剪辑上就应用好了（见图 11-2）。类似地，只要我们把音频效果从效果面板拖动到剪辑上即可应用所选的

图11-2

效果。当应用好效果之后，选择剪辑，然后就能在 Effects Controls（效果控件）面板中看到各种效果控件了。你还会看到一些预设来帮助你了解效果的使用方式。

在 Effects Controls（效果控件）面板中，选中某个效果，按 Delete（macOS）或 Backspace（Windows）键，即可删除所选效果。

接下来，我们会使用 01 Effects 序列来尝试各种音频效果。这个序列中只包含音频剪辑，方便查听调整之后的结果。

本课重点讲解 Essential Sound（基本声音）面板（见图 11-3），其中提供了许多易于使用的专业级调整和效果，它们是建立在标准媒体类型（例如对话、音乐）的常见工作流程基础之上的。

图11-3

Essential Sound（基本声音）面板中包含许多控制选项，它们是你清理和改善音频必定会用到的。

11.3 调整对话

Essential Sound（基本声音）面板中包含了用来处理对话音频的一整套工具。

在使用 Essential Sound（基本声音）面板时，先要选择序列中的一个或多个剪辑，然后根据剪辑中音频的类型，选择对应的标签（见图 11-4）。

不同的标签对应不同的工具，用以处理不同类型的音频。用来处理对话音频的选项要比处理其他类型音频的选项多，这样做的理由很充分！对话音频可能是最重要的，如图 11-5 所示，音乐、特效（SFX）和环境声音可能都已混合完毕就等着用了。

图11-4

图11-5

事实上，你在 Essential Sound（基本声音）面板中所做的每个调整都会向所选剪辑添加一个或多个效果，并修改这些效果的设置。这是获取好效果的捷径。不论何时，你都可以先选择剪辑，然后进入 Effects Controls（效果控件）面板，详细设置效果。

在接下来的内容中，我们会尝试使用 Essential Sound（基本声音）面板中的几种调整选项。你可以把所做的调整存为预设，然后在 Essential Sound（基本声音）面板顶部的"预设"中找到并应用它。

在应用预设时，不必先指定音频类型。创建预设时，先选择一个音频类型，然后做一些设置，最后单击 Essential Sound（基本声音）面板顶部的 Save Settings As A Preset（保存设置为预设）按钮（ ![icon] ），即可将其保存下来。

预设不是固定不变的，也就是说，在应用了某个预设之后，你可以进一步对它进行调整，甚至还可以把新做的调整保存为一个新预设。

如果你的项目中有大量剪辑会用到同一套设置，那可以考虑把这套设置存为预设。当某套设置使用的次数超过了 5 次时，你可以尝试将其做成预设，并为预设起一个好名字，方便日后查找，不要起类似于 Another Preset 15 这样的名字，因为几周之后，你就很难搞清它是干什么的了。

11.3.1 设置响度

使用 Essential Sound（基本声音）面板，我们可以很容易地把多个剪辑的音量设置成适合于广播电视的音量。

1. 打开 02 Loudness 序列（见图 11-6）。

这个序列在前面 10.5.3 节中用过。

图11-6

关于响度

到目前为止，我们一直在使用"分贝"（dB）来描述音量大小。在整个制作和后期中，分贝都是一个很有用的参考。

峰值电平（剪辑的最大音量）常用来为广播电视音轨设置限制。每个广播电视台都有不同的音量限制要求。

虽然峰值电平是一个很有用的参考，但它反映的不是音轨的总能量，它通常会产生一种混音，使音轨的每一部分都比自然声大，例如，在与峰值电平混合之后，耳语有可能变得喊声一样响亮。只要音频的峰值电平在规定的限制范围内，它就可以用在电视广播中。

这就是那么多商业广告听起来声音很大的原因。峰值水平并不比任何其他内容响亮，但在混合之后，即便是音轨中比较安静的部分听起来也很响亮。

为了解决这个问题，人们引入了"响度"（Loudness），它衡量的是随时间变化的总能量。当设置了响度限制之后，声音中包含响亮的部分没问题，但音轨总能量不能超过电平设置。这使得内容创作者不得不把音量调整在合理的范围之内。

在制作广播电视内容的过程中，最终交付时使用的几乎都是响度，Essential Sound（基本声音）面板中使用的也是响度。

2. 如图 11-7 所示，增加 A1 轨道的高度，将其放大一些，以便你能清晰地看到画外音剪辑。

图11-7

3. 播放序列，可以听到各段画外音剪辑的音量是不同的。

4. 全选所有画外音剪辑。最简单的全选方法是拖选，但注意不要把序列中的其他剪辑也选中了。

5. 在 Essential Sound（基本声音）面板中，单击 Dialogue（对话）按钮，把所选剪辑指定为 Dialogue（对话）音频类型。

6. 如图 11-8 所示，单击 Loudness（响度）这个标题文本，显示其下选项。这有点类似于在 Effects Controls（效果控件）面板中单击某个效果做出的箭头，显示或隐藏其下的各个控制选项一样。

7. 单击 Auto-Match（自动匹配）。

Premiere Pro 会自动分析每个剪辑，并调整 Audio Gain（音频增益），让它们的音量符合广播电视的标准。

图11-8

与调整剪辑增益的视频标准化一样，这种调整也会更新剪辑的波形，如图 11-9 所示。

图11-9

8. 播放序列，查听调整结果。

11.3.2 修复音频

当录制现场声音时，不论你多么认真、小心，有些录音中总会包含一些不想要的背景噪声。

Essential Sound（基本声音）面板中包含了许多用来处理背景噪声的工具。如图 11-10 所示，单击 Repair（修复）这个标题，展开其下的修复选项。

- Reduce Noise（减少噪声）：用来降低背景中噪声的音量，例如空调声、衣服的沙沙声、系统噪声。

- Reduce Rumble（降低隆隆声）：用来减少低频声，例如引擎噪声或风噪。

- DeHum（消除嗡嗡声）：减少电子干扰的嗡嗡声。在北美和南美，交流电频率为 60Hz；而在欧洲、亚洲、非洲，交流电频率为 50Hz。如果麦克风线缆放在电力电缆旁边，录音中就会出现电子干扰形成的嗡嗡声。使用 DeHum（消除嗡嗡声）选项可以很轻松地消除这种噪声。

- DeEss（消除齿音）：降低刺耳的高频音，例如录音中常见的咝咝声。

- Reduce Reverb（减少混响）：在包含大量反射面的环境中录音时，有些声音可能会以回声的形式反射回麦克风。使

图11-10

用 Reduce Reverb（减少混响）选项可以有效地减少混响，让主音听起来更清晰。

当处理剪辑中的噪声时，我们要根据噪声的特点，从众多去噪工具中，选择一种或多种使用，更多时候是综合运用多种去噪工具，这样才能获得比较令人满意的效果。

当勾选"修复"功能后，使用各种降噪工具的默认设置就能获得不错的去噪效果。大多数情况下，为了获得最佳去噪效果，在调整各个降噪工具的数值时，你可以从 0 开始调整，然后逐渐增加数值，直到获得满意的结果，并且可以最大限度地减少失真。

下面我们尝试使用 DeHum（消除嗡嗡声）来消除录音中的电噪声。

1. 打开 03 Noise Reduction 序列（见图 11-11）。

图11-11

2. 播放序列，认真听一下画外音。

这个序列很简单，包含 4 段视频剪辑和 1 段画外音剪辑。在画外音中有电子干扰形成的电噪声。

> **Pr** 提示：在时间轴面板中，从"时间轴显示设置"菜单中，选择相应的菜单，可以显示或隐藏音频与视频序列剪辑的名称。

3. 选择画外音剪辑。

这个剪辑已经被指定为对话音频类型，因此你可以直接在 Essential Sound（基本声音）面板中

看到对话音频选项。

4. 在 Essential Sound（基本声音）面板中，勾选 Repair（修复），并单击它，显示其下选项。然后勾选 DeHum（消除嗡嗡声），如图 11-12 所示。

图11-12

5. 播放序列，查听降噪效果。

降噪效果非常明显！电子干扰的嗡嗡声虽然大，但是频率固定，消除它相对容易。

该剪辑中嗡嗡声的频率为 60Hz，因此使用默认的 60Hz 去噪是合适的。如果效果不理想，请尝试选用 50Hz。

提示：有时声音中的噪声并不容易去除，只使用 Premiere Pro 中的"修复"功能可能无法获得理想的效果。此时，大家可以尝试使用 Adobe Audition 这个软件，它提供了更加高级的降噪功能。

11.3.3 降低噪声和混响

除了特定类型的背景噪声（例如嗡嗡声、隆隆声）之外，Premiere Pro 还提供了其他更高级的降低噪声和混响的工具。你可以在 Essential Sound（基本声音）面板中找到这些降噪工作的简单控件，但更高级的控件则显示在 Effects Controls（效果控件）面板中。

降噪

首先，让我们先试一下降噪。

1. 打开 04 Noise and Reverb 序列（见图 11-13）。这个序列很简单，但录制时现场环境很嘈杂，音频中出现了大量背景噪声和混响。播放这个序列，可以听到录音中包含了大量不想要的背景噪声和混响。

图11-13

序列中的剪辑已经和 Essential Sound（基本声音）面板中的 Dialogue 音频类型链接在了一起，并且在响度中默认应用了 Auto-Match（自动匹配）选项，如图 11-14 所示。

图11-14

2. 选择序列中的第一个剪辑。在 Essential Sound（基本声音）面板中的 Repair（修复）区域中，勾选 Reduce Noise（减少噪声），该效果的默认强度为 5.0。

3. 再次播放序列剪辑，比较噪声减少效果。原来在大约 00:00:10:00 处有很大的隆隆声，现在几乎听不见了。

4. 与其他效果一样，要反复尝试，才能得到合适的"减少噪声"值，从而获得较为理想的降噪效果。如果"减少噪声"效果太强，人物说起话来就像在水下一样，在遇到这样的失真问题时，你可以试着稍微降低一下强度值。反之，如果效果强度不够，声音中的大部分背景噪声就无法去除。尝试完成后，恢复成默认设置 5.0。

> **Pr** | 提示：在 Essential Sound（基本声音）面板中，双击控件即可恢复默认设置。

在处理声音的过程中，有时会遇到一些低频的背景噪声，它们与人们的说话声音很接近，导致 Premiere Pro 很难自动去除它们。接下来，让我们尝试使用一些更高级的去噪选项。

只要在 Essential Sound（基本声音）面板中开启了 Reduce Noise（减少噪声）选项，Premiere Pro 就会把 DeNoise(降噪)效果应用到所选剪辑上(见图 11-15)，你可以在 Effects Controls（效果控件）面板中看到它。如果 Effects Controls（效果控件）面板未显示，你可以在 Window（窗口）菜单中找到并打开它。

图11-15

5. 打开 Effects Controls（效果控件）面板，同时在时间轴面板中确保第一个剪辑仍然处于选中状态。在 Effects Controls（效果控件）面板中，单击 Edit（编辑）按钮，打开 Clip Fx Editor-DeNoise（剪辑效果编辑器 - 降噪），其中包含了 DeNoise（降噪）效果的高级控件。

在正常播放或拖曳播放滑块时，DeNoise（降噪）效果图会同时显示原始音频（底部）和应用的降噪调整（顶部）。当效果控件开启时，你仍然可以在时间轴面板中设置播放滑块的位置以及播放序列。

如图 11-16 所示，降噪效果图左侧显示的是低频，右侧显示的是高频。

图11-16

6. 再次播放剪辑，要特别注意只有隆隆声时（无人声时）降噪效果图的变化情况，如图 11-17 所示。你可以发现，隆隆声是低频音，位于图左侧。

图11-17

Clip Fx Editor–DeNoise（剪辑效果编辑器 - 降噪）中包含的控件都十分简单明了。

* Presets（预设）：在 Presets（预设）下拉列表中提供了 Heavy Noise Reduction（强降噪）或 Light Noise Reduction（弱降噪）两种选择，它们只调整降噪的数量。

* Amount（数量）：该控件比 Essential Sound（基本声音）面板中的滑块更加准确，用来调整效果强度。

* Output Noise Only（仅输出噪声）：开启该项只能听到要去除的噪声，当你担心音频删得过多时，可以开启该项。

- Gain（增益）：降噪时，音频的总电平也会下降。此时，你可以调整这个总增益进行补偿。观察效果应用前后的电平表，你可以知道调整多少增益才能把总音频保持在原始水平。

如图 11-18 所示，相比之下，Processing Focus（处理焦点）控件就不那么直白了。

图11-18

默认情况下，Premiere Pro 会把 DeNoise（降噪）效果应用到剪辑的所有频率上，也就是说，它会向低频音、中频音、高频音应用同等调整。使用 Processing Focus（处理焦点）控件，你把效果有选择地应用到指定的频率上。把鼠标指针放到某个图标上，就会显示出相应的工具提示。其实，仅根据图标形状，各个图标的含义我们就能猜得差不多。

7. 单击开启 Focus On Lower Frequencies（着重于较低频率，▨），再次播放剪辑。这次听起来效果不错，接下来，让我们把效果再增强一些。

8. 拖曳 Amount（数量）滑块，将其增加到 80%，再次播放序列。接下来，再把滑块拖至 100%，然后播放序列。

开启 Focus On Lower Frequencies（着重于较低频率）之后，即使把效果强度设置成最大，人物对话还是能够听得清，此时隆隆声已经消失不见。不过即便是使用这么高级的工具，你也需要多次进行尝试，才能获得理想的结果。

> **Pr** 注意：在调整效果设置时，Essential Sound（基本声音）面板中的相应控制项会出现感叹号图标（⚠），提醒你相应设置已经被修改。

9. 目前，把数量设置为 80%，关闭 Clip Fx Editor–DeNoise（剪辑效果编辑器 - 降噪）窗口。

减少混响

Reduce Reverb（减少混响）和 Reduce Noise（减少噪声）的工作方式类似。下面我们一起尝试一下。

1. 播放序列的第二个剪辑（见图 11-19），里面包含着很强的混响，这是因为录音现场中物体的硬表面会把声音反射进麦克风中。

这个剪辑中背景噪声并不多，但是混响问题十分严重。

2. 如图 11-20 所示，在时间轴面板中，选择剪辑，然后在 Essential Sound（基本声音）中，开启 Reduce Reverb（减少混响）。

图11-19

变化显而易见！与调整 Reduce Noise（减少噪声）一样，调整 Reduce Reverb（减少混响）时也要反复尝试，在保证人物对话足够清晰的前提下，获得最好的去混响效果。

如图 11-21 所示，开启 Reduce Reverb（减少混响）之后，

图11-20

Premiere Pro 会向所选剪辑应用 DeReverb（减少混响）效果，你可以在 Effects Controls（效果控件）面板中打开它。

图11-21

3. DeReverb（减少混响）效果和 DeNoise（减少噪声）效果拥有类似的控制项，但它们之间存在一个明显的区别。在 Effects Controls（效果控件）面板中，单击效果的 Edit（编辑）按钮，打开"剪辑效果编辑器 – 减少混响"窗口。

从图 11-22 中可以看到，DeReverb（减少混响）效果和 DeNoise（减少噪声）效果的设置几乎完全一样，但在"剪辑效果编辑器 – 减少混响"中噪声图的颜色有点不一样，而且在右上角的是 Auto Gain（自动增益），而非 Output Noise Only（仅输出噪声）。

图11-22

在减少混响时，总电平必然会降低，如图 11-23 所示，当开启 Auto Gain（自动增益）后，Premiere Pro 会自动进行补偿，使得这一效果更容易设置。

图11-23

4. 确保 Auto Gain（自动增益）处于开启状态，播放剪辑，比较开启前后的不同。接着，关闭"剪辑效果编辑器 – 减少混响"窗口。

5. 序列中还有其他两段剪辑供你练习。你还可以尝试把 Reduce Noise（减少噪声）和 Reduce Reverb（减少混响）两个效果结合起来（见图 11-24），以便实现用更低的数值获得更好的效果。

图11-24

11.3.4 提高清晰度

如图 11-25 所示，Essential Sound（基本声音）面板中的 Clarity（透明度）为我们提供了 3 种提高对话质量的快捷方法。

- Dynamics（动态）：增加或减少音频的动态范围，即录音中最低音和最高音之间的音量范围。

- EQ：以不同的频率恰当地应用幅度（音量）调整。它提供了一系列预设，帮助我们轻松选出有用的设置。

- Enhance Speech（增强语音）：选择"男性"或"女性"声音，以恰当的频率提高语音清晰度。

上面 3 种方法值得你花时间认真研究一下，处理对话录音时，会经常用到它们。

下面让我们尝试一下。

图11-25

1. 打开 05 Clarity 序列，如图 11-26 所示。

这个序列和 03 Noise Reduction 序列的内容一样，但其中包含了画外音的两个版本。第一个版本比第二个版本清晰，第二个版本和原始序列中的版本一样，并且已经应用了 DeHum（消除嗡嗡声）效果。

图11-26

2. 听第一个画外音剪辑。

3. 选择第一个画外音剪辑，在 Essential Sound（基本声音）面板中，展开 Clarity（透明度）选项。

4. 勾选 Dynamics（动态），拖曳其下滑块，尝试不同调整。你可以边播放序列边在 Essential Sound（基本声音）面板进行调整，动态效果会实时应用。当尝试几次调整之后，取消 Dynamics（动态）。

5. 勾选 EQ，尝试几种不同的预设。

在应用不同预设时，Premiere Pro 会显示不同的调整图形（见图 11-27），该图形是基于 Parametric EQ（参数均衡器）效果（有关这个效果的更多内容，请阅读 11.3.8 节）的。你可以拖曳 Amount（数量）滑块，增强或减弱这个效果。

图11-27

6. 播放第二个画外音剪辑。

7. 选择第二个画外音剪辑，在 Essential Sound（基本声音）面板的 Clarity（透明度）中，勾选 Enhance Speech（增强语音），选择 Female（女性）。

8. 播放第二段画外音剪辑。在播放期间，尝试打开与关闭 Enhance Speech（增强语音）。

差别并不明显。事实上，你可能需要使用耳机或高质量的监听设备才能听出差别。这个选项能够提升语音的清晰度，使其更容易理解，在某些情况下，它还会降低低频功率。

11.3.5 创意调整

在 Essential Sound（基本声音）面板中，Creative（创意）区域位于 Clarity（透明度）下方。

如图 11-28 所示，Creative（创意）区域中只有一个调整项——Reverb（混响）。这个效果类似于在含有大量反射面的大型房间中录音，但它听上去更不明显。

请使用 05 Clarity 序列中的第一个画外音剪辑尝试一下这个效果。只需要一点点的混响效果，就能营造出十分真实的现场感。

图11-28

11.3.6 调整音量

除了为 Project（项目）面板中的剪辑调整增益、为序列中的剪辑设置音量，以及自动应用响度调整之外，我们还可以使用 Essential Sound（基本声音）面板底部的"剪辑音量"（见图 11-29）为选定剪辑设置音量。

Premiere Pro 已经为我们提供了许多调整剪辑音量的方式，这里怎么又有一个？有点让人迷惑不解。

但是，这个音量控制选项有个特殊之处：不管你把剪辑的音量改变多少，音量都不会出现扭曲变形的问题，也就是说，剪辑音量不会大到出现变形的程度。

图11-29

一起试一下。

1. 打开 06 Level 序列，如图 11-30 所示。

这个序列很简单，只包含一段画外音剪辑，这段画外音我们之前听过，音量大小在正常水平。

图11-30

2. 选择画外音剪辑，播放序列。在播放过程中，拖曳 Clip Volume（剪辑音量）下的 Level（级别）滑块来增大或减小剪辑音量。

3. 把滑块拖曳到最右侧，使音量达到最大音量 +15dB。

不管把音量调整成多少，声音都不会出现失真变形。即使你把一个剪辑的增益和音量都加大，剪辑的音量也不会出现大问题。

Premiere Pro 为我们提供了许多调整音量的方式，但相比之下，Essential Sound 面板中的"剪辑音量"用起来最简单，而不会造成声音变形问题。

> **Pr** 注意：在 Essential Sound（基本声音）面板中，双击任意一个控件都可以将其恢复成默认值。了解了这一点，你就不需要在调整前先记住默认值了。

4. 双击 Clip Volume（剪辑音量）下的 Level（级别）滑块，将其恢复成默认值。

11.3.7 使用其他音频效果

本课开头提到，Premiere Pro 为我们提供了大量音频效果，其中大部分效果都集中在 Effects（效果）面板中。

到现在为止，我们通过 Essential Sound（基本声音）面板做的大部分调整实际上是 Premiere Pro 自动添加到剪辑上的常规音频效果的"产物"。

使用这种方式应用效果很快，因为 Essential Sound（基本声音）面板中的所有控制项用起来就像预设，只要在 Essential Sound（基本声音）面板中根据需要做好设置之后，这些效果就会出现在 Effects Controls 面板中，并且提供了相应参数供你进一步调整。

在序列 06 Level 中的剪辑处于选中的状态下，打开 Effects Controls（效果控件）面板。

当在 Essential Sound（基本声音）面板中调整 Clip Volume（剪辑音量）下的 Level（级别）时，Premiere Pro 就会向所选剪辑应用 Hard Limiter（强制限幅）效果（见图 11-31），并根据你的调整设置这个效果的参数。

图11-31

在 Effects Controls（效果控件）面板中，单击 Hard Limiter（强制限幅）效果下的 Edit（编辑）按钮，打开"剪辑效果编辑器 – 强制限幅"窗口。如图 11-32 所示，在这个窗口中，你会看到 Hard Limiter（强制限幅）效果的各个设置项，方便你调整它们。当你在 Essential Sound（基本声音）面板中做出调整后，在 Effects Controls（效果控件）面板中，效果的相应参数也会得到同步调整。

图11-32

在大多数情况下，在 Essential Sound（基本声音）面板中做相应调整就够了。不过，如果你想进一步做更加细致的调整，你可以再打开 Effects Controls（效果控件）面板进行调整。

关闭"剪辑效果编辑器 – 强制限幅"窗口。接下来，我们再介绍其他一些有用的音频效果。

11.3.8　使用参数均衡器效果

Premiere Pro 通过 Effects（效果）面板为我们提供了许多效果。你只要把它们拖动到序列中的一个或多个剪辑上，即可将其应用到指定剪辑上。

Parametric Equalizer（参数均衡器）效果很常用，它为我们提供了详细直观的调整界面，有助于对不同频率音频的音量进行精确调整。

在 Parametric Equalizer（参数均衡器）效果编辑器的中间区域中有一条曲线，你可以拖曳曲线上的音量调整控制点（这些控制点相互链接在一起）来得到细腻自然的声音。

下面，我们一起试一试 Parametric Equalizer（参数均衡器）这个效果。

1. 打开 07 Full Parametric EQ 序列。这个序列只包含一个音乐剪辑，如图 11-33 所示。

图11-33

2. 在 Effects（效果）面板中，找到 Parametric Equalizer（参数均衡器）效果（在查找时可使用面板顶部的搜索框），将其拖曳到音乐剪辑上。

3. 在音乐剪辑处于选中的状态下，打开 Effects Controls（效果控件）面板，单击 Parametric Equalizer（参数均衡器）效果下的 Edit（编辑）按钮，打开"剪辑效果编辑器 – 参数均衡器"窗口。

如图 11-34 所示，在图形控制区域中，横轴代表频率，纵轴（右侧）代表振幅，位于图形中间的蓝色线条表示你做出的调整，在调整时，你可以直接拖曳线条上的控制点改变线条形状。在调整之后，蓝色线条或高或低，表示在相应频率下对音量进行的调整。

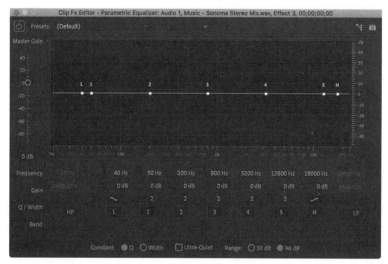

图11-34

在调整时，你可以直接拖曳蓝色线条上 5 个控制点中的任意一个，包括位于左右两端的 Low Pass（低通）和 High Pass（高通）控制点。

左侧是 Master Gain（主控增益），如果你的调整导致音频总音量过大或过小，可以通过调整 Master Gain（主控增益）进行修正。

4. 播放剪辑，了解其中的声音。

5. 如图 11-35 所示，向下大幅拖曳第 1 个控制点，减小低频音频的音量。再次播放音乐。

图11-35

如你所见，调整蓝色线条的一个地方会影响到邻近频率的声音，这样产生的效果会更自然。

在拖动某个控制点时，其影响范围由 Q 设置控制。

如图 11-36 所示，在前面的例子中，控制点 1 被设置为57Hz（这是个非常低的频率），其增益调整为 −26.8dB（降低了很多），Q 值为 2（相当宽）。

图11-36

提示：另一种使用 Parametric Equalizer（参数均衡器）效果的方法是：针对一个特定频率进行提升或削减。你可以使用这个效果削减某个特定频率，例如高频噪声或低频嗡嗡声。

6. 把第 1 个控制点的 Q 值从 2 改为 7。在修改时，先单击 2，然后直接输入新值 7 即可。

此时，如图 11-37 所示，蓝色线条向下凸出的部分变得非常尖锐，相比之下，我们所做的调整应用到更少的频率上。

图11-37

7. 播放序列，听一听有何变化。

接下来，我们进一步改善声音。

8. 如图 11-38 所示，向下拖曳控制点 3，使其增益大约为 −20dB，把 Q 值设置为 1，使调整宽度变得很大。

图11-38

9. 播放序列，认真倾听，可以发现歌声变得更静了。

10. 如图 11-39 所示，把控制点 4 拖曳到大约 1500Hz，增益为 +6.0dB。把 Q 值设置为 3，提高 EQ 调整的精确度。

Pr 注意：请不要把音量调得太高（此时，峰值指示线会变成红色，峰值监视器也会亮起），否则会导致声音变形。

图11-39

Pr 提示：如果你在软件界面中没有看到音量指示器，可以在菜单栏中，依次选择 Window（窗口）> Audio Meters（音频仪表），将其显示出来。

11. 播放序列，听一下有何变化。

12. 向下拖曳高频滤波器（H 控制点），将其增益设置为 −8.0dB 左右，让高频声音变得安静一些。

13. 使用 Master Gain（主控增益）控件，调整总音量。你可能需要查看音量指示器，才能知道自己所做的混合是否合适。

14. 关闭"剪辑效果编辑器 – 参数均衡器"窗口。

15. 播放序列，听一下有何变化。

Pr 注意：受篇幅限制，本书不会讲解 Premiere Pro 中的所有音频效果的所有属性。如果你想学习有关音频效果的更多内容，请搜索 Premiere Pro 帮助文档。

在上面的讲解中，出于演示的需要，我们所做的调整幅度都比较大，但在实际项目中，我们调整的幅度通常都是很微小的。

你可以在剪辑或序列的播放过程中调整音频和效果。而且你可以开启 Program Monitor（节目监视器）中的循环播放功能，这样就不必反复按播放按钮了。

在 Program Monitor（节目监视器）中，单击 Settings（设置）菜单，在弹出菜单中，选择 Loop（循环），即可开启循环播放功能。

在 Program Monitor（节目监视器）中，单击 Button Editor（按钮编辑器）图标，打开"按钮编辑器"

面板，其中包含一些与播放相关的按钮█。

- Loop（循环播放，█）：打开或关闭循环播放功能。

- Play Video In To Out（从入点到出点播放视频，█）：如果在序列上设置了入点（In）和出点（Out），单击该按钮，则只播放入点和出点之间的内容。

结合使用 Loop（循环播放）和 Play Video In To Out（从入点到出点播放视频）功能，可以轻松地重复播放序列中的某一个剪辑或一组剪辑。

音频插件管理器

在 Premiere Pro CC 中，安装第三方插件是一件很容易的事。首先，从菜单栏中，依次选择 Premiere Pro CC > Preferences（首选项）> Audio（音频）（macOS）或 Edit（编辑）> Preferences（首选项）> Audio（音频）（Windows），然后单击 Audio Plug-in Manager（音频增效工具管理器）按钮，打开"音频增效工具管理器"窗口。

1. 单击 Add（添加）按钮，添加包含 AU 或 VST 插件的目录。AU 插件仅适用于 Mac 系统。

2. 若需要，单击 Scan For Plug-Ins（扫描增效工具）按钮，查找所有可用插件。

3. 单击 Enable All（全部启用）按钮，激活所有插件，或者选择某一些插件，单独激活它们。

4. 单击 OK（确定）按钮，使更改生效。

11.3.9 使用 Notch（陷波）效果

Notch（陷波）效果用来删除指定值附近的频率。这个效果会定位一个频率范围，然后删除这个频率范围内的声音，非常适合用来删除电线中的嗡嗡声和其他电子干扰。

1. 打开 08 Notch Filter 序列。

2. 播放序列，你会听到嗡嗡声，就像荧光灯在嗡嗡作响。

3. 在 Effects（效果）面板中，找到 Notch Filter（陷波滤波器）效果（非简单的陷波滤波器），将其拖曳到序列中的剪辑上。此时，Premiere Pro 会自动选中序列剪辑，并在 Effects Controls（效果控件）面板中显示出效果控件。

4. 在 Effects Controls（效果控件）面板中，单击 Notch Filter（陷波滤波器）效果下的 Edit（编辑）按钮，打开"剪辑效果编辑器 – 陷波滤波器"窗口。

如图 11-40 所示，Notch Filter（陷波滤波器）效果看上去和 Parametric Equalizer（参数均衡器）效果非常相似，而且功能也类似。但是，在 Notch Filter（陷波滤波器）效果中并没有用来设置曲线锐利度的 Q 控件。在默认情况下，每个调整都极其剧烈，你可以通过 Notch Width（陷波宽度）

菜单调整曲线。

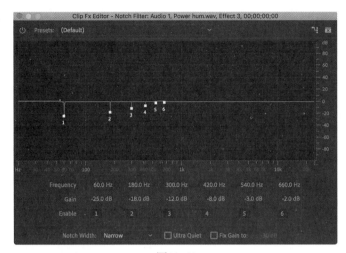

图11-40

5. 播放序列，试用不同预设，了解它们之间的不同。

每个预设中通常都包含多个调整，原因是在多谐波频率中经常会出现信号干扰。

6. 从 Presets（预设）菜单中，选择 60Hz And Octaves（60 Hz 与八度音阶），然后再次播放序列，听一下改善效果。

7. 在应用 Notch（陷波）效果时，经常需要反复调整反复听，直到获得自己满意的效果设置。

音频中的嗡嗡声频率分别为 60Hz、120Hz、240Hz，它们就是所选预设的处理目标。单击控制点 4、5、6 的 Enable（启用）按钮，把它们关闭。

现在，再次播放序列，了解最终效果，如图 11-41 所示。

图11-41

8. 关闭"剪辑效果编辑器 – 陷波滤波器"窗口。

干扰声音的频率很明确，会影响到人物声音。删除之后，人物的声音听起来就非常清晰了。

在 Essential Sound（基本声音）面板中，开启 DeHum（消除嗡嗡声）之后，Premiere Pro 就会把类似的效果（DeHummer）应用到剪辑上。

Notch Filter（陷波滤波器）效果下有一些非常高级的控件。当你使用 Essential Sound（基本声音）面板无法获得想要的结果时，不妨试试这些控件。

使用Adobe Audition去除背景噪声

Adobe Audition提供了高级混音和效果，能够帮助我们进一步改善声音。如果你的计算机中安装了Audition，可以尝试如下操作。

1. 在Premiere Pro中，从Project（项目）面板中，打开09 Send to Audition序列。

图11-42

2. 如图11-42所示，在时间轴面板中，使用鼠标右键，单击Noisy Audio.aif剪辑，从弹出菜单中，选择Edit Clip In Adobe Audition（在Adobe Audition中编辑剪辑）。

此时，Premiere Pro会为音频剪辑新建一个副本，并将其添加到项目中。

Audition软件打开，并显示音频剪辑的副本。

3. 在Audition的Editor（编辑器）面板中，你应该能够看到立体声剪辑。Audition为剪辑显示了一个很大的波形。为了使用Audition的高级降噪工具，你需要在剪辑中找出噪声部分，让Audition知道要删除什么。

4. 如果波形之下没有Spectral Frequency Display（显示频谱），在菜单栏中，依次选择View（视图）> Show Spectral Frequency Display（显示频谱），将其显示出来。播放剪辑，只在剪辑的开头部分包含几秒噪声，这很容易选出来。

图11-43

5. 如图11-43所示，在工具栏中，选择Time Selection Tool（时间选择工具），拖选你刚刚找到的噪声部分。

6. 从菜单栏中，依次选择Effects（效果）> Noise Reduction/Restoration（降噪/恢复）> Capture Noise Print（捕捉噪声样本）。你也可以使用Shift+P组合键。此时，弹出一个对话框，告知你将要捕捉噪声样本，单击OK（确定）按钮。

7. 从菜单栏中，依次选择Edit（编辑）> Select（选择）> Select All（全选），选择整个剪辑。

8. 如图11-44所示，从菜单栏中，依次选择Effects（效果）> Noise Reduction/Restoration（降噪/恢复）> Noise Reduction（process）（降噪（处理））。你还可以按Shift+Command+P（macOS）或Shift+Ctrl+P（Windows）组合键。此时，打开"效果 – 降噪"窗口来处理噪声。

图11-44

9. 勾选Output Noise Only（仅输出噪声）复选框。这个选项允许你只听要删除的噪声，就能准确选出要删除的噪声，防止你意外删除太多非噪声音频。

10. 单击窗口底部的Play（播放）按钮，拖动滑块调整Noise Reduction（降噪）和Reduce By（降噪幅度），从剪辑中清除噪声（见图11-45）。请注意不要调节得太多。

图11-45

11. 取消选择Output Noise Only（仅输出噪声）复选框，听一下清除噪声之后的声音。

12. 有时，降噪会导致声音失真。在Advanced（高级）区域中，有一些控件可以用来进一步改善降噪效果，你可以尝试如下操作。

- 降低Spectral Decay Rate（频谱衰减率），这会缩短降噪与允许听到噪声之间的延迟。

- 增大Precision Factor（精度因素），这会增加处理时间，但是效果提升明显。

- 增加Smoothing（平滑），基于特定频率的自动选择，使得从无降噪到完全降噪的调整变得更加柔和。

- 增加Transition Width（过渡宽度），在不应用完全降噪的情形下，允许音量电平有些变化。

13. 如果对调整结果满意，单击Apply（应用）按钮，应用调整。

14. 从菜单栏中，依次选择File（文件）> Save（保存），保存更改。

15. 在Audition中保存更改之后，这些调整会自动同步到Premiere Pro中的剪辑上。返回到Premiere Pro中，播放剪辑，听一下去噪效果。然后，你就可以退出Audition了。

11.3.10　使用响度雷达效果

如果你是在为广播电视制作内容，那么必须严格按照交付要求来制作视频内容。其中一个交付要求与声音的最大音量有关，有多种方法能够帮助我们实现这个要求。

前面讲过，目前衡量广播音量的一个常用方法是使用 Loudness（响度），你也使用这种它来衡量你的序列声音。

你可以测量剪辑、音轨，或整个序列的响度。通常，在交付规范中，你会看到有关声音设置的明确要求。

你可以按照如下步骤来测量整个序列的响度。这里我们继续使用 09 Send to Audition 序列进行演示。

1. 打开 Audio Track Mixer（音轨混合器）面板（注意不是音频剪辑混合器）。你可能需要重新调整 Audio Track Mixer（音轨混合器）面板的尺寸，才能看到所有控件。

Audio Track Mixer（音轨混合器）允许你把效果添加到轨道而非剪辑上，包括主输出轨道。不同于 Audio Clip Mixer（音频剪辑混合器），Audio Track Mixer（音轨混合器）中包含"主声道"，它正是我们想在界面中看到的。

2. 如图 11-46 所示，Audio Track Mixer（音轨混合器）中的控件是按列安排的，包含 3 个音轨列和一个主声道列。在主声道控件顶部，单击向下箭头，打开 Effects Selection（效果选择）菜单，依次选择 Special（特殊效果）> Loudness Radar（雷达响度计）。

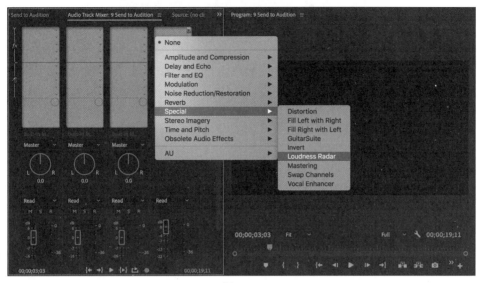

图11-46

3. 效果名称出现在最顶部，而效果控件则出现在底部。

4. 如图 11-47 所示，在 Audio Track Mixer（音轨混合器）中，使用鼠标右键，单击 Loudness Radar（雷达响度计）效果名称，从弹出菜单中，选择 Post-Fader（后置衰减器）。

图11-47

Audio Track Mixer（音轨混合器）中的衰减器控件用来调整音轨的音量。在调整衰减器之后，Loudness Radar（雷达响度计）会分析音量，否则 Premiere Pro 将忽略使用衰减器所做的调整。

5. 如图 11-48 所示，双击 Loudness Radar（雷达响度计）效果名，打开"轨道效果编辑器 – 雷达响度计"窗口，里面包含效果的所有控件。

图11-48

6. 按空格键播放序列，或者单击 Program Monitor（节目监视器）中的 Play（播放）按钮。

在播放期间，Loudness Radar（雷达响度计）会监视响度，并将其显示为使用蓝、绿、黄表示的一系列值（里面也有一个峰值指示器）。

尽管响度的具体大小取决于你的处理要求（例如广播规范中给出的要求），但我们的目标通常都是让响度保持在响度雷达的绿色区域之内。

7. 当分析完成之后，关闭"轨道效果编辑器 – 雷达响度计"窗口。

Loudness Radar（雷达响度计）不会改变音量，但它可以准确测量响度，供你在修改混音时做参考。

在"轨道效果编辑器 – 雷达响度计"窗口中，单击 Settings（设置）选项卡，在其中，你可以修改 Loudness Radar（雷达响度计）中各个部分的测量标准。此外，你还可以从 Presets（预设）菜单中选择某个预设，这些预设都是建立在常用标准之上的。

如果使用 Essential Sound（基本声音）面板自动设置音量，最后你可能也会得到满足广播要求的混音。不过，相比之下，采用手工方式制作的音频混合更专业，效果也更好，因为其中每个剪辑的音量都会得到检查。

11.4 复习题

1. 如何使用 Essential Sound（基本声音）面板为对话剪辑设置一个符合行业标准的音频电平？

2. 从剪辑中消除电子干扰（嗡嗡声）的快捷方法是什么？

3. 在 Essential Sound（基本声音）面板中勾选某个选项后，在哪里可以找到这个选项的更多控制参数？

4. 如何从 Premiere Pro 的时间轴中把一个剪辑直接发送到 Adobe Audition 中？

11.5 复习题答案

1. 选择你想调整的剪辑。在 Essential Sound（基本声音）面板中，选择音频类型为 Dialogue（对话），然后，在 Loudness（响度）区域中，单击 Auto-Match（自动匹配）。

2. 在 Essential Sound（基本声音）面板中，勾选 DeHum（消除嗡嗡声）选项，去除电子干扰的嗡嗡声。根据原始素材的来源，选择 60Hz 或 50Hz。

3. 在 Essential Sound（基本声音）面板中，大部分调整都是以效果形式应用到剪辑上的。首先选择剪辑，然后打开 Effects Controls（效果控件）面板，即可看到更多控件。

4. 在 Premiere Pro 中把一个剪辑发送到 Audition 中很容易。只需使用鼠标右键单击剪辑，从弹出菜单中，选择 Edit Clip In Adobe Audition（在 Adobe Audition 中编辑剪辑）即可。

第**12**课　添加视频效果

课程概览

本课学习如下内容：

· 使用固定效果；

· 在 Effects（效果）面板中浏览效果；

· 应用和删除效果；

· 使用效果预设；

· 遮罩和跟踪视觉效果；

· 使用关键帧效果；

· 了解常用效果；

· 使用特殊的 VR 视频效果；

· 渲染效果。

　　学完本课大约需要 120 分钟。请先下载本课的课程文件，并把课程文件存放到计算机中便于使用的位置上。

Adobe Premiere Pro CC 提供了 100 多种视频效果。在本课中，我们将
学习各种效果的使用方法，包括一些高级效果。大部分效果都带有一
组控件，你可以使用关键帧让它们随着时间变化。

12.1　课程准备

使用视频效果的原因有很多。你可以使用它们解决图像质量方面的问题，例如曝光或颜色平衡；也可以借助合成技术（例如色度键）使用它们创建出复杂的视觉效果；你还可以使用它们解决视频拍摄中的一些问题，例如摄像机抖动、色彩平衡不准等。

1. 打开 Lesson 12.prproj 项目文件。

2. 把项目另存为 Lesson 12 Working.prproj。

3. 在 Workspaces（工作区）面板中，单击 Effects（效果），或者从菜单栏中，依次选择 Window（窗口）> Workspaces（工作区）> Effects（效果），进入 Effects（效果）工作区。

4. 在 Workspaces（工作区）面板中，双击 Effects（效果）工作区名称，重置工作区。

你还可以使用效果来创建某种风格。你可以改变素材的颜色或使之扭曲变形，可以为剪辑的大小和位置制作动画。关键是知道什么时候使用效果，以及什么时候让效果简单。

你可以使用椭圆或多边形蒙版对标准效果进行约束限制，这些蒙版会自动跟踪你的素材。例如，你可以使用蒙版对视频中某个人的面部进行模糊处理，以隐藏其身份，当人物走动时，模糊区域也会随着人物面部一起移动。在后期制作中，你还可以使用这个功能来照亮整个场景。

12.2　使用效果

在 Adobe Premiere Pro 中，应用效果很容易。与音频效果一样，应用视频效果时，你既可以直接把视频效果拖曳到剪辑上，也可以先选择剪辑然后再在 Effects（效果）面板中双击相应效果进行应用。事实上，前面我们已经学过如何应用效果以及调整它们的设置了。你可以向一个剪辑应用多个效果，获得令人赞叹的结果。而且，你还可以使用调整图层向一组剪辑添加相同效果。

如图 12-1 所示，Premiere Pro 提供了大量视频效果，以至于当我们选择要使用哪些效果时会变得有点无所适从。除此之外，还有许多由第三方厂商制作的免费或收费的效果供你使用。

图12-1

虽然视频效果的数量繁多，有些效果的控件还比较复杂，但是应用、调整、删除各种效果的方法都差不多，且都比较简单直白。

12.2.1　调整固定效果

当你把一个剪辑添加到序列之中后，Premiere Pro 会自动向它应用一些效果，这些效果就叫"固定效果"（fixed Effects）或"固有效果"（intrinsic Effects），用来控制剪辑的几何、不透明、速度、音频等共同属性。你可以在 Effect Controls（效果控件）面板中修改所有固定效果。

1. 若时间轴面板中未显示出 01 Fixed Effects 序列，请先将其打开。

2. 在时间轴面板中，单击第一个剪辑，将其选中。在 Effects Controls（效果控件）面板中，可以看到应用到所选剪辑上的固定效果。

每当你把一个剪辑拖入序列中时，Premiere Pro 就会自动向这个剪辑应用一些固定效果。但是，在默认情况下，这些固定效果是不起作用的，除非你调整了它们的设置参数。

3. 如图 12-2 所示，单击某个效果名称或某个控件左侧的箭头图标（▶），可以将其展开，显示其下的属性。

图12-2

- Motion（运动）：你可以使用 Motion（运动）效果让剪辑动起来，对剪辑进行旋转、缩放等操作。你还可以使用 Anti-flicker Filter（防闪烁滤镜）控件，减轻动画对象边缘的闪烁问题。当你缩小一个高分辨率素材或交错素材，Premiere Pro 需要对图像重新进行采样时，这个效果会非常有用。

- Opacity（不透明度）：Opacity（不透明度）用来控制剪辑的不透明或透明程度。你还可以使用特殊的混合模式从多个视频图层创建视觉效果。更多相关内容，我们将在第 14 课中进行讲解。

- Time Remapping（时间重映射）：该效果用来减慢或加快播放速度，或者进行倒放，还可以用来冻结一个帧。

- Audio Effects（音频效果）：若剪辑中包含音频，Premiere Pro 会显示 Volume（音量）、Channel Volume（声道音量）、Panner（声像器）控件。有关内容，请阅读第 10 课。

4. 单击序列中的第二个剪辑，将其选中，查看 Effect Controls（效果控件）面板。

如图 12-3 所示，在这些效果属性左侧都有秒表图标，这表示我们可以为这些属性添加关键帧，让属性值随着时间变化。若某个属性左侧的秒表图标显示为蓝色，表明该属性上已经添加了关键帧。这里，我们通过向 Sacle（缩放）属性添加关键帧为第二个剪辑制作了缩放动画，模拟拉镜头的效果。

图12-3

有关关键帧的内容，我们稍后讲解。

5. 播放当前序列，比较两个剪辑。

12.2.2 使用 Effects（效果）面板

除了固定视频效果之外，Premiere Pro 还提供了许多标准效果来更改剪辑的外观。这些效果数量庞大，为了方便查找选用，Premiere Pro 把它们划分成 17 个类别（见图 12-4）。如果你还安装了第三方效果，那你选择的余地会更大。

图12-4

在诸多视频效果中有一类 Obsolete（过时）效果，这些效果都已被更新、设计更好的效果所取代，但是 Premiere Pro 仍然把它们保留了下来，以便与旧项目文件保持兼容。

视频效果是按功能分组的，包含 Disort（扭曲）、Keying（键控）、Time（时间）等，这样查找起来会更容易。

在 Effects（效果）面板中，各个分类都有对应的文件夹。

1. 打开 Effects（效果）面板。

> **Pr** | 提示：显示 Effects（效果）面板的键盘组合键是 Shift+7。

2. 在 Effects（效果）面板中，展开 Video Effects（视频效果）文件夹。

3. 单击面板底部的 New Custom Bin（新建自定义素材箱，■）按钮。

> **Pr** | 注意：Video Effects（视频效果）文件夹下又包含许多子文件夹，有时找到你想要的效果并不容易。如果你知道整个效果名称或效果名称一部分，可以在 Effects（效果）面板顶部的 Find（搜索框）中输入效果名称。随着输入，Premiere Pro 会显示包含所输入字母的所有效果和过渡，这可以大大缩小了搜索范围。

在 Effects（效果）面板的最底部，你可以找到新创建的素材箱（你可能需要向下拖曳面板右侧的滚动条才能看到它）。接下来，我们为新创建的素材箱重命名。

图12-5

4. 如图 12-5 所示，单击新建的素材箱，将其选中。

5. 这次，单击素材箱名称（自定义素材箱 01），使其处于可编辑状态。

6. 如图 12-6 所示，把素材箱名称修改为 Favorite Effects。

图12-6

7. 随便打开一个视频效果文件夹，把一些效果拖入刚刚创建的素材箱中，这些效果就被复制过去了。为了方便拖放效果，你可能需要重新调整一下面板的尺寸。选择一些自己感兴趣的效果，你可以随时把它们添加到自定义素材箱中，当然也可以把它们删除。单击面板底部的 Delete Custom Items（删除自定义项目，🗑）按钮，即可把选中的效果删除。

 注意：在 Effects（效果）面板中，当把一个现有效果拖入到自定义素材箱时，你添加的其实是那个效果的副本。原效果仍然位于原始文件夹中。你可以根据工作需要把要用的效果放入到一个自定义素材箱中，这可以大大提高工作效率。

浏览视频效果时，你会发现许多效果名称旁边会有一些图标（见图 12-7）。理解这些图标的含义将有助于你快速选出适合自己需要的效果。

1. 加速效果

图12-7

Accelerated Effects（加速效果）图标（📊）表示相应效果可以由 GPU（图形处理单元）进行加速。GPU（常称为视频卡或图形卡）可以大大提升 Premiere Pro 的性能。Mercury Playback Engine（水银回放引擎）支持多种视频卡，在正确安装了视频卡之后，这些效果通常可以得到加速或实时显示，并且只在最终导出时才需要渲染，而且渲染时也会得到硬件加速。在 Premiere Pro 产品页面，你会找到一个显卡推荐列表。

 注意：在向剪辑应用一个 32 位效果时，为了获得最佳质量，最好保证剪辑上应用的所有效果都是 32 位的。如果你把 32 位效果和非 32 位效果进行混用，这样在非 32 位效果的影响下，Premiere Pro 在做处理时可能会转换回 8 位空间。

2. 32 位颜色（高位深）效果

在处理带有 32 位颜色支持图标（📊）的效果时，每个通道都是 32 位的，这个过程称为高位深或浮点运算。

为了获得最佳质量，你应该尽量使用高位深效果。

如果你使用的编辑系统不支持 GPU 加速，那么在软件模式下，只要勾选"序列设置"中的 Maximum Bit Depth（最大位深度）视频渲染选项，即可使用高位深效果。如果你在项目设置中选择了硬件加速渲染器，Premiere Pro 会自动以 32 位深渲染所支持的加速效果。

3. YUV 效果

带有 YUV 图标（📊）的效果在 YUV 格式下处理颜色。在应用颜色调整时，了解这一点特别重要。Premiere Pro 会在计算机本地的 RGB 空间中处理那些不带有 YUV 图标的效果，这可能会导致曝光调整和颜色调整不太准确。

YUV 效果会把视频拆解成一个 Y 通道（亮度通道）和两个颜色信息通道，这是大部分视频素材的原生组织方式。在 YUV 下，图像亮度和颜色分离，这有助于调整对比度和曝光，并保证颜色不发生漂移。

提示：在 Effects（效果）面板顶部，你可以在搜索框的右侧看到"加速效果""32位颜色""YUV 效果"3 种图标，单击其中一个图标，将只显示带有该图标的效果。

12.2.3　应用效果

在应用了某个视频效果之后，你就可以在 Effects Controls（效果控件）面板中看到这个效果的所有设置属性了。你几乎可以为视频效果的每个属性（准确地说，是那些左侧带有秒表图标的属性）添加关键帧，让属性值随着时间变化而变化。此外，你还可以使用贝塞尔曲线调整变化的速度和加速度。

1.　打开 02 Browse 序列，如图 12-8 所示。

图12-8

2.　如图 12-9 所示，在 Effects（效果）面板的 Find（搜索框）框中，输入 while（白），找到 Black & White（黑白）视频效果。

图12-9

 提示：如果你在 Effects（效果）面板的 Find（搜索框）框中，输入 black（黑），而非 white（白），你会看到大量消除镜头畸变的预设，这是因为它们都与名称中包含"black"（黑）字样的摄像机有关。相反，如果你输入的是 white（白），显示出的搜索结果会比较少，这样我们能更快地找到所需的效果。

3. 把 Black & White（黑白）视频效果拖曳到时间轴中的 Run Past 剪辑之上。

此时，Black & White（黑白）效果会立即把视频画面变成黑白，更准确地说，是把画面变成灰度图像，如图 12-10 所示。

图12-10

4. 在 Run Past 剪辑处于选中的状态下，打开 Effects Controls（效果控件）面板。

5. 在 Effects Controls（效果控件）面板中，单击效果名称左侧的 fx（ fx ）按钮，可以把 Black & White（黑白）效果打开或关闭。拖曳播放滑块，观看黑白效果。

单击 fx 图标把一个效果打开或关闭可以很方便地查看它与其他效果的作用方式。

6. 在向一个剪辑应用效果之后，必须在时间轴面板中把剪辑选中，才可以在 Effects Controls（效果控件）面板中看到效果的各个控制选项。单击 Black & White（黑白）效果名称，将其选中，按 Delete 或 Backspace 键，删除它。此时，Black & White（黑白）效果就被删除了。

7. 在 Effects（效果）面板的搜索框中，输入 direction（方向），找到 Directional Blur（方向模糊）视频效果。

8. 在 Effects（效果）面板中，双击 Directional Blur（方向模糊）效果，将其应用到所选剪辑上。

9. 在 Effects Controls（效果控件）面板中，单击 Directional Blur（方向模糊）左侧的三角形图标，将其展开。

10. 设置 Direction（方向）为 75.0°，Blur Length（模糊长度）为 45。

Pr | 注意：在剪辑处于选中的状态下，你既可以通过在 Effects（效果）面板中双击某个效果来应用效果，也可以通过直接把效果从 Effects（效果）面板拖入 Effects Controls（效果控件）面板来应用效果。

---

11. 如图 12-11 所示，这样我们就得到了一个有趣的模糊效果，但是画面模糊得太厉害了，以

至于我们都看不清画面中有什么了。单击 Blur Length（模糊长度）控件左侧的三角形箭头，将其展开，拖曳滑块，降低模糊强度。

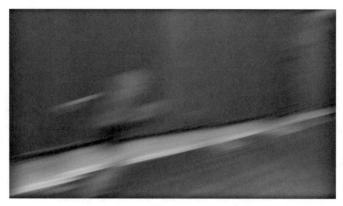

图12-11

如图 12-12 所示，你可以一边拖曳滑块，一边在 Program Monitor（节目监视器）中观看效果。

图12-12

> **提示**：使用滑块调整"模糊长度"时，所允许的调整范围在 0 ~ 20 之间，但你可以直接单击蓝色数字，然后输入大于 20 的数值。

12. 单击 Effects Controls（效果控件）名称右侧的三道杠，从打开的面板菜单中，选择 Remove Effects（移除效果），打开 Remove Attributes（删除属性）对话框。

> **注意**：视频效果不仅用来创建戏剧化的效果，有时还用来模拟真实摄像机拍摄的效果。

13. 在 Remove Attributes（删除属性）对话框中，你可以选择要删除哪些效果以及要保留哪些效果。在默认情况下，所有效果均处于勾选状态，如果你想删除所有效果，直接单击 OK（确定）即可。这是一种重新开始的简单方式。

> **提示**：在 Effects Controls（效果控件）面板中，固定效果的顺序是固定不变的，这有可能导致出现我们不想要的结果（例如缩放或调整大小）。虽然你无法调整固定效果的顺序，但是你可以使用其他类似的效果代替它们。例如，使用 Transform（变换）效果代替 Motion（运动）效果，使用 Alpha Adjust（Alpha 调整）效果来代替 Opacity（不透明度）效果。虽然它们不完全相同，但是功能行为非常类似，并且你可以随意调整它们在 Effects Controls（效果控件）面板中的顺序。

其他应用效果的方法

为了更方便地使用各种效果，针对一个已经设置好的效果，Premiere Pro为我们提供了如下3种重用方法。

- 从 Effects Controls（效果控件）面板中，选择一个效果，从菜单栏中，依次选择 Edit（编辑）> Copy（复制），然后选择目标剪辑（一个或多个），从菜单栏中，依次选择 Edit（编辑）> Paste（粘贴）。
- 你可以把一个剪辑的所有效果复制粘贴到另一个剪辑上。在时间轴面板中，选择源剪辑，从菜单栏中，依次选择 Edit（编辑）> Copy（复制），然后选择目标剪辑（一个或多个），再从菜单栏中，依次选择 Edit（编辑）> Paste Attributes（粘贴属性）。
- 你可以创建一个效果预设，将其保存为一个特定效果（或多个效果），以便以后重用。有关这方面的内容，我们将在后面进行讲解。

12.2.4 使用调整图层

有时你想把一个效果应用到多个剪辑。一个简单方法是使用调整图层，其思想很简单：首先创建一个包含指定效果的调整图层剪辑，将其放在时间轴面板中的高层视频轨道上，使其位于其他剪辑之上。这样一来，Premiere Pro 就会把调整图层剪辑所包含的效果应用到其下所有剪辑上。

如同调整图形剪辑一样，你可以很容易地调整一个调整图层剪辑的持续时间和不透明度，以便轻松控制它影响到哪些剪辑。借助调整图层，我们可以更高效地应用效果，因为你只需更改一个调整图层的设置，即可影响其他多个剪辑的外观。

下面让我们为一个已经编辑好的序列添加一个调整图层。

1. 打开 03 Multiple Effects 序列。

2. 在 Project（项目）面板中，单击右下角的 New Item（新建项）按钮（■），在弹出菜单中，选择 Adjustment Layer（调整图层），打开 Adjustment Layer（调整图层）对话框。如图 12-13 所示，你可能需要重新调整 Project（项目）面板的尺寸，才能看到 New Item（新建项）按钮。

在 Adjustment Layer（调整图层）对话框中，你可以为新建项指定视频设置，默认使用的是当前序列设置。

3. 单击 OK（确定）按钮。

此时，Premiere Pro 在 Project（项目）面板中新添

图12-13

加了一个调整图层，如图 12-14 所示。

图12-14

4. 如图 12-15 所示，把新建的调整图层从 Project（项目）面板拖入时间轴面板中，使其位于当前序列 V2 轨道的开头。

图12-15

5. 如图 12-16 所示，向右拖曳调整图层的右边缘，使其扩展到序列末端。

图12-16

接下来，我们向调整图层应用一个效果。在应用效果之后，我们可以更改调整图层的不透明度，以改变效果的强度。

6. 在 Effects（效果）面板中，找到 Gaussian Blur（高斯模糊）效果。

7. 把 Gaussian Blur（高斯模糊）效果拖曳到序列中的调整图层剪辑上。

8. 在时间轴面板中，把播放滑块移动到 27:00 处，这是一个特写镜头（见图 12-17），在调整模糊效果时用作参考。

图12-17

9. 在默认设置下，Gaussian Blur（高斯模糊）效果不起作用，不会对画面产生影响。选中调整图层，在 Effects Controls（效果控件）面板中，把 Blurriness（模糊度）设置为一个较大值，例如 25.0 像素。勾选 Repeat Edge Pixels（重复边缘像素），均匀应用效果，如图 12-18 所示。

图12-18

接下来，我们使用一个混合模式把调整图层与其下剪辑混合，模拟电影胶片的感觉。借助混合模式，你可以根据两个图层的亮度和颜色值把它们混合在一起。更多有关内容，我们将在第 14 课中讲解。

10. 在调整图层处于选中的状态下，在 Effects Controls（效果控件）面板中，单击 Opacity（不透明度）控件左侧的三角形图标，显示其下设置项。

11. 从 Blend Mode（混合模式）菜单中，选择 Soft Light（柔光），使之与源素材产生柔和的混合。

12. 设置 Opacity（不透明度）为 75%，把效果减弱一些，如图 12-19 所示。

图12-19

在时间轴面板中，单击 V2 轨道的眼睛图标（），可以把调整图层显示或隐藏出来，方便我们比较效果应用前后的结果。

把剪辑发送到Adobe After Effects中

如果你使用的计算机上同时安装了Adobe After Effects，你可以轻松地在Premiere Pro和After Effects之间来回传送剪辑。Premiere Pro和After Effects联系紧密，相比于其他编辑平台，你可以更容易地把它们无缝集成起来。显而易见，这是一种进一步增强编辑流程的有效方式。

虽然不是非得学习After Effects，你才能利用好Premiere Pro。但是，许多编辑认为在工作中综合运用这两种应用程序能够极大拓展创意工具集，更有助于创建出更棒的视觉作品。

用来实现剪辑共享的工具叫Dynamic Link（动态链接）。借助于Dynamic Link（动态链接），你可以在两个程序之间无缝地交换剪辑，并且也不需要做不必要的渲染。

如果你感兴趣，可以按照以下步骤试一试。

当安装好After Effects之后，至少需要启动它一次，以便你确认默认首选项设置。然后，执行以下步骤。

1. 在Premiere Pro中，打开AE Dynamic Link序列，如图12-20所示。

图12-20

2. AE Dynamic Link序列中包含5个剪辑，它们的内容完全一样，方便尝试和比较多个实例。使用鼠标右键，单击序列中的第一个剪辑实例，从弹出菜单中，选择Replace With After Effects Composition（使用After Effects合成替换）。

3. 此时，After Effects启动，并弹出Save As（另存为）对话框，进入本课程文件夹，在"文件名"中输入Lesson 12-01.aep，单击"保存"按钮，进行保存。

After Effects新建一个合成，它继承了Premiere Pro中的序列设置。新合成名称由两部分构成，前一部分是Premiere Pro项目名称，后一部分是Linked Comp（已关联合成）。

After Effects中的合成与Premiere Pro中的序列类似。剪辑在After Effects的合成中以图层形式存在，以便更容易使用时间轴面板中的高级控件。

在After Effects中应用效果的方法有很多。为方便起见，这里我们直接使用动画预设（类似于Premiere Pro中的效果预设）。

有关应用效果的更多内容，请阅读《Adobe After Effects CC经典教程》一书。

4. 若合成未自行打开，请在After Effects的项目面板中找到它，然后双击它。合成的名称应该是Lesson 12 Working Linked Comp 01（如果你之前已经尝试过，数字编号可能会更大一些）。在时间轴面板中，单击Laura_02.mp4图层，将其选中，如图12-21所示。

图12-21

5. 展开Effects & Presets（效果和预设）面板。若它未在软件界面中显示出来，请在Window（窗口）菜单中，选择"效果和预设"，将其打开。单击*Animation Presets（*动画预设）左侧的三角形图标，将其展开，如图12-22所示。

After Effects中的动画预设使用标准内置效果来获得令人印象深刻的结果。使用它们可以快速制作出具有专业水平的作品。

6. 展开Image–Creative（图像-创意）文件夹。你可能需要重新调整一下面板大小，才能看到完整的预设名。

图12-22

7. 双击Contrast–Saturation（对比度-饱和度）预设，将其应用到所选图层。

8. 在时间轴面板中，确保剪辑仍处于选中状态，按E键，显示剪辑上所应用的效果。如图12-23所示，你可以单击每个效果与效果设置左侧的三角形图标，在时间轴面板内右侧部分显示控件。

图12-23

实际上，Contrast–Saturation（对比度-饱和度）预设使用了一个不同名字（Calculations）的效果来改变剪辑的外观。

9. 查看Effects Controls（效果控件）面板，你会看到一个名为Calculations（计算）的效果。

10. 按空格键，播放剪辑。

After Effects将尽可能快地播放应用了指定效果的剪辑（具体取决于编辑系统的配置水平）。时间轴面板顶部的绿色线条表示已经创建好了临时预览。在时间轴面板中，只有有绿线覆盖的区域才能实现平滑播放。

尽管效果不太明显，但是它仍然增强了画面的色彩饱和度和对比度，使画面不再显得那么平。

11. 在菜单栏中，依次选择File（文件）> Save（保存），保存当前项目。

12. 返回到Premiere Pro中，播放序列，查看效果。你可以使用其他几个剪辑来重复这个过程。当发送剪辑时，如果After Effects中已经有项目打开，则After Effects会把剪辑作为一个新合成添加到当前项目中，而不是新建一个项目。

13. 退出After Effects。

在Premiere Pro的时间轴中，原始剪辑已经被替换成动态链接的After Effects合成。如图12-24所示，在After Effects中所做的任何修改都会自动更新到Premiere Pro中。

图12-24

After Effects会在后台处理视频，然后传到Premiere Pro中。为了提升在Premiere Pro中的预览性能，你可以在时间轴面板中选择剪辑，然后从菜单栏中，依次选择Sequence（序列）> Render Effects In To Out（渲染入点到出点的效果）菜单。

12.3 使用主剪辑效果

到目前为止，我们都是把效果应用到时间轴中的剪辑上。事实上，Premiere Pro还允许你把效果应用到 Project（项目）面板中的主剪辑上。在这个过程中，你可以使用与前面一样的视频效果，并以相同方式应用它们。在向主剪辑应用效果之后，那些添加到序列中的主剪辑的所有实例（或主剪辑的一部分）都会自动继承你应用到主剪辑上的效果。你甚至还可以先把主剪辑的实例添加到序列中，然后再向主剪辑应用效果，此时，那些添加到序列中的主剪辑的所有实例都会自动进行更新。借助这种方式，你可以实现一次同时修改多个剪辑片段的"壮举"。

例如，你可以向 Project（项目）面板中的某一个剪辑 A 添加颜色调整效果，使之与场景中其他摄像机的视角相匹配。这样，每次你在序列中使用剪辑 A（或剪辑 A 的一部分）时，剪辑 A 上的颜色调整会被一起带过去。即使你在场景编辑之后再做调整，也可以使用主剪辑效果实现快速调整。

下面我们尝试使用主剪辑效果。

1. 打开 04 Master Clip Effects 序列。

如图 12-25 所示，这个序列中有 5 段剪辑内容完全相同（全是 Laura_02 剪辑的实例），它们之间被其他一些短镜头分隔开。把播放滑块放到 Laura_02 剪辑的第一个实例上。

图12-25

2. 在 Project（项目）面板中，找到 Laura_02 剪辑。

3. 在 Project（项目）面板中，双击 Laura_02.mp4 剪辑，将其在 Source Monitor（源监视器）中打开。请不要双击序列中的 Laura_02.mp4 剪辑，因为这样打开的主剪辑效果的实例是不对的。

如图 12-26 所示，此时，你会在 Source Monitor（源监视器）（主剪辑）和 Program Monitor（节目监视器）（序列片段）中同时看到 Laura_02.mp4 剪辑。这样，当你向主剪辑应用效果时，就会看到它们是如何影响序列的。

图12-26

> **注意**：你在时间轴面板中看到的序列片段是某个剪辑的实例，如果你想打开它在 Project（项目）面板中对应的原始剪辑（主剪辑），首先把播放滑块放到那个序列片段之上选择它，然后按 F 键，F 键是 Match Frame（匹配帧）的键盘组合键，此时，你会在 Source Monitor（源监视器）和 Program Monitor（节目监视器）中看到同一个帧，但是 Source Monitor（源监视器）显示的是原始剪辑（主剪辑）中的帧。

4. 在 Effects（效果）面板的搜索框中，输入 100，快速找到名为 Cinespace 100 的 Lumetri 预设。

5. 把 Cinespace 100 拖入 Source Monitor（源监视器），将其应用到主剪辑上。

 提示：此外，还有另外两种向主剪辑应用效果的方法：第一种是把效果直接拖曳到 Project（项目）面板中的剪辑上；第二种是先选择序列中的剪辑，然后在 Effects Controls（效果控件）面板的左上方，单击主剪辑名称，再把效果拖入"效果控件"面板中。

6. 单击 Source Monitor（源监视器），使其处于激活状态，打开 Effects Controls（效果控件）面板（见图 12-27），你会看到一系列效果控制项。

 注意：在 Premiere Pro 中，"选择"操作至关重要。在进入 Effects Controls（效果控件）面板之前，必须先单击 Source Monitor（源监视器），使其处于激活状态，这样才能看到对的效果控制项。

图12-27

在把效果应用到 Source Monitor（源监视器）中的剪辑，并单击激活 Source Monitor（源监视器）之后，Effects Controls（效果控件）面板中显示出的才是应用到主剪辑上的效果，而不是时间轴面板中某个剪辑实例的效果。

上面我们向主剪辑应用的是一个 Lumetri Color（Lumetri 颜色）效果。有关这个效果的更多内容，我们将在第 13 课中进行讲解。

7. 在把 Lumetri 颜色效果应用到主剪辑之后，其在序列中的每个实例都自动应用了这个效果。播放序列，你可以看到 Laura_02 剪辑的每个副本都应用了 Lumetri 颜色效果。

Lumetri 颜色效果同时显示在 Source Monitor（源监视器）和 Program Monitor（节目监视器）之中，因为序列剪辑动态地继承了应用到主剪辑上的效果。

这样,每次在序列中使用该剪辑(全部或一部分)时,Premiere Pro 都会向其实例应用相同效果。

值得注意的是,虽然我们在主剪辑上应用了 Lumetri 颜色效果,而且效果也在播放各个实例时显现了出来,但是你在各个实例的"效果控件"面板中却看不到有 Lumetri 颜色效果控件。

Pr 提示:通过查看"效果控件"面板中是否有固定效果控件,可以快速判断你当前看到的是主剪辑的效果还是序列剪辑的效果。

8. 在时间轴面板中,单击序列中 Laura_02 clip 剪辑的任意一个实例,查看 Effects Controls(效果控件)面板,你只能看到那些常见的固定效果(这些效果只被应用到序列剪辑,而非项目面板中的剪辑上),并看不到有 Lumetri 颜色效果存在。

如图 12-28 所示,在 Effects Controls(效果控件)面板顶部有两个选项卡,左侧选项卡显示的是主剪辑的名称——Master * Laura_02.mp4(主要 * Laura_02.mp4)。右侧选项卡显示的是序列及其所含剪辑的名称——04 Master Clip Effects * Laura_02.mp4。

由于当前我们选中了序列中的一个剪辑,所以右侧选项卡上的文字呈现为蓝色,表明你当前处理的是剪辑实例。

图12-28

你之所以看不到有 Lumetri 颜色效果控件,是因为没有把它拖入时间轴面板应用到某个剪辑实例上。

9. 在 Effects Controls(效果控件)面板中,单击显示着主剪辑名称的那个选项卡,你会看到应用到主剪辑上的 Lumetri 颜色效果控件,如图 12-29 所示。

图12-29

10. 尝试调整 Lumetri 颜色效果的各个控件,然后播放序列,你会看到同样的调整也被应用到了主剪辑的所有实例上。

主剪辑效果是 Premiere Pro 中一种强大的效果管理方法。你可能需要多尝试几次,才能使用好它们。那些可以应用到时间轴中剪辑上的视频效果都可以应用到主剪辑上,应用方法也都是一样的,只是规划过程有点不同罢了。

在判断主剪辑效果是否应用到了序列剪辑上时，你可以通过观察序列剪辑左上角的 fx 图标下是否有红色下划线（▣）来进行判断。

12.4 遮罩和跟踪视频效果

在 Premiere Pro 中，你可以对所有标准视频效果的作用范围加以限制，仅将其应用到某个椭圆、多边形或自定义蒙版之内，并且可以使用关键帧为这些蒙版制作动画。Premiere Pro 还可以跟踪镜头运动，你可以很方便地为创建的蒙版制作位置动画，让特定效果跟着运动。

遮罩和跟踪效果是隐藏细节的绝佳方式，例如对人脸或 Logo 等做模糊处理。你还可以使用该技术来应用创意效果，或者调整镜头中的光线。

下面继续使用 04 Master Clip Effects 序列做演示。

1. 把播放滑块放到序列中的第二个剪辑（Evening Smile）之上。

如图 12-30 所示，这个剪辑看上去不错，但是主体人物上的光线有点不足。接下来，我们让主体人物亮一些，以使其从背景中凸显出来。

图12-30

2. 如图 12-31 所示，在 Effects（效果）面板中，查找 Brightness & Contrast（亮度与对比度）效果。

3. 向选中的第二个剪辑应用 Brightness & Contrast（亮度与对比度）效果。

4. 如图 12-32 所示，在 Effects Controls（效果控件）面板中，向下拖动滚动条，把 Brightness & Contrast（亮度与对比度）控件全部显示出来，做以下设置。

* Brightness（亮度）：35。

* Contrast（对比度）：25。

图12-31

修改数值的方法有 3 种：第一种是直接单击蓝色数字，然后输入新值；第二种是在蓝色数字上按下鼠标左键并拖曳；第三种是单击控件左侧的三角

图12-32

形图标，将其展开，拖曳滑动条上的滑块。

此时，Brightness & Contrast（亮度与对比度）效果会影响整个画面。接下来，我们把效果限制到一个特定范围内，使其只在指定范围内起作用。

在 Effects Controls（效果控件）面板中，在 Brightness & Contrast（亮度与对比度）效果名称之下，你会看到 3 个图标，它们用来为效果添加蒙版。

> **Pr** 注意：这里为了演示的需要，我们对 Brightness & Contrast（亮度与对比度）效果调整的力度比较大。在实际调整时，我们调整的幅度一般都比较小。

5. 单击第一个图标，在画面中添加一个椭圆蒙版。

此时，Premiere Pro 会立即把效果限制在刚刚创建的蒙版范围之内。你可以向一个效果添加多个蒙版。在 Effects Controls（效果控件）面板中，选择蒙版后，在 Program Monitor（节目监视器）中单击，即可调整蒙版形状（见图 12-33）。

图12-33

6. 把播放滑块放到剪辑开头，在 Program Monitor（节目监视器）中使用蒙版手柄调整蒙版位置，使主体人物的面部和头发在蒙版区域内。

你可以调整 Program Monitor（节目监视器）的缩放级别，以便看到画面边缘之外的部分。

取选蒙版，蒙版形状调整手柄消失，再次单击蒙版名称——Mask（1），即蒙版（1），蒙版形状调整手柄再次出现，如图 12-34 所示。

图12-34

7. 接着，羽化蒙版边缘。如图 12-35 所示，在 Effects Controls（效果控件）面板中，把 Mask Feather（蒙版羽化）设置为 240。

图12-35

在 Effects Controls（效果控件）面板中取选蒙版，把 Program Monitor（节目监视器）中的蒙版手柄隐藏起来，你会看到人物的面部区域被提亮了，其余部分仍然保持原有亮度不变。接下来，我们需要让蒙版跟随人物面部移动，使人物面部始终位于蒙版区域之中。

8. 确保播放滑块仍然处在剪辑的第一帧。在 Effects Controls（效果控件）面板中，单击 Track Selected Mask Forward（向前跟踪所选蒙版）按钮（▶），该按钮就位于蒙版名称［蒙版（1）］之下。

因为运动非常轻微，所以 Premiere Pro 能够很容易地跟踪运动。若跟踪过程中蒙版停止跟踪剪辑，单击 Stop（停止）按钮，调整蒙版位置，再次开始。

9. 在 Effects Controls（效果控件）面板中，单击空白处，或者在 Timeline（时间轴）面板中单击空轨道，取选蒙版，然后播放序列，查看效果。

Premiere Pro 还可以向后跟踪所选蒙版，这样一来，你可以在一个剪辑的中间选择一个项目，然后沿着两个方向进行跟踪，从而为蒙版创建出一条自然的跟踪路径。

在本例中，我们只是调整了画面中人物面部的光线，但是几乎所有视频效果都可以按照同样方式来应用蒙版。你甚至还可以向同一个效果添加多个蒙版。

12.5　使用关键帧效果

在向某个效果添加关键帧时，其实是在某个时间点上设置特定值。关键帧用来保存某个设置的信息。例如，当你为 Position（位置）、Scale（缩放）、Rotation（旋转）添加关键帧时，需要用到 3 个独立的关键帧。

把关键帧准确设置到需要特定设置（目标值）的时间点上，然后 Premiere Pro 就会自动算出如何从当前值变化到目标值。

> **Pr** 注意：在应用效果时，一定要把播放滑块移动到当前处理的剪辑上，这样你可以边调整边观察结果。仅选择剪辑将无法使其在 Program Monitor（节目监视器）中显示出来。

12.5.1　添加关键帧

借助关键帧，你几乎可以调整所有视频效果的所有参数，使其随着时间变化。例如，你可以让一个剪辑逐渐失焦，修改颜色或者增加阴影长度。

1. 打开 05 Keyframes 序列。

2. 浏览序列，了解其内容，然后在时间轴面板中，把播放滑块放到剪辑的第一帧之上。

3. 在 Effects（效果）面板中，找到 Lens Flare（镜头光晕）效果，将其应用到序列中所选剪辑上。这个效果比较明显，很适合用来演示关键帧。

4. 在 Effects Controls（效果控件）面板中，单击 Lens Flare（镜头光晕）名称，将其选中。此时，在 Program Monitor（节目监视器）中会显示出控制手柄（见图 12-36）。使用控制手柄调整镜头光晕的位置，使效果中心位于瀑布顶部附近。

图12-36

5. 确保 Effects Controls（效果控件）面板中的时间轴处于可见状态。若不可见，单击面板右上方的 Show/Hide Timeline View（显示 / 隐藏时间轴视图）按钮（▶），把时间轴显示出来。

6. 如图 12-37 所示，分别单击 Flare Center（光晕中心）和 Flare Brightness（光晕亮度）属性左侧的秒表图标，打开关键帧动画。单击秒表图标会打开关键帧动画，并在当前位置以当前设置添加一个关键帧。

图12-37

7. 把播放滑块移动到剪辑的最后一帧。

你可以直接在 Effects Controls（效果控件）面板中拖曳时间轴上的播放滑块。要确保播放滑块放到视频的最后一帧画面上，而非黑场（如果后面跟着其他剪辑，它将是后面剪辑的第一帧）上。

8. 调整 Flare Center（光晕中心）和 Flare Brightness（光晕亮度），使光晕随着摄像机镜头向上摇动而划过屏幕，并且增加亮度。具体设置参数，请参考图 12-38。

图12-38

9. 取选 Lens Flare（镜头光晕）效果，播放序列，观看效果动画。为实现全帧率播放，你可能需要渲染序列，为此在菜单栏中，依次选择 Sequence（序列）> Render Effects In To Out（渲染入点到出点的效果）。

 提示：请使用 Next Keyframe（转到下一关键帧）和 Previous Keyframe（转到上一关键帧）按钮在关键帧之间来回移动。这样可以避免意外添加不需要的关键帧。

12.5.2 添加关键帧插值和速度

在关键帧动画中，当效果属性从一个关键帧变化到另一个关键帧时，使用关键帧插值方法可以对变化的过程进行控制。在默认状态下，你看到的属性变化都是线性的，也就是匀速变化的。但在现实世界中，变化往往不是匀速的，时而剧烈，时而舒缓，例如逐渐加速或减速。

Premiere Pro 提供了两种控制变化的方法：关键帧插值和速度曲线。前者比较简单，容易掌握，而后者用起来比较复杂，但是要更准确一些。

在 Effects Controls（效果控件）面板中，单击某个属性左侧的箭头图标（▶），将其展开，即可在面板右侧看到相应的速度曲线。

1. 打开 06 Interpolation 序列。

2. 把播放滑块放到剪辑的起始位置，并选择剪辑。

这个剪辑上已经应用了 Lens Flare（镜头光晕）效果，并且为效果制作了动画，但是在摄像机镜头开始运动之前，效果动画就开始了，看上去十分不自然。

3. 在 Effects Controls（效果控件）面板中，单击效果名称左侧的 fx 图标（fx），可以关闭或打开 Lens Flare（镜头光晕）效果，方便你比较效果应用前后的结果。

4. 在 Effects Controls（效果控件）面板的时间轴中，使用鼠标右键，单击 Flare Center（光晕中心）属性的第一个关键帧。

5. 如图 12-39 所示，在弹出菜单中，依次选择 Temporal Interpolation（时间插值）> Ease Out
（缓出），创建从第一个关键帧开始的柔和运动。

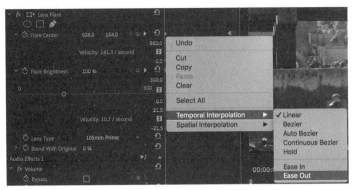

图12-39

6. 使用鼠标右键，单击 Flare Center（光晕中心）属性的第二个关键帧。在弹出菜单中，依次选
择 Temporal Interpolation（时间插值）> Ease In（缓入），创建从上一个关键帧静止位置开始的柔和过渡。

7. 接着，调整 Flare Brightness（光晕亮度）属性。单击 Flare Brightness（光晕亮度）的第一
个关键帧，按下 Shift 键，单击第二个关键帧，把它们同时激活，高亮显示为蓝色。

此外，如图 12-40 所示，你还可以单击 Flare Brightness（光晕亮度）属性名称，选择该属性上
的所有关键帧。不过，有时我们只想选择某些特定的关键帧，这时 Shift 键就能派上用场了。

> **注意**：在调整与位置相关的属性时，其关键帧上下文菜单中会有两种类型的插
> 值：空间插值（与位置相关）和时间插值（与时间相关）。在 Effects Controls
> （效果控件）面板中选择效果之后，你可以在 Program Monitor（节目监视器）和
> Effects Controls（效果控件）面板中做位置调整。并且你可以在时间轴面板与
> Effects Controls（效果控件）面板中对剪辑的时间做调整。相关内容我们已经在
> 第 9 课中讲过。

关键帧

速度控件

图12-40

8. 使用鼠标右键，单击 Flare Brightness（光晕亮度）关键帧中的任意一个，在弹出菜单中，选择 Auto Bezier(自动贝塞尔曲线)，在两个关键帧之间创建柔和的动画。由于两个关键帧都被选中，因此它们都发生了改变。

了解插值方法

Premiere Pro为我们提供了以下几种关键帧插值方法。

- Linear（线性）：这是默认方法，关键帧之间是匀速变化的。
- Bezier（贝塞尔曲线）：该方法允许你手动调整关键帧任意一侧的曲线形状。使用这个方法可以实现在进出关键帧时突然加速或平滑加速。
- Continuous Bezier（连续贝塞尔曲线）：该方法会使让动画在通过关键帧时保持变化平滑。不同于Bezier（贝塞尔曲线）关键帧，当你调整 Continuous Bezier（连续贝塞尔曲线）关键帧一侧的手柄时，另一侧手柄也会做相应移动，以此保证经过关键帧时过渡的平滑性。
- Auto Bezier（自动贝塞尔曲线）：即使改变了关键帧的值，这种方法也能让动画在通过关键帧时保持变化平滑。如果你选择手动调整关键帧手柄，它会变成Continuous Bezier（连续贝塞尔曲线）点，以保证经过关键帧时过渡的平滑。使用这种方法有时会产生不想要的运动，因此建议你优先使用其他方法。
- Hold（定格）：这种方法在改变属性时没有渐变过渡（效果突变）。在向一个关键帧应用了Hold（定格）插值之后，其后曲线是一条水平线。
- Ease In（缓入）：该方法会减缓进入关键帧时的数值变化，并将其转换成贝塞尔关键帧。
- Ease Out（缓出）：该方法会逐渐加快离开关键帧时的数值变化，并将其转换成贝塞尔关键帧。

9. 播放动画，观看你所做的调整。

接下来，我们使用速度曲线进一步调整关键帧。

10. 把鼠标指针放到 Effects Controls（效果控件）面板上，然后按键盘上的`（重音符号，位于键盘左上角）键，把 Effects Controls（效果控件）面板最大化，或者双击面板名称，也可以把面板最大化。这样一来，你可以更清楚地看到关键帧控件。

11. 若需要，单击 Flare Center（光晕中心）和 Flare Brightness（光晕亮度）属性左侧的箭头图标，显示其下可调整的属性（见图 12-41）。

速度曲线刻画的是关键帧之间的速度。突然下降或上升代表加速度突然发生变化，按物理学的说法，就是"加加速度"（jerk）。点或线离中心越远，表示速度越大。

图12-41

12. 选择一个关键帧，然后调整控制手柄，改变速度曲线的陡峭程度。调整 Flare Center（光晕中心）的第二个关键帧之后，效果如图 12-42 所示。

图12-42

13. 再次按键盘上的 ` 键（单引号），或双击面板名称，把 Effects Controls（效果控件）面板恢复成原来大小。

14. 播放序列，观察调整之后的变化。多尝试几次，直到你掌握了关键帧和插值的用法。

上面我们对 Flare Center（光晕中心）关键帧速度调整的力度不够，导致光晕运动显得不够自然。大家可以根据摄像机的运动，进一步调整第一个关键帧，并相应地调整速度关键帧，以便获得更自然的动画效果。

12.6 使用效果预设

在视频编辑中，有些任务需要重复执行。为了节省时间，Premiere Pro 为我们提供了效果预设。在 Premiere Pro 中，你会发现针对特定任务的多种内置效果预设，但是 Premiere Pro 真正强大的地方在于，你可以根据要执行的重复性任务自己创建预设。一个预设可以包含多个效果，甚至还可以包含多个动画关键帧。

12.6.1 使用内置预设

Premiere Pro 提供的效果预设可用来做斜角边、画中画（PIP）、风格化过渡等任务。

1. 打开 07 Presets 序列。

这个序列起步缓慢，重点在于表现背景的纹理。下面我们使用一个预设在镜头开始部分添加一个有趣的视觉效果。

2. 在 Effects（效果）面板中，单击搜索框右侧的 X，清空搜索框。在 Presets（预设）> Solarizes

（过度曝光）分类下，选择 Solarize In（过度曝光入点）预设。

3. 把 Solarize In（过度曝光入点）预设拖动到序列剪辑上。

4. 播放序列，观看开场时的过度曝光效果（见图 12-43）。

图12-43

5. 选择剪辑，打开 Effects Controls（效果控件）面板，在其中你可以看到"过度曝光入点"效果。

6. 如图 12-44 所示，在"阈值"属性上有两个关键帧，它们靠的比较近。你可能需要调整面板底部的导航器，进行放大后，才能同时看到两个关键帧。

图12-44

在 Effects Controls（效果控件）面板中，尝试调整第二个关键帧的位置，对效果进行修改。稍微把效果时间加长一点，能够创建出更精彩的开场效果。

12.6.2 保存效果预设

一方面，Premiere Pro 提供了多种内置效果预设供我们选用；另一方面，你还可以在 Premiere Pro 中轻松创建自己的预设，将预设进行导入导出，以便在不同编辑系统中进行共享。

1. 打开 08 Creating Presets 序列。

这个序列包含两个剪辑，每个剪辑在 V2 轨道上都有一个调整图层，标题位于 V3 轨道上。

2. 播放序列，观看初始动画。

3. 选择位于 V3 轨道上的 Laura in the snow 文本剪辑的第一个实例，看一下它的 Effects Controls（效果控件）面板。文本上应用了 Fast Blur（快速模糊）效果，并添加了关键帧制作动画。

4. 在 Effects Controls（效果控件）面板中单击，将其激活，在菜单栏中，依次选择 Edit（编辑）> Select All（全选），选择应用到剪辑上的所有效果。

如果你只需要其中几个效果，也可以把它们分别选出来。

5. 如图 12-45 所示，在 Effects Controls（效果控件）面板中，使用鼠标右键，单击任意一个效果，从弹出菜单中，选择 Save Preset（保存预设）。

图12-45

6. 在 Save Preset（保存预设）对话框中，把预设命名为 Title Animation。在 Description（描述）文本框中单击，输入 Clip blurs into view。

当向一个具有不同时长的剪辑应用动画预设时，Premiere Pro 需要知道如何处理关键帧。

处理方式有以下 3 种，如图 12-46 所示。

• Scale（缩放）：根据目标剪辑长度按比例缩放源关键帧。原始剪辑上的所有现存关键帧都会被删除。

• Anchor To In Point（定位到入点）：保留第一个关键帧的位置及其与剪辑其他关键帧的关系，并且根据剪辑的入点添加其他关键帧。

• Anchor To Out Point（定位到出点）：保留最后一个关键帧的位置，及其与剪辑其他关键帧的关系，并且根据剪辑的出点添加其他关键帧。

图12-46

7. 这里，我们选择 Anchor To In Point（定位到入点），把时间定位到每个应用预设的剪辑的起始位置。

8. 单击 OK（确定）按钮，把效果和关键帧存储为一个新预设。

9. 如图 12-47 所示，在 Effects（效果）面板中，在 Presets（预设）分类下，找到刚刚创建的预设 Title Animation。把鼠标指针放到 Title Animation 预设之上，显示我们在"描述"中添加的工具提示。

10. 把 Title Animation 预设拖曳到 Laura in the snow 文本剪辑的第二个实例之上，它位于时间轴面板的 V3 轨道上。

11. 播放序列，查看新应用的文本动画。

图12-47

使用鼠标右键，单击预设，在弹出菜单中，选择 Preset Properties（预设属性），或者直接双击预设，打开 Preset Properties（预设属性）窗口，可以进一步修改预设设置。

> **Pr** 提示：你可以把效果预设轻松导入与导出，以便进行分享。

使用多个GPU

如果你想加快效果渲染以及剪辑导出的速度，可以考虑再增加一个GPU卡（或外部GPU）。如果你使用的是塔式机箱或工作站，它们一般都会提供额外的插槽，供你添加另一个图形加速卡。在实时预览效果或显示多层视频时，额外增加GPU不会提高播放性能，但是Premiere Pro可以充分利用多个GPU来加快视频渲染和导出速度。至于具体支持哪些GPU卡，你可以在Adobe网站找到更多介绍。

12.7 使用常见效果

前面已经介绍了几种效果。尽管本书中我们不会介绍所有效果，但是对于一些常用的效果，我们还是要仔细介绍一下，这些效果非常有用，你在许多编辑情况下都会用到它们。下一课我们会介绍颜色调整相关的内容。

12.7.1 图像稳定和减少果冻效应

Warp Stabilizer（变形稳定器）效果可以消除由摄像机移动所引起的画面抖动问题（这个问题在使用轻型摄像机拍摄时尤为常见）。这个效果非常有用，因为它可以消除不稳定的视差类型的运动（图像看上去好像在平面上发生了移动）。

下面让我们试一下这个效果。

1. 打开 09 Warp Stabilizer 序列。

2. 播放序列中的第一个剪辑，可以看到视频画面不太稳定。

3. 在 Effects（效果）面板中，找到 Warp Stabilizer VFX（变形稳定器）效果，将其应用到第一个剪辑上。

此时，Premiere Pro 开始分析剪辑，同时在视频画面上显示一个横条（见图 12-48），告知你当前分析到哪个阶段了。在 Effects Controls（效果控件）面板中，你也能看到一个分析进度提示。整个分析是在后台进行的，这期间，你可以继续做其他工作。

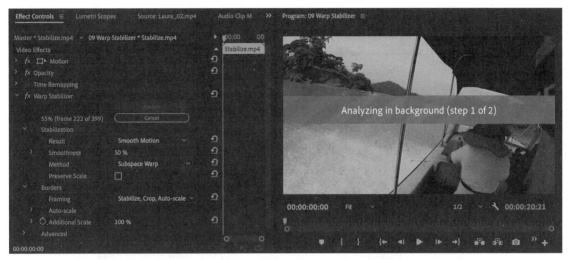

图12-48

4. 一旦分析完成，你可以在 Effects Controls（效果控件）面板中，选择其他更适合视频的选项，以便进一步改善稳定结果。

- Result（结果）：你可以选择 Smooth Motion（平滑运动），保留视频中摄像机的正常运动（不管是否稳定）。你也可以选择 No Motion（不运动），这会消除视频画面中所有摄像机的运动。这里，我们选择 Smooth Motion（平滑运动）。

- Method（方法）：有 4 种方法可供选用，其中最强大的两个分别是 Perspective（透视）和 Subspace Warp（子空间变形），它们会对画面做出明显的变形，并且对图像处理的力度很大。如果你发现使用它们导致画面变形过度，那么你可以尝试选用 Position（位置）、Scale（缩放）、Rotation（旋转）或 Position（位置）。

- Smoothness（平滑度）：这个选项用来指定在 Smooth Motion（平滑运动）过程中应该对原始摄像机的运动保留多少。该值越大，镜头越平滑。尝试把该值修改多次，直到获得满意的稳定效果。

5. 播放剪辑，可以看到稳定效果已经相当不错了。

6. 对序列中的第二个剪辑重复上述过程。这次，我们在 Warp Stabilizer Result（稳定化结果）中，选择 No Motion（不运动），效果如图 12-49 所示。

图12-49

对于第二个剪辑，我们希望摄像机在拍摄时镜头保持静止不动，但是由于手持拍摄，所以镜头有一些晃动。此情形之下，我们使用 Warp Stabilizer（变形稳定器）可以很好地解决这个问题。

12.7.2　使用时间码和剪辑名称效果

如果你需要把一个序列副本发送给客户或同事供他们审查，Timecode（时间码）和 Clip Name（剪辑名称）效果会非常有用。你可以把 Timecode（时间码）效果应用到一个调整图层上，并让它为整个序列生成一个可见的时间码。虽然在导出媒体时，你可以手动叠加类似的时间码，但是使用时间码效果，我们能够更好地进行控制。

这非常有用，它允许其他人根据特定时间点做出具体反馈。你可以控制是否显示位置、大小、不透明度、时间码及其格式，以及来源等信息。

Pr 注意：如果在一个项目中用到了多个序列，并且它们拥有不同的格式设置，那你最好为调整图层起个好名字，以便更容易地分辨它们的分辨率。

1. 打开 10 Timecode Burn-In 序列。

2. 单击 Project（项目）面板右下方的 New Item（新建项）按钮（🔲），从弹出菜单中，选择 Adjustment Layer（调整图层），单击 OK（确定）按钮。

此时，Premiere Pro 会在 Project（项目）面板中新建一个调整图层，其设置与当前序列完全一样。

3. 把刚刚创建的调整图层拖曳到当前序列 V2 轨道的起始位置。

4. 如图 12-50 所示，向右拖曳调整图层的右边缘，使其与序列的末端对齐。此时，调整图层覆盖了其下 3 个剪辑。

图12-50

5. 如图 12-51 所示，在 Effects（效果）面板中，找到 Horizontal Flip（水平翻转）效果，将其拖动到调整图层进行应用。该效果会把视频画面进行水平翻转，即改变了运动方向。

图12-51

"水平翻转"效果对于本例中的视频内容很合适，但是对于一些包含文本或可识别 Logo 的视频来说，就不适用了。而且，"水平翻转"效果也没有什么控制选项可供调整。

接下来，我们向调整图层应用"剪辑名称"效果，这样在导出的影片中，每个剪辑的名称都会显示出来，方便从客户或合作者那里获得反馈。

6. 在 Effects（效果）面板中，找到 Clip Name（剪辑名称）效果。

7. 把 Clip Name（剪辑名称）效果应用到调整图层剪辑上。

默认情况下，Clip Name（剪辑名称）效果会显示应用该效果的剪辑名称。如图 12-52 所示，这里是 Adjustment Layer（调整图层），这没太大用处。

图12-52

8. 在 Effects Controls(效果控件)面板中，在 Clip Name(剪辑名称)下，从 Source Track（源轨道）菜单中，选择 Video 1，设置"大小"为 25%。这样 V1 轨道上的剪辑名称就显示了出来（见图 12-53 ）。

图12-53

提示：在 Effects Controls（效果控件）面板中，单击 Clip Name（剪辑名称）效果名称，然后在 Program Monitor（节目监视器）中拖曳即可调整名称在画面中的显示位置。

9. 在 Effects（效果）面板中，单击搜索框右侧的叉号，清空搜索框。

12.7.3　使用"沉浸式视频"效果

Premiere Pro 为等矩形 360° 视频（通常称为 VR 视频或沉浸式视频）提供了大量完善的工具和效果。

360° 视频效果的工作流程和其他视频的工作流程类似。但是，有一些效果专用于 360° 视频，它们充分考虑了 360° 视频的环绕特点。

360° 视频虽然有一些独有的特点，例如视频画面可以在观看者面前实现无缝环绕，并且可以沿各个方向连接（这取决于配置），但这不会妨碍到大多数视频效果应用到它上面。唯一的例外是那些会对边缘像素产生影响的效果（例如模糊和发光）。这些效果会改变多个像素，只有那些专门用来处理 360° 视频的效果，才不会在原始边缘处产生可见的接缝。

下面我们就尝试一下。

1. 打开 11 Immersive Video 序列，如图 12-54 所示。

图12-54

这是一个等矩形 360° 视频，我们需要在 Program Monitor（节目监视器）中切换到 VR 视频浏览模式。

2. 在 Program Monitor（节目监视器）中，从 Settings（设置）菜单中，依次选择 VR Video（VR 视频）> Enable（启用）。

3. 默认情况下，视角有点窄。再次打开 Settings（设置）菜单，依次选择 VR Video（VR 视频）> Settings（设置），打开"VR 视频设置"对话框（见图 12-55）。

4. 把 Monitor View Horizontal（水平监视器视图）为设置 150°，单击 OK（确定）按钮，效果如图 12-56 所示。

在制作沉浸式视频时，你需要选择所用 VR 头盔的视角大小。

图12-55

图12-56

5. 在 Effects（效果）面板，找到 VR Glow（VR 发光）效果，它位于 Video Effects（视频效果）> Immersive Video（沉浸式视频）分类之下。把 VR Glow（VR 发光）效果添加到序列剪辑上。

由于这个效果需要做大量处理工作，所以你会看到预览的更新速度比其他效果慢。

6. 在 Program Monitor（节目监视器）中拖曳视频画面，查看不同视角。原始视频剪辑有一些很小的拼接错误，在拼接处可以看到图像之间重叠的部分。不过，发光效果是无缝的（见图 12-57）。

图12-57

7. 与其他效果一样，在 Effects Controls（效果控件）面板中，你会看到 VR Glow（VR 发光）效果的各个设置项。尝试调整各个选项。

8. 当调整完成后，在 Program Monitor（节目监视器）的 Settings（设置）菜单中，取消 VR 视频模式。

12.7.4　消除镜头变形

最近，运动相机和 POV 相机（例如 GoPro、DJI Phantom）非常受欢迎，尤其是随着便宜的航拍云台的出现。虽然使用这些相机拍摄的作品令人赞叹，但是广角镜头的使用会导致一些畸变产生。

Lens Distortion（镜头扭曲）效果可以用来把镜头扭曲变成一种富有创意的视觉效果，也可以用来校正镜头扭曲。Premiere Pro 提供了大量内置预设来校正镜头扭曲，支持大多数常见摄像机。你在 Effects（效果）面板的 Lens Distortion Removal（消除镜头扭曲）分类下可以找到这些预设，如图 12-58 所示。

提醒一下，你可以使用任何效果来创建预设。如果 Premiere Pro 没有为你所使用的摄像机提供预设，你完全可以自己进行创建。

图12-58

12.7.5　渲染所有序列

如果你想渲染多个包含效果的序列，可以把它们作为一个批次进行渲染，而不需要打开每个序列单独进行渲染。

在 Project（项目）面板中选择多个想渲染的序列，然后在菜单栏中，依次选择 Sequence（序列）> Render Effects In To Out（渲染入点到出点的效果）。

这样，所选序列中所有需要渲染的效果都会被渲染。

12.8　渲染和替换

如果你使用的系统性能较差，而素材的分辨率又很高，你会发现预览素材时经常出现丢帧问题。另外，在使用动态链接的 After Effects 合成，或者不支持 GPU 加速的第三方视频效果时，你可能也会看到丢帧问题。

如果你使用的素材全是高分辨率素材，可以使用代理工作流，它允许你在播放素材时在高分辨率和低分辨率之间进行切换。

不过，如果只有一两个剪辑难以播放，你可以把它们渲染成新的素材文件，然后用它们替换掉序列中的原始剪辑，整个过程既快又容易。

若想使用一个更易播放的版本来替换序列中的某个剪辑时，首先使用鼠标右键，单击剪辑，从弹出菜单中，选择 Render And Replace（渲染和替换），打开 Render And Replace（渲染和替换）对话框（见图 12-59）。

图12-59

在 Render And Replace（渲染和替换）对话框中，你可以看到与代理工作流类似的设置选项，主要设置如下。

- Source（源）：根据序列、原始素材的帧速率、帧大小，或者使用预设新建媒体文件。

- Format（格式）：指定你要使用的文件类型。不同格式使用不同编码器。

- Preset（预设）：虽然我们可以使用由 Adobe Media Encoder 创建的自定义预设，但这里默认提供了几个，你可以从中选用。

当选好了预设和新文件的位置之后，单击 OK（确定）按钮，替换掉序列中的剪辑。

这样一来，被渲染和替换的剪辑不再直接链接到原始素材文件，它是一个新媒体文件。这意味着你对动态链接的 After Effects 合成所做的更改不会更新到 Premiere Pro 中。若想把链接恢复为原始的媒体文件，使用鼠标右键，单击剪辑，从弹出菜单中，选择 Restore Unrendered（恢复未渲染的内容）即可。

12.9　复习题

1. 向剪辑应用效果有哪两种方法？

2. 请列出 3 种添加关键帧的方法。

3. 把一个效果拖曳到一个剪辑上，并在 Effects Controls（效果控件）面板中打开它的参数，但是却无法在 Program Monitor（节目监视器）中看到它。为什么？

4. 如何把一个效果应用到多个剪辑上？

5. 如何把多个效果存为预设？

12.10　复习题答案

1. 把效果拖曳到剪辑上，或者先选择剪辑，再在 Effects（效果）面板中双击效果。

2. 在 Effects Controls（效果控件）面板中，把播放滑块移动到你想添加关键帧的位置，通过单击 Toggle animation（切换动画）按钮，激活关键帧；移动播放滑块，单击 Add/Remove Keyframe（添加 / 删除关键帧）按钮；激活关键帧之后，把播放滑块移动到新位置，而后更改参数。

3. 你需要先在时间轴面板中，把播放滑块移动到所选剪辑上，然后再在 Program Monitor（节目监视器）中进行查看。选择一个剪辑，并不会把播放滑块移动到那个剪辑上。

4. 你可以在想要影响的剪辑上方添加一个调整图层。然后把效果应用到调整图层上，这样其下所有剪辑都会受到调整图层的影响。此外，你还可以先选择想要应用效果的多个剪辑，然后把效果拖曳到这些剪辑上，或者在 Effects（效果）面板中双击要应用的效果。

5. 你可以单击 Effects Controls（效果控件）面板，在菜单栏中，依次选择 Edit（编辑）> Select All（全选）。此外，你还可以在 Effects Controls（效果控件）面板中，按住 Command 键（macOS）或 Ctrl 键（Windows），单击多个效果，再从"效果控件"面板菜单中选择 Save Preset（保存预设）命令。

第13课 使用颜色校正和分级改善剪辑

课程概览

本课学习如下内容：

- 使用 Color（颜色）工作区；
- 使用 Lumetri 颜色面板；
- 使用矢量示波器和波形；
- 比较和匹配剪辑颜色；
- 使用颜色校正效果；
- 修正曝光和颜色平衡问题；
- 使用特殊颜色效果；
- 创建外观。

 学完本课大约需要 150 分钟。请先下载本课的课程文件，并把课程文件存放到计算机中便于使用的位置上。

把所有剪辑编辑在一起只是视频处理的第一步，接下来，还要处理颜
色。本课我们将学习一些改善剪辑外观的关键技术，以便营造一种与
众不同的氛围。

13.1 课程准备

前面我们组织好了剪辑，创建了序列，还应用了特效。接下来，我们该做颜色校正了，在这个过程中我们会用到前面学过的各种技术。

想一想用眼睛、摄像机记录颜色、光线的方式，以及计算机显示器、电视屏幕、投影仪、手机、平板计算机、电影屏幕显示颜色的方式，其中会有很多因素影响到视频画面的最终外观。

Premiere Pro 提供了多种颜色校正工具，这使得我们很容易创建自己的预设。在本课中，我们先学习一些基础的颜色校正技术，然后介绍一些最常用的颜色校正效果，之后再演示如何使用它们处理一些颜色校正问题。

1. 打开 Lesson 13 文件夹中的 Lesson 13.prproj 项目文件。

2. 把项目另存为 Lesson 13 Working.prproj。

3. 在 Workspaces（工作区）面板中，选择 Color（颜色）工作区，或者在菜单栏中，依次选择 Window（窗口）> Workspaces（工作区）> Color（颜色）切换到 Color（颜色）工作区。

4. 在菜单栏中，依次选择 Window（窗口）> Workspaces（工作区）> Reset To Saved Layout（重置为保存的布局），或者双击 Color（颜色）工作区名称，把工作区恢复为默认布局。

把工作区切换到 Color（颜色）工作区之下，并重置为默认布局，可以很方便地使用 Premiere Pro 提供各种颜色校正效果，尤其是 Lumetri 颜色面板和 Lumetri 范围面板。

关于8位视频

8位视频工作在0～255范围之下。也就是说，每个像素的红、绿、蓝（RGB）3种颜色值全部介于0～255之间，这3种颜色值相互叠加产生千千万万种颜色。如果把0～255对应到0～100%之间，那么一个像素的红颜色值为127，就等价于说它含有50%红色。

不过，上面我们说的是RGB颜色空间，电视广播中使用的是另外一种颜色空间——YUV，两者类似，但涵盖的范围不同。

比较YUV和RGB两种颜色空间，当把波形范围设置为8位显示时，你会发现8位YUV像素值的取值范围是16～235，而RGB像素值的取值范围是0～255。

电视广播一般使用YUV颜色，而不使用RGB颜色。但是，计算机屏幕是RGB颜色的。在为广播电视制作视频时，会产生一些问题，因为视频制作时使用的显示器和最终呈现时使用的显示器不一样。只有一种方法可以解决这个问题，那就是直接把电视或广播监视器连接到编辑系统中，然后通过它们检查制作的视频是否满足要求。

RGB和YUV颜色之间的区别有点类似于比较同一张照片的电子版和打印版。打印机和计算机屏幕使用不同的颜色系统，并且从计算机屏幕使用的颜色系统到打印机使用的颜色系统，其转换并不完美。

有时，有些细节能够在RGB屏幕（例如计算机屏幕）上正常呈现出来，但是在电视屏幕上却看不到。这个时候，你就需要做一些调整了，让那些颜色细节能够在电视屏幕上正常呈现出来。

有些电视提供了多种显示模式，例如Game Mode、Photo Color Space，你可以选择这些模式以支持RGB颜色显示。在选择了这些模式之后，你的电视就能正常显示RGB颜色（0~255）了。

在一些计算机屏幕上，你可以在Premiere Pro中对视频颜色做更精确的调整，以便模仿其他类型的显示屏幕（请参考13.2节）。

13.2　了解显示颜色管理

通常，计算机显示器使用的显色系统与电视屏幕、电影放映机不同（有关内容请参考前面"关于8位视频"部分）。

如果你制作的视频用在网络播放中，而且观看者使用的计算机显示器与你的相似，那么你看到的视频颜色和亮度水平与他们看到的应该差不多。如果你制作的视频用在广播电视或电影中，那么在制作视频时，你应该找到一种方法，让你看到的视频和在目标设备中呈现的视频是一样的。

一般专业调色师都有多种显示系统，方便他们检查调整结果。在为影院制作影片时，他们一般会准备一台和影院一模一样的放映机，以便在调色过程中随时查看最终效果。

相比于电视屏幕，有些计算机显示器的色彩还原能力更好。如果你启用了GPU加速（请参考第2课），而且使用的正是这样一款计算机显示器，Premiere Pro可以调整视频在Source Monitor（源监视器）和Program Monitors（节目监视器）中的显示方式，以匹配其他类型的显示器。如果你使用的显示器类型不对，这会非常有用。

Premiere Pro可以自动检测你使用的显示器类型是否正确。要开启这个功能，请从菜单栏中，依次选择Premiere Pro CC > Preferences（首选项）> General（常规）（macOS）或Edit（编辑）> Preferences（首选项）> General（常规）（Windows），然后勾选Enable Display Color Management（requires GPU acceleration）［启用显示色彩管理（需要GPU加速）］，如图13-1所示。

图13-1

有关这个功能的更多内容，请前往premierepro.net阅读Jarle Leirpoll写的关于颜色显示管理的精彩文章。在这篇文章中，你可以了解到颜色显示的类型、Premiere Pro调整颜色的方式，以及精选的例子等。

13.3　以颜色为导向的工作流

在把工作区切换为Color（颜色）工作区之后，接下来，我们该换种思考方式了。把剪辑放到合适的位置之后，少关注它们的动作，多关注它们是否适合放在一起，以及怎样才能更好看。

处理颜色有如下两个主要阶段。

- 确保每个场景中的剪辑在颜色、亮度、对比度方面保持一致，以便让所有剪辑看起来好像是在同一个时间、同一个地点使用同一台摄像机拍摄的。

- 为所有内容赋予一种外观，也就是一种特定的色调或颜色倾向，如图13-2所示。

图13-2

你可以使用同样的工具实现上面两个目标，但是通常都是按照上述顺序分别实现的。如果同一个场景下两个剪辑的颜色不匹配，就会导致前后不协调、不一致的问题。

颜色校正和颜色分级

你可能已经听说过"颜色校正"和"颜色分级"这两个词，它们之间的区别常让人感到困惑。事实上，这两种处理所使用的工具是一样的，只不过在方法上有所不同。

"颜色校正"的目标是对各个镜头做统一处理，保持整体外观的一致性，例如加强高光与阴影，或者纠正摄像机色偏，以确保它们能够和谐地放在一起。这是一个"技术活"，算不上艺术处理。

"颜色分级"的目标在于为视频创建一种具有艺术感觉的外观，为画面营造某种氛围，以便更充分地向观众传递要表达的主题。"颜色分级"更多的是在做"艺术"处理，而非技术性调整。

当然，至于哪些算"颜色校正"，哪些算"颜色分级"，大家还是有争议的。

13.3.1　使用 Color（颜色）工作区

如图 13-3 所示，Color（颜色）工作区下包含 Lumetri 颜色面板和 Lumetri 范围面板，其中 Lumetri 颜色面板中包含大量颜色调整控件，Lumetri 范围面板与 Source Monitor（源监视器）位于同一个面板组，它包含一系列图像分析工具。

图13-3

此外，还包含 Program Monitor（节目监视器）、Timeline（时间轴）、Project（项目）面板等。Timeline（时间轴）面板能够根据 Lumetri 颜色面板的尺寸自由地调整。

其实，你可以随时打开或关闭任何面板，但是 Color（颜色）工作区聚焦的是项目的精细调整，而非项目的组织或编辑。

如图 13-4 所示，在 Lumetri 颜色面板处于显示的状态下，在时间轴面板中拖曳播放滑块，播放滑块经过的剪辑会被自动选中，但是只有那些开启了目标切换轨道按钮的轨道上的剪辑才会被选中。

注意这一点很重要，因为你在 Lumetri 颜色面板中所做的调整只会应用到所选剪辑上。向当前剪辑应用调整之后，在时间轴面板中把播放滑块移动到下一个剪辑，即可选中它继续做处理。

在菜单栏中，依次选择 Sequence（序列）> Selection Follows Playhead（选择跟随播放指示器），可以打开或关闭剪辑自动选择功能。

图13-4

13.3.2 了解 Lumetri 颜色面板

在 Effects（效果）面板中，有一种效果叫 Lumetri 颜色，它包含 Lumetri 颜色面板中的所有控件和选项。与其他效果一样，你可以在 Effect Controls（效果控件）面板中找到 Lumetri 颜色的控件。

在第一次使用 Lumetri 颜色面板做调整时，Premiere Pro 会把 Lumetri 颜色效果应用到所选剪辑上。如果剪辑上已经应用了 Lumetri 颜色效果，那你可以直接在 Lumetri 颜色面板中做各种调整。

从某种意义上说，Lumetri 颜色面板就是 Effects Controls（效果控件）面板中 Lumetri 颜色效果的一个独立的控制面板。与其他效果一样，你可以创建预设，把 Lumetri 颜色效果从一个剪辑复制到另一个剪辑，并在 Effects Controls（效果控件）面板中修改各种设置。

你可以向同一个剪辑应用多个 Lumetri 颜色效果（见图 13-5），并分别进行调整，最终产生一种综合结果。这样在处理复杂项目时会显得更有条理。

图13-5

在 Lumetri 颜色面板顶部，你可以选择当前要处理哪一种 Lumetri 颜色效果。此外，你还可以添加一种新的 Lumetri 颜色效果。

选择"重命名"后，你可以对当前 Lumetri 颜色效果重新命名，这样查找起效果来会更容易。另外，在 Effects Controls（效果控件）面板中，使用鼠标右键，单击效果名，然后从弹出菜单中，选择 Rename（重命名），也可以进行重命名（见图 13-6）。

图13-6

Lumetri 颜色面板分为 6 个区域，每个区域有一组控件，分别提供不同的调色方法。你可以使用任意一个或所有区域中的控件来得到想要的结果。

> **Pr** | 注意：在 Lumetri 颜色面板中，单击各个区域的标题条，可以展开或收起各个区域。

接下来，了解各个区域。

1. 基本校正

"基本校正"区域提供了一些简单控件，你可以使用这些控件快速调整剪辑。

如图 13-7 所示，在"基本校正"区域顶部有一个 Input LUT（输入 LUT），其右侧有一个下拉菜单，你可以从中选择一个预设，将其应用到你的媒体文件上，对它们做标准调整，使它们看起来没那么普通。

LUT 其实是一个文件，有点类似于用来调整剪辑外观的效果预设。你可以导入或导出 LUT 文件，用作高级颜色分级工作流中。

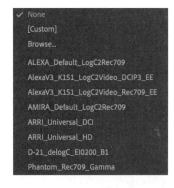

图13-7

如果你熟悉 Adobe Lightroom，那么"基本校正"区域中的简单控件你应该都认识。你可以使用各个控件对视频做调整，提升视频画面的视觉外观，也可以单击 Auto（自动）按钮让 Premiere Pro 自动进行调整。

2．创意

顾名思义，在"创意"（Creative）区域中，你可以对视频外观做进一步调整，让视频画面具有一种创意外观。

Premiere Pro 提供了大量创意外观供我们选用，并提供了一个基于当前剪辑的预览窗口。点击预览窗口左右两侧的箭头，可以浏览不同外观，单击预览画面，可以把当前外观应用到剪辑上。

如图 13-8 所示，预览窗口下有一个"强度"（Intensity）选项，拖动滑块，可以控制外观应用到剪辑上的强弱。此外，Premiere Pro 还在这个区域中为我们提供了两个色轮，分别用来调整画面中阴影区域（暗部）和高光区域（亮部）的色彩。

图13-8

3．曲线

在"曲线"区域中，你可以使用各种曲线工具快速精确地调整视频，而且这些曲线用起来非常简单，只需要单击几下，就能得到非常自然的结果。

"曲线"区域中还提供一些比较高级的控件，你可以使用这些控件对视频画面的亮度、红色、绿色、蓝色进行精细调整。

调整方法与调整 Parametric Equalizer（参数均衡器）效果的曲线或音频的"橡皮筋"一样。曲线的位置变化代表着所做的调整。

除了传统的 RGB 曲线之外，"曲线"区域中还包含多种 Hue Saturation Curve（色相饱和度曲线）。每种曲线都可以用来准确控制一种特定的调整。

例如，在第一个"色相与饱和度"曲线（见图 13-9）上，你可以通过添加（单击曲线）或移动（拖动）控制点来增加或减少特定颜色的饱和度。

在第二个"色相与色相"曲线（见图 13-10）上，你可以把一种色相改成另一种色相。

图13-9

图13-10

4．色轮和匹配

借助于这个区域中的工具，你可以准确地控制视频画面中的阴影、中间调、高光。在调整时，只需把控制器从色轮中心向边缘拖动即可。

如图 13-11 所示，每个色轮左侧还有一个亮度控制滑块，拖动滑块可以对画面亮度做简单调整，并且你可以通过适当调整各个滑块来改变视频画面的对比度。

如图 13-12 所示，在"色轮和匹配"（Color Wheels & Match）区域中有一个 Comparison View（比较视图）按钮，用来打开节目监视器的比较视图，还有一个 Apply Match（应用匹配）按钮，用来自动匹配颜色到剪辑。

图13-11

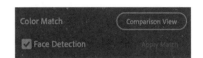

图13-12

5．HSL 辅助

如图 13-13 所示，你可以使用"HSL 辅助"（HSL Secondary）区域中提供的各种工具调整画面特定区域中的颜色，这个特定区域是使用 Hue（色相）、Saturation（饱和度）、Luminance（亮度）范围选择的。

在 Lumetri 颜色面板的这个区域中，你可以有选择性地让蓝天变得更蓝，或者让草地变得更绿，同时又不会影响画面中的其他部分。

高级曲线工具也提供了类似功能，你可以根据个人偏好选择要使用的工具或方法。

6．晕影

一个简单的晕影（Vignette）效果就能为视频画面带来让人惊叹的变化。

图13-13

如图 13-14 所示，晕影指的是一种画面边缘变暗的效果，最初是由摄像机镜头引起的，但是现代镜头已经很少会出现这个问题了。

现在，晕影已经成为一种创建画面焦点的手段，它能够把观众视线有效地集中到画面的中心区域。即使调整很轻微，在创建画面焦点方面，晕影效果也表现得卓有成效（见图 13-15）。

图13-14

图13-15

7. 使用 Lumetri 颜色面板

在 Premiere Pro 中使用 Lumetri 颜色面板做调整时，这些调整将作为一个普通的效果添加到所选剪辑上。你可以在 Effects Controls（效果控件）面板中开启或关闭这个效果，或创建一个效果预设。

下面我们尝试应用一些预置外观。

1. 打开 Sequences 素材箱中的 Jolie's Garden 序列（见图 13-16）。这个序列很简单，由一系列剪辑组成，并且色彩和对比度也调整得不错。

2. 在 Timeline（时间轴）面板中，把播放滑块放到序列的第一个剪辑上。此时，第一个剪辑应该会被自动选中。

3. 在 Lumetri 颜色面板中，单击 Creative（创意）区域的标题，将其展开。

4. 如图 13-17 所示，单击预览窗口右侧箭头，浏览一些预置外观。若看到喜欢的，直接单击预览画面，即可应用它。

图13-16

图13-17

5. 尝试拖曳 Intensity（强度）滑块，改变调整数量。

大家可以借此机会多尝试 Lumetri 颜色面板中的其他控制项。有些控制项尝试一下就能立即掌握，而有些控制项则需要花一些时间才能掌握。你可以拿这个序列中的剪辑作为例子，通过不断尝试来了解 Lumetri 颜色面板，把各个控制项从一个极端拖到另一个极端，观察应用前后的变化。本课后面我们还会详细讲解这些控制项。

13.3.3 了解 Lumetri 范围

为什么 Premiere Pro 界面这么灰？对此你可能充满好奇，其原因在于视觉是很主观的，而且相互之间也是息息相关的。

当观看两种相邻的颜色时，其中一种颜色的观感会因另一种颜色的存在而受到影响。为防止 Premiere Pro 界面影响你对颜色的感受，Adobe 公司设计出了近乎全灰的界面。一般调色师在对影片与电视节目做最后调整时都会选择在专业的颜色分级房间中进行，并且房间的大部分都是灰色的。有时，调色师还会准备一张尺寸很大的灰卡或一堵灰色的墙，在开始正式调色之前，他们往往会先看灰卡或灰色墙面几分钟，这样可以"重置"他们的视觉。

除了视觉具有主观性之外，计算机显示器或电视机屏幕在显示颜色与明暗时也会有偏差，这使得我们迫切需要一种客观的测量方法。

视频示波器正是为此而生，它在整个媒体行业有着广泛的应用，学会之后你能够随时用得上。

1. 打开 Lady Walking 序列，如图 13-18 所示。

图13-18

2. 在时间轴面板中，把播放滑块放到序列剪辑之上。

3. Lumetri Scopes（Lumetri 范围）面板应该与 Source Monitor（源监视器）在同一个面板组中。单击"Lumetri 范围"面板，将其激活，或者从 Window（窗口）菜单中选择它。

4. 如图 13-19 所示，单击 Lumetri Scopes（Lumetri 范围）面板中的 Settings（设置）菜单（■），从弹出菜单中，依次选择 Presets（预设）> Premicrc 4 Scope YUV（float，no clamp）。

此时，你应该能够在 Program Monitor（节目监视器）中看到一位女士在街上行走，同时也在 Lumetri Scopes（Lumetri 范围）面板中显示出来。

图13-19

13.3.4 使用 Lumetri Scopes 面板

Lumetri Scopes（Lumetri 范围）中包含一系列工业标准的仪器，借助它们，你可以更加客观、准确地评估视频。

在默认情况下，Lumetri 范围面板中同时显示着 4 种仪器（见图 13-20），而且它们共存于一个面板中，各个仪器都显示得比较小，这可能会让人有点不知所措。打开面板的 Settings（设置）菜单，从仪器列表中选择某一个仪器，可以将其关闭或打开。

此外，在 Settings（设置）菜单中，你可以选择要使用的色彩空间：ITU Rec. 2020（UHD）、ITU Rec. 709（HD）、ITU Rec. 601（SD）。如果你制作的视频要用在广播电视中，肯定会用到这些标准中的一个。如果你制作的视频不是用在广播电视中，或者不确定用在哪里，最好选用 Rec. 709。

如图 13-21 所示，在 Lumetri Scopes（Lumetri 范围）面板右下方，你可以选择以 8 位、浮点型（32 位浮点颜色）、HDR 来显示示波器。

图13-20

图13-21

你所做的选择不会改变剪辑以及效果渲染方式，但是会改变信息在示波器中的显示方式。你应该根据当前使用的色彩空间进行选择。

HDR 是 High Dynamic Range（高动态范围）的缩写，它是指在图像中最亮的点和最暗的点之间存在更多的灰度等级数量。有关 HDR 的内容已经超出本书的讨论范围，它是一种重要的新技术，随着新摄像机、显示器对其提供支持，HDR 会变得越来越重要。

Clamp Signal（固定信号）选项把范围限制到符合广播电视的标准法律层面上。再次重申，这不会影响图像或效果的结果。这是一种个人偏好，通过这种方式限制示波器的范围可以更清晰地观察视频。

> **Pr** 提示：在 Lumetri 范围面板中，使用鼠标右键，单击面板中的任意位置，也可以打开面板的 Settings（设置）菜单。

下面让我们简化一下面板视图。

使用 Lumetri Scopes（Lumetri 范围）面板中的 Settings（设置）菜单，单击当前各个选中项，将它们取消选择，不让它们显示在面板中。当面板中只显示一个时，菜单选项呈现为灰色，你就无法再取消显示它了。

接下来，让我们了解一下 Lumetri Scopes（Lumetri 范围）面板中的两个主要组件。

1. 波形

如图 13-22 所示，使用鼠标右键，在面板中单击，从弹出菜单中，依次选择 Presets（预设）> Waveform RGB（波形 RGB）。

图13-22

如果你是第一次接触波形图，可能会觉得它们看上去有点怪，但是其实它们很简单，它们显示的是图像的亮度和颜色饱和度。

当前帧中的每个像素都显示在波形图中。像素越亮，其位置越高。在波形图中，水平位置对应于像素在图像中的水平位置（也就是说，画面中间的像素会显示在波形图中间），但是其垂直位置并不是基于图像的。

在波形图中，垂直位置代表的是亮度或颜色强度。亮度波形和颜色强度波形使用不同颜色—

同显示在波形图中。

- 0 位于最底部，表示完全没有亮度，或者没有颜色强度。

- 100 位于最顶部，表示像素全白。在 RGB 中，全白对应的就是 255（这个刻度显示在波形图的右侧）。

这些内容听上去"技术味"很浓，但是实际表示的含义很简单。波形图中显示有一些水平线，用来把左侧的 0 ～ 100 与右侧的 0 ～ 255 对应起来，最底部的水平线代表"无亮度"，最顶部的水平线代表"全白"。选择不同的设置，波形图边缘的数字可能会不同，但是用法基本是一样的。

波形图的展现方式有好多种。在 Lumetri Scopes（Lumetri 范围）面板中，单击 Settings（设置）菜单，在 Waveform Type（波形类型）中可以选择以下展现方式。

- RGB：分别显示 Red（红）、Green（绿）、Blue（蓝）像素。

- Luma（亮度）：显示像素的 IRE 值（0 ～ 100），刻度范围是 -20 ～ 120。这有助于你准确分析亮点和对比度。

- YC：用绿色显示图像亮度（明度），用蓝色显示色度（颜色强度）。

- YC No Chroma（YC 无色度）：只显示亮度，不带色度。

YC是什么

在YC中，字母C代表的是"色度"（chrominance），这显而易见；而字母Y代表的是"亮度"（luminance），这需要稍微做点解释。它来自于一种使用x、y、z轴测量颜色信息的方式，其中Y代表的就是亮度，其最初的想法是创建一种记录颜色的简单系统，并使用Y表示明度、亮度。

下面让我们尝试一下这些波形显示方式。

1. 继续以 Lady Walking 序列作为例子。在时间轴面板中，把播放滑块拖至 00:00:07:00 处，你能看到一位女士处在烟雾背景之中（见图 13-23）。

图13-23

2. 把波形显示设置为 YC No Chroma（YC 无色度）。这是一个只包含亮度的波形，不带颜色信息，显示了一个完整范围，没有对广播电视的限制。

如图 13-24 所示，图像中的烟雾部分几乎没有对比度，体现在波形图中就是一条相对平坦的线。女士的头部和肩部要比烟雾背景暗得多，并且处于画面中间，所以你可以在波形图的中间区域看到它们。

图13-24

3. 在 Lumetri 颜色面板中，展开 Basic Correction（基本校正）区域。

提示：在 Lumetri 颜色面板中，双击滑动条的任意部分，可以进行重置。

4. 尝试调整 Exposure（曝光）、Contrast（对比度）、Highlights（高光）、Shadows（阴影）、Whites（白色）、Blacks（黑色）各个控件。一边调整这些控件，一边观察波形图查看结果。

在对图像做出调整之后，等待几秒，你的眼睛就会适应新的图像外观，而且不会觉得有什么问题。然后再做一次调整，等待几秒后，又觉得新外观很正常。那到底哪个外观才是对的呢？

从根本上说，这个问题的答案取决于感知质量。如果你看到的是喜欢的外观，那它就是对的。不过，波形图可以向你提供客观信息，帮你了解画面中像素的明暗程度，以及包含多少种颜色，这在根据某个标准来调整图像时会非常有用。

当你拖曳播放滑块或者播放序列时，会看到波形图也会一起发生变化。

提示：有时你会觉得波形图与图像中的像素是一一对应的。但请注意，图像中像素的垂直位置并没有在波形图中体现出来。

波形图很有用，通过它，你可以了解图像的对比度，以及检查你处理的视频是否合乎要求（即视频的最小和最大亮度或颜色饱和度是否符合广播公司的标准）。一般广播公司都有自己的一套标准，因此你需要了解所制作的作品要在什么地方播出。

如图 13-25 所示，从波形图中，你会发现整个画面的对比度不够，同时有一些很重的阴影，但是高光很少，你可以从波形图的顶部区域了解这一点。只要你在波形图中看到平坦的水平线，就意味着没有可见细节。在下面的例子中，阴影太深了（见图 13-26），以至于看不见任何细节，你可以在波形图底部看到水平线。

当然，这样的结果不一定全是坏事，或许它正是你想要的。重要的是你要知道调整到什么程度会丢失细节。

图13-25

图13-26

在 Lumetri 颜色面板右上角有一个 Reset Effects（重置效果）按钮（🔄），单击它，即可重置 Lumetri 颜色面板中的所有设置。

2. YUV 矢量示波器

Luma 波形图显示的是图像的亮度，不同亮度的像素在波形图中显示在不同的位置上，较亮的像素显示在波形图顶部，较暗的像素显示在底部。相比之下，矢量示波器只显示颜色。

1. 打开 Skyline 序列（见图 13-27）。

图13-27

> **Pr** 注意：相比于 YUV 矢量示波器，影片调色师有时更喜欢使用 HLS（色相、亮度、饱和度）示波器。HLS 矢量示波器中无辅助提示，如果之前没有接触过，你会很难看懂它。

2. 在 Lumetri Scopes（Lumetri 范围）面板中，单击 Settings（设置）图标（🔧），从弹出菜单中，选择 Vectorscope YUV（矢量示波器 YUV），然后再次打开 Settings（设置）菜单，选择"波形（YC 无色度）"，将其取消显示。

图像中的像素显示在矢量示波器中。出现在圆形中心的像素没有颜色饱和度，越接近圆形边缘，像素的颜色饱和度越高，如图 13-28 所示。

图13-28

仔细观察矢量示波器，你会发现一些代表三原色（基色）的字母，它们分别如下。

- R：红色（见图 13-29）。

- G：绿色。

- B：蓝色。

图13-29

每种基色有两个方框，较小的内框表示 75% 饱和度，代表的是 YUV 颜色空间；较大的外框表示 100% 饱和度，代表的是 RGB 颜色空间。RGB 颜色的饱和度高于比 YUV 颜色。内框之间的连线构成了 YUV 色域（即 YUV 颜色范围）。

除了 RGB 三原色之外，你还可以看到表示 3 种混合色的字母组合。

- Yl：黄色。

- Cy：青色（见图 13-30）。

- Mg：洋红。

图13-30

一个像素越靠近某种颜色，它包含的这种颜色就越多。前面提到过，波形图能够把每个像素在图像中的水平位置表示出来，但是矢量示波器中不包含像素的任何位置信息。

从视频画面中，你可以清楚地看到这个西雅图镜头中都有什么，里面包含了大量蓝色和少量的红色、黄色。在矢量示波器中，你可以看到有一些峰纹伸向 R 标记，这就是由少量红色造成的。

原色与混合色

红色、绿色、蓝色是三原色，它们在显示系统中常见，包括电视机屏幕、计算机显示器，这3种原色按照不同比例混合就形成了我们看到的各种颜色。

标准色轮的工作方式是对称的，并且本质上，矢量示波器显示的就是色轮。

任意两种原色等比例混合会产生一种混合色，并且这种混合色与第三种原色形成互补色。

例如，红色和绿色两种原色等比例混合会产生黄色，而黄色与蓝色（第三种原色）是互补色。

矢量示波器非常有用，它能为你客观地提供序列中的颜色信息。在拍摄时，如果摄像机没有正确校正，视频画面中就会出现色偏，这从矢量示波器中可以明显地看出来。你可以轻松地使用 Lumetri 颜色面板中的控件从视频画面中消除不想要的颜色或添加更多补色。

有些用于校正颜色的控件与矢量示波器有着相同的色轮设计，因此你可以很容易地知道需要做什么。

下面让我们做些调整，然后在矢量示波器中观察调整的结果。

1. 继续使用 Skyline 序列。在时间轴面板中，把播放滑块拖曳到 00:00:01:00 处，该处颜色显得更鲜艳。

2. 在 Lumetri 颜色面板中，展开 Basic Correction（基本校正）区域。

3. 如图 13-31 所示，把 Temperature（色温）滑块从一端拉到另一端，同时观察矢量示波器中有何变化。

你可以看到显示在矢量示波器中的像素在橙色和蓝色区域之间移动。

 提示：在 Source Monitor（源监视器）、Program Monitor（节目监视器）、Timeline（时间轴）面板中，单击时间码，输入 1.（.表示添加一对零），然后按 Enter（回车）键，可以直接跳到 00:00:01:00 处。

4. 双击色温滑块，将其重置为默认值。

5. 在 Lumetri 颜色面板中，把 Tint（色彩）滑块从一端拖动到另一端（见图 13-32），同时观察矢量示波器中有什么变化。

图13-31　　　　　　　　　　　　　　　图13-32

你可以看到显示在矢量示波器中的像素在绿色和洋红区域之间移动。

6. 双击 Tint（色彩）滑块，将其重置为默认值。

一边做调整一边观察矢量示波器，你可以对自己所做的调整有个客观的认识。

加色与减色

　　计算机显示器、电视屏幕显示颜色使用的都是加色原理，也就是，通过发射与混合不同颜色（红色、绿色、蓝色）的光来产生各种颜色。把红光、绿光、蓝光等比例混合，会得到白色。

　　小时候，我们经常在白纸上绘制彩色图画，那些未被颜料覆盖的白色区域可以反射光线中的所有颜色，所以它仍然是白色的，而那些有颜料覆盖的区域只能反射光线中特定的颜色，所以呈现出相应颜色。这种呈现颜色的原理称为减色原理。

　　加色原理适用于三原色，而减色原理适用于混合色。从某种意义上说，它们是同一种颜色理论的正反面。

3．RGB 分量

　　如图 13-33 所示，在 Lumetri 范围（Lumetri Scopes）面板中，单击 Settings（设置）图标，从弹出菜单中，依次选择 Presets（预设）> Parade RGB（分量 RGB）。

图13-33

　　RGB 分量提供了另外一种波形展现形式。不同的是，它把红色、绿色、蓝色 3 种颜色分量分别展示。为了把 3 种颜色同时显示出来，Premiere Pro 把 Lumetri 范围面板的显示区域沿水平方向等分成 3 部分。

　　你可以在 Lumetri Scopes（Lumetri 范围）面板中，单击 Settings（设置）图标，或者使用鼠标右键单击面板空白区域，然后从 Parade Type（分量类型）中选择要显示哪种分量（见图 13-34）。

- RGB
  YUV
  RGB-White
  YUV-White

图13-34

3 种颜色分量显示出的图形类似，尤其是在有白色或灰色像素的地方，因为这些地方含有等量的红色、绿色和蓝色。在颜色校正过程中，RGB 分量是最常用的工具之一，因为它可以清晰地显示原色通道之间的关系。

为了查看调色对 RGB 分量的影响，在 Lumetri 颜色面板中，展开 Basic Correction（基本校正）区域，尝试调整 White Balance（白平衡）下的 Temperature（色温）和 Tint（色彩）控件。在尝试结束后，双击各个控件，把它们恢复成默认状态。

13.4　使用比较视图

前面提到过，调色通常分为两个阶段。

- 颜色校正：颜色校正的目标是纠正视频画面中的色偏和亮度问题，调整序列中的各个剪辑，让它们看起来就像是在同一时间同一地点拍摄的同一个内容的不同部分，或者让它们符合某个内部交付标准。

- 颜色分级：为各个镜头、场景，或整个序列创建一种创意外观。

在做颜色校正时，对两个剪辑做比较有助于对它们进行匹配，特别是当这两个剪辑来自于不同的拍摄场景时，尤为有用，因为在不同场景下拍摄的剪辑即便整体色调类似，它们之间总还是有一些颜色偏差。

如图 13-35 所示，你可以把当前序列从 Project（项目）面板拖入 Source Monitor（源监视器）中，把源监视器用作参考，方便并行比较。但是，Premiere Pro 为我们提供了更简单的方式，你可以把 Program Monitor（节目监视器）切换到比较视图。

图13-35

在 Program Monitor（节目监视器）中，你可以随时在正常播放视图和比较视图之间进行切换。下面让我们了解一下比较视图中的一些新控件。

- Reference Frame（参考帧）：用作参考或自动匹配颜色的帧。

- Reference Position（参考位置）：参考帧的时间码

- Playhead Position（播放指示器位置）：当前帧的时间码

- Shot or Frame Comparison（镜头或帧比较）：把另一个帧或当前帧的当前状态用作比较参考。应用效果时，后一个选项会非常有用，因为它提供了效果应用前后的视图，方便你观察效果应用前后的变化。

- Side by Side（并排）：并排查看两个独立图像。

- Vertical Split（垂直拆分）：把画面沿垂直方向一分为二，你可以拖曳中间分隔线，调整它的位置。

- Horizontal Split（水平拆分）：沿水平方向把画面一分为二，你可以拖曳水平分隔线，改变它的位置。

- Swap Sides（换边）：把左右两个画面互换。

- Current frame（当前帧）：当前正在处理的帧。

1. 打开 Jolie's Garden 序列（见图 13-36），在时间轴面板中，把播放滑块放到序列的最后一个剪辑上。

© Maxim Jago 2016

图13-36

2. 在 Lumetri 颜色面板中，展开 Color Wheels & Match（色轮和匹配）区域，单击 Comparison View（比较视图）按钮，或者在 Program Monitor 中单击 Comparison View（比较视图）按钮（▇）。

3. 使用如下方式之一，尝试改变参考帧。

- 把参考帧下面的迷你播放滑块拖动到新位置。

- 如图 13-37 所示，单击参数位置的时间码，输入新时间，或者在时间码上拖曳选择另一个时间。

图13-37

- 单击"参考位置"时间码两侧的 Go To Previous Edit（转到上一个编辑点）或 Go To Next Edit（转到下一个编辑点）按钮，在剪辑之间跳转。

4. 尝试切换不同的拆分视图，并拖动拆分视图上的分隔线。

保持在 Comparison View（比较视图）之下，继续学习下面的内容。

13.5 匹配颜色

Lumetri 颜色面板为我们提供了许多强大又省时的功能，其中之一就是在两个剪辑之间自动匹配颜色的功能。

在使用这个功能之前，先在 Program Monitor（节目监视器）中切换到 Comparison View（比较视图）下，选择参考帧和当前帧，在 Lumetri 颜色面板的 Color Wheels & Match（色轮和匹配）区域中，单击 Apply Match（应用匹配）按钮。

匹配结果并非总能尽如人意，你可能需要多次尝试选择不同的参考帧和当前帧才能得到理想的结果。尽管如此，Premiere Pro 为我们提供的自动颜色匹配功能还是相当靠谱的，你可以在自动调整的基础上做进一步调整。Premiere Pro 自动完成了 80% 左右的工作，这可以极大地节省你的时间。

下面让我们使用当前序列做一下尝试。

1. 继续上一个练习，把参考帧设置为 00:01:00:00。

2. 在时间轴面板中，把播放滑块拖曳到序列最后一个剪辑的开始处。你可以使用向上与向下箭头键在序列的各个剪辑之间进行快速跳转（见图 13-38）。

图13-38

3. 这些剪辑来自于同一部电影的不同场景，它们的颜色不必完全相同，但是如果不同剪辑中的人物肤色协调一致，那画面效果会更好。在 Lumetri 颜色面板中，勾选 Face Detection（人脸检测）功能，这样 Premiere Pro 会自动检测镜头中的人脸，并优先进行匹配。

4. 单击 Apply Match（应用匹配）按钮，效果如图 13-39 所示。

图13-39

5. 变化显而易见。几分钟之内,你的眼睛就会适应当前帧的新外观。为了更清楚地观察变化,你可以不断开关 Color Wheels & Match(色轮和匹配)复选框(见图 13-40)比较前后的变化。

6. 在 Program Monitor(节目监视器)中,单击 Comparison View(比较视图)按钮,切换到正常的播放视图下。

图13-40

Lumetri 颜色面板中提供的自动颜色匹配功能不可能把颜色匹配得完全一样,部分原因是人们对颜色的感知是十分主观的,而且容易受到其他因素的影响。不过,在 Premiere Pro 中,所有调整都是可以再次编辑的,你可以对已做的调整再次进行修改,直到获得令自己满意的结果。

13.6 了解调色效果

Pr 提示:在 Effects(效果)面板顶部有一个搜索框,你可以在这个搜索框中输入效果名称来查找效果。学习如何使用一个效果的最佳方式是把它应用到一个拥有良好色彩、高光、阴影的剪辑上,然后调整效果的各个设置并查看结果。

在 Premiere Pro 中,你除了可以使用 Lumetri 颜色面板调整颜色之外,还可以使用大量调色效果来调整颜色,这些调色效果值得我们好好了解一下。在 Premiere Pro 中,你可以像使用其他效果一样向剪辑添加、修改、删除调色效果,还可以使用关键帧制作属性动画。

随着你对 Premiere Pro 越来越熟悉,你会发现 Premiere Pro 中有很多效果能够产生相同结果,这导致你在实际使用时不知道该选哪种效果好。这很正常! Premiere Pro 中确实有多种方式能够产生相同结果,在选择时,你只要选用自己喜欢用的就好。

下面是一些你可能想尝试的效果。

13.6.1 使用调色效果

Pr 提示:在颜色工作区下,不太容易找到 Effects(效果)面板。你总是可以在 Window(窗口)菜单中单击"效果"来打开 Effects(效果)面板。

Premiere Pro 提供了几种调整颜色的效果，你可以在 Effects（效果）面板中找到它们。在以下两种效果中，一种用来创建黑白图像并应用指定色调，另一种用来把彩色剪辑转换为黑白剪辑。

1. Tint（色调）

把图像转换成黑白图像，你可以使用吸管或拾色器把黑白两色映射为其他颜色，也就是说，黑白色所映射的颜色会替换掉图像中的其他所有颜色，如图 13-41 所示。

图13-41

2. Black & White（黑白）

把图像转换成黑白图像（见图 13-42），适合与其他添加颜色的效果一起使用。

图13-42

黑白图像往往可以承受得住更强烈的对比。你可以考虑把该效果和其他效果结合起来使用，以便获得更好的结果。

3. Leave Color（保留颜色）

你可以使用 Lumetri 颜色面板中的 HSL 辅助区域或者色相饱和度曲线得到类似的结果，但有时使用 Leave Color（保留颜色）效果会更快。

在"效果控件"面板中，使用吸管或拾色器选择要保留的颜色。调整 Amount To Decolor（脱色量）降低其他每种颜色的饱和度。使用 Tolerance（容差）和 Edge Softness（边缘柔和度）控件来细调效果（见图 13-43）。

图13-43

13.6.2 使用视频限制器效果

除了创意效果之外，Premiere Pro 的颜色校正功能还包含了用于制作专业视频的效果。

当视频要用在电视广播中时，其最大亮度、最小亮度、颜色饱和度都有特定限制。尽管你可以手动调整各个控件把视频调整到所允许的限制范围内，但是一个更简单的方法是使用 Premiere Pro 提供的"视频限制器"效果。

如图 13-44 所示，在 Effects（效果）面板的 Video Effects（视频效果）> Color Correction（颜色校正）之下，找到 Video Limiter（视频限制器）效果，将其应用到剪辑上，此时它会把限制自动应用到所选剪辑上，确保剪辑符合指定标准。

图13-44

在"效果控件"面板中，调整 Video Limiter（视频限制器）效果的 Clip Level（剪辑层级）之前，你需要先了解广播公司提出的限制要求。剪辑层级不应该超过广播公司的限制要求。

接下来，选择 Compression Before Clipping（剪切前压缩）的数量。使用这个选项进行选择，而不是简单地删除高于 Clip Level（剪辑层级）的部分，逐步压缩会产生更自然的结果。

在剪切之前，你可以选择从 3%、5%、10% 或 20% 开始逐步压缩。

若勾选了 Gamut Warning（色域警告）选项，则那些高于剪辑层级设置的像素将使用"色域警告颜色"中指定的颜色进行显示。在浏览序列时，这个功能非常有用。但是，在导出序列之前，请一定要记得关闭 Gamut Warning（色域警告）选项，否则高亮显示的颜色就会出现在导出文件中。

13.6.3　使用 Effects（效果）面板中的 Lumetri 外观预设

除了在 Lumetri 颜色面板中手动调整各个控件之外，你还可以使用 Effects（效果）面板（见图 13-45）中大量的 Lumetri 外观预设。要做高级调色，你可以从使用这些预设开始。这些预设带有各种参数，应用预设之后，你可以根据需要继续调整各个参数，直到获得自己满意的结果。适当调整 Effects（效果）面板的大小，你可以看到 Premiere Pro 内置的每个 Lumetri 外观预设效果。

图13-45

与应用 Effects（效果）面板中的其他效果一样，你可以采用相同的方式来应用 Lumetri 外观预设。

Lumetri 外观预设实际是带有设置的 Lumetri 颜色效果（见图 13-46），有时还包括创意外观。

图13-46

你可以继续在 Effect Controls（效果控件）面板或 Lumetri 颜色面板中调整预设的设置。

13.7　修复曝光问题

下面我们找一些存在曝光问题的剪辑，然后调整 Lumetri 颜色面板中的一些控件来修复它们。

1. 进入 Color（颜色）工作区下，若有必要，将其重置为已保存的布局。

2. 打开 Color Work 序列。

3. 在 Lumetri 范围面板中，使用鼠标右键单击，或者打开 Settings（设置）菜单，依次选择 Presets（预设）> Waveform RGB（波形 RGB），这会快速关闭其他示波器，而只显示波形 RGB 示波器。

4. 再次，在 Lumetri 范围面板中，使用鼠标右键单击，或者打开 Settings（设置）菜单，依次选择 Waveform Type（波形类型）> YC No Chroma（YC 无色度），这样显示出的波形就在标准广播电视范围内，对大多数视频项目来说，这非常有用。

5. 在时间轴面板中，把播放滑块放到序列的第一个剪辑之上。第一个剪辑显示的是一位女士在街道上行走的场景。下面我们为这个剪辑增加一些对比度。

如图 13-47 所示，观察剪辑画面，可以看到人物周围的环境有点雾蒙蒙的。100 IRE（波形图左侧刻度尺）表示完全过曝，0 IRE 表示无曝光。整个视频画面既无过曝又无死黑，你的眼睛会快速适应画面，因此你会觉得整个画面看上去还不错。下面我们尝试做一些调整，看看能否让画面变得更生动一些。

图13-47

6. 在 Lumetri 颜色面板中，单击 Basic Correction（基本校正）标题，将其展开。

7. 调整 Exposure（曝光）和 Contrast（对比度）控件。在调整的过程中，注意观察波形图，不要让画面中出现太暗或太亮的区域。

在调整时，如果你从剪辑中找出最好的一帧显示在屏幕上用作调整时的参考画面，那你会得到最佳视觉效果。在 00:00:07:09 处的一帧画面非常清晰，我们选择它作为参考画面。

如图 13-48 所示，把 Exposure（曝光）设置为 0.6，Contrast（对比度）设置为 60。

8. 此时，你的眼睛会快速适应调整后的新画面。反复单击 Basic Correction（基本校正）右侧的复选框，比较调整前后的画面变化。

图13-48

上面做出的细微调整增加了画面深度，加强了画面的高光和阴影。你可以打开与关闭效果并在 Lumetri 范围面板中观察波形图的变化。仔细观察画面，你会发现画面中没有太亮的高光，这十分正常，因为自然的颜色以中间调居多。

13.7.1　修复曝光不足问题

接下来，我们来处理剪辑曝光不足的问题。

1. 切换到 Effects（效果）工作区之下。

2. 在时间轴面板中，把播放滑块放到 Color Work 序列的第二个剪辑上。乍看之下，这个剪辑还不错，高光不强，细节也挺丰富，尤其是人物的面部很清晰，细节也多。但是有些暗部区域太黑，丢失了细节。

3. 打开 Lumetri 范围面板，查看所选剪辑的波形图。在波形图底部，你可以看到有大量暗像素存在，有些几乎碰到了 0 IRE 线。

从画面来看，这些暗像素多集中在人物的右肩位置（画面左侧），导致人物右肩区域丢失细节。对于这样的暗像素集中区域，提高亮度只会让深色的阴影变灰，依旧救不回细节。

4. 在 Effects（效果）面板中，找到 Brightness & Contrast（亮度与对比度）效果，将其应用到所选剪辑。

5. 如图 13-49 所示，拖曳 Lumetri 范围面板的面板名称，将其移动到 Effects Controls（效果控件）面板和 Program Monitor（节目监视器）之间，这样你可以同时看到所有面板。

图13-49

6. 在 Effects Controls（效果控件）面板中，向右拖曳 Brightness（亮度）控件，增加亮度值。在改变亮度值时，请不要采用直接输入数值的方式，而要采用拖曳方式，这样的好处是你可以一边拖曳一边观察画面的变化。

如图 13-50 所示，随着画面亮度的增加，你会发现波形图整体上移，整个画面变得更亮了，但是阴影仍然是一条平坦的线，也就是说，提高画面亮度只是把黑色的阴影变成了灰色。如果你把 Brightness（亮度）控件拉到最大（100），整个画面会变得又亮又灰。

 提示：使用 Brightness & Contrast（亮度与对比度）效果能够快速地修复画面的亮度和对比度，但使用它很容易意外地把黑色（暗）或白色（亮）像素剪切掉。而使用 Lumetri 颜色面板中的曲线工具可以保证调整始终在 0 ~ 255 范围之内。

图 13-50

7. 从 Effects Controls（效果控件）面板中，删除 Brightness & Contrast（亮度与对比度）效果。

8. 切换回 Color（颜色）工作区下。在 Lumetri 颜色面板中，尝试使用 RGB 曲线工具进行调整，图 13-51 是使用 RGB 曲线提高画面亮度的例子。

接着，使用 RGB 曲线工具尝试调整序列的第三个剪辑。从调整中我们可以认识到，所谓的后期调整也不是万能的，它只能在一定程度上改善视频画面。

当然，后期调整还是相当有必要的，它对于加强视频画面的视觉感染力至关重要，例如你可以根据创作需要向编辑的视频应用一些艺术感很强的效果，为视频创建一种独特的外观，从而增强视频画面的视觉冲击力和艺术感染力。

图 13-51

13.7.2 修复曝光过度问题

接下来，我们解决曝光过度问题。

 提示：在 Lumetri 颜色面板中，双击控件即可把它们重置回默认状态。此外，你还可以从 Effect Controls（效果控件）面板中删除 Lumetri 颜色效果重新开始，还可以单击面板顶部的 Reset Effects（重置效果）按钮。

1. 在时间轴面板中，把播放滑块移动到序列的第四个剪辑上。你可以看到视频画面出现了严重的曝光过度问题。与序列第二个剪辑中的阴影区域类似,在画面的曝光过度区域中没有任何细节。也就是说,降低画面亮度只会让人物的皮肤、头发变灰,而无法救回细节。

2. 如图 13-52 所示,从波形图可以看到,视频画面中的阴影区域并没有到达波形图的最底部,即画面中暗部缺失,这导致整个画面显得很平。

图13-52

3. 在 Lumetri 颜色面板中,调整 RGB 曲线,改善画面对比度。经过调整之后,尽管有明显的后期痕迹,但最终结果还可以让人接受。

关于颜色校正标准

调整图像是一件非常主观的事。尽管调整会受到图像格式和广播技术要求方面的限制,但是让图像亮一些还是暗一些,偏蓝还是偏绿,最终都是调色者个人的主观选择。虽然Premiere Pro提供了Lumetri范围面板等非常好用的参考工具,但是最后要调到什么程度还是自己说了算。

如果你制作的视频将用在广播电视中,那么在调色之前请先找一台电视机来,而后将其连接到Premiere Pro编辑系统中,用来查看调色之后的结果,这一点非常重要。通常,电视机屏幕显示的颜色和计算机显示器不一样,而且有时电视屏幕还支持用来更改视频外观的特殊颜色模式。在编辑视频时,为了做出具有专业水准的广播电视效果,编辑人员应该准备一台经过准确校准的显示器,并且它显示的是YUV颜色。虽然你可以使用"显示颜色管理"功能来模拟电视机上显示的颜色,但相比之下,还是找台经过严格校准的显示器更靠谱一些。

如果你制作的视频要在数字影院、超高清电视机、高动态范围电视机上播放,上述规则也适用。想知道视频最终呈现出来的样子,唯一的途径就是直接在目标播放设备上进行查看。如果视频的最终播放设备是计算机,这段视频或许是一段Web视频,或许是软件界面的一部分,你就不需要再找其他显示设备了,毕竟当你编辑视频时用的就是计算机,不是吗?!

13.8 修复颜色问题

人的眼睛会自动调整以补偿周围光线颜色的变化。这是一种非凡的能力，它允许你把白色物体还原为白色，例如白色物体在钨丝灯的照射下呈现橙黄色，但你的眼睛仍然会把它还原成白色。

类似于人眼，摄像机也可以自动调整它们的白平衡以补偿光线颜色的变化。正确校正了白平衡之后，不论是室内拍摄（在橙色钨丝灯照射下），还是室外拍摄（在偏蓝的日光照射下），白色物体拍出来就是白的。

但是，摄像机毕竟是个机器，它的自动白平衡功能有时准有时不准。为了确保白平衡准确，一般专业摄像师都喜欢手动校正白平衡。当然，白平衡不准并非都是坏事，有时你也可以故意把它调得不准，借以实现一些有趣的效果。剪辑出现偏色问题最常见的原因就是没有准确校正摄像机的白平衡。

13.8.1 使用 Lumetri 色轮校色

下面我们使用 Lumetri 颜色面板中的色轮工具为序列中的最后一个剪辑校色。

1. 切换到 Color（颜色）工作区下，如有必要，请将其重置为已保存的布局。

2. 在时间轴面板中，把播放滑块移动到 Color Work 序列的最后一个剪辑之上。

3. 在 Lumetri 颜色面板中，展开 Basic Correction（基本校正）区域，单击 Auto（自动）按钮，自动调整色阶。

如图 13-53 所示，此时，你可以在 Tone（色调）下看到各个参数的变化。

图13-53

Premiere Pro 能够识别出画面中最暗的像素和最亮的像素,并自动做平衡处理。调整幅度很小！显然，画面偏蓝的问题靠调整对比度无法解决。

4. 如图 13-54 所示，在 Lumetri 范围面板中，把 Vectorscope YUV（矢量示波器 YUV）显示出来。

图13-54

很明显,剪辑的颜色范围是没问题的,但是画面严重偏蓝。事实上,当时拍摄现场的光线比较乱,有从窗户透进来的偏蓝光线,也有从钨丝灯射出来的橙色光线。

5. 在 Lumetri 颜色面板的 Basic Correction(基本校正)区域中,把 Temperature(色温)滑块向橙色方向拖曳。你可能需要把色温滑块拖到最右端(100),才能看到画面有点效果,因为画面中蓝色偏得实在太重了。

在调整之后,画面看上去还不错,但是或许还可以更好一些。画面中暗部区域受室内钨丝灯的照射偏暖,而亮部区域受室外日光照射偏蓝。对此,我们可以使用色轮针对画面的不同区域进行调整,这样调整出的画面会更加真实、更加自然。

6. 在 Lumetri 颜色面板中,展开 Color Wheels & Match(色轮和匹配)区域。尝试把阴影色轮拖向红色,同时把高光色轮拖向蓝色。

7. 经过这样调整之后,观察视频画面,你会发现画面中的阴影区域变暖,高光区域变冷。再尝试调整中间调色轮,以获得最自然的画面效果。在调整时,请参考图 13-55。

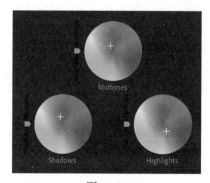

图13-55

你可以在 Lumetri 颜色面板中继续尝试调整其他控件，看看是否能够进一步改善画面的视觉效果（见图 13-56）。

图13-56

13.8.2 使用 HSL 辅助调色工具

借助 Lumetri 颜色面板中的 HSL 辅助工具，你可以只针对画面中某个特定范围内的色相、饱和度和亮度进行调整。

如果你想把人物的眼睛变成蓝色，或者加强一下花朵颜色，那 HSL 辅助工具将会非常有用。

下面我们就来试一下。

1. 如图 13-57 所示，打开 Yellow Flower 序列，在时间轴面板中，把播放滑块放到第一个剪辑之上。

这个序列中包含两个剪辑，各个剪辑画面中的颜色区分非常明显。

图13-57

2. 在 Lumetri 颜色面板中，展开 HSL 辅助区域。

3. 单击吸管（🖊️）工具，将其选中，然后单击花朵的黄色花瓣，拾取颜色。

单击时，同时按住 Command（macOS）或 Ctrl（Windows）键，Premiere Pro 会对 5×5 个像素

进行平均采样，这样得到的结果会更有用。

颜色选择控件会根据你单击的区域（花瓣）做相应变化，如图 13-58 所示。

图13-58

做好选择之后，你可以对颜色做一些极端调整，这有助于你观察所选的颜色范围是否准确。

4. 向下拖曳 Lumetri 颜色面板右侧的滚动条，把 Temperature（色温）与 Tint（色彩）的滑块拖动到最左端，对所选颜色做极端调整。

5. 拖曳颜色范围选择控件，扩展选择范围。最初你可能只选了几个像素，因为花瓣的黄色变化很丰富。

每个控件都会影响到你选取的像素范围，基于以下 3 个要素。

- H：色相。
- S：饱和度。
- L：明度。

控件上方的三角形代表选区的硬边缘，下方三角形代表柔化边缘，用来扩展选区。

6. 尝试一下 Denoise（降噪）和 Blur（模糊）功能，它们会影响选区，而非整个图像，并且可以对受效果影响的区域做平滑处理（见图 13-59）。

图13-59

7. 当你准确选择了黄色花瓣之后，重置 Temperature（色温）与 Tint（色彩）控件，然后做精细调整。你所做的调整只会影响选区中的像素。

8. 当你掌握了这个工具之后，可以尝试调整序列第二个剪辑中的天空区域。

13.8.3　使用曲线调整

在 Lumetri 颜色面板的 Curves（曲线）区域中，有一条 Hue Saturation（色相与饱和度）曲线，你可以使用它对选区做精确控制，调整图像的色相和亮度。

各个控件各不相同，分别适用于某一种特定类型的选区和调整，但是它们的基本工作方式都一样。

使用鼠标在曲线上单击，可以添加控制点（刚开始时是一条直线，添加控制点并拖曳后会变成曲线）。拖动曲线的控制点，可以改变曲线形状，从而对图像做出相应调整。

曲线名称的前一部分代表水平轴，后一部分代表垂直轴。

下面给出了每条曲线的功能。

- Hue vs Sat（色相与饱和度）：基于指定色相提高或降低像素饱和度。
- Hue vs Hue（色相与色相）：基于像素的当前色相，改变像素的色相。
- Hue vs Luma（色相与亮度）：基于像素色相，改变像素的亮度。
- Luma vs Sat（亮度与饱和度）：基于像素的亮度，改变像素的颜色饱和度。
- Sat vs Sat（饱和度与饱和度）：基于像素当前的饱和度水平，改变像素的颜色饱和度。你可以使用这个工具降低图像中的高饱和度区域，同时保持图像的其他区域不变。

与其他许多效果一样，要了解这些曲线都能干什么，最好的办法是找一些剪辑来把这些曲线全都试一遍，并且做极端调整，观察前后变化。

下面我们就试一试。

1.　打开 The Ancestor Simulation 序列。播放序列，熟悉序列内容。序列中各个剪辑画面的颜色都比较柔和，有些特定区域包含的颜色区分明显，例如桌子上的花（见图 13-60）。

图13-60

2.　在 Lumetri 颜色面板中，展开 Curves（曲线）区域。在时间轴面板中，把播放滑块放到序列的第一个剪辑上。

3. 如图 13-61 所示，每条曲线的右上方都有一个吸管()工具，你可以使用它在曲线上设置一个控制点，这个控制点是由 Premiere Pro 根据你在画面上的单击位置自动设置的。你还可以使用它在曲线上添加两个控制点（一端一个），以便将调整与曲线的其余部分分开。

你可以使用 Hue vs Sat（色相与饱和度）曲线的吸管工具，选择桌子上最靠近摄像机的淡红色花瓣。

4. 使用吸管做好的选区正好位于色相曲线边缘。拖曳曲线底下的导航条，把控制点显示在中间区域。

5. 向上拖曳中间的控制点，提升花朵的饱和度。

图13-61

6. 使用 Sat vs Sat（饱和度与饱和度）曲线的吸管工具，选择沙发上的淡米色。这样选出的像素几乎没有饱和度。向上拖曳左侧控制点，使其位于非常高的位置上，向沙发和画面灰白区域中加点颜色（见图 13-62）。

图13-62

因为我们只选了颜色饱和度较低的像素，所以画面中其他具有较高饱和度的区域不受影响。这样，调整出来的结果看上去会更自然，如图 13-63 所示。

图13-63

配合使用多种 Lumetri 颜色效果以及曲线的精准选择功能，你可以对剪辑颜色做出十分精细的调整。

7. 尝试调整序列中的其他剪辑。例如，在序列的第六个剪辑中，你可以看到有城堡、树等景物，先使用 Hue vs Sat（色相与饱和度）曲线提高绿树的饱和度，再使用 Hue vs Luma（色相与亮度）曲线把树叶压暗。这会增加画面的视觉趣味性和对比度，同时又不必调整个剪辑。

13.9　使用特殊颜色效果

在 Effects（效果）面板中，Premiere Pro 提供了好几种效果，用来帮你调整剪辑中的颜色，做出更具创意的画面。

13.9.1　使用高斯模糊

严格来说，高斯模糊不是一种调色效果，但是向画面适度加一点模糊可以对调整结果起到很好的柔化作用，从而让画面看起来更加自然、真实。Premiere Pro 提供了大量模糊效果，其中最为常用的是 Gaussian Blur（高斯模糊），使用它可以在画面上形成一种自然、平滑的效果。

13.9.2　使用风格化效果

风格化效果分类中包含一些戏剧化的效果（例如马赛克效果），使用这些效果并结合使用效果蒙版，可以对视频画面局部做一些特殊化处理，例如隐藏某个人的面部。

在调整画面颜色时，使用曝光过度效果能够为画面带来强烈的过曝感觉，很适合用来为图形或开场序列创建个性十足的背景（见图 13-64）。

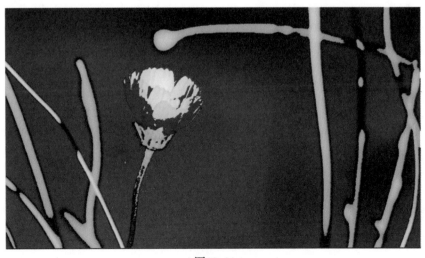

图13-64

13.9.3 使用 Lumetri 外观

Lumetri 颜色面板中包含一系列内置外观，这些外观我们在前面都尝试过。此外，Effects（效果）面板中也包含了大量 Lumetri 外观预设，即查即用非常方便。

事实上，这些效果全部用的是 Lumetri 颜色效果。除了使用内置的外观之外，Lumetri 效果还允许你浏览一个已有的 .look 或 .lut 文件，你可以使用这些文件对素材颜色进行精细调整。

最开始调整颜色时，你可能会拿到一个 LOOK 或 LUT 文件。近来，有越来越多的摄像机和拍摄监视器采用这种颜色参考文件。这样，在后期处理素材过程中，你就有同样的文件作为参考了。

要应用一个现成的 LOOK 或 LUT 文件，请在 Lumetri 颜色面板的 Basic Correction（基本校正）区域中打开 Input LUT（输入 LUT）菜单，从中选择需要的文件即可（见图 13-65）。

图13-65

13.10　创建外观

在 Premiere Pro 中花时间学习了各种颜色校正效果之后，你应该知道有哪些调整是可以做的，以及这些调整对素材的整体外观和氛围的影响。

你可以使用效果预设为剪辑创建外观，还可以把效果应用到一个调整图层上，为整个序列或序列的一部分添加整体外观。在把效果应用到调整图层时，你在 Lumetri 颜色面板中所做的调整也会被应用到调整图层上。

下面借助调整图层向序列应用颜色调整。

1. 打开 Theft Unexpected 序列。

2. 在 Project（项目）面板中，单击底部的 New Item（新建项）图标（■），在弹出菜单中，选择 Adjustment Layer（调整图层），在 Adjustment Layer（调整图层）对话框中，保持各个视频设置不变，单击 OK（确定）按钮。

> **Pr** 提示：你可能需要加大 Project（项目）面板的宽度，才能看到 New Item（新建项）图标。

3. 把刚创建的调整图层拖曳到序列的 V2 轨道上，并靠左侧对齐。

调整图层的默认持续时间与静态图像一样。这对于序列来说太短了。

4. 如图 13-66 所示，向右拖曳调整图层的右边缘，使其持续时间与序列相同。

图13-66

注意：如果序列中除了视频图层之外，还包含图形或字幕图层，那么你一定要把调整图层放到图形图层（或字幕图层）和视频图层之间的轨道上。不然，你对调整图层所做的调整也会影响到图形图层或字幕图层。

5. 在 Effects（效果）面板中，在 Lumetri Presets（Lumetri 预设）的 SpeedLooks 之下找到 Universal 效果组，从中任选一种效果应用到调整图层上。如图 13-67 所示，此时，所选外观会应用到序列的所有剪辑上，并且你可以使用 Effects Controls（效果控件）面板或 Lumetri 颜色面板中的控件调整它。

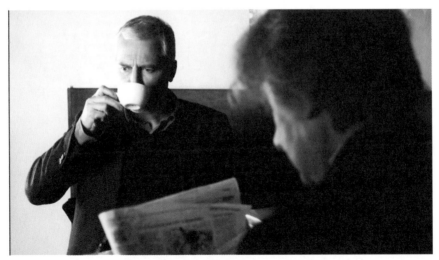

图13-67

提示：Effects（效果）面板的 SpeedLooks 中包含大量效果预设，它们的应用方法和普通效果一样，也可以组合使用，只需直接应用另一个即可。

你可以采用这种方式应用其他任何一种标准视觉效果，使用多个调整图层向不同场景应用不同外观。

并且，你可以使用Lumetri颜色面板中的各种控件调整你在面板顶部选中的Lumetri颜色效果。

以上我们对颜色调整做了简单的介绍，还有大量内容值得去探讨。花些时间熟悉Lumetri颜色面板中的高级控件是非常值得的。Premiere Pro提供了大量视觉效果，你可以使用它们为素材添加细微或显著的外观。在Premiere Pro学习和后期视频处理过程中，多尝试、多实践才是掌握Premiere Pro以及实现创意的关键。

13.11　复习题

1. 如何在 Lumetri 范围面板中更改显示类型？

2. 若 Lumetri 范围面板未在颜色工作区中显示出来，该如何把它显示出来？

3. 在调色时，为什么要使用矢量示波器，而不靠人眼？

4. 如何向序列应用外观？

5. 为什么需要限制视频的亮度和颜色级别？

13.12　复习题答案

1. 在 Lumetri 范围面板中，右键单击或者打开 Settings（设置）菜单，从弹出菜单中，选择你想要的显示类型。

2. 与其他面板一样，你可以在 Window（窗口）菜单中选择 Lumetri 范围面板，将其显示出来。

3. 颜色感知是一种非常主观和相对的行为。新看到的颜色会受之前看到的颜色的影响。矢量示波器可以为你提供一种客观的参考。

4. 你可以使用效果预设，把同样的颜色调整应用到多个剪辑上，或者添加一个调整图层，把效果应用到调整图层上。在调整图层之下，并且受调整图层覆盖的所有剪辑都会受到调整图层的影响。

5. 如果你制作的视频要用在广播电视中，那么你需要确保视频满足最大与最小亮度与颜色级别的要求。一般广播公司会告诉你这些要求。

第 14 课 了解合成技术

课程概览

本课学习内容如下：

· 使用 Alpha 通道；

· 使用合成技术；

· 使用不透明度；

· 使用绿屏；

· 使用蒙版。

　　学完本课大约需要 60 分钟。请先下载本课的课程文件，并把课程文件存放到计算机中便于使用的位置上。

任何能把两个图像组合在一起的操作都叫合成，包括混合、组合、分层、抠像、蒙版、裁剪。Premiere Pro 为我们提供了强大的合成工具，使用这些工具，你可以把视频、照片、图形、字幕层合成在一个序列中。本课我们将学习合成的关键技术，以及准备做合成的方法。

14.1 课程准备

到目前为止，我们处理的主要是单个的整帧图像。我们创建了编辑点，在编辑点上添加过渡（见图 14-1a），从一幅图像过渡到另一幅（见图 14-1b），或者把编辑过的剪辑放到上层视频轨道上（见图 14-1c），使其在低层视频轨道的剪辑之前显示出来。

本课我们将学习组合视频图层的方法。在学习的过程中，我们仍然会使用高低层轨道上的剪辑，只是它们成了合成中的前景元素和背景元素。

（a）

（b）

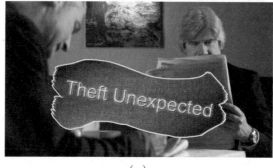

（c）

图14-1

混合部分有可能来自于前景图像的裁剪部分,也有可能来自于抠像（选择特定颜色,使之透明）,

但是无论使用哪种方法，把剪辑添加到序列中的方法都是一样的。

让我们先了解一个重要概念——alpha 通道（它解释了像素的显示方式），然后再学习几种合成技术。

1. 打开 Lesson 14 文件夹中的 Lesson 14.prproj 项目。

2. 把项目保存为 Lesson 14 Working.prproj。

3. 在 Workspaces（工作区）面板中，单击 Effects（效果），或者从菜单栏中，依次选择 Window（窗口）> Workspaces（工作区）> Effects（效果），切换到 Effects（效果）工作区下。

4. 在 Workspaces（工作区）面板中，打开 Effects（效果）菜单，从中选择 Reset To Saved Layout（重置为已保存的布局），或者从菜单栏中，依次选择 Window（窗口）> Workspaces（工作区）> Reset To Saved Layout（重置为保存的布局）菜单，或者在 Workspaces（工作区）面板中，双击 Effects（效果）名称，重置工作区。

14.2 什么是 alpha 通道

摄像机使用单独的颜色通道分别保存光谱中的红色、绿色与蓝色。因为每个通道只保存一种颜色信息，所以通常也把它们称为单色通道。

Adobe Premiere Pro CC 使用 3 种单色通道来保存 3 种原色。它们通过加色法来产生绚丽多彩的 RGB（R 代表红色、G 代表绿色、B 代表蓝色）图像。我们看到的彩色视频都是由这 3 种通道混合而成。

除了 R、G、B 这 3 种单色通道之外，另外还有一种单色通道——alpha 通道，它不保存任何颜色信息，它记录的是像素的不透明度。有好几个术语与 alpha 通道相关，包括可见性、透明度、混合器、不透明度。名称不是特别重要，重要的是你可以撇开颜色单独调整像素的不透明度，因为 alpha 通道与颜色通道是相互分离的。

我们可以通过颜色校正对剪辑中红色的数量进行调整，同样，你也可以使用不透明度控件调整 alpha 值的大小。在默认情况下，剪辑的 alpha 通道（或不透明度）是 100%（完全可见），在 8 位（0 ~ 255）视频中，对应的是 255。并非所有媒体素材都包含 alpha 通道，例如视频摄像机一般不会记录 alpha 通道。

动画、文本或 logo 图形剪辑中通常包含 alpha 通道，用来指定图像中哪部分是不透明的，哪部分是透明的。

你可以设置 Source Monitor（源监视器）与 Program Monitor（节目监视器），把透明像素显示为棋盘格，就像在 Adobe Photoshop 中那样。

1. 在 Graphics 素材箱中，从 Source Monitor（源监视器）中，打开 Theft_Unexpected.png 剪辑（确保打开的是 PNG 剪辑）。

2. 打开 Source Monitor（源监视器）的 Settings（设置）菜单（），确保 Transparency Grid（透明网格）处于非选中状态。

看起来图形好像有一个黑色背景，但是这些黑色像素实际代表的是透明。你可以把它们看成是 Source Monitor（源监视器）的背景。在将其作为文件导出到不支持 alpha 通道的编解码器时，新文件中将会带有一个黑色背景。

3. 打开 Source Monitor（源监视器）的 Settings（设置）菜单，从弹出菜单中，选择 Transparency Grid（透明网格）。

此时，你可以清晰地看到哪些像素是透明的。不过，对于某些类型的媒体来说，使用透明网格可能并不合适。例如，在本例中，开启透明网格之后，受网格影响，你将难以看清文本的边缘（见图 14-2）。

图14-2

4. 打开 Source Monitor（源监视器）的 Settings（设置）菜单，从弹出菜单中，再次选择 Transparency Grid（透明网格），取消显示。

使用不支持 alpha 通道的编解码器创建的媒体文件总是带有一个黑色背景而非透明区域。

14.3　在项目中做合成

使用合成效果和控件能够把你的后期制作工作提升到一个全新的层次。一旦开始在 Premiere Pro 中使用合成效果，你会发现新的拍摄方法和新的编辑组织方法，这会使图像混合变得更容易。

在做合成时，综合运用前期规划、拍摄技术、专用效果能够产生最好的结果。你可以把静态的环境图像与复杂、有趣的图案组合起来，这样能够生成质感很棒的画面。或者，你可以删去图像中不合适的部分，并用其他内容代替。

在 Premiere Pro 中，合成是非线性编辑中最具创意的部分。

14.3.1　带着合成想法去拍摄

要想获得最好的合成结果，我们应该从项目规划之初就开始考虑合成问题。从一开始，我们就要考虑如何帮助 Premiere Pro 识别出图像中要变透明的部分，有很多方法可以实现这一点。例如色度键（chromakey），它是一种标准的特效，在许多电影制作中都使用它来完成一些特技动作，这些动作一般出现在危险环境下或者物理不可达的地方（例如火山内部）。

在实际拍摄时，演员会在一个绿屏前进行表演。特效通过绿色来识别画面中的透明像素。演员的视频图像用来做合成的前景，其中包含一些可见像素（演员）与一些透明像素（绿色背景）。

接下来，要把前景（见图 14-3a）的视频图像放到另一个背景图像之上。在史诗级动作电影中，背景（见图 14-3b）可以是真实世界中的某个地方，也可以是视觉艺术家创建的合成场景（见图 14-3c），总之，什么都可以。

（a）

（b）

（c）

图14-3

事先规划有助于大大提升合成的质量。为了让绿屏效果正常发挥作用，背景的颜色需要保持一致。而且需要这种颜色不会出现在拍摄主体上。例如，在应用色度键效果时，绿色珠宝有可能会变成透明的。

在拍摄绿屏素材时，你的拍摄方式会对最终结果产生很大影响。尽量让拍摄主体的光照布局与替换背景的光照保持一致。

在拍摄绿屏背景时，使用的光线要柔和、均匀，并避免出现溢出，当发生溢出时，光线会从绿屏反射到拍摄对象上。如果出现这种情况，拍摄对象会很难抠出来，而且拍摄对象的一部分也会变透明，因为它和要移除的背景一样也是绿色的。

14.3.2 了解基本术语

在本课的学习中，你可能会遇到一些新术语。下面介绍几个重要的术语。

* Alpha/alpha 通道：图像的第四个信息通道，用来记录像素的透明度。它是一个独立的单色通道，其创建与图像内容完全无关。

* Key/keying（抠像）：根据像素的颜色或亮度，有选择地把某些像素变透明。色度键（Chromakey）效果使用颜色生成透明（即改变 alpha 通道），亮度键（LumaKey）效果使用亮度生成透明。

* Opacity（不透明度）：在 Premiere Pro 中，Opacity（不透明度）用来描述序列剪辑中整体 alpha 通道值。不透明度的值越大，剪辑越不透明（与透明度相反）。你可以使用关键帧为剪辑制作不透明度动画，类似于第 13 课中学习的调节音频电平。

* Blend mode（混合模式）：这项技术起源于 Adobe Photoshop。它不是简单地把前景图像放到背景图像之前，混合模式有多种，你可以选择某一种混合模式让前景和背景相互作用，只显示前景中那些比背景亮的像素，或者只把颜色信息从前景剪辑应用到背景。在第 12 课中，我们用到了一种混合模式。想了解混合模式，最好是多尝试。

Pr | 提示：有关混合模式的更多内容，请参考 Scott Valentine 写的（Adobe Press）一书。

---

* Greenscreen（绿屏）：绿屏指的是一个纯绿色的屏幕，先在绿屏之前拍摄主体对象，然后使用特效把绿色像素变透明，再把剪辑与另一个背景图像合成在一起。旧式天气预报就是绿屏的一个典型例子。

* Matte（蒙版）：蒙版可以是一个图像、形状或视频剪辑，用来识别图像中应该为透明或半透明的区域。Premiere Pro 支持多种类型的蒙版，本课稍后会使用它们。你可以使用一个图像、视频剪辑或视觉效果（例如色度键）根据像素颜色动态生成蒙版。

在第 13 课中做混合色调整时，Premiere Pro 根据你的选择生成了一个蒙版应用颜色调整。

混合色调整会把动态生成的蒙版应用到一个效果，对影响的像素加以限制，色度键效果会把蒙版应用到 alpha 通道，将某些像素变透明。

14.4 使用"不透明度"效果

你可以在 Timeline（时间轴）面板或 Effect Controls（效果控件）面板中使用关键帧调整一个剪辑的整体不透明度。

1. 如图 14-4 所示，在 Timeline（时间轴）面板中，打开 Desert Jacket 序列。在这个序列中，前景图像是一个穿夹克的男人，背景图像是一个戈壁。

2. 在轨道头区域（位于时间轴面板最左侧），向上拖曳 V2 和 V3 之间的分隔线，把 V2 轨道的高度增加一点。此外，你还可以把鼠标放到 V2 轨道头上，按住 Option（macOS）或 Alt（Windows）键，滚动鼠标滚轮。

3. 打开 Timeline Display Settings（时间轴显示设置）菜单，选择 Show Video Keyframes（显示视频关键帧）。

图14-4

此时，在剪辑上会显示一条"橡皮筋"（一条白色的细水平线），你可以使用它调整设置和关键帧效果。每个剪辑只有一条"橡皮筋"。

使用鼠标右键单击 fx 图标（▓），从弹出菜单中，选择要使用"橡皮筋"调整的控件。如果有效果应用到剪辑上，或者调整了固定效果（*fx*），画面的颜色就会发生变化。

在默认情况下，"橡皮筋"控制的是剪辑的 Opacity（不透明度）。前面提到过，"橡皮筋"在控制音频剪辑时默认控制的是音量。

4. 在 V2 轨道的剪辑上，使用 Selection Tool（选择工具）上下拖动"橡皮筋"。尝试将其调整到 50% 左右，效果如图 14-5 所示。

提示：在拖曳"橡皮筋"时，同时按住 Command（macOS）或 Ctrl（Windows）键可以做更精细的调整。但请注意，一定要先按下鼠标左键，再按修饰键（Command 或 Ctrl 键），否则将添加一个关键帧。

以这种方式使用 Selection Tool（选择工具）拖动"橡皮筋"时，不会添加额外的关键帧。

图14-5

14.4.1 为不透明度添加关键帧

在 Timeline（时间轴）面板中，添加不透明度关键帧的方法几乎与添加音量关键帧完全一样。你可以使用相同的工具、键盘组合键，并且结果与预期的完全一样：橡皮筋越高，剪辑的可见性越高。

1. 在 Sequences 素材箱中，打开 Theft Unexpected 序列。

在这个序列的 V2 轨道上有一个文本，用作前景。我们经常在不同的时间以不同的持续时间为文字制作淡入淡出效果。你可以使用过渡效果实现文字淡入淡出动画，就像向视频剪辑添加过渡效果一样。当然，你还可以使用关键帧调整不透明度来实现这个效果，而且使用关键帧可以做更多控制。

2. 增加 V2 轨道高度，确保能够看到 Theft_Unexpected.png 剪辑上的"橡皮筋"，如图 14-6 所示。

图14-6

3. 按住 Command（macOS）或 Ctrl（Windows）键，在"橡皮筋"上单击 4 次，添加 4 个关键帧，其中两个关键帧加在开头附近，另外两个关键帧加在末尾附近（见图 14-7）。关键帧的添加位置不必太准确。

图14-7

> **Pr** 提示：首先在"橡皮筋"的任意位置上添加关键帧，然后再拖曳它们调整位置，这样做起来会更容易。

4. 与使用音频关键帧调整音量一样，拖曳关键帧，调整"橡皮筋"形状（见图14-8），创建淡入淡出效果。

> **Pr** 提示：按住 Command（macOS）或 Ctrl（Windows）键，单击"橡皮筋"添加关键帧之后，释放 Command（macOS）或 Ctrl（Windows）键，使用鼠标拖曳关键帧，设置关键帧的位置。

5. 播放序列，查看文本淡入淡出效果。

图14-8

此外，你还可以使用 Effects Controls（效果控件）面板向剪辑的不透明度添加关键帧。类似于音量关键帧控件，在 Effects Controls（效果控件）面板中，Opacity（不透明度）关键帧开关默认是打开的。在 Timeline（时间轴）面板中，选择文本剪辑，你也会在 Effects Controls（效果控件）面板中看到刚刚添加的不透明度关键帧。

14.4.2 使用混合模式做轨道混合

混合模式用来指定前景像素（指上层轨道剪辑中的像素）与背景像素（指下层轨道剪辑中的像素）的混合方式。每种混合模式对应一种算法，Premiere Pro 会使用这些算法把前景中的红色、绿色、蓝色、alpha（RGBA）值与背景中的 RGBA 值进行混合。前景中的每个像素与背景中对应的像素直接进行混合运算。

默认混合模式是 Normal（正常）。在这种模式下，前景图像在整个图像中具有统一的 alpha 通道值。前景图像的不透明度越大，其显示的就越实。

了解混合模式工作原理的最好方法是试着用一用。

1. 使用 Graphics 素材箱中的 Theft_Unexpected_Layered.psd（其中包含更复杂的文本）代替 Theft Unexpected 序列中的 Theft_Unexpected.png（当前显示的文本）。

按住 Option（macOS）或 Alt（Windows）键，把 Theft_Unexpected_Layered.psd 拖曳到 Theft_Unexpected.png 之上，即可实现替换。请注意，当采用这种方式进行替换后，之前添加的序列剪辑关键帧仍然保留着，如图 14-9 所示。

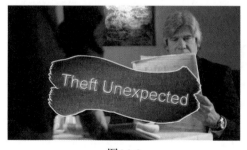

图14-9

2. 选择替换后的文本，观察其 Effects Controls（效果控件）面板。

3. 如图 14-10 所示，在 Effects Controls（效果控件）面板中，展开 Opacity（不透明度）控件，打开 Blend Mode（混合模式）下拉菜单，查看都有哪些混合模式。

图14-10

4. 当前默认混合模式为 Normal（正常）。尝试选用另外一种混合模式，并观察应用结果。每种混合模式以不同方式计算前景像素和背景像素之间的关系。有关混合模式的介绍，请查阅 Premiere Pro 帮助。

选择 Lighten（变亮）混合模式。在这种模式下，Premiere Pro 只显示前景图像中那些比背景像素更亮的像素，如图 14-11 所示。

图14-11

> **Pr** 提示：把鼠标放到 Blend Mode（混合模式）菜单上，不要单击打开，直接滚动鼠标滚轮即可快速查看各种混合模式。

5. 在尝试之后，选择 Normal（正常）混合模式。

14.5 选择 Alpha 通道的解释方式

在许多媒体类型中，不同区域的像素有着不同的 alpha 通道级别。例如文本图形，在有文本的地方，像素的不透明度为 100%；没有文本的地方，像素的不透明度为 0%，而文本周围的投影等元素的不透明度通常介于 0 ～ 100% 之间。向投影添加一点透明度，可以让它看起来更加真实。

在 Premiere Pro 中，像素的 alpha 通道值越大，其可见性越高。这也是最常见的 alpha 通道解释方式，但是有时你可能会遇到一些采用相反解释方式的媒体素材。你会立刻察觉到这个问题，因为你的图像在另一个黑色图像中出现了镂空。这个问题在 Premiere Pro 中很容易进行处理，你可以为 alpha 通道指定不同的解释方式，就像为剪辑的音频通道指定解释方式一样。

下面我们使用 Theft Unexpected 序列中的 Theft_Unexpected_Layered.psd 作为例子做讲解。

1. 在项目面板中，找到 Theft_Unexpected_Layered.psd 文件。

2. 使用鼠标右键单击它，从弹出菜单中，依次选择 Modify（修改）> Interpret Footage（解释素材）。在 Modify Clip（修改剪辑）对话框的下半部分中，你会看到 Alpha Channel（Alpha 通道）解释选项，如图 14-12 所示。

图14-12

Alpha 通道的预乘选项控制半透明区域的解释方式。如果你发现图像的半透明区域呈现块状或渲染质量差，可尝试选择 Premultiplied Alpha（预乘 Alpha）试一试。

3. 先试着勾选 Ignore Alpha Channel（忽略 Alpha 通道），再尝试勾选 Invert Alpha Channel（反转 Alpha 通道），并在 Program Monitor（节目监视器）中观察结果有何不同（需要先单击 OK 按钮，才能更新显示）。

4. 当你做完尝试之后，请把 Alpha Channel 设置回 Use Alpha Premultiplication From File（从文件使用 Alpha 预乘）。

- Ignore Alpha Channel（忽略 Alpha 通道）：把所有像素的 alpha 值视为 100%。如果你不想在序列中使用背景剪辑，而想使用黑色像素，请勾选该选项。

- Invert Alpha Channel（反转 Alpha 通道）：为剪辑中的每个像素反转 Alpha 通道。这样一来，完全不透明的像素会变得完全透明，透明像素会变为不透明像素。

> **Pr** 注意：在改变 Alpha 通道的解释方式后，混合模式仍然起作用。反转 alpha 通道之后使用 Lighten（变亮）混合模式，黑色部分的背景将不可见（见图 14-13）。

图14-13

14.6 绿屏抠像

使用"橡皮筋"或 Effects Controls（效果控件）面板改变剪辑的不透明级别时，图像中所有像素的 alpha 值变化的数量都一样。此外，在 Premiere Pro 中，我们还可以基于像素在屏幕上的位置、亮度、颜色，有选择性地调整像素的 alpha 值。

色度键（Chromakey）效果会根据像素的亮度、色相、饱和度值来调整一系列像素的不透明度。原理非常简单：选择一种或多种颜色，一个像素与所选颜色越像，它就越透明。也就是说，一个像素越接近所选颜色，其 alpha 值越低，直到完全透明。

> **Pr** 注意：通常，高压缩媒体文件（例如 H.264 4:2:0）与使用高端摄像机拍摄的 RAW 文件或低压缩文件（例如 ProRes 4:4:4:4）产生的结果不一样。

下面我们一起做抠像合成。

1. 在 Project（项目）面板中，把 Timekeeping.mov 剪辑从 Greenscreen 素材箱中拖曳到面板底部的 New Item（新建项）图标上 🔳，新建一个序列。Timekeeping.mov 剪辑会被添加到 V1 轨道上，如图 14-14 所示。

图14-14

2. 在序列中，把 Timekeeping.mov 剪辑向上拖曳到 V2 轨道上，用来充当前景。

3. 把 Seattle_Skyline_Still.tga 剪辑从 Shots 素材箱拖曳到 V1 轨道上，使其位于 Timekeeping.mov 剪辑之下。Seattle_Skyline_Still.tga 剪辑是单帧图形，默认持续时间太短。

4. 向右拖曳 Seattle_Skyline_Still.tga 剪辑的右边缘，使其持续时间与 V2 轨道上的前景剪辑一样长，如图 14-15 所示。

图14-15

> **Pr** 注意：在 Premiere Pro 中，创建包含多个图层的合成超简单，只要把剪辑放到不同轨道上即可。此时，上层轨道上的剪辑会显示在下层轨道的剪辑之前。

5. 在 Project（项目）面板中，上面创建的序列是依据 Timekeeping.mov 剪辑的名称命名的，它们都保存在 Greenscreen 素材箱中。把序列重命名为 Seattle Skyline，并将其拖入 Sequences 素材箱中。像这样，随时整理素材是非常有必要的，这有助于你掌握整个项目。

现在，我们有了前景剪辑和背景剪辑。接下来，要做的就是让前景中的绿色像素变透明。

14.6.1　预处理素材

在理想情况下，你用的每个绿屏剪辑的绿色背景都是完美无瑕的，并且前景元素的边缘清晰、完好。但实际上，由于各种原因，最终你拿到的素材的品相可能没这么好。

在拍摄视频时，光线不足会导致许多潜在的问题。此外，许多摄像机存储图像信息的方式也会引起一些问题。

我们的眼睛在记录颜色信息时不像记录亮度信息那么准确，因此摄像机通常会减少保存的颜色信息的数量。这样可以节省存储空间，人眼几乎察觉不出来。

不同摄像机系统记录颜色的方式不一样。有时记录颜色信息时是隔一个像素记录一次，有时是隔一行隔一个像素记录一次。这样做有助于减小文件尺寸，否则会占用相当大的存储空间。但这同时也会增加抠像的难度，因为颜色细节没你想的那么多。

如果你发现素材不太好抠，请尝试如下操作。

- 在抠像之前，考虑先应用一个轻微的模糊效果。这会混合像素细节，柔化边缘，并产生更平滑的结果。当模糊数量很小时，不会造成图像质量的显著下降。你可以先把模糊效果应用到剪辑，调整设置，然后在上方应用色度键效果。色度键效果会在模糊效果之后应用，因为在 Effects Controls（效果控件）面板中它出现在模糊效果之下。

- 在抠像之前，考虑先做颜色校正。如果前景和背景之间的对比度不够，你可以先使用 Lumetri 颜色面板调整一下画面，增强一点对比度，然后再做抠像。

14.6.2　使用"超级键"效果

Premiere Pro 为我们提供了一种强大、高效、直观的色度键效果——Ultra Key（超级键）。使用方法很简单：先选择一种想变透明的颜色，然后调整设置进行匹配。类似于其他绿屏键控，Ultra Key（超级键）效果会基于所选颜色生成一个蒙版（指定哪些像素是透明的）。你可以使用 Ultra Key（超级键）效果的详细设置来调整蒙版。

1. 如图 14-16 所示，把 Ultra Key（超级键）效果应用到 Seattle Skyline 序列中的 Timekeeping.mov 剪辑上。在 Effects（效果）面板的搜索框中，输入 Ultra（超级），即可轻松查找到 Ultra Key（超级键）效果。

2. 如图 14-17 所示，在 Effects Controls（效果控件）面板中，单击 Key Color（主要颜色）右

侧的吸管，注意不要单击色板。

图14-16

图14-17

3. 按住 Command（macOS）或 Ctrl（Windows）键，使用吸管工具在 Program Monitor（节目监视器）中单击绿色区域。剪辑背景中的绿色是一致的，所以不管单击哪个地方都可以。对于其他素材，你可能需要做些尝试，才能找到正确的取色点。

如图 14-18 所示，Ultra Key（超级键）效果能够识别出带有所选绿色的所有像素，并把它们的 alpha 值设置为 0%。

图14-18

> **Pr** 提示：在使用吸管工具单击时，同时按住 Command（macOS）或 Ctrl（Windows）键，Premiere Pro 会做 5 像素×5 像素的平均采样，而不是对单个像素采样。这样可以得到更好的抠像颜色。

4. 在 Effects Controls（效果控件）面板中，把 Ultra Key（超级键）效果的 Output（输出）更改为 Alpha Channel（Alpha 通道）。在这种模式下，Ultra Key（超级键）效果把 alpha 通道显示成灰度图像，其中黑色像素代表透明，白色像素代表不透明。

如图 14-19 所示，从灰度图像看，抠像效果非常不错，但是还是有些区域呈现为灰色，这些区域中的像素是半透明的，有些不是我们想要的，有些则是头发、衣服柔和的边缘等，这些地方应该带有一点灰色，这样半透明细节才能自然地呈现出来。左侧与右侧没有任何绿色，所以不会有像素被抠出来。稍后我们会处理这个问题。不过，当前在 alpha 通道的主区域中，应该是纯黑色或纯白色。

图14-19

5. 在 Effects Controls（效果控件）面板中，打开 Ultra Key（超级键）效果的 Setting（设置）菜单，从中选择 Aggressive（强效），稍微清理一下选区。拖曳播放滑块，检查黑色和白色区域是否得到了清理。如果你还是看到了一些不该出现的灰色像素，这些区域将在画面中呈现为半透明状态。

6. 把 Output（输出）改回到 Composite（合成），查看结果，如图 14-20 所示。

图14-20

对于本示例剪辑来说，使用 Aggressive（强效）模式会更好。Default（默认）、Relaxed（弱效）、Aggressive（强效）模式用来对 Matte Generation（遮罩生成）、Matte Cleanup（遮罩清除）、Spill Suppression（溢出抑制）进行调整。针对更复杂的素材，你还可以采用手工方式进行调整，以便得到更好的抠像效果。

下面对 Matte Generation（遮罩生成）、Matte Cleanup（遮罩清除）做一下介绍。

* Matte Generation（遮罩生成）：一旦你选好了主要颜色，就可以使用 Matte Generation（遮罩生成）中的控件来改变它的解释方式。对于更复杂的素材，综合调整各个控件可以得到更好的结果。

- Matte Cleanup（遮罩清除）：一旦定义好遮罩，你就可以使用 Matte Cleanup（遮罩清除）下的各个控件调整遮罩：

  - Choke（抑制）：收缩遮罩，如果抠像丢失了一些边缘，你可以用它找回来。请不要把遮罩收缩太多，否则前景图像会丢失边缘细节，在视觉效果行业中，这叫"数字修剪"（digital haircut）。

  - Soften（柔化）：向遮罩应用模糊，这可以改善前景与背景图像的混合效果，获得更好的合成结果。

  - Contrast（对比度）：加大 alpha 通道的对比度，让黑白图像的对比更强烈、清晰，方便抠像。通过增加对比度，通常可以获得更干净的抠像结果。中间点（Mid Point）是一种对比度的锚点，用来指定对比度调整的起始级别。围绕着不同级别调整对比度可以实现更精细的控制。

- Spill Suppression（溢出抑制）：对绿色背景反射到主体对象上的颜色进行补偿。当出现这种情况时，绿色背景组合和主体本身的颜色一般区别很大，不会引起部分主体变透明。不过，当主体对象的边缘是绿色时会不太好看。

  Spill Suppression（溢出抑制）会做自动补偿，向前景元素边缘添加颜色（"主要颜色"的补色）。例如，在做绿屏抠像时，添加的是洋红；在做蓝屏抠像时，添加的是黄色。这会中和溢出的颜色，与纠正色偏差使用的方法一样。

图14-21

- Color Correction（颜色校正）：如图 14-21 所示，使用内置颜色控件，你可以轻松快速地调整前景视频的外观，以便与背景融合在一起。

> **Pr** 注意：在本例中，我们使用的是带有绿色背景的素材。当然，你还可以使用带有蓝色背景的素材进行抠像，抠像方法一模一样。

　　大多数情况下，使用这 3 种控件就能产生很好的结果。请注意，这些调整要在抠像之后做，所以使用这些控件调整颜色不会造成抠像问题。在 Premiere Pro 中，你可以使用任意颜色调整工具进行调整，包括 Lumetri 颜色面板。

14.7　自定义抠像蒙版

　　当使用 Ultra Key（超级键）效果抠像时，Premiere Pro 会根据剪辑中的颜色动态生成蒙版。此外，你还可以自定义蒙版，或者把另一个剪辑当作蒙版使用。

　　自定义蒙版时，会用到剪辑 Opacity（不透明度）效果下各种创建蒙版的工具。下面我们创建一个蒙版，用来移除 Timekeeping.mov 剪辑的边缘。

1. 返回到 Seattle Skyline 序列中。

这个序列的前景剪辑中，有一个演员站在绿屏前面，但是绿屏并不大，它未占满整个画面。以这种方式拍摄的绿屏素材很常见，尤其是拍摄现场缺少齐全的设备时。

2. 在 Effects Controls（效果控件）面板中，单击 Ultra Key 效果左侧的 Toggle Effects（切换效果开关）图标（fx），把效果暂时取消，而非删除。这样，你可以再次看到画面中的绿色背景。

3. 在 Effects Controls（效果控件）面板中，展开 Opacity（不透明度）控件，单击 Create 4-point Polygon Mask（创建 4 点多边形蒙版）图标（▣）。

此时，有一个蒙版应用到剪辑上，使得大部分图像变成透明的，如图 14-22 所示。

图14-22

4. 调整蒙版尺寸，显示剪辑的中间区域，但不要露出两侧的黑色区域。这个过程中，你需要把 Program Monitor（节目监视器）的缩放级别降低到 50% 或 25%，以便看到图像边缘之外的部分（见图 14-23）。

图14-23

在 Effects Controls（效果控件）面板中，只要蒙版处于选中状态，你就可以直接在 Program Monitor（节目监视器）中通过单击来改变蒙版的边角控制点。不要担心是不是精确对齐到了帧的边缘，要把重点放在选择对象进入画面的区域上。

> **Pr** 提示：当取消选择蒙版后，显示在 Program Monitor（节目监视器）中的控制点会消失。在 Effects Controls（效果控件）面板中选择蒙版，可以重新激活它们。

> **Pr** 提示：这种粗糙的蒙版用来移除图像中不想要的元素，常称为"无用信号遮罩"（garbage matte）。

5. 把 Program Monitor（节目监视器）的缩放级别设置为 Fit（适合）。

6. 在 Effects Controls（效果控件）面板中，再次打开 Ultra Key（超级键）效果，取消选择剪辑，移除可见的蒙版控制柄，效果如图 14-24 所示。

图14-24

这个素材很具挑战性，因为原始摄像机的录制中包含了对主体边缘的调整，并且使用了颜色压缩系统来降低色彩的逼真度。在调整的时候，要耐心一点，保持准确，你仍然能得到一个不错的结果。

使用图形或其他剪辑作为蒙版

在 Effects Controls（效果控件）面板中，向 Opacity（不透明度）效果添加蒙版可以设定用户定义的可见或透明区域。在 Premiere Pro 中，你还可以使用另一个剪辑作为蒙版参考。

Track Matte Key（轨道遮罩键）效果使用一个轨道上任意剪辑的亮度信息或 alpha 通道信息为另一个轨道上的所选剪辑定义一个透明蒙版。稍微动点心思，使用这个简单的效果就能产生很棒的结果，因为你可以使用任意剪辑作为参考，甚至还可以应用效果，从而更改最终蒙版。

使用 Track Matte Key（轨道遮罩键）效果

下面我们使用 Track Matte Key（轨道遮罩键）效果向 Seattle Skyline 序列中添加一个分层文本。

1. 选择 Timekeeping.mov 剪辑，将其从 V2 轨道上删除。

2. 把 Laura_06.mp4 剪辑从 Shots 素材箱拖曳到 V2 轨道上，使其紧贴序列开头。

3. 把 SEATTLE 图形剪辑从 Graphics 素材箱拖曳到 V3 轨道上，直接放在 Laura_06.mp4 剪辑之上。

4. 如图 14-25 所示，向右拖曳 SEATTLE 图形剪辑的右边缘，使其持续时间与 Laura_06.mp4 剪辑一样长。

图14-25

5. 在 Effects（效果）面板中，查找 Track Matte Key（轨道遮罩键）效果，将其应用到 V2 轨道的 Laura_06.mp4 剪辑之上。

6. 如图 14-26 所示，在 Effects Controls（效果控件）面板中，从 Track Matte Key（轨道遮罩键）控件的 Matte（遮罩）菜单中，选择 Video 3（视频 3）。

图14-26

7. 沿着序列拖曳播放滑块，观看结果，可以看到 V3 轨道上的白色文本消失不见了。Premiere Pro 使用文本作为参考来定义 V2 轨道上剪辑的可见与透明区域（见图 14-27）。

图14-27

在默认情况下，Track Matte Key（轨道遮罩键）效果使用所选轨道上剪辑的 alpha 通道来抠像。若参考剪辑不使用 alpha 通道，可把 Composite Using（合成方式）设置为 Matte Luma（亮度遮罩），此时 Premiere Pro 会使用参考剪辑的亮度来抠像。

Track Matte Key（轨道遮罩键）的效果不寻常，因为其他大部分效果只改变应用它们的剪辑，而 Track Matte Key（轨道遮罩键）效果能够同时改变应用它的剪辑和用作参考的剪辑。事实上，它可以使所选参考轨道上的任意剪辑变透明。

在蓝色背景上，Laura_06.mp4 剪辑中的颜色看上去已经很不错了，但你可以把它们调得更鲜艳一些。为此，你可以使用各种调色工具，让红色更强烈、更明亮一些，从而使合成更引人注目。

此外，你还可以向 Laura_06.mp4 剪辑添加模糊效果，调整播放速度，让纹理变得更柔和，变化得也更缓慢一些。

14.8　复习题

1. RGB 通道和 alpha 通道有何区别?

2. 如何向剪辑应用混合模式?

3. 如何为剪辑的不透明度加关键帧?

4. 如何更改素材文件 alpha 通道的解释方式?

5. 什么是抠像?

6. Track Matte Key（轨道遮罩键）效果可使用的参考剪辑的类型有什么限制吗?

14.9　复习题答案

1. RGB 通道记录的是颜色信息，alpha 通道记录的是不透明度信息。

2. 在 Effects Controls（效果控件）面板中，从 Opacity（不透明度）效果下的 Blend Mode（混合模式）菜单中，选择一种混合模式。

3. 在 Timeline（时间轴）或 Effects Controls（效果控件）面板中，调整剪辑不透明度的方法和调整剪辑音量是一样的。为了在 Timeline（时间轴）面板中做调整，先把你要调整的剪辑的"橡皮筋"显示出来，再使用选择工具进行拖曳调整。单击时同时按住 Command（macOS）或 Ctrl（Windows）键，即可添加关键帧。此外，你还可以使用钢笔工具添加关键帧。

4. 在 Project（项目）面板中，使用鼠标右键单击文件，从弹出菜单中，依次选择 Modify（修改）> Interpret Footage（解释素材）。

5. 抠像是一种特殊效果，它使用像素的颜色或亮度来定义图像的透明和可见区域。

6. Track Matte Key（轨道遮罩键）效果几乎可以使用任何类型的剪辑作为参考剪辑，只要参考剪辑所在的轨道位于应用 Track Matte Key（轨道遮罩键）效果的剪辑之上。你可以向参考剪辑应用特效，这些效果的结果会反映在蒙版中。你甚至还可以使用多个剪辑，因为设置是基于轨道的，而非特定剪辑。

第15课 添加与调整文本

课程概览

本课学习以下内容：

- 使用基本图形面板；
- 使用视频版式；
- 创建图形；
- 风格化文本；
- 制作形状和 Logo；
- 创建滚动和蠕动字幕；
- 使用图形模板。

 　　学完本课大约需要 90 分钟。请先下载本课的课程文件，并把课程文件存放到计算机中便于使用的位置上。

虽然创建序列时主要用的是音频和视频素材，但是在制作过程中我们经常需要向画面中添加文字。Adobe Premiere Pro CC 提供了强大的文字和图形创建工具，你可以在 Timeline（时间轴）面板中使用它们。另外，你还可以使用 Essential Graphics（基本图形）面板创建文本和形状。

15.1 课程准备

文本是一种能把信息快速传递给观众的有效手段。例如，在访谈节目中，你可以在视频画面中叠加上被访者的名字，让观众知道你采访的是谁（位于画面的"下方三分之一"处）。你还可以使用文本把一个长视频划分成几个片段（通常称为"保险杠"），或者列出演职人员的名字。

相比于声音解说，恰当地使用文本可以把信息更清晰地传达给观众，而这可以在对话过程中实现。文本可以用来强调关键信息。

Essential Graphics（基本图形）面板提供了一系列文本编辑和形状创建工具，你可以使用它们设计图形。你还可以使用已经安装在计算机中的字体（Adobe Fonts 提供了大量字体，但需要有 Creative Cloud 成员资格才能使用）。

你还可以控制文本的不透明度、颜色，插入使用其他 Adobe 软件（例如 Adobe Photoshop 或 Adobe Illustrator）制作的图形元素或 Logo。

在本课中，我们将学习一些向视频画面添加文本和图形的方法。

1. 打开 Lesson 15 文件夹中的 Lesson 15.prproj 项目。

2. 把项目另存为 Lesson 15 Working.prproj。

3. 在 Workspaces（工作区）面板中，单击 Graphics（图形），或者从菜单栏中，依次选择 Window（窗口）> Workspaces（工作区）> Graphics（图形），切换到 Graphics（图形）工作区之下。

4. 在 Workspaces（工作区）面板中，打开 Graphics（图形）菜单，选择 Reset To Saved Layout（重置为已保存的布局），或者从菜单栏中，依次选择 Window（窗口）> Workspaces（工作区）> Reset To Saved Layout（重置为保存的布局），或者在 Workspaces（工作区）面板中，双击 Graphics（图形）标题名称，重置工作区。

Graphics（图形）工作区会显示 Essential Graphics（基本图形）面板，并把 Tools（工具）面板放到 Program Monitor（节目监视器）左侧，方便直接在视频预览中使用图形工具。

15.2 了解基本图形面板

如图 15-1 所示，Essential Graphics（基本图形）面板分为两个区域。

* Browse（浏览）：用来浏览大量内置或导入的字幕模板，其中很多包含动画。

* Edit（编辑）：允许你调整添加到序列中的字幕或在序列中创建的字幕。

在浏览时，你可以在 My Templates（我的模板）中查找已有模板，或者切换到 Adobe Stock 搜索。Adobe Stock 上有许多免费和付费的模板可用。在本课中，我们主要使用在 My Templates（我的模板）

中已有的模板。

图15-1

除了使用模板之外，你还可以在 Program Monitor（节目监视器）中使用 Type Tool（文字工具，
T）、Pen Tool（钢笔工具， ）、Rectangle Tool（矩形工具， ）、Ellipse Tool（椭圆工具， ）单
击新建图形。请确保剪辑没有处于选中状态，如果有文本剪辑处于选中状态，新建的图形会添加
到那个剪辑中。

如图 15-2 所示，在 Type Tool（文字工具）上，按下鼠标左键保持不动，将
弹出下层菜单，里面包含 Vertical Type Tool（垂直文字工具），使用这个工具将
沿着垂直方向（而非水平方向）输入文本。

图15-2

此外，你还可以直接在 Program Monitor（节目监视器）中使用 Pen Tool（钢
笔工具， ）创建用作字幕图形元素的形状。

图15-3

如图 15-3 所示，在 Pen Tool（钢笔工具）图标上，按下鼠标左键，会显示
出 Rectangle Tool（矩形工具）和 Ellipse Tool（椭圆工具）。

一旦创建好了图形和文本元素，你就可以使用 Selection Tool（选择工具， ）重新调整它们

的位置和大小。

　　所有创意工作都可以直接在 Program Monitor（节目监视器）和 Timeline（时间轴）面板中进行。

　　接下来，我们先创建一个预格式化的文本，然后调整它。这是了解 Essential Graphics（基本图形）面板强大功能的最好方法。稍后我们会从零开始创建文本。

1. 若序列 01 Clouds 当前未打开，将其打开。

2. 如图 15-4 所示，把播放滑块放到 V2 轨道的 Cloudscape 文本上，将其选中。

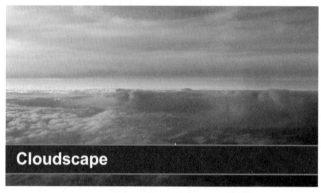

图15-4

3. 如图 15-5 所示，在 Essential Graphics（基本图形）面板中，切换到 Edit（编辑）窗格下。

图15-5

　　类似于 Effects Controls（效果控件）面板，Essential Graphics（基本图形）面板的 Edit（编辑）窗格中显示了 Timeline（时间轴）面板中所选剪辑的相关选项。

　　另外，与 Effects Controls（效果控件）面板一样，你每次可以只查看一个剪辑的相关选项。

类似于 Lumetri 颜色面板，你在 Essential Graphics（基本图形）面板中所做的更改会以效果的形式显示在 Effects Controls（效果控件）面板中，并带有大量设置选项，包括创建效果预设和为图形元素制作关键帧动画的选项。

如图 15-6 所示，你可以看到，在 Essential Graphics（基本图形）面板顶部列出了 Cloudscape 和 Shape 02 两项。

图15-6

如果你熟悉 Adobe Photoshop，就会意识到上面两项是以图层形式存在的。在 Essential Graphics（基本图形）面板中各个元素是以图层形式显示的。

类似于 Timeline（时间轴）面板中的轨道，上方图层位于下方图层的前面，并且你可以拖曳各个图层调整它们的顺序。

此外，在各个图层左侧都有一个眼睛图标（■），用来显示或隐藏图层。

在这些图层之下，你会看到 Responsive Design（响应式设计）控件。你可以使用这些控件指定图形剪辑的起始和结束区域，在改变序列中剪辑的持续时间时，这些部分不会被拉伸。这在图形的起点和终点存在关键帧动画时尤为重要。

4. 在 Essential Graphics（基本图形）面板顶部，单击选择 Shape 02 图层。

此时，在面板底部会显示出形状图层（在本例中是一条位于画面底部的红色带）的标准对齐和外观控件（见图 15-7）。

如果你在 Effect Controls（效果控件）面板中用过 Motion（运动）效果，那么你应该很熟悉其中很多控件了。

图15-7

如图 15-8 所示，Appearance（外观）区域中的控件你可能第一次见，你可以使用这些控件为形状填充、描边（形状或文本边缘上的颜色线条）、阴影指定颜色（更多内容，请阅读本课 15.5 节）。

其中的色板或许你已经很熟悉了，它们的用法很直观。

5. 单击 Fill（填充）颜色框。

如图 15-9 所示，在弹出的"拾色器"（Color Picker）中，你可以精确地选择一种颜色。拾色器提供了多种颜色系统供你选用，你还可以使用吸管工具，把鼠标放到目标颜色上单击吸取颜色。

图15-8

图15-9

6. 单击 Cancel（取消）按钮，关闭"拾色器"窗口。在"填充"颜色右侧有一个吸管图标（ ），单击它。

你可以使用吸管工具从画面的任意位置拾取颜色。不仅如此，你其实可以从计算机屏幕上的任意位置拾取颜色。当你要使用很多颜色（例如 logo 颜色、品牌颜色）时，使用吸管工具拾取颜色会特别方便。

7. 单击云朵之间的淡蓝色天空，形状填充立刻变为淡蓝色（见图 15-10）。

图15-10

8. 在 Tools（工具）面板中，选择 Selection Tool（选择工具），在 Essential Graphics（基本图形）面板中，确保 Shape 02 图层仍处于选中状态。

在 Program Monitor（节目监视器）中，可以看到形状上的控制手柄。你可以使用 Selection Tool（选择工具）直接调整形状。现在，我们使用 Selection Tool（选择工具）选择字幕中的另一个图层。

要在 Program Monitor（节目监视器）中选择一个图层，需要先取消选择当前选中的所有图层。为此，你可以在 Program Monitor（节目监视器）中单击背景，或者在 Timeline（时间轴）面板中取选文本剪辑。

9. 使用 Selection Tool（选择工具），在 Program Monitor（节目监视器）中单击单词 Cloudscape。

此时，在 Essential Graphics（基本图形）面板中仍然显示有 Align And Transform（对齐并变换）与 Appearance（外观）控件（见图 15-11），除此之外，还多出了用来调整文本外观的控件。

图15-11

![Pr] 注意：你可以需要展开 Essential Graphics（基本图形）面板，或拖曳面板上的滚动条，才能看到其中包含的所有控制选项。

![Pr] 注意：在使用 CJK 字体时，Tsume（比例间距）调整的是字符周围的间距，而不是字符的垂直或水平缩放比例。

![Pr] 注意：在不断的单击和测试中，你会发现图层很容易意外地被取消选择。如果你发现文本或形状周围带手柄的控制框不见了，可以使用 Selection Tool（选择工具）再次选中它们。

10. 如图 15-12 所示，使用控件尝试几种字体和字体样式。对于蓝色数字，你可以直接使用鼠标拖曳它们，改变它们的值。这也是一种快速了解控件功能的方式。

![Pr] 提示：如果你不知道某个控件的用途，可以把鼠标放到控件上面，此时会显示一个工具提示，告知你控件的名称。

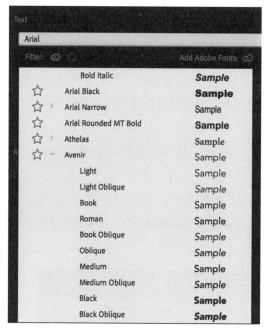

图15-12

每个系统中安装的字体是不一样的。如果你是 Adobe Creative Cloud 会员，可以访问 Adobe Fonts 获取更多字体。

要添加更多字体，单击 Add Fonts From Adobe Fonts（从 Adobe Fonts 添加字体）按钮（⬛）（或者，从菜单栏中，依次选择 Graphics（图形）> Add Fonts From Adobe Fonts（从 Adobe Fonts 添加字体））。此时，Premiere Pro 会在你的默认网络浏览器中打开 Adobe Fonts 网站，其中包含大量可用字体。

> **Pr** 注意：Premiere Pro 会自动把更新后的文本保存到项目文件中，并非作为独立文件存在于硬盘中。

15.3 视频版式基础知识

在为视频设计文字时，必须遵守版式约定。如果文本要添加到一个色彩丰富的视频背景上，你就需要多花一些时间和精力把文字设计得醒目一些。

> **Pr** 提示：如果你想学习更多有关版式的内容，请阅读 Erik Spiekermann 编写的 *Stop Stealing Sheep & Find Out How Type Works*，*Third Edition*（Adobe Press，2013）一书。

在做文字排版时，要在易读性和样式美观之间找到一个平衡，确保视频画面中有足够多的文字信息，同时又不会显得拥挤。如果画面中的文字太多，文字的可读性就会下降，导致观看者无法正常阅读。

15.3.1 选择字体

或许，在你的计算机中已经安装了许多字体，这使得你很难从中选择合适的字体。为了简化选择过程，请尝试使用分类思想，并考虑以下因素。

- 可读性：你选择的字体及字号方便阅读吗？所有字符都是可读的吗？迅速看一眼，然后闭上眼睛，你能回忆起哪些文本？

- 样式：如果使用形容词描述你选的字体，你会选哪些形容词？你选的字体能够正确传达你的情绪吗？样式就像是衣服或发型，选择合适的字体是决定整个设计成功与否的关键。

- 适应性：你选的字体和其他字体配吗？你选的字体是不是有多种样式（例如粗体、斜体、半粗体）使意思传递更容易？传递不同类型信息的文字（例如位于影片下方三分之一处的说话者的名字、头衔）可以分层显示吗？

- 语言的兼容性：你选的字体适合于你所用的语言吗？

弄清这些问题的答案有助于你设计出更好的字幕。在选择字体时，你可能需要反复尝试才能找到合适的。幸运的是，在 Premiere Pro 中，你可以轻松地修改现有字幕，复制它并修改副本以便进行比较。

注意：在向视频画面添加文本时，你经常会遇到画面中包含多种颜色的情况，这使得文本与背景画面很难形成有效的对比，导致文本的可读性差。为了解决这个问题，你可以为文本添加描边或投影，以增加文本边缘的对比度。有关添加描边和阴影的内容，请阅读 15.5 节。

15.3.2 选择颜色

尽管你可以创建出无数种颜色组合，但是选出适合设计需要的颜色绝非易事。这是因为只有几种颜色适合文字，并且能够保证观看者清晰地看到文本。如果你编辑的视频要用在广播电视中，或者你的设计必须符合一系列产品或某种品牌的风格，那颜色选择起来会更困难。而且还要保证文字在复杂的背景上也有较高的可读性。

尽管略显保守，但在向视频添加文本时最常见的配色还是黑色和白色。在选用彩色时，由于它们往往带有非常淡或深的色调，所以在选择颜色时必须保证文本与背景有较高的对比度。也就是说，你必须对所选颜色不断进行评估，既要考虑品牌需要，又要考虑序列配色的一致性。

一个值得推荐的做法是，在深色背景上使用浅色文本，这样能够有效提高文本的可读性，如图 15-13 所示。

图15-13

　　一个不明智的做法是在深色背景上使用深色文本（文本颜色和天空颜色类似），这样会导致文本可读性下降，不建议大家这样做，如图 15-14 所示。

图15-14

> **Pr** 注意：你可以使用 Adobe Color 服务为自己的设计项目选择协调且吸引人的颜色组合。

15.3.3　调整字偶间距

　　在做文字排版时，我们经常需要调整文本中两个字符之间的间距，借以改善文本外观，使之与背景更好地融合在一起，这个过程就叫调整字偶间距（kerning）。你选用的字体越大，越需要花时间来调整文本，因为大号文本中字偶间距不合适会表现得更明显。我们调整字偶间距的目标是改善文本外观，提高文本的可读性，并创建光流（opticalflow）。

> **Pr** 注意：关于调整字偶间距的一个常见的例子是，调整首大写字母和后续小写字母之间的间距，尤其是在字母具有非常小的底部时，例如字母 T，这可能会给人带来底部空间过多的错觉。

通过研究专业的设计资料（例如海报、杂志），你可以学到许多调整字偶间距的知识。字偶间距是逐个字母应用的，你可以创造性地运用字偶间距来增强文字排列的美感与可读性（见图15-15）。

图15-15

下面我们尝试调整一个字幕的字偶间距。

1. 在 Assets 素材箱中，找到 White Cloudscape 文本剪辑。

2. 把白色的 Cloudscape 文本剪辑添加到 01 Clouds 序列中，将其放到 V2 轨道上，且使其位于第一个文本剪辑之后。

如图 15-16 所示，确保文本放置在背景视频剪辑的上方，以便将其用作定位的参考。

图15-16

3. 选择 Type Tool（文字工具， ），在单词 CLOUDSCAPE 的字母 D 和 S 之间单击，设置插入点。请注意，在某些图形中插入点可能会偏离文本，尤其是当图形带有动画的时候。

4. 如图 15-17 所示，在 Essential Graphics（基本图形）面板的 Edit（编辑）窗格中，在 Text（文本）区域下，把 Kerning（字偶间距）设置为250。

图15-17

只有选中单个字母，或者 I 型光标处于两个字母之间时，Kerning（字偶间距）选项才可用。

5. 对于其他字母，从左到右重复上述过程。

6. 在 Essential Graphics（基本图形）面板的 Align And Transform（对齐并变换）区域中，单击 Horizontal Center（水平居中对齐）图标（回），重设文本位置（见图 15-18）。然后在 Timeline（时间轴）面板中，单击空白轨道，取选文本。

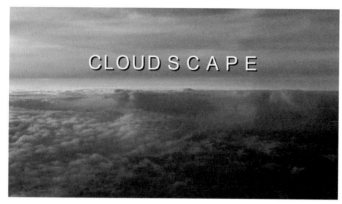

图15-18

7. 选择 Selection Tool（选择工具）。

> **Pr** 注意：在用完一个工具之后，最好切换回 Selection Tool（选择工具），这样可以防止意外添加新文本，或者对序列做出不想要的修改。

15.3.4 设置字距

另一个重要的文本属性是"字距"（tracing），它与字偶间距有点类似。该选项从整体上控制一行文本中所有字母之间的间距。你可以使用"字距"（tracing）整体压缩或扩展所选文本。

下面场景中经常会用到"字距"属性。

- 紧凑的字距：若一行文本太长（例如字幕超出下三分之一），你可以通过缩小字距来缩短文本行的长度。这样做一方面可以保持字体大小不变，另一方面可以在指定空间中添加更多文本。

- 松散的字距：当使用的字母全是大写或复杂的字体时，你可以把"字距"调整得松散一些。当文本尺寸很大，或把文本用作设计、运动图形元素时，我们通常都会把"字距"调得大一些。

你可以在 Essential Graphics（基本图形）面板的 Text（文本）区域中调整字距。只要选中文本图层，进行调整即可。

1. 把 Cloudscape Tracking 剪辑从 Assets 素材箱拖曳到 01 Clouds 序列中的 White Cloudscape 剪辑上，将其替换。

若 Timeline（时间轴）面板中的 Snap（对齐）功能处于开启状态，新剪辑会自动对齐到 White

Cloudscape 剪辑的开始位置。

2. 确保新添加的剪辑处于选中状态，使用 Selection Tool（选择工具）选择文本。

3. 在 Essential Graphics（基本图形）面板的 Edit（编辑）窗格中，尝试调整字距。随着字距值的增大，字母开始偏离锚点，向右扩展。

4. 把字距设置为 530。

5. 在 Essential Graphics（基本图形）面板的 Text（文本）区域中，单击 Center Align Text（居中对齐文本）图标（▤），然后在 Align And Transform（对齐并变换）区域中，单击 Horizontal Center（水平居中对齐）图标（▣），重设文本位置。

在把文本居中时不必单击 Center Align Text（居中对齐文本）按钮，使用 Horizontal Center（水平居中对齐）功能可以得到同样的结果。不过，首先居中对齐文本可以使其他所有文本行都正确对齐。

相比于分别调整字偶间距，调整字距会让文本行看上去更整洁，更具目的性，如图 15-19 所示。

图15-19

15.3.5 调整行距

字偶间距和字距控制的是字符之间的水平间距，而行距控制的是文本行之间的垂直间距。行距（leading）这个名称来自于印刷机上用来在文本行之间创建间距的铅条。

你可以进入 Essential Graphics（基本图形）面板的 Edit（编辑）窗格下，在 Text（文本）区域中调整行距。接下来，让我们再添加一行文本。

1. 继续使用 01 Clouds 序列中的 Cloudscape Tracking 剪辑。

2. 在 Cloudscape Tracking 剪辑处于选中的状态下，使用 Selection Tool（选择工具）在 Program Monitor（节目监视器）中双击 CLOUDSCAPE 文本，高亮显示文本，使其处于等待编辑状态。

3. 按键盘上的向右方向键，把光标移动到文本末尾。

4. 按 Return（macOS）或 Enter（Windows）键,把光标移动到第二行,输入 A NEW LAND（全部大写）。

5. 选中第二行文本，把字号设置为 48，设置字距（▨）为 1000，行距为 40。

6. 在 Timeline（时间轴）面板中，单击空白轨道，取选文本。

如图 15-20 所示，增加行距有助于把两个文本行分开，但是文本的可读性仍然比较差，因为它与背景的区分度不高。

图15-20

7. 选择序列中的 Cloudscape Tracking 剪辑，然后在 Essential Graphics（基本图形）面板顶部选择 CLOUDSCAPE A NEW LAND 文本图层（图层中的文本用作图层名称）。

在文本图层处于选中的状态下，把行距设置为 140，增加行距有助于提高文本可读性（见图 15-21）。

图15-21

8. 切换回 Selection Tool（选择工具），在 Timeline（时间轴）面板中，单击空白轨道，取消选择剪辑。

在大多数情况下，使用默认行距就够了。调整行距会对文本产生重大影响。不要把行距设置得太小，否则上一行中某些字母（例如 j、p、q、g）和下一行中的某些字母（例如 b、d、k、l）会交错在一起，这会进一步降低文本的可读性，尤其是在动态背景之上更是如此。

15.3.6 设置文本对齐方式

尽管你可能已经习惯了左对齐的文本排列方式（例如报纸），但对于视频画面中的文本对齐方式却没有硬性规定。一般来说，位于画面下三分之一处的文本都是左对齐或右对齐的。

你会经常在滚动字幕或片段分隔画面中使用文本居中对齐方式。在 Essential Graphics（基本图形）面板中有许多种对齐文本的方式。你可以使用这些对齐方式（见图 15-22）把所选文本进行左对齐、居中对齐和右对齐（相对于文本的起始点）。段落对齐是相对于边界框的。使用行对齐方式（见图 15-23）可以让文本段落填满整个边界框宽度，用来设置最后一行文本的对齐方式有：最后一行左对齐、最后一行居中对齐、对齐、最后一行右对齐。

文本对齐方式

图15-22

行对齐方式

图15-23

你可以使用各种对齐方式尝试各种文本对齐效果，若不满意，使用 Undo（撤销）命令撤销即可，根本不需要把各种对齐方式全部记住。

当你选中文本，单击某个对齐方式后，所选文本在画面中的位置会发生变化。此时，你可以手动调整文本的位置，或者单击 Vertical Center（垂直居中，▣）或 Horizontal Center（水平居中，▣），把文本设置到画面中间。

15.3.7 设置安全边距

在添加文本时，你可能想使用参考线来帮助你放置文本和图形元素。

为此，你可以在 Program Monitor（节目监视器）中打开 Settings（设置）菜单，从弹出菜单中，选择 Safe Margins（安全边距），如图 15-24 所示。

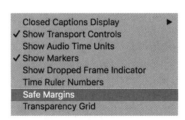

图15-24

在默认情况下，外框内部区域占整个画面的 90%，叫"动作安全区域"。当在电视中播放视频信号时，这个区域之外的部分有可能会被剪切掉。因此，请务必确保所有重要元素（例如 logo）都在这个区域之内（见图 15-25a）。

内框内部区域占整个画面的 80%，称为"字幕安全区域"。正如书页周边留有空白区域防止文本离页面边缘太近一样，你要尽量把重要文本放到画面的"字幕安全区域"中（见图 15-25b），方便观众阅读其中信息。

如果文本超出了"字幕安全区域"，有些部分就有可能在未经校准的显示器上丢失。

（a）

（b）

图15-25

随着显示器技术的发展，现在"动作安全区域"已经占到整个屏幕的 96.5%，"字幕安全区域"占到整个屏幕的 95%。

在 Source Monitor（源监视器）或 Program Monitor（节目监视器）中，打开 Settings（设置）菜单，从弹出菜单中，依次选择 Overlay Settings（叠加设置）> Settings（设置），在"动作与安全区域"中修改设置。

15.4　创建文本

在创建文本时，你需要选择文本的显示方式。Premiere Pro 为我们提供了两种创建文本的方法，每一种都提供了创建水平文本和垂直文本的选项。

* 点文本：使用这种方法输入文本时会创建一个文本边界框。在输入文本时，若不按 Return（macOS）或 Enter（Windows）键，输入的文本会位于同一行中。改变文本框的形状和大小会引起 Essential Graphics（基本图形）面板中 Scale（缩放）属性的变化。

* 段落（区域）文本：在输入文本之前，先设置文本框的大小和形状。改变文本框的大小只影响显示文本的多少，而不会改变文本大小。

在 Program Monitor（节目监视器）中使用 Type Tool（文字工具）时，第一次单击时要选择添加哪种类型的文本。

- 单击并输入添加点文本。
- 拖曳创建文本框，然后向文本框中输入段落文本。

Essential Graphics（基本图形）面板中大部分选项同时适用于上面两种文本。

15.4.1 添加点文本

以上我们介绍了调整和设计文本时要考虑的一些主要因素，接下来，在一个新序列上从头创建一个文本。

这里，我们创建的文本用来帮助宣传一处旅游景点。

1. 打开 02 Cliff 序列。

2. 在时间轴面板中，把播放滑块放到序列开头。从工具面板中，选择 Type Tool（选择工具）。

3. 在 Program Monitor（节目监视器）中单击，输入文本 The Dead Sea。

此时，在 Timeline（时间轴）面板中，在 02 Cliff 序列的下一个视频轨道（这里是 V2）上新添加了一个文本剪辑，如图 15-26 所示。

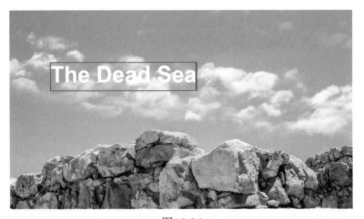

图15-26

> **Pr** 注意：如果你之前在 Essential Graphics（基本图形）面板中尝试调整过各个控制项，那么你创建出的文本看起来可能和这里的不一样。Premiere Pro 会把上一次使用的设置应用到你新创建的文本上。

4. 在输入文本之前，如果你单击了背景图像中的白云，那么创建出的文本很可能难以阅读。

在时间轴面板中，拖曳播放滑块，尝试更改背景视频帧。在添加文本时，一定要认真选择背景帧。因为视频在播放时是动态变化的，你可能会发现剪辑一开始时文本显示正常，但到了最后文本就无法正常显示了。

5. 选择 Selection Tool（选择工具），此时在文本框周围会出现控制点，如图 15-27a 所示。

（a）

请注意，此时不能使用 Selection Tool（选择工具）的键盘组合键，因为当前你正在向文本框做输入。

在 Essential Graphics 面板中按图 15-27b 进行设置。

字体：Arial Bold。

字号：83。

字距：0。

字偶间距：0。

填充颜色：白色。

请根据上面参数进行设置。

（b）

图15-27

6. 使用 Selection Tool（选择工具），拖曳文本框的边和角。注意保持 Font Size（字号）、Width（宽度）、Height（高度）不变，仅调整 Scale（缩放， ）。

在默认情况下，高度和宽度会保持相同的缩放比例。单击 Set Scale Lock（设置缩放锁定， ）可以分别调整高度和宽度。把 Scale（缩放）恢复成100%。

7. 如图 15-28 所示，把鼠标指针放到文本框角顶点之外，此时指针变成一个弯曲的双箭头。按下鼠标左键并拖曳，可以旋转文本框。

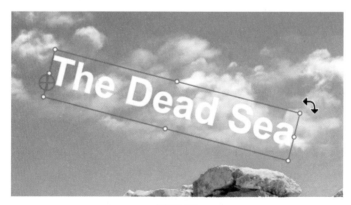

图15-28

文本框在旋转时，是围绕着锚点进行的，默认锚点位于文本的左下角，位置控件会引用锚点。当你调整位置时，该位置会应用到锚点，锚点在对象上有一个位置。在许多情况下，锚点都位于对象的中心，方便旋转对象。

请注意，这里的默认锚点在文本（非文本框）的左下角。因此，当旋转文本时，旋转是围绕着文本左下角而非文本中心进行的。

8. 在 Selection Tool（选择工具）处于选中的状态下，在 Essential Graphics（基本图形）面板中，单击代表旋转角度的蓝色数字 ↻ 45°，输入 45，按 Enter 键，把旋转角度手动设置为 45°。

9. 在文本框中单击任意位置，拖曳文本及其边界框到画面的右上角。

10. 在 Timeline（时间轴）面板中，单击 V1 轨道左侧的 Toggle Track Output（切换轨道输出）图标（ ◉ ），禁用 V1 轨道输出。

11. 打开 Program Monitor（节目监视器）的 Settings（设置）菜单，从弹出菜单中，选择 Transparency Grid（透明网格），开启透明网格。

此时，你可以看到文本位于一个透明的棋盘格上（见图 15-29），但是辨识性很差，几乎看不出来。

图15-29

12. 在文本处于选中的状态下，进入 Essential Graphics（基本图形）面板的 Appearance（外观）区域，勾选 Stroke（描边）选项，向字母添加轮廓线。把描边颜色设置为黑色，Stroke Width（描边宽度）设置为 7。

此时，文本在透明棋盘格上清晰地显示了出来（见图 15-30），而且在各种颜色的背景上都能保持较高的可读性。有关向文本添加描边或阴影的更多内容，请阅读 15.5 节。

图15-30

15.4.2 添加段落文本

尽管点文本非常灵活，但使用段落文本可以更好地控制文字的布局。在使用段落文本时，当输入的文本到达文本框边缘时，Premiere Pro 会自动换行到下一行。

继续使用上一节的例子。

1. 选择 Type Tool（文字工具），在 Timeline（时间轴）面板中，确保文本剪辑处于选中状态。

2. 在 Program Monitor（节目监视器）中，在字幕安全区域的左下角，按下鼠标左键拖曳，创建一个文本框。

3. 输入参加旅游的人名。在输入时，你可以输入示例中的人名，也可以自己添加人名，每输入一个人名后，按一下 Return（macOS）或 Enter（Windows）键进行换行（见图 15-31）。

图15-31

输入时，尝试输入一个很长的人名，使字母超出文本框右边界，而且不主动按 Return（macOS）或 Enter（Windows）键换行。与点文本不同，段落文本仍然保留在你指定的文本框之内，当字母超出文本框右边缘时会自动换行到下一行。如果你向文本框中添加了大量文本，大大超出了文本框的"容量"，此时超出文本框之外的文本会被隐藏起来。

 提示：避免发生拼写错误的一个好办法是直接从经过客户或制作人审核过的脚本或邮件中复制粘贴文本。

此时，你可能需要减小字号，才能同时看到几行文本。

4. 使用 Selection Tool（选择工具），更改文本框的大小和形状，让其容纳下所有文本。

当你调整文本框的大小时，文本的字号保持不变，但在文本框中的位置发生了变化，如图 15-32 所示。

 注意：在某个文本剪辑处于选中的状态下，当你添加新文本或形状时，新文本或形状会被添加到所选剪辑上。若没有剪辑处于选中状态，则 Premiere Pro 会在下一个可用轨道上新建一个剪辑，并把新文件或形状添加到新建剪辑中。

图15-32

当前，在 Essential Graphics（基本图形）面板中有两个图层，两部分文本分别占用一个图层，并且拥有独立的控件（见图 15-33）。

图15-33

15.5 文本样式

除了设置字体、位置、不透明度之外，在 Essential Graphics（基本图形）面板中，你还可以向文本或形状应用描边或阴影。

15.5.1 更改文本外观

在 Essential Graphics（基本图形）面板的 Appearance（外观）区域中，主要有两个选项可以用来提高文本的可读性。

- Stroke（描边）：描边是添加到文本上的轮廓线，有助于让文本在动态图像或复杂背景上保持良好的可读性。
- Shadow（阴影）：我们常常会向视频文本添加阴影（见图 15-34），因为这可以提高文本的可读性。在添加阴影时，确保阴影柔和自然，并且与文本有一致的倾斜角度。

图15-34

与文本填充一样，你可以把任意颜色应用到描边与阴影之中。

1. 打开 V1 轨道的"切换轨道输出"开关。

2. 在 Essential Graphics 面板中，尝试调整各个设置，以提高文本的可读性，并添加更多颜色到合成中。

3. 选择右上方的点文本，使用 Fill（填充）颜色吸管，吸取岩石上的橙黄色，把点文本设置为橙黄色。

4. 选择左下方的段落文本，使用 Fill（填充）颜色吸管，吸取天空中的淡蓝色，把段落文本设置为淡蓝色。

如果你对岩石和天空中的颜色不太满意，可以先使用吸管工具吸取一种颜色，然后打开填充颜色的拾色器对话框，进一步对所选的颜色进行调整。

请尽量按照图 15-35 所示的颜色为文本配色。

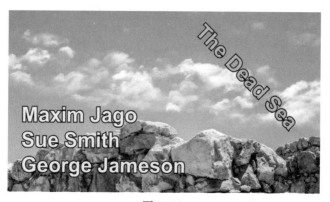

图15-35

> **注意**：如果在所选颜色旁边出现了一个感叹号，这表示你选的颜色不是广播安全色，这样的颜色在广播电视中显示时可能会出现问题。单击感叹号，Premiere Pro 会自动选择与所选颜色最接近的广播安全色。

15.5.2 保存自定义样式

在创建了一个自己喜欢的外观之后，你可能想把它保存成一个样式，以方便下次使用。样式记录的是文本的颜色和字体特征。只需简单一击，你就可以把指定的样式应用到文本上，文本的所有属性都会根据预设进行更新，从而改变文本外观。

接下来，我们使用上一节中调整的文本来创建一个样式。

1. 继续使用上一节中的文本，使用 Selection Tool（选择工具）选择左下角的段落文本。

2. 在 Essential Graphics（基本图形）面板中，打开 Master Styles（主样式）菜单（见

图 15-36), 选择 Create Master Text Style (创建主文本样式)。

图15-36

3. 如图 15-37 所示, 在"新建文本样式"对话框中, 输入样式名称 Blue Bold Text, 单击 OK (确定) 按钮。此时, 我们定义的样式就会添加到 Master Styles (主样式) 菜单中。

同时, 你还可以在 Project (项目) 面板中看到刚刚创建的样式。

图15-37

4. 选择另一个文本图层, 在 Master Styles (主样式) 菜单中, 选择 Blue Bold Text, 将其应用到右上角的文本上, 如图 15-38 所示。

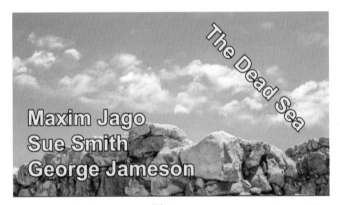

图15-38

到目前为止, 我们使用的文本有的是序列中事先创建好的, 有的是从 Project (项目) 面板添加的, 有的是新创建的。

在几乎所有情况下, Premiere Pro 要求序列中的每个部分同时存在于 Project (项目) 面板中。但是, 在 Premiere Pro 中创建的图形除外。

还记得我们在前面添加到 01 Clouds 序列中的 Cloudscape Tracking 文本吗? 打开 01 Clouds 序列, 把那个文本的另一个实例添加到 V2 轨道上。你可能需要移动一下 V2 轨道上已有的文本实例, 为新添加的文本副本留出空间。

你对文本所做的改动也会应用到 Project (项目) 面板中的主剪辑上, 新的副本和你使用的那个完全一样（见图 15-39）。这是因为文本是一个 Master Graphic（主图形）。

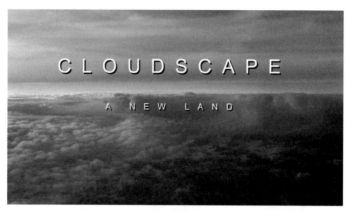

图15-39

你可以使用序列中的图形剪辑在 Project（项目）面板中面板中创建一个 Master Clip（主剪辑）。任何根据 Master Graphic（主图形）创建的图形剪辑（包括你用来升级的那个）都是彼此的副本。在一个 Master Graphic（主图形）的实例中，对文本、样式、内容所做的更改会体现到 Master Graphic（主图形）的其他所有实例中。

Pr 注意：字幕文本的默认持续时间是在首选项中设置的，与其他单帧素材一样。

在 Timeline（时间轴）面板中，选择文本剪辑，在 Graphics（图形）菜单中，选择 Upgrade To Master Graphic（升级为主图），即可将其转换成 Master Graphic（主图形）。

把新的图形剪辑添加到 Project（项目）面板中，即可在序列和多个项目之间轻松共享该剪辑。

在Adobe Photoshop CC创建图形或文本

你可以在Adobe Photoshop CC中创建要在Premiere Pro中使用的文本或图形。虽然Photoshop是修改照片的首选工具，但你也完全可以使用它提供的强大功能来创建字幕文本或logo图形，这些功能包括一些高级选项，例如高级格式化工具（像科学计数法）、灵活的图层样式、拼写检查工具等。

在Premiere Pro中新建Photoshop文档，请按照以下步骤操作。

1. 从菜单栏中，依次选择File（文件）> New（新建）> Photoshop File（Photoshop文件）。

2. 在New Photoshop File（新建Photoshop文件）对话框中，根据当前序列进行设置。

3. 单击OK（确定）按钮。

4. 在"将Photoshop文件另存为"对话框中，为新的PSD文件选择保存位置，输入名称，单击Save（保存）按钮。

5. 此时，文件在Photoshop中打开，等待你进行编辑。Photoshop会自动使用参考线显示出动作安全区和字幕安全区。这些参考线不会出现在最终图像中。

6. 按T键，选择Horizontal Type Tool（横排文字工具）。

7. 你可以在文档中单击创建点文本，或者拖曳创建段落文本。与Premiere Pro一样，在Photoshop中使用段落文本可以更好地控制文本布局。

8. 输入一些你要用的文本。

9. 使用工具栏中的控制选项，设置文本的字体、颜色、字号。

10. 单击工具栏中的Commit（提交）按钮（☑），退出文本编辑状态。

11. 在菜单栏中，依次选择Layer（图层）> Layer Style（图层样式）> Drop Shadow（投影），调整各个控制选项，为文本添加阴影。

 提示：如果在 Photoshop 的 View（视图）选项中禁用了参考线，你可以依次选择 View（视图）> Show（显示）> Guides（参考线）重新启用参考线。

在Photoshop中编辑完成后，保存并关闭文件。此时，你可以在Premiere Pro的Project（项目）面板中看到它。

如果你想再次在Photoshop中编辑文本，首先在Project（项目）或Timeline（时间轴）面板中选择它，然后依次选择Edit（编辑）> Edit In Adobe Photoshop（在Adobe Photoshop中编辑），即可在Photoshop中打开。在Photoshop中保存更改后，你对文本所做的改动会自动更新到Premiere Pro中。

15.6 创建形状和 logo

在为视频制作字幕时，可能不只用到文字，还有可能用到一些形状、图形等元素。为此，Premiere Pro 提供了创建矢量图形的工具。许多文本属性也适用于形状。除了自己动手创建之外，你还可以直接导入已经制作好的图形（例如 logo 图形）使用。

15.6.1 创建形状

如果你在 Photoshop、Adobe Illustrator 等图形编辑软件中创建过形状，你会发现在 Premiere Pro 中创建几何对象的方法也是类似的。

首先从工具面板中选择 Pen Tool（钢笔工具），然后在 Program Monitor（节目监视器）中单击多次，即可创建一个形状。

在 Pen Tool（钢笔工具）下还包含 Rectangle Tool（矩形工具）和 Ellipse Tool（椭圆工具）两个工具，你可以在 Program Monitor（节目监视器）中使用它们轻松矩形或椭圆。

按照如下步骤在 Premiere Pro 中绘制形状。

1. 打开 03 Shapes 序列。

2. 选择 Pen Tool（钢笔工具），在 Program Monitor（节目监视器）中单击多次，即可创建一个形状。每次单击，Premiere Pro 都会添加一个控制点。如图 15-40 所示，在画面左下角创建一个形状。

3. 如图 15-41 所示，形状绘制完成后，单击第一个控制点，把形状封闭起来。

 注意：新形状使用的是你在 Essential Graphics（基本图形）面板中最近一次设置的外观。你可以在 Essential Graphics（基本图形）面板中调整各个控制选项轻松更改形状外观。

4. 如图 15-42 所示，选中绘制好的形状，更改形状的填充颜色、添加描边，并修改描边颜色。你需要切换回"选择工具"，把形状作为一个对象选中，这样才能看到描边的变化。

图15-40

图15-41

图15-42

5. 再次使用 Pen Tool（钢笔工具）新建一个形状。这次不要只单击，而是在每次单击时进行拖曳。

单击后拖曳创建出的控制点会带有贝塞尔手柄（见图 15-43），这些控制手柄和设置关键帧时用到的手柄一样。借助于贝塞尔手柄，你可以更准确地控制创建的形状。

图15-43

6. 在 Tools（工具）面板中，在 Pen Tool（钢笔工具）上按住鼠标左键，在弹出菜单中，选择 Rectangle Tool（矩形工具）。

7. 使用 Rectangle Tool（矩形工具），拖动创建矩形。拖动同时按住 Shift 键，可以创建出正方形。

8. 在 Tools（工具）面板中，在 Rectangle Tool（矩形工具）上按住鼠标左键，在弹出菜单中，选择 Ellipse Tool（椭圆工具），拖曳鼠标绘制椭圆。在拖曳鼠标时，同时按住 Shift 键，可以绘制圆形。

如图 15-44 所示，绘制这些简单的形状没什么实际用处，但是通过绘制这些形状你可以大致了解形状绘制工具的使用方法。

图15-44

9. 在 Tools（工具）面板中，在 Ellipse Tool（椭圆工具）上按住鼠标左键，从弹出菜单中，选择 Pen Tool（钢笔工具）。你可以使用钢笔工具调整现有形状，也可以添加更多控制点创建出更复杂的形状。尝试使用钢笔工具调整一下你之前创建的形状。

10. 按 Command+A（macOS）或 Ctrl+A（Windows）组合键，全选所有形状，然后按 Forward Delete（macOS）或 Delete（Windows）键，删除所有形状。

Pr 提示：如果你的 Mac 键盘上没有 Forward Delete 键，请按 Fn+Delete 组合键。

你还可以在 Essential Graphics（基本图形）面板中选中所有图层，把它们全部删除。

11. 尝试调整形状的各个控制参数。试着把它们重叠在一起，尝试不同颜色、不同透明度。在 Essential Graphics（基本图形）面板中，图层的顺序决定着对象显示的前后顺序，就像 Timeline（时间轴）面板中的轨道一样。

15.6.2 导入图形

在制作字幕时，你可以把外部图形图像文件导入到字幕设计中，所支持的常见文件格式有矢量图（.ai，.eps）、静态图像（.psd、.png、.jpeg）。

下面让我们尝试一下。

1. 打开 04 Logo 序列。

这是一个简单的序列，图形中的空间用来放置 logo（见图 15-45）。

图15-45

2. 选择序列中的 Add a logo 剪辑。

3. 在 Essential Graphics（基本图形）面板中，在 Edit（编辑）窗格中图层区域的右下方，单击 New Layer（新建图层）图标■，从弹出菜单中，选择 From File（来自文件）。

4. 在"导入"对话框中，进入 Lessons/Assets/Graphics 文件夹下，找到 logo.ai 文件，单击 Open（打开）。

5. 如图 15-46 所示，选择 Selection Tool（选择工具），把 logo 拖动到字幕右侧。然后调整大小、不透明度、旋转和缩放。

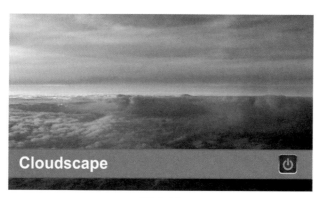

图15-46

15.7 创建滚动字幕和蠕动字幕

你可以为开场和闭幕创建滚动字幕，还可以为新闻公告等创建蠕动字幕。实际上，滚动与蠕动动画不仅可以应用于文字，还可以应用于图形上。

下面继续使用 04 Logo 序列做演示。

1. 在 Program Monitor（节目监视器）中，打开 Settings（设置）菜单，在弹出菜单中，取消选择透明网格。这里，我们使用时间轴的黑色背景作为滚动文本的背景。

2. 在时间轴面板中，把播放滑块放到序列末尾，即 V1 轨道上剪辑的末尾，此时，Program Monitor（节目监视器）显示的是黑屏。

使用 Type Tool（文字工具），在 Program Monitor（节目监视器）中单击添加点文本。

3. 输入一些演职人员名字，用作滚动文本，每输完一行，按一次 Return（macOS）或 Enter（Windows）键。

在本练习中，人名拼写正确与否并不重要。重要的是在垂直方向上，要输入足够多的文本，使之超出屏幕之外。

在添加多行文本时，需要不断重新确定位置，这样很麻烦。通常的做法是先在文档中准备好文本，然后再把它们复制粘贴到 Premiere Pro 中。

4. 使用 Essential Graphics（基本图形）面板根据需要对文本进行格式化处理（见图 15-47）。

图15-47

5. 使用 Selection Tool（选择工具）单击 Program Monitor（节目监视器）背景，取消选择文本图层。

此时，在 Essential Graphics（基本图形）面板中显示出图形属性，其中包括创建滚动字幕的选项。

6. 在 Essential Graphics（基本图形）面板中，勾选 Roll（滚动）效果。

当开启 Roll（滚动）效果后，在 Program Monitor（节目监视器）中会显示出一个滚动条。

此时，在播放剪辑时，字幕会从屏幕底部滚入，然后从屏幕顶部滚出。

如图 15-48 所示，Roll（滚动）效果有以下控制选项。

• Start Offscreen（启动屏幕外）：该选项用来控制滚动的起始位置，勾选该选项，表示从屏幕外开始滚动；取消该选项，表示字幕从在 Program Monitor（节目监视器）中的创建位置开始滚动。

- End Offscreen（结束屏幕外）：该选项用来控制字幕在持续时间内是完全滚出屏幕之外，还是在持续时间结束时突然从屏幕上消失。

- Preroll（预卷）：设置经过多长时间，第一个单词才出现在屏幕上。

图15-48

- Postroll（过卷）：指定滚动或蠕动结束后还要播放多长时间。

- Ease In（缓入）：指定开始把滚动或蠕动速度从零逐渐增加到最大速度的帧数。

- Ease Out：指定把滚动或蠕动速度降低到结束时的帧数。

滚动或蠕动字幕序列的长度决定了播放速度。字幕序列越短，其滚动或蠕动的速度越快。

7. 播放序列，观察字幕滚动效果。

15.8 使用字幕模板

在 Essential Graphics（基本图形）面板的 Browse（浏览）窗格中包含了许多图形模板，你可以把它们添加到序列中，并进行修改，使其符合项目的需要。许多模板都包含动画，我们通常把这样的模板称为"动态图形模板"。

你可以在 Premiere Pro 或 Adobe After Effects 中创建动态图形模板，使用这些程序创建的模板有以下不同。

- 在使用 Premiere Pro 创建的动态图形模板中，其图形是完全可编辑的。

- 在使用 After Effects 创建动态图形模板时，你可以添加更高级的设计和复杂动画。在创建动态图形模板时，设计师往往会加入一些控件，在保护原始设计的同时增加一点灵活性。

模板是按类别组织的。把模板直接拖入一个序列，即可添加它。

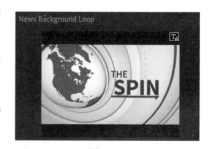

如图 15-49 所示，有些模板带有黄色字体警告图标▧，这表示模板中用到的字体在当前系统中未安装。

在使用这样的模板时，Premiere Pro 会打开 Resolve Fonts（解析字体）对话框（见图15-50）。

图15-49

如果缺失字体在 Adobe Fonts 中存在，Resolve Fonts（解析字体）对话框中的字体自动下载选项就变为可用状态。

勾选缺失字体复选框，单击 Sync Fonts 按钮，Premiere Pro 会自动下载并安装勾选的字体，以便在字幕中使用。

图15-50

创建自定义图形模板

你可以把自己创建的图形添加到 Essential Graphics（基本图形）面板的 Browse（浏览）窗格中。在序列中选择图形剪辑，打开菜单栏中的 Graphics（图形）菜单，从中选择 Export As Motion Graphics Template（导出为动态图形模板）。

在"导出为动态图形模板"对话框中，为新图形模板输入名称，并从 Destination（目标）菜单中选择一个保存位置。你还可以在"关键字"区域中添加相关的关键字，这样以后你就可以通过搜索关键字快速找到它。

做好设置之后，单击 OK（确定）按钮，如图 15-51 所示。

图15-51

此外，你还可以把存储在硬盘上的动态图形模板导入到项目之中，具体做法是：在菜单栏中，依次选择 Graphics（图形）> Install Motion Graphics Template（安装动态图形模板），或者在 Essential Graphics（基本图形）面板的 Browse（浏览）窗格中，单击右下角的 Install Motion Graphics Template（安装动态图形模板）按钮。

借助以上这些方法，你可以把自己制作的字幕模板轻松分享给别人，或者把它们保存起来供以后使用。

15.9　字幕简介

在制作电视广播等节目时，通常会遇到两种类型的字幕：隐藏式字幕和开放式字幕。

隐藏式字幕内嵌于视频流之中，由观看者自行开启或关闭，而开放式字幕则总是显示在屏幕上。

在 Premiere Pro 中，你可以采用相同方式来使用这两种字幕。而且，你还可以把一种字幕文件转换成另一种字幕。

相比于开放式字幕，隐藏式字幕在颜色、设计方面有更多限制。这是因为它们是由观看者的电视、机顶盒、在线播放软件生成和显示的，因此，在开始播放之前，隐藏式字幕的控件就已经准备就绪。

隐藏式字幕的用法和开放式字幕一样，下面我们先介绍隐藏式字幕的用法，然后再介绍开放式字幕的用法。

15.9.1　使用隐藏式字幕

随着视频越来越多，人们开始越来越喜欢观看视频内容。这要求大多数广播电视台添加能够被电视机解码的隐藏式字幕信息，把可见字幕插入视频文件，并借助所支持的格式传送到特定播放设备。

只要你准备好了合适的字幕，隐藏式字幕添加起来就比较容易。字幕文件通常是使用软件工具生成的，并且有很多这样的工具可以使用。

下面我们演示如何向序列添加字幕。

1. 在当前项目处于打开的状态下，从菜单栏中，依次选择 File（文件）> Open Project（打开项目），在"打开项目"对话框中，进入 Lesson 15 文件夹，打开 Lesson 15_02.prproj 项目。

2. 如图 15-52 所示，把项目另存为 15_02 Working.prproj。

/MEDIA/Lessons/Lesson 15/Lesson 15_02 Working.prproj

图15-52

3. 若 NFCC_PSA 序列未在 Timeline（时间轴）面板中显示出来，将其打开。

4. 从菜单栏中，依次选择 File（文件）> Import（导入），转到 Lessons/Assets/Closed Captions 文件夹下，导入 NFCC_PSA.scc（支持 .scc、.mcc、.xml、.stl 格式）文件。

此时，字幕文件被添加到素材箱中，就像添加一个普通的视频剪辑，而且带有帧速率和持续时间。

5. 把隐藏式字幕剪辑添加到序列中，使之位于 V2 轨道上，它位于所有剪辑之上。

6. 在 Program Monitor（节目监视器）中打开 Settings（设置）菜单▼，从弹出菜单中，依次选择 Closed Captions Display（隐藏字幕显示）> Enable（启用）。

不同电视系统所支持的字幕类型不同。每种类型的字幕可能包含多种流，例如一种流是英语的，另一种流是法语的。

在默认情况下，Program Monitor（节目监视器）显示的是图文字幕，这不适合当前的字幕文件，所以画面上什么也不显示。

再次打开 Program Monitor（节目监视器）中的 Settings（设置）菜单，从弹出菜单中，依次选择 Closed Captions Display（隐藏字幕显示）> Settings（设置），从 Standard（标准）菜单中，选择 CEA-608，单击 OK（确定）按钮。

7. 播放序列，观看字幕。

8. 在序列中选择字幕文件之后，你可以使用 Captions（字幕）面板（窗口 > 字幕）来调整字幕。如图 15-53 所示，在 Captions（字幕）面板中，你可以调整字幕的内容、时间、格式等。

图15-53

此外，你还可以通过拖曳序列中每个字幕的手柄来改变字幕的时间。

15.9.2 新建字幕

在 Premiere Pro 中，你可以自己创建隐藏式字幕。

1. 在菜单栏中，依次选择 File（文件）> New（新建）> Captions（字幕），打开 New Captions（新建字幕）对话框。

2. 对话框中的默认设置是基于你的当前序列的。

3. 如图 15-54 所示，时基是自动根据你的当前序列设置的。从 Standard（标准）菜单中选择要创建的字幕类型。

图15-54

- CEA-608（也称为 Line 21）是模拟广播电视最常用的标准。

- CEA-708 用于数字广播电视。

- "图文电视"（Teletext）有时用在使用 PAL 制式的国家。

- "开放字幕"（Open Subtitling）创建的是自动可见的常规字幕（这种字幕不需要观看者打开）。

- "澳大利亚"（Australian）是澳洲 OP4T2 隐藏字幕标准，专用于澳大利亚广播电视网络。

- "开放式字幕"（Open Captions）总是可见的，它能给字幕外观带来最大的灵活性（社交媒体视频通常使用这种标准）。

这里，我们选择 CEA-708（见图 15-55）。

图15-55

4. Stream（流）菜单中默认设置为 Service 1（服务 1），将其设置为隐藏式字幕的第一个流。单击 OK（确定）按钮。此时，隐藏式字幕剪辑就被添加到了 Project（项目）面板之中。

5. 选择 V2 轨道上已有的字幕剪辑，按 Delete（macOS）或 Backspace（Windows）键，将其删除。

6. 把新建的隐藏式字幕剪辑添加到 V2 轨道上。相比于序列，字幕剪辑的持续时间太短了（默认 3 秒）。向右拖曳字幕剪辑末端，将其持续时间增加到与序列一样长。接下来，选择序列中的隐藏式字幕剪辑，打开 Captions（字幕）面板（窗口 > 字幕）。

7. 在 Program Monitor（节目监视器）中，单击 Settings（设置）菜单，从弹出菜单中，依次选择 Closed Captions Display（隐藏字幕显示）> Settings（设置），在 Standard（标准）菜单中，选择 CEA-708，单击 OK（确定）按钮。

8. 在 Captions（字幕）面板中，单击 Type Caption Text Here（在此处输入字幕文本），编辑字幕文本。根据人物对话或旁白，输入文本，然后单击字幕面板底部的 + 按钮，添加另一个字幕。

9. 在 Captions（字幕）面板中，调整每个字幕的入点和出点时间，或者直接在 Timeline（时间轴）面板中进行调整。

10. 使用 Captions（字幕）面板顶部的格式化控件，调整每个字幕的外观。隐藏式字幕的标准控制项非常有限。更多相关信息，请阅读 15.9.3 节。

随着字幕总持续时间变长，你可能需要增加序列剪辑的长度，才能把所有字幕显示出来。

 注意：在 Program Monitor（节目监视器）的右下角有一个 Button Editor（按钮编辑器， ），你可以使用它把 Closed Captions Display（隐藏字幕显示）按钮添加到节目监视器底部，这样可以快速访问它。

 注意：Premiere Pro 可以在导入 .srt、.stl 字幕文件时对它们进行解释。在 Captions（字幕）面板中单击 Import Settings（导入设置），在"字幕导入设置"对话框中，可以设置视频、对齐和样式。这些设置不会更改已经导入的字幕文件，但如果你要导入多个字幕文件，并要求它们的样式一致，可以使用这些设置，这会节省很多时间。

15.9.3 使用开放式字幕

类似于隐藏式字幕，你可以使用同样的方式创建、导入、调整、导出开放式字幕。

不同于隐藏式字幕，开放式字幕总是可见的，因此，在许多方面，它们就像是图形剪辑一样。

使用开放式字幕的好处是，其时间是在字幕文件或字幕剪辑中设置的，这在同步文本与话语时可以节省大量时间。

另一个与常规图形类似的地方是，其外观控制选项要比隐藏式字幕多得多。

在使用隐藏式字幕时，之所以要限制它的颜色与字体是因为它们实际是显示在电视机或软件播放器中的。为了确保布局和外观一致，于是设置了统一标准。而开放式字幕没有这些限制。

在 Project（项目）面板中，使用鼠标右键单击字幕剪辑，在弹出菜单中，依次选择 Modify（修改）> Captions（字幕），在打开的 Modify Clip（修改剪辑）对话框中，即可修改字幕类型。

如图 15-56 所示，在 Target Stream Format（目标流格式）区域中，从 Standard（标准）菜单中，选择 Open Captions（开放式字幕），可以为这个字幕剪辑指定流的类型。

图15-56

　　由于开放式字幕有许多选项可以使用，所以你可以把隐藏式字幕剪辑转换为开放式字幕类型，但是反过来则不行。

15.10 复习题

1. 点文本与段落（区域）文本有何区别？

2. 为什么要显示字幕安全区域？

3. 如何使用矩形工具绘制正方形？

4. 如何应用描边或阴影？

15.11 复习题答案

1. 在 Program Monitor（节目监视器）中，使用 Type Tool（文字工具）单击，即可创建点文本。点文本的文本框会随着你输入的内容自动进行扩展。在 Program Monitor（节目监视器）中，使用 Type Tool（文字工具）拖曳，可以定义一个边界框，你输入的文本会限制在这个方框之内，调整方框的形状可以显示更多或更少文本。

2. 有些电视会裁切掉画面边缘，裁切量随电视设备的不同而不同。把重要文本放到字幕安全区域内，可以保证这些文本不被裁剪掉，从而确保观众能够看到它们。这个问题在新式平板电视上并不严重，对于在线视频来说也不重要，但是把重要文本放入字幕安全区终究是个好习惯。

3. 在使用矩形工具绘制时，同时按住 Shift 键，可以绘制出完美的正方形。同样，在使用椭圆工具绘制时，同时按住 Shift 键，可以绘制出圆形。

4. 要应用描边或阴影，首先选择要编辑的文本或对象，然后在 Essential Graphics（基本图形）面板中勾选 Stroke（描边）或 Shadow（阴影）选项即可。

第16课 导出帧、剪辑和序列

课程概览

本课学习以下内容：

- 选择正确的导出选；
- 导出单个帧；
- 创建影片、图像序列、音频文件；
- 使用 Adobe Media Encoder；
- 上传到社交网络与 Adobe Stock；
- 使用 EDL。

 学完本课大约需要 90 分钟。请先下载本课的课程文件，并把课程文件存放到计算机中方便使用的位置上。

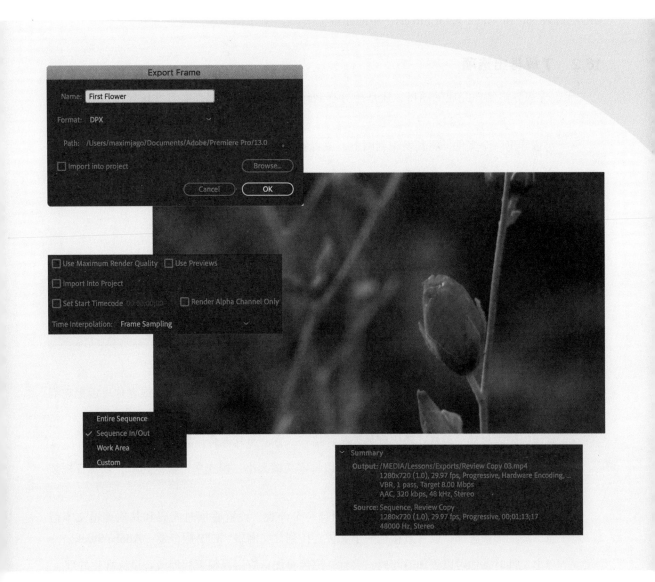

编辑视频最棒的一件事就是把自己的作品分享给别人时的那份喜悦。
Adobe Premiere Pro CC 为我们提供了许多导出工具。导出项目是视频
制作的最后一步。Adobe Media Encoder 提供了多种高级输出格式，这
些格式中包含很多控制选项，而且还可以进行批量导出。

16.1　课程准备

媒体分发最常用的方式是使用数字文件。你可以使用 Adobe Media Encoder CC 来创建数字文件。Adobe Media Encoder 是一个独立的应用程序，专门用来处理文件的批量导出，借助它，你可以同时以多种格式导出文件，而且这些导出操作是在后台进行的，它不会影响你在其他程序（例如 Premiere Pro 和 Adobe After Effects）中的处理工作。

16.2　了解导出选项

无论你想导出制作完成的项目，还是想分享制作中的项目，你都会面对大量导出选项需要做选择。

- 可以导出一个文件，将其发布到网上，或者创建 DCP（数字电影包）文件用于影院分发。
- 可以导出单个帧或一系列帧。
- 可以选择只输出音频、只输出视频，或者同时输出音频和视频。
- 导出的剪辑或静态图像可以再次导入到项目中，以便后续使用。
- 可以直接导出到录像带上。

 注意：Premiere Pro 可以导出你在 Project（项目）面板中选择的剪辑，以及 Source（源）面板中的序列或部分序列。在菜单栏中，依次选择 File（文件）> Export（导出），Premiere Pro 就会把你选择的内容导出。

除了选择导出格式之外，你还可以设置其他一些参数。

- 你可以选择以与原始素材类似的格式、视觉质量和数据速率创建文件，或者你可以把它们压缩到更小尺寸，以方便分发。
- 你可以把素材从一种格式转码到另外一种格式，方便与其他合作者交换文件。
- 如果现有预设无法满足你的要求，你可以自定义帧大小、帧速率、数据速率，以及音视频压缩方法。
- 你可以把一个颜色查找表（LUT）应用到一个外观，设置叠加时间码和其他剪辑文本信息，添加图像叠加，或者直接把一个文件上传到社交网络、FTP 服务器、Adobe Stock。
- 导出文件时，你可以添加时间码、名称、图像叠加，应用视频限幅器或音量标准化处理。

16.3　导出单帧

在编辑的过程中，你可能想导出一个静态帧，以便将其发送给团队成员或客户审查。此外，你可能还想导出一幅图像，以便在把视频推送到网络时作为缩略图使用。

当从 Source Monitor（源监视器）导出单个帧时，Premiere Pro 会根据源视频文件的分辨率创建一幅静态图像。

当从 Program Monitor（节目监视器）导出单个帧时，Premiere Pro 会根据序列的分辨率创建一幅静态图像。

> **Pr** | **注意**：本项目中用到的音乐是 *Tell Somebody*，选自电影 *Admiral Bob*。

下面我们尝试一下。

1. 从 Lessons/Lesson 16 文件夹中，打开 Lesson 16.prproj 文件。

2. 把项目另存为 Lesson 16 Working.prproj。

3. 打开 Review Copy 序列。在 Timeline（时间轴）面板中，把播放滑块放到你想导出的那一帧上（见图 16-1）。

4. 如图 16-2 所示，在 Program Monitor（节目监视器）中，单击右下角的 Export Frame（导出帧）按钮（ 📷 ）。

图16-1　　　　　　　　　　　　　　图16-2

如果你没有看到这个按钮，可能是因为你自定义了 Program Monitor（节目监视器）中的按钮。你可能还需要调整面板的大小。你还可以选择 Program Monitor（节目监视器）或 Timeline（时间轴）面板，然后按 Shift+E（macOS）组合键或 Shift+Ctrl+E（Windows）组合键来导出一个帧。

5. 在 Export Frame（导出帧）对话框中，输入文本名称。

6. 从 Format（格式）菜单中，选择一种静态图像格式。

- JPEG、PNG、GIF、BMP（Windows 专用）最常用，其中 JPEG、PNG 文件常用于网站设计中。

- TIFF、Targa、PNG 适用于印刷和动画。

- DPX 通常用于数字电影或颜色分级中。

- OpenEXR 用于保存高动态范围图像信息。

注意：如果你的视频用的不是方形像素，那最终导出的图像文件可能会有不同的长宽比。这是因为静态图像用的是方形像素。此时，你可以使用 Photoshop 重新调整图像的水平尺寸，将其恢复成原来的长宽比。

7. 单击 Browse（浏览）按钮，选择一个用于保存静态图像的位置。在 Lessons 文件夹中创建一个名为 Exports 的文件夹，选择它，单击 Choose（选择文件夹）。

 注意：在 Windows 系统中，可以导出为 BMP、DPX、GIF、JPEG、OpenEXR、PNG、TGA、TIFF 格式。在 Mac 系统中，可以导出为 DPX、JPEG、OpenEXR、PNG、TGA、TIFF 格式。

8. 勾选 Import Into Project（导入到项目中），把新的静态图像添加到最近的项目中，单击 OK（确定）按钮。

16.4 导出主副本

创建主副本是指为项目制作一个崭新的数字副本，用来存档以便日后使用。主副本是一个独立的、完全渲染的数字文件，它使用最高分辨率、最佳质量来输出序列。一旦创建完成，你就可以把这种文件作为一个独立的源来生成其他压缩的输出格式，而且无须在 Premiere Pro 中打开原始项目。

16.4.1 选择"源范围"

在 Export Settings（导出设置）对话框的左下角，你会看到一个 Source Range（源范围）控件，可以通过它指定要从源剪辑或序列中导出哪部分。你可以导出整个序列，或者通过设置入点和出点指定序列的导出范围，或者在这个对话框中自定义导出范围。

如图 16-3 所示，通过使用小三角形和菜单上方的导航器，你可以添加新的入点和出点。具体做法是，在这个对话框中，把播放滑块移动到目标位置，然后单击 Set In point（设置入点）与 Set Out（设置出点）按钮，或者按键盘上的 I 键或 O 键。

在默认情况下，使用已经存在的入点和出点来定义导出范围（见图 16-4）。

图16-3   图16-4

16.4.2　匹配序列设置

理想情况下，主文件的帧大小、帧速率、编解码器与它的母序列应该是一样的。为此，在导出时，Premiere Pro 提供了一个 Match Sequence Settings（匹配序列设置）选项来简化这个操作。

1. 继续使用 Review Copy 序列。

2. 在 Project 面板中选择这个序列，或者在 Timeline（时间轴）面板中将其打开，然后从菜单栏中，依次选择 File（文件）> Export（导出）> Media（媒体），打开 Export Settings（导出设置）对话框（见图 16-5）。

图16-5

3. 后面会详细介绍这个对话框。这里，只勾选 Match Sequence Settings（与序列设置匹配）复选框（见图 16-6）。

图16-6

注意：某些情况下，使用 Match Sequence Settings（与序列设置匹配）选项无法实现与源素材的完全匹配。例如，XDCAM EX 会产生高质量的 MPEG2 文件。但大多数情况下，生成的文件与源素材格式、数据速率是一样的。

4. 如图 16-7 所示，Output Name（输出名称）右侧的蓝色文字其实是一个按钮，用来打开 Save As（另存为）对话框。在 Adobe Media Encoder 中也有类似的文本按钮。单击输出名称，打开

Save As（另存为）对话框。

Output Name:　Review Copy.mxf

图16-7

5. 选择一个目标位置，输入名称 Review Copy 01，单击 Save（保存）按钮。

6. 查看 Summary（摘要）信息，检查输出格式是否与序列设置匹配。在本示例中，我们应该使用 DNxHD 格式（MXF 文件），帧速率为 29.97 帧 / 秒。通过检查 Summary（摘要）中的信息，可以帮助你避免一些可能会引起严重后果的小错误。如图 16-8 所示，若 Source（源）与 Output Summary（输出摘要）设置相匹配，就能最大限度地减少转换，这有助于保证最终输出结果的质量。

在导出序列时，在导出对话框中，"源"（Source）是序列本身，而不是序列中与序列设置保持一致的剪辑。

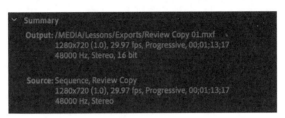

图16-8

7. 单击 Export（导出）按钮，基于序列创建一个媒体文件。请注意，DNxHD 媒体文件可以在 Premiere Pro 中查看和编辑，但是通常无法直接在 macOS 或 Windows 系统下进行预览。

16.4.3　选择编解码器

在导出媒体文件时，你可以选择要使用的编解码器。有些摄像机录制格式（例如 DSLR 摄像机产生的 H.264.MP4 文件）已经进行了高度压缩。使用高质量的编解码器有助于保证影片质量。

首先选择格式和预设，然后设置输出名称和位置，最后确定导出音频、视频，还是两者都导出。

> **Pr** 注意：根据你选择的格式，所显示的设置也各不相同。大多数重要选项都可以在视频与音频选项卡中找到。

1. 在 Review Copy 序列处于选中的状态下，从菜单栏中，依次选择 File（文件）> Export（导出）> Media（媒体），或者按 Command+M（macOS）或 Ctrl+M（Windows）组合键。

2. 在 Export Settings（导出设置）对话框中，打开 Format（格式）菜单，从中选择 QuickTime。在 Preset（预设）菜单中，选择 GoPro CineForm YUV 10 位。

这个预设看起来很特别，但它其实就是个预设而已，能够自动从对话框的其他菜单中选择相应选项。如果有必要，你可以自己进行修改。

3. 单击输出名称（蓝字），为文件输入一个新名称——Review Copy 02。转到与上一个例子相同的位置下，单击 Save（保存）按钮。

在 Export Settings（导出设置）区域之下有一组重要的选项卡，如图 16-9 所示。

- Effects（效果）：在输出媒体时，你可以在此添加大量有用的效果和叠加（相关选项请看下一节）。

- Video（视频）：在该选项卡中，你可以设置帧大小、帧速率、场序和配置文件。默认设置是基于你选择的预设的。

- Audio（音频）：在该选项卡中，你可以调整音频的比特率以及某些格式的编解码器。默认设置是基于你选择的预设的。

- Multiplexer（多路复用器）：这些设置用来指定视频和音频是否以独立文件进行合成或交付。你可以使用这些控件控制是否优化文件，以便与特定设备保持兼容。

- Captions（字幕）：当序列中包含字幕时，你可以在该选项卡设置是否忽略字幕，把字幕永久添加到视频中，或者导出为一个单独的文件（Sidecar 文件）。

- Publish（发布）：在这个选项卡中，你可以输入几个社交媒体服务的详细信息，以便上传文件。更多内容本课后面讲解。

4. 单击选择 Video 选项卡。

5. 在 Video Codec（视频编解码器）区域中，选择一种需要的编解码器。

这里，我们选择 GoPro CineForm 编解码器，它可以产生高质量（同时尺寸合理）的文件。确保帧大小、帧速率和源设置一样。你可能需要滚动滑动条或者调整面板的大小才能看到所有设置。

图16-9

6. 如图 16-10 所示，在 Basic Video Settings（基本视频设置）区域中，单击 Match Source（匹配源）按钮。

在 Match Source（匹配源）按钮之下是一系列输出格式设置，它们各有一个复选框。如果选中复选框，则相应设置会自动匹配源。

图16-10

7. 如图 16-11 所示，单击 Audio（音频）选项卡，在 Basic Audio Settings（基本音频设置）区域中，在 Sample Rate（采样率）中选择 48000Hz，从 Sample Size（样本大小）中选择 16 位。在 Audio Channel Configuration（音频通道配置）区域中，从 Output Channels（输出声道）菜单中，选择 Stereo（立体声）。

图16-11

8. 单击对话框底部的 Export（导出）按钮，导出序列，将其转码成新文件。一般使用 GoPro CineForm 编解码器编码的文件不能直接在 macOS 或 Windows 系统中进行预览。你可以把文件导入 Premiere Pro 中进行预览编辑。

目前，最流行的编解码器和交付格式是 H.264 编解码器及其生成的 MPEG4 文件（.mp4）。在 Format（格式）菜单中，选择 H.264，你会找到 YouTube、Vimeo 预设。

提示：HEVC/H.265 是 Motion Picture Experts Group（运动图像专家组）继 H.264 之后制定的新的视频编码标准。其视频编码效率更高，但是目前支持它的播放器并不多。在制作UHD内容时，客户可能要求你提供使用这种编解码器编码的文件。

16.4.4　裁剪源画面

在 Export Settings（导出设置）对话框的左上角，你会看到有 Source（源）与 Output（输出）两个选项卡。

单击 Source（源）选项卡，将其打开。如图 16-12 所示，在源选项卡中，你可以看到一系列裁剪控件。

1. 单击 Crop The Output Video（裁剪输出视频）按钮（），启用控件。

图16-12

你可以手动输入各个裁剪参数，也可以在源预览区域中拖动控制手柄来裁剪画面。

2. 如图 16-13 所示，在 Crop Proportions（裁剪比例）菜单中，提供了一些常见的裁剪比例，以确保裁剪按照指定的比例进行。从 Crop Proportions（裁剪比例）菜单中，选择 4：3。此时，即使你改变裁剪设置，其长宽比始终保持 4：3 不变。

3. 单击 Output（输出）选项卡，将其打开（见图 16-14）。

在 Output（输出）选项卡中，你可以预览等待编码的视频。从 Source Scaling（源缩放）菜单中，你可以选择源长宽比和输出设置之间的匹配方式。

图16-13

图16-14

4. 在 Source Scaling（源缩放）菜单中，尝试选择每个菜单项，并观察结果。Change Output Size To Match Source（更改输出大小以匹配源）选项对所有导出格式都不可用，其效果与单击 Video（视频）选项卡下的 Match Source（匹配源）按钮是一样的。

5. 在 Source Scaling（源缩放）菜单中，选择 Scale To Fit（缩放以适合）。切换到 Source（源）选项卡下，单击 Crop The Output Video（裁剪输出视频）按钮，关闭裁剪。再切换回 Output（输出）选项卡，确保图像充满整个屏幕。

在 Source（源）选项卡中做了修改，或者选择了一个新的输出帧大小之后，最好切换到 Output 选项卡中检查一下，以避免一些错误，例如不正确的显示比例，以及在某些视频格式中使用不规则形状像素所引起的扭曲变形等。

16.5 使用 Adobe Media Encoder CC

Adobe Media Encoder CC 是一个独立的应用程序，你可以单独运行它，也可以从 Premiere Pro 启动它。使用 Media Encoder 的一个优点是，你可以把一个编码任务直接从 Premiere Pro 发送给 Media Encoder，在 Media Encoder 执行编码任务期间，你可以继续在 Premiere Pro 中做其他视频编辑工作。如果你的客户想在中途查看一下工作进展情况，你可以使用 Media Encoder 在后台生成一个预览文件，而且这不会影响到你的正常工作流程。

默认情况下，当你在 Premiere Pro 中播放视频时，Media Encoder 就会暂停编码，以尽量提升播放性能。当然，你可以在 Premiere Pro 的回放首选项中取选"回放期间暂停 Media Encoder 队列"。

图16-15

16.5.1 选择文件导出格式

等你做好了项目，再想交付格式问题就麻烦了。使用什么样的交付格式应该在项目开始之前就确定好了。了解视频文件的呈现方式有助于你选择正确的文件导出类型。通常，在一个项目开始之前，客户都会提供一个交付规格要求，制作项目的时候，你必须遵守这些要求，并按照客户的交付要求选择合适的编码格式。

Premiere Pro 和 Adobe Media Encoder 支持多种文件导出格式，如图 16-15 所示。

> **Pr** **注意**：如果使用专业的母带处理格式（例如 MXF OP1a、DNxHD MXF OP1a、QuickTime），在格式支持的情况下，你最多可以导出 32 通道的音频。你必须配置原始序列，使其使用多通道主轨道，带有相应数量的轨道。

16.5.2 导出设置

要把文件从 Premiere Pro 导出到 Adobe Media Encoder 中，需要先把导出任务放入队列中。第一步是使用 Export Settings（导出设置）对话框，对要导出的文件进行相应设置。

1. 继续使用 Review Copy 序列。在 Project（项目）项目中选中它，或者将其在 Timeline（时间轴）面板中打开，并使面板处于活动状态。

2. 在菜单栏中，依次选择 File（文件）> Export（导出）> Media（媒体），或者按 Command+M（macOS）或 Ctrl+M（Windows）组合键，打开"导出设置"对话框。

你最好从 Export Settings（导出设置）区域开始先把 Export Settings（导出设置）对话框从上到下看一遍。

选择合适的输入格式

Adobe Media Encoder支持多种输出格式，掌握每一种输出格式并非易事，而且也没这个必要。下面我们只介绍一些常见场景下使用的典型输出格式。尽管你不必非得使用这些格式，但是使用它们你一般都会得到正确的输出。此外，在输出完整长度的文件之前，你最好先使用影片的一个小片段做一下测试。

- 上传到用户自制视频网站：在这种情况下，最好选用H.264格式输出文件，H.264格式包含YouTube、Vimeo预设，具体有宽屏、SD、HD、4K。你可以使用这些预设作为起点，对输出格式做进一步调整。

- 在流行的电子设备上播放：如果你制作的视频要在当前流行的一些设备（例如Apple iOS设备、Apple TV、Kindle、Nook、Android、Tivo）上播放，你可以使用H.264编码，也可以使用一些通用的3GPP预设。如果你的设备是老式的基于MPEG4的设备，可以使用MPEG4编码。为了准确起见，你可以去设备制造商的官方站点查看相关信息。

- 供院线放映使用的DCP文件：如果你制作的影片是要在影院放映的，你可以选择Wraptor DCP格式，帧速率为每秒24帧或25帧。如果你的序列的帧速率是每秒30帧，输出成DCP文件时可以选择每秒24帧。当选择Wraptor DCP格式时，一些设置会受到限制，这样做是为了兼容标准的电影放映系统。

一般来说，Premiere Pro提供的预设几乎能够满足我们的所有需要。在使用针对特定设备或光盘专用的预设时，建议你不要做任何修改，任何微小的改动都有可能导致文件无法正常播放，因为这些播放硬件对文件格式有着严格的要求。

大多数Premiere Pro预设都很保守，使用默认设置一般都能得到不错的结果，贸然修改这些设置可能无法让你得到更好的结果。

3. 从 Format（格式）菜单中，选择 H.264。如果你要把视频上传到视频网站，建议你选择这种输出格式。

4. 在 Preset（预设）菜单中，选择 Vimeo 720p HD。

这个预设会根据 Vimeo.com 网站的要求调整序列的帧大小、帧速率等。

5. 单击"输出名称"右侧的蓝色文字，输入文件名称 Review Copy 03，将其保存在与上一个例子相同的目录下。

6. 查看 Summary（摘要）信息（见图 16-16），检查设置是否正确。

图16-16

导出效果

你可以向输出文件应用多种效果，添加信息叠加和做自动调整。

"效果"面板中包含以下选项。

* Lumetri Look/LUT：你可以从大量内置的 Lumetri 外观中做选择，或者浏览自定义的外观，将其快速应用到输出文件上，对输出文件的外观做细致调整。

* SDR 遵从情况：如果你的序列是高动态范围的，那你可以创建一个标准动态范围版本。

* Image Overlay（图像叠加）：向视频画面中添加一个图形，则如公司 logo 等，并将其放到屏幕合适的位置，图形将会融入到视频图像中。

* Name Overlay（名称叠加）：向视频图像添加文本叠加。如果你想向视频中添加水印保护自己的成果，或者添加区分不同版本的标志，可以使用这个选项。

* Timecode Overlay（时间码叠加）：在最终视频文件上显示时间码，让观看者不必使用专门的编辑软件就能看到参考时间，方便评论。

* Time Tuner（时间调谐器）：指定一个新的持续时间或播放速度，范围为 −10% ～ 10%。这是通过细调"目标持续时间"或"持续时间更改"实现的（不包括声道）。根据你使用的素材不同，最终结果也不同，因此需要测试不同速度并比较最后结果。不间断的音乐声道有可能会影响最终结果。

* Video Limiter（视频限幅器）：通常我们会在序列中使用视频限幅器限制源文件的明亮度和颜色值，使它们处于安全广播限制范围内，但你也可以在输出文件时使用它。

* Loudness Normalization（响度标准化）：在输出文件中使用响度标度对音频电平做标准化处理。与视频一样，你最好在序列中进行调整，但也可以在导出期间对响度级别做限制，这相当于多了一层安全保障。

16.5.3 添加到 Adobe Media Encoder 队列

在导出文件之前，还有一些选项要设置。你可以在 Export Settings（导出设置）对话框的右下方找到这些选项（见图 16-17）。

* Use Maximum Render Quality（使用最高渲染质量）：当把图像从较大尺寸缩小到较小尺寸

时，应该考虑启用该选项。开启这个选项会增加内存消耗，拖慢导出速度。我们通常不会开启这个选项，只有你没有开启 GPU 加速（仅软件模式下），或者把图像缩小同时要求高质量输出时，才开启这个选项。

图16-17

- Use Previews（使用预览）：在渲染效果时，Premiere Pro 会生成预览文件，预览文件看起来就像是原始素材和效果相结合的结果。当开启该选项之后，预览文件会被用作导出源。这可以避免再次渲染效果，从而节省大量时间。根据序列预览文件格式的不同，最终结果的质量可能较低（请参考第 2 课）。

- Import Into Project（导入项目中）：当勾选这个选项后，Premiere Pro 会把新创建的媒体文件导入到当前项目中，这样你可以检查它，或者把它用作源素材。

- Set Start Timecode（设置开始时间码）：勾选该选项，将允许你指定新的开始时间码。在制作广播电视节目视频时，一般交付要求都会指定一个特定的开始时间码，此时这个选项就能派上大用场了。

- Render Alpha Channel Only（仅渲染 Alpha 通道）：有些后期制作需要用到一个包含 alpha 通道（用来记录不透明度）的灰度文件。开启该选项，即可产生这样的灰度文件。

- Time Interpolation（时间插值）：如果你导入的文件与当前序列的帧速率不同，可以使用这个菜单指定帧速率更改的渲染方式。这些选项与更改序列中剪辑播放速度时所应用的选项相同。

- Metadata（元数据）：单击该按钮将打开 Metadata Export（元数据导出）面板。在其中，你可以设置大量选项，包括版权、创作者、权利管理的相关信息。你甚至还可以嵌入水印、脚本、语音转录数据等有用信息。在某些情况下，你可能更想把 Metadata Export Options（元数据导出选项）设置为 None（无），以便删除所有元数据。

- Queue（队列）：如图 16-18 所示，单击 Queue（队列），Premiere Pro 会把要导出的文件发送到 Adobe Media Encoder，同时，Adobe Media Encoder 自动打开，在导出期间，你可以继续在 Premiere Pro 中处理视频。

图16-18

- Export（导出）：单击 Export（导出）按钮，Premiere Pro 不会把文件发送到 Adobe Media Encoder 队列，而是直接从 Export Settings（导出设置）对话框导出文件。这样导出流程更简单，导出速度也更快。但是在导出文件期间，你无法继续在 Premiere Pro 中做其他视频编辑工作。

单击 Queue（队列）按钮，把要导出的文件发送到 Adobe Media Encoder，同时 Adobe Media Encoder 会自动打开。

但此时，Media Encoder 不会自动启动编码。要启动编码，需要单击右上角的 Start Queue（启动队列）按钮（ ▶ ）。

16.5.4 了解 Adobe Media Encoder

使用 Adobe Media Encoder 编码有许多好处。在 Premiere Pro 的 Export Settings（导出设置）对话框中单击 Export（导出）按钮可以直接导出文件，相比之下，使用 Adobe Media Encoder 导出文件步骤要多一些，但这多出的步骤能够带来更多好处。

 注意：除了从 Premiere Pro 中启动 Adobe Media Encoder 之外，你还可以单独启动它，然后浏览 Premiere Pro 项目，选择要导出的项目直接进行转码。

下面列出了 Adobe Media Encoder 中一些非常有用的功能。

- 添加待编码的文件：从菜单栏中，依次选择 File（文件）> Add Source（添加源），可以把文件添加到 Adobe Media Encoder 中。你还可以直接把文件从 Finder（macOS）或 Windows Explorer（Windows）拖入 Adobe Media Encoder 中。你可以使用 Media Browser（媒体浏览器）面板，查找要导出的项目，如同在 Premiere Pro 中查找文件一样。

- 直接导入 Premiere Pro 序列：从菜单栏中，依次选择 File（文件）> Add Premiere Pro Sequence（添加 Premiere Pro 序列），选择一个 Premiere Pro 项目文件，并选择要编码的序列（这并不需要启动 Premiere Pro）。

- 直接渲染 After Effects 合成：从菜单栏中，依次选择 File（文件）> Add After Effects Composition（添加 After Effects 合成图像），你可以从 Adobe After Effects 导入并编码合成图像。而且，这个过程中完全不需要打开 Adobe After Effects。

- 使用监视文件夹：如果想让 Media Encoder 帮你自动处理编码任务，那么你可以使用监视文件夹。在创建监视文件夹时，首先从菜单栏中，依次选择 File（文件）> Add Watch Folder（添加监视文件夹），然后把一个预设指派给监视文件夹。在 Finder（macOS）或 Windows Explorer（Windows）中，监视文件夹和普通文件夹没有什么不同。Adobe Media Encoder 运行时，放入监视文件夹中的媒体文件会被自动编码成预设指定的格式。

- 修改队列：如图 16-19 所示，你可以使用列表上方的按钮添加、复制、移除任何编码任务。

- 启动编码：在 Media Encoder 首选项中，你可以把队列设置为自动启动。或者，单击 Start Queue（启动队列）按钮（ ▶ ），启动编码。Media Encoder 会把队列中的文件逐个进行编码。

在编码开始之后，你可以继续向队列添加新的编码任务。在编码期间，你可以直接把文件从 Premiere Pro 添加到队列中（见图 16-20）。

- 修改导出设置：一旦你把编码任务添加到队列之中，更改编码格式、预设等就变得非得简单。只要单击每个编码任务下的 Format 或 Preset 条目（蓝字），在弹出的"导出设置"对话框中修改设置即可（见图 16-21）。

图16-19

图16-20

图16-21

编码完成后，退出 Media Encoder。

16.6 上传到社交平台

返回到 Premiere Pro 中，在 Timeline（时间轴）面板处于选中的状态下，从菜单栏中，依次选择 File（文件）> Export（导出）> Media（媒体），打开 Export Settings（导出设置）对话框。

单击 Publish（发布）选项卡，将其打开。

如图 16-22 所示，当视频编码完成之后，你可以通过 Publish（发布）面板把你的视频作品上传到 Creative Cloud 文件夹、Adobe Stock、Adobe Behance、Facebook、FTP 服务器（FTP 是向远程文件服务器传送文件的标准方式）、Twitter、Vimeo、YouTube 上。

图16-22

每个平台所支持的视频格式各不相同，但大多数情况下，你都可以提交高质量的视频文件，然后由平台根据你提交的文件自动生成高压缩版本。例如，Adobe Stock 支持多种视频格式和编解码器，你可以上传 UHD（3840 像素 ×2160 像素）文件，其余工作交给服务器处理即可。

当前，社交平台成为越来越重要的媒体发行渠道。为此，Adobe 积极开发各种新技术和工作流程，使我们能够更轻松地分享自己的作品，以及最大限度地提高观众的参与度。单击 Cancel（取消）按钮，关闭 Export Settings（导出设置）对话框。

16.7 与其他编辑程序交换文件

在视频的后期制作中，合作往往是必不可少的。Premiere Pro 与市面上许多高级编辑工具和色彩分级工具相兼容，它能够读取和生成这些工具所支持的项目文件和素材文件。这大大方便了你和同事交换文件，即便你们用的是不同的编辑系统。

Premiere Pro 所支持的导入导出文件格式有 EDL、OMF、AAF、ALE、XML。

如果与你合作的同事使用的是 Avid Media Composer 编辑软件，你们可以使用 AAF 作为媒介来交换剪辑信息、编辑的序列和特定数量的效果。如果与你合作的同事使用的是 Apple Final Cut Pro 编辑软件，那你们可以使用 XML 作为媒介来交换工作内容。

在 Premiere Pro 中导出 AAF 或 XML 文件非常简单。具体操作为：首先选择想要导出的序列，然后从菜单栏中，依次选择 File（文件）> Export（导出）> AAF 或者 File（文件）> Export（导出）> Final Cut Pro XML。

如果你想了解更多有关在不同程序之间分享创意工作的内容，请阅读在线帮助文档。

导出为 OMF

OMF（公开媒体框架）是一种在不同系统之间交换音频信息的行业标准文件类型（通常用于音频混合）。在导出 OMF 文件时，常用的办法是创建一个独立文件，它包含着序列中的所有音频文件，这些音频文件以剪辑的形式放在音频轨道上。在使用相兼容的程序打开 OMF 文件时，你能看到轨道上的剪辑，并且与 Premiere Pro 中的序列一模一样。

创建 OMF 文件的操作步骤如下所示。

1. 选择一个序列，在菜单栏中，依次选择 File（文件）> Export（导出）> OMF，打开 OMF Export Settings（OMF 导出设置）对话框。

2. 在 OMF Title（OMF 字幕）中，输入文件名称，如图 16-23 所示。

3. 检查 Sample Rate（采样率）和 Bits Per Sample（每采样位数）是否与你的素材一致。最常用的设置是 48000Hz 和 16 位。

图16-23

4. 从 Files（文件）菜单中，选择其中一项。

- Embed Audio（嵌入音频）：当选择该选项后，Premiere Pro 会导出一个包含项目元数据和所选序列所有音频文件的 OMF 文件。

- Separate Audio（分离音频）：选择这个选项会把所有音频文件（包括立体声）分离到多个单声道音频文件中，这些文件都会被导出到一个名为 omfiMediaFiles 的文件夹中。这是使用高级音频混合工作流的音频工程师们最常用的方式。

5. 若选择 Separate Audio（分离音频），请在"格式"中选择 AIFF 或广播波形。这两种格式的质量都非常高，具体选择哪一种，请根据目标编辑系统选择。一般来说，AIFF 文件的兼容性更好。

6. 从 Render（渲染）菜单中，选择 Copy Complete Audio Files（复制完整音频文件）或 Trim Audio Files（修剪音频文件）来减小文件尺寸。在修改剪辑时，你可以指定添加手柄（额外的帧）来增加灵活性。

7. 单击 OK（确定）按钮，生成 OMF 文件。

8. 选择一个目标存储位置，单击 Save（保存）按钮。你可以把它保存到课程文件夹中。

导出完成后，会弹出一个 OMF Export Information（OMF 导出信息）对话框，显示导出相关信息，以及导出过程中出现的错误。单击 OK（确定）按钮，关闭对话框。

Pr | **注意**：OMF 文件最大尺寸限制为 2GB。如果要处理的序列很长，你可能需要先把它分成两个或多个部分，然后再分别导出它们。

使用EDL

EDL（剪辑决策表）是一个简单的文本文档，里面包含一系列实现编辑任务自动化的指令。EDL格式遵守特定标准，这使得许多系统都可以正常读取它。

很少有人主动要求你提供EDL，不过，你仍然可以把序列导出为最常用的CMX3600类型。

要创建一个CMX3600 EDL，请先在Project（项目）面板中选择序列，或者在Timeline（时间轴）面板中打开它，然后从菜单栏中，依次选择File（文件）> Export（导出）> EDL。

对EDL的要求通常都会比较具体，在创建EDL之前，请先索要EDL规格表。幸好，EDL文件通常都比较小，如果你不确定要选择什么设置，可以快速创建多个版本，然后比较一下哪个最好。

16.8 最后练习

恭喜你！到这里，我们已经学完了关于 Adobe Premiere Pro 的所有内容，包括导入媒体、组织项目、创建序列、添加 / 修改 / 删除效果、混合音频、使用图形和文字，以及输出作品与人分享等。

在本书学完之后，你可能还想做一些练习来巩固前面学过的知识。为了方便大家练习，我们把一些素材放入了一个单独的项目文件（Final Practice.prproj）中，你可以使用这个项目文件温习前面所学的内容。

请注意，这些素材文件仅供大家个人学习使用，禁止以任何形式向外传播，包括上传到 YouTube 等在线视频网站。请不要上传任何剪辑或者你使用这些素材创作的作品。这些素材不能用来公开分享，仅供各位私下练习使用。

Final Practice.prproj 文件中包含如下素材文件夹，其中包含大量原始剪辑，供你练习使用。

- 360 Media：一个介绍 360° 视频的小短片。你可以使用这个短片熟悉 360° 视频的各种播放控件。

- Andrea Sweeney NYC：其中包含若干城市景观拍摄片段。你可以使用画外音作为指导练习如何在单个时间轴上组合 4K 和 HD 素材。如果你选择使用 HD 序列设置，可以尝试在 4K 素材中进行平移和扫描。

- Bike Race Multi-Camera：这是一个简单的多摄像机拍摄的素材。你可以用来尝试在多机位项目中进行实时编辑。

- Boston Snow：以 3 种分辨率拍摄的波士顿公园雪景。你可以使用这些素材练习 Scale To Frame Size（缩放到帧大小）、Set To Frame Size（设置为帧大小）和使用关键帧控件进行缩放。尝试使用 Warp Stabilizer（变形稳定器）效果来稳定其中一个高分辨率剪辑，然后按比例放大，创建从一边到另一边的镜头平移效果。

- City Views：包含一系列从空中与地面拍摄的城市素材。你可以使用这些素材学习图像稳定、颜色调整和视觉效果方面的内容。

- Desert：包含一系列戈壁素材。你可以通过这些素材练习颜色调整工具的用法，以及与音乐结合产生蒙太奇效果。

- Jolie's Garden：包含以 96 帧/秒拍摄而以 24 帧/秒播放的舞台场景，它是为一个社交媒体宣传活动拍摄的故事片。你可以使用这些剪辑尝试学习使用 Lumetri Color 面板和速度调整效果。

- Laura in the Snow：这是一个商业拍摄，以 96 帧/秒拍摄，播放速率是 24 帧/秒。你可以使用这些素材练习颜色校正和颜色分级。尝试缓降动作并对视频和应用的效果做蒙版处理。

- Music：你可以使用这些音乐剪辑练习创建混音，并为音乐添加视觉效果。

- Music Video Multi-Camera：这是使用多机位拍摄的 MTV。你可以使用这些素材练习多机位编辑技术。

- She：这个素材箱中主要包括一系列风格化的慢动作剪辑。你可以使用它们练习更改播放速度和添加视觉效果的方法。

- TAS：这些素材来自于短片 *The Ancestor Simulation*。你可以使用这些素材练习颜色分级。另外，这些素材使用两种长宽比拍摄，可以用来做混合和匹配练习。

- Theft Unexpected：这些素材来自于 Maxim Jago 导演和剪辑的一个获奖短片。使用这些素材，你可以学习修剪技巧，以及练习在简单对话中调整时间安排，以实现不同的喜剧和戏剧效果。

16.9 复习题

1. 如果你想根据序列设置导出一个独立的数字视频文件，你应该如何做？

2. 在 Adobe Media Encoder 中提供了哪些适用于互联网的导出选项？

3. 如果你想导出一个视频供大多数移动设备使用，你应该使用哪种编码格式？

4. 只有 Adobe Media Encoder 处理完队列中的所有编码任务之后，你才能在 Premiere Pro 中编辑新项目吗？

16.10 复习题答案

1. 使用 Export（导出）对话框中的 Match Sequence Settings（与序列设置匹配）选项。

2. 不同平台有不同要求，但是 macOS 和 Windows 都支持 H.264。

3. 在导出供大多数移动设备使用的视频时，你可以使用 H.264 编码格式。

4. 不需要。Adobe Media Encoder 是一个独立的程序。在 Adobe Media Encoder 执行编码任务期间，你可以正常使用其他应用程序，或者在 Premiere Pro 中编辑新项目。

术语表

本书在讲视频、音频技术，特别是非线性后期制作技术时，我们会用到一些专业术语。其中有些你可能已经熟悉，还有一些你可能是第一次遇到，这种情况在你首次学习视频编辑时会经常碰到。

在学习本书时，你会遇到下面这些术语。建议你把这些术语解释做成书签，在阅读本书期间，当遇到某个术语时，你可以随时把书签拿出来查看，这样有助于理解所学内容。

- Aspect ratio（长宽比）：用来指定视频画面的长度和宽度比例。1：1表示画面是正方形，大多数视频都采用16：9的长宽比。无论屏幕大小或图像的分辨率如何，帧都具有特定的长宽比。

- Bin（素材箱）：从外观与功能看，素材箱都与Finder（macOS）或Explorer（Windows）下的文件夹非常类似。不过，它们只存在于Premiere Pro项目文件之中，其中只包含剪辑。

- Clip（剪辑）：剪辑是一个指向素材文件（例如视频、图形、音频等）的链接（或快捷方式）。从外观与行为来看，剪辑与它们所指向的素材文件没什么两样，包含所指文件的相关信息，例如图像尺寸、帧速率（帧/秒）等。

- Codec（编解码器）：这是coder（编码器）/decoder（解码器）的缩略语。这是一种把信息（例如视频和音频）存储成较小文件的方式。类似于速记，它占用的空间更少，但是读写起来会更耗时。大多数视频拍摄时都会选用一个编解码器来减小文件尺寸，但是摄像机系统以RAW格式记录数据时不会对数据做处理。

- Compression（压缩）：压缩有如下两个用途：（1）通过使用编解码器存储信息来减小视频和音频文件的尺寸，使用编解码器生成的文件在尺寸上要比非压缩的原始文件要小一些；（2）缩小音频最响亮与最安静部分之间的差异，这使得整体声级看起来更大。

- Cut（切入）：在序列中，切入是指一个剪辑结束另一个剪辑开始的瞬间。这个术语来自于传统影片编辑，当时编辑影片时真的是拿剪刀剪的。从技术上看，切入就是一种过渡形式，也是最常见的一种。

- Effects（效果）：这是一种改善图像外观，提升音频质量的手段。你可以使用效果改变图像形状，使画面变亮或变暗，为图像在屏幕上的位置制作动画，让声音变大或变小，或者应用其他各种调整。

- Export（导出）：在把剪辑添加到序列之中后，接下来你就可以把自己的创意作品导出为一个文件，与其他人分享。在导出时，你可以指定导出文件的格式、编解码器、设置等。

- Footage（素材）：这个术语原本用来表示录制时长，因为影片长度最初是用英寸计算的。现在，人们使用这个术语代指原始视频素材，其时长按小时、分钟计算。

- Format（格式）：有时指文件类型（例如 .avi、.mov 等），但是更常见的情况是，它指具体的帧大小（图像尺寸）、帧形状、像素形状，有时还指每秒帧数。

- Frame（帧）：指的是整个图像。视频由一系列静态帧组成，这些静态帧按一定速度连续播放便形成了视频。每秒播放的帧数称为"帧速率"（frame rate），单位是帧 / 秒。

- Import（导入）：当把一个媒体文件导入 Premiere Pro 项目时，其实并不是真正把它移动到项目文件中。Premiere Pro 会为导入的媒体文件创建快捷方式（包含着媒体文件相关信息），我们编辑的其实是这些快捷方式。

- Media（媒体）：这指的是原始素材内容，例如视频文件、图形、照片、动画、音乐、画外音、音效（像剑器撞击、爆炸）等。

- Metadata（元数据）：元数据是关于信息的信息。元数据有许多形式，它们总是包含一些关键信息。例如，在视频文件的元数据中，你可以找到拍摄时使用的摄像机型号或拍摄者的名字。

- Pixel（像素）：这是一个单点或光点。像素带有颜色，由红色、绿色、蓝色叠加而成。

- Project（项目）：项目是一个包含所有剪辑、序列的容器。Premiere Pro 会把项目保存为一个文件，其中包含着你做的所有处理工作。

- Sequence（序列）：序列由一系列剪辑按照特定顺序组成，往往包含多个图层。你在 Premiere Pro 中所做大部分创意工作都是基于序列或序列中的剪辑进行的。

- Timecode（时间码）：时间码系统用于在一段录制的视频中以小时、分钟、秒和帧的形式对特定时刻进行标记。专业的视频录制系统总是为每个帧记录时间码，这是非线性编辑系统中用来记录时间的主要系统。

- Transition（过渡）：在序列中，当一个剪辑结束另一个剪辑开始时，前后两个剪辑之间的过渡常称为"切换"（cut）。Premiere Pro 提供了许多过渡效果，使用这些效果可以增强视频画面的视觉趣味性和故事性，例如，"黑场过渡"能告诉观看者已经过了一段时间。